科学出版社"十四五"普通高等教育本科规划教材

物　理　学

第 5 版

侯俊玲　黄　浩　主编

科学出版社

北　京

内 容 简 介

本书为第5版,是科学出版社"十四五"普通高等教育本科规划教材之一,是在前四版的基础上根据目前学生的学情及近几年教学经验编写修订而成。全书共分13章,包括刚体力学及物体的弹性、流体动力学、分子物理学、热力学、静电场与生物电现象、直流电路、电磁现象、机械振动与机械波、波动光学、几何光学、量子物理、X射线、原子核物理学等内容。每章后编排有"知识拓展"和"科学之光"等内容,旨在提高学生的思想品德修养,全方位培养学生的高阶能力。本书注重物理学思想理论的科学性与严谨性;注重突出医药院校特色,语言精炼;力求与医药知识相结合,同时注重培养学生的科学思维能力及物理学理论和技术在医药领域应用的能力,以便更好地适应当前高等医药教育的需要及对高等医药院校相关专业人才培养的要求,为学生学习其他医药专业课程奠定良好的物理学基础。各章后还附有一定量的练习题,以便读者学习使用。

本书可供高等医药院校中药制药、生物制药、中药学、药学、中西医临床、医学影像、医学检验、医学康复、临床护理等相关专业课程教学使用,也可供相关专业的工作者和科研者参阅使用。

图书在版编目(CIP)数据

物理学 / 侯俊玲,黄浩主编. —5版. —北京:科学出版社,2022.1(2022.8 重印)

科学出版社"十四五"普通高等教育本科规划教材
ISBN 978-7-03-070768-0

Ⅰ.①物… Ⅱ.①侯…②黄… Ⅲ.①物理学-高等学校-教材 Ⅳ.①O4

中国版本图书馆 CIP 数据核字(2022)第 131386 号

责任编辑:郭海燕 / 责任校对:申晓焕
责任印制:霍 兵 / 封面设计:蓝正设计

版权所有,违者必究。未经本社许可,数字图书馆不得使用

科 学 出 版 社 出版
北京东黄城根北街16号
邮政编码:100717
http://www.sciencep.com

石家庄继文印刷有限公司印刷
科学出版社发行 各地新华书店经销

*

2003年6月第 一 版 开本:787×1092 1/16
2022年1月第 五 版 印张:14 1/2
2024年12月第三十次印刷 字数:430 000
定价:45.00元
(如有印装质量问题,我社负责调换)

《物理学》第 5 版编委会

主　　编　侯俊玲　黄　浩
副 主 编　王　勤　郭晓玉　高清河　李　光
　　　　　王蕴华　季成杰　郑海波　李　洋
编　　委　(按姓氏汉语拼音排序)

陈　娜　（辽宁中医药大学）	陈继红　（河南中医药大学）
陈伟炜　（福建中医药大学）	高清河　（辽宁中医药大学）
郭晓玉　（河南中医药大学）	侯俊玲　（北京中医药大学）
黄　浩　（福建中医药大学）	季成杰　（山东中医药大学）
孔志勇　（山东中医药大学）	李　光　（长春中医药大学）
李　洋　（大连医科大学中山学院）	林　蓉　（上海中医药大学）
梅　婷　（北京中医药大学）	彭春花　（上海中医药大学）
皮青峰　（贵州中医药大学）	施建南　（贵州中医药大学）
隋娜娜　（山东中医药大学）	王　勤　（贵州中医药大学）
王文龙　（长春中医药大学）	王蕴华　（天津中医药大学）
王志红　（福建医科大学）	危　芹　（山东中医药大学）
谢仁权　（贵州中医药大学）	徐　磊　（北京中医药大学）
叶　红　（上海中医药大学）	俞　允　（福建中医药大学）
张　莉　（北京中医药大学）	张　玫　（北京中医药大学）
张灵帅　（河南中医药大学）	郑海波　（福建医科大学）

编写秘书　梅　婷　（北京中医药大学）

第 5 版前言

目前,物理学的基础理论、思维方法、实验手段已广泛应用于现代医药实际工作和科学研究的过程中。作为一门不可替代的高等医药院校基础课程,物理学所阐述的基本概念、基本思想、基本规律和基本方法不仅是学生后续专业课程的基础,而且还是培养和提高大学生科学素质和科技创新能力的重要内容。鉴于对医药人才培养的需求,教育部专门成立了高等医药院校的物理学教学指导委员会,制定了一整套完备的物理学科教学指导思想和内容细则。国内各相关高校也设置和完善了物理学课程的教学实施和保障体系。为配合高等医药院校物理学课程的教学,科学出版社从2003年开始,组织了国内多所医药院校物理学科的教学专家和权威一线教师,成立了《物理学》教材编写委员会,相继编写出版了全国高等医药院校4版教材《物理学》及其配套习题和实验教材。本教材《物理学》是第5版,是科学出版社"十四五"普通高等教育本科规划教材之一,是在前4版教材编写的基础上,结合物理学的最新进展以及物理学与医药学完美结合的实例,改编而成的。

本教材在物理学原理与医药学应用的联系方面具有独到之处,内容突出,且少而精,又恰可满足医药院校本科学生的学习需求,突出物理学特色,同时适当阐述物理学的新进展在医药学中的应用。在内容的组织和编排顺序上比前4版更合理,更具科学性、实用性。本教材具有丰富的思想文化内涵,能体现辩证唯物主义的思维方式,有助于激励学生的探索精神、创造精神和实践精神。本教材内容具有鲜明的时代特征,既能满足学生发展的要求,又有利于启发学生的创造力,还有助于培养学生的逻辑思维和发散思维。为了进一步增加学生的学习兴趣和对科学探索的热情,本教材各章后还编排了相应的"知识拓展"、"科学之光"等材料供学生学习与阅读使用,以拓展学生的视野和激发学生的好奇心。教材在内容选择、结构组织、活动安排、文字撰写、插图使用等方面均符合学生的心理特点和认知发展规律。教材章节编排合理,对不同专业的本科学生可以灵活合理地选取章节和调整讲解进度。本教材理论知识编排从易到难、由浅入深,有助于学生的理解和接受。内容具有广度,同时深度又适合本科学生的学习。例题和课后习题针对性强、覆盖面广、具有启发性,与医药实际结合紧密。

根据物理学的知识体系安排,本教材内容共13章,包括了刚体力学及物体的弹性、流体动力学、分子物理学、热力学、静电场与生物电现象、直流电路、电磁现象、机械振动与机械波、波动光学、几何光学、量子物理、X射线、原子核物理学等内容,并在每章后面附有练习题,以便读者练习使用。

本教材在编写过程中,承蒙相关专业的专家悉心指导与热心帮助,承蒙各参编单位领导的大力支持,特别感谢刚晶教授和柴英教授的倾心帮助以及编委会其他成员的通力合作和细心工作。

由于编者水平有限,教材中难免有不妥之处,希望广大同仁提出宝贵意见。

编　者
2021年11月

目　录

第一章　刚体力学及物体的弹性……… (1)
　第一节　刚体的转动……………… (1)
　第二节　转动动能　转动惯量…… (3)
　第三节　转动定律………………… (7)
　第四节　角动量守恒定律………… (8)
　第五节　陀螺的运动*………………(10)
　知识拓展　物体的弹性　骨材料的力
　　　　　　学性质…………………(11)

第二章　流体动力学基础………… (17)
　第一节　理想流体的稳定流动…… (17)
　第二节　伯努利方程……………… (19)
　第三节　伯努利方程的应用……… (21)
　第四节　黏性流体的流动………… (23)
　第五节　泊肃叶定律　斯托克斯定律
　　　　　　…………………………(26)
　知识拓展　旋转式黏度计……… (27)

第三章　分子物理学………………… (31)
　第一节　理想气体压强公式……… (31)
　第二节　能量按自由度均分定理… (35)
　第三节　液体的表面层现象……… (38)
　第四节　液体的附着层现象……… (44)
　知识拓展　麦克斯韦速率分布律…(46)

第四章　热力学基础…………………(51)
　第一节　热力学的一些基本概念…(51)
　第二节　热力学第一定律…………(52)
　第三节　热力学第一定律的应用…(53)
　第四节　卡诺循环　热机效率……(56)
　第五节　热力学第二定律…………(58)
　第六节　熵与熵增加原理…………(60)
　知识拓展　熵与生命………………(63)

第五章　静电场与生物电现象………(67)
　第一节　电场强度…………………(67)
　第二节　静电场中的高斯定理……(70)

　第三节　电场力所做的功　电势…(73)
　第四节　静电场中的电介质………(74)
　第五节　生物电现象*………………(77)
　第六节　心电图波形成的基本原理*
　　　　　　…………………………(79)
　知识拓展　静电在医学中的应用…(81)

第六章　直流电路……………………(86)
　第一节　电流密度…………………(86)
　第二节　一段含源电路的欧姆定律…(87)
　第三节　基尔霍夫定律……………(89)
　第四节　惠斯通电桥………………(91)
　知识拓展　电泳　电疗……………(92)

第七章　电磁现象……………………(97)
　第一节　电流的磁场………………(97)
　第二节　安培环路定理……………(99)
　第三节　磁场对运动电荷的作用…(102)
　第四节　磁场对载流导体的作用…(104)
　第五节　电磁感应现象……………(106)
　知识拓展　生物磁　磁疗…………(109)

第八章　机械振动与机械波…………(115)
　第一节　简谐振动…………………(115)
　第二节　波动学基础………………(122)
　第三节　波的干涉…………………(126)
　第四节　多普勒效应………………(128)
　第五节　声波基础…………………(131)
　知识拓展　超声波在医学上的应用…(135)

第九章　波动光学……………………(141)
　第一节　光……………………… (141)
　第二节　光的干涉…………………(142)
　第三节　光的衍射…………………(147)
　第四节　光的偏振…………………(153)
　第五节　光的吸收…………………(157)
　知识拓展　紫外可见分光光度计…(159)

第十章 几何光学 (163)
- 第一节 球面折射 (163)
- 第二节 透镜 (166)
- 第三节 眼屈光 (170)
- 第四节 医用光学仪器 (174)
- 知识拓展 医用内窥镜 (176)

第十一章 量子物理基础 (180)
- 第一节 热辐射 (180)
- 第二节 光电效应及康普顿效应 (182)
- 第三节 波粒二象性 (185)
- 第四节 不确定关系 (186)
- 第五节 氢原子光谱及玻尔理论 (187)
- 第六节 四个量子数 (190)
- 第七节 原子光谱 分子光谱 (191)
- 第八节 激光 (193)
- 知识拓展 激光在医药学上的应用 (196)

第十二章 X 射线 (200)
- 第一节 X 射线的基本性质 (200)
- 第二节 X 射线的发生装置 (201)
- 第三节 X 射线的硬度和强度 (201)
- 第四节 X 射线衍射 (202)
- 第五节 X 射线谱 (203)
- 第六节 X 射线的衰减规律 (204)
- 第七节 X 射线在医药学上的应用* (205)
- 知识拓展 X—CT (206)

第十三章 原子核物理学基础 (210)
- 第一节 原子核的组成 (210)
- 第二节 原子核的放射性衰变规律 (210)
- 第三节 辐射剂量与辐射防护 (212)
- 第四节 放射性核素在医学上的应用 (213)
- 知识拓展 核磁共振 (214)

参考文献 (221)

附录 (222)
- 附录一 单位换算 (222)
- 附录二 倍数或分数的词头名称及符号 (222)
- 附录三 常用希腊字母的符号及汉语译音 (223)
- 附录四 常用物理常数 (223)
- 附录五 微积分 (224)

第一章 刚体力学及物体的弹性

在中学物理中,我们所讨论的力学原理主要是对质点而言的,当然我们所研究的物体有它的大小与形态,但是只要这个物体的大小和形状与所讨论的问题无关紧要时,我们都可以用质点这个模型来表示这个物体。

但是,质点这个模型在很多问题中并不适用,如物体做转动时,物体上各个点的运动规律并不相同,物体上各个点的运动与物体的大小、形状都有关,这样就不能再把这个物体看做质点了,为了研究这类物体的运动,我们再引入另外一个理想模型——**刚体**。所谓刚体是指形状完全确定并且在外力作用下,它的形状及大小都不发生改变的物体。这是一个理想模型,因为真实的物体受到力的作用时,它的形状总是或多或少地发生改变,但是当物体的形变很小时,我们可以把它近似看成刚体。

第一节 刚体的转动

一、刚体的平动与转动

1. 刚体的平动

刚体在运动过程中,若刚体上任意两点的连线始终与初始位置平行,如图1-1中 AC 连线,则此刚体的运动就称为**平动**。

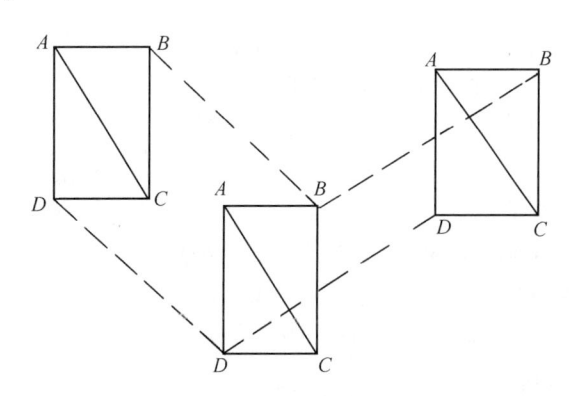

图 1-1 刚体的平动

由图1-1可知,当刚体做平动时,因各个点的运动情况与质心的运动情况完全一样,所以此时可以把这个刚体看成一个质点。关于质点的运动在中学物理学中已涉及,在此就不再赘述。因此,描述质点运动的物理量以及质点运动学的规律对刚体的平动都是适用的。

2. 刚体的转动

若刚体内的各个点在运动过程中都围绕同一直线做圆周运动,这种运动就称为**转动**。这一直线称为转轴。若转轴是固定不动的,则刚体的转动就称为定轴转动。例如,电动机的转子绕其转轴的运动。

二、刚体定轴转动的描述

1. 角坐标、角位移

为了描述刚体的转动,取一垂直于转轴的平面作为转动平面,如图 1-2 所示,OO' 为转轴,Ox 轴是位于转动平面内的一条与 OO' 轴垂直的参考线。我们研究该转动平面上的一点 P,从圆心 O 到 P 点的连线即 P 点的矢径 r,它与 Ox 线的夹角 θ 就是**角坐标**,该参量可以描写刚体的位置。在转动过程中,角 θ 随时间变化,设在 Δt 时间内,P 点移到 P' 的位置,P 点的矢径扫过 $\Delta\theta$ 角,也就是刚体转过 $\Delta\theta$ 角,则 $\Delta\theta$ 称为刚体在 Δt 时间内的**角位移**。它是描述刚体转动程度的物理量,而且是一个矢量。角位移的单位是**弧度**。

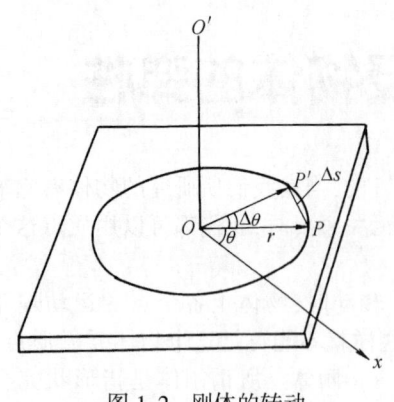

图 1-2 刚体的转动

2. 角速度

描述刚体转动快慢的物理量是**角速度**,用 ω 表示。角位移的变化量 $\Delta\theta$ 与所经过的时间 Δt 的比值,称为这段时间的平均角速度,用 $\bar{\omega}$ 表示,即

$$\bar{\omega} = \frac{\Delta\theta}{\Delta t}$$

当 $\Delta t \to 0$ 时,平均角速度的极限值称为 t 时刻的瞬时角速度,简称角速度,用 ω 表示,即

$$\omega = \lim_{\Delta t \to 0} \frac{\Delta\theta}{\Delta t} = \frac{d\theta}{dt} \tag{1-1}$$

角速度的单位为弧度/秒(rad/s),角速度也是矢量。

角位移、角速度都是矢量,它们的方向常用右手螺旋定则表示,如图 1-3 所示。例如,角速度矢量的表示方法是:在转动轴上取一有向线段,当右手四指与大拇指相垂直时,让四个手指代表刚体转动的方向,这时大拇指所指的方向即代表角速度矢量的正方向,而所取的有向线段长度即可按一定比例代表角速度的大小。

3. 角加速度

如果刚体在 t_1 时刻的角速度为 ω_1,经过 Δt 时间后,角速度变为 ω_2,则在 Δt 时间内,刚体角速度的变化量为 $\Delta\omega = \omega_2 - \omega_1$,我们把 $\Delta\omega$ 与这段时间间隔 Δt 的比值,称为刚体在这段时间内的平均角加速度,用 $\bar{\beta}$ 表示,即

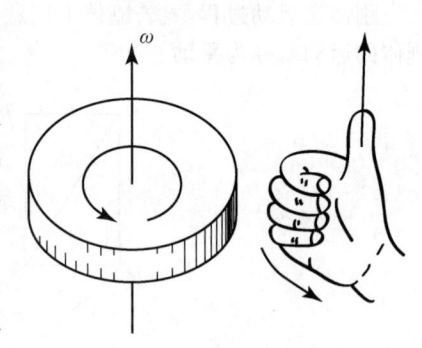

图 1-3 螺旋法则

$$\bar{\beta} = \frac{\Delta\omega}{\Delta t}$$

当 $\Delta t \to 0$ 时,平均角加速度的极限值称为瞬时角加速度,简称**角加速度**,并用 β 表示,即

$$\beta = \lim_{\Delta t \to 0} \frac{\Delta\omega}{\Delta t} = \frac{d\omega}{dt} = \frac{d^2\theta}{dt^2} \tag{1-2}$$

角加速度的单位为弧度/秒²(rad/s²),角加速度也是矢量,角加速度的方向与 $d\omega$ 方向一致。

4. 角量与线量的关系

我们通常把描写质点运动的量称为线量,把描写刚体转动的量称为角量。

当刚体做定轴转动时,刚体上各点在做圆周运动,所以刚体上某一点的运动可以用中学物理学学过的位移、速度、加速度等来加以描述,既然角量与线量都可以用来描述刚体的运动规律,那么线

量与角量之间必然有一定的关系。

如图 1-2 所示，刚体上某点 P 在 Δt 时间内转过的角位移为 $\Delta\theta$，从而到达 P' 处，此时点 P 发生的位移大小为 Δs，当 Δt 很小时，弦长可近似等于弧长，即

$$\Delta s = r \cdot \Delta\theta$$

或

$$ds = r \cdot d\theta \tag{1-3}$$

式中，r 为 P 点到转轴的垂直距离。根据速度的定义，P 点的速度为

$$v = \lim_{\Delta t \to 0} \frac{\Delta s}{\Delta t} = \lim_{\Delta t \to 0} \frac{r \cdot \Delta\theta}{\Delta t} = r \cdot \lim_{\Delta t \to 0} \frac{\Delta\theta}{\Delta t}$$

即

$$v = r \cdot \omega \tag{1-4}$$

(1-4)式若写成矢量式则为

$$\boldsymbol{v} = \boldsymbol{\omega} \times \boldsymbol{r} \tag{1-5}$$

若将(1-4)式两侧对时间 t 求导数，又可得

$$\frac{dv}{dt} = r \frac{d\omega}{dt}$$

上式等号左侧是质点的切向加速度，用 a_t 表示，$\frac{d\omega}{dt}$ 为刚体的角加速度，故有

$$a_t = r \cdot \beta \tag{1-6}$$

由于向心加速度 $a_n = v^2/r$，即 $a_n = r\omega^2$，所以刚体上任一点的总加速度 $\boldsymbol{a} = \boldsymbol{a}_t + \boldsymbol{a}_n$，其大小为

$$a = \sqrt{a_n^2 + a_t^2} \tag{1-7}$$

第二节 转动动能 转动惯量

一、刚体的转动动能

当刚体绕固定轴转动时，我们可以将刚体看成是由许许多多的质量元组成的，假设这些质量元的质量分别为 $\Delta m_1, \Delta m_2, \cdots, \Delta m_n$，这些质量元对应于转轴的距离分别为 $r_1, r_2, \cdots, r_n$，各质量元绕转轴转动的角速度都等于 ω，但各质量元的线速度不同，分别为 $v_1, v_2, \cdots, v_n$，刚体的动能就是各个质量元的动能之和，即

$$\begin{aligned} E_k &= \frac{1}{2}\Delta m_1 v_1^2 + \frac{1}{2}\Delta m_2 v_2^2 + \cdots + \frac{1}{2}\Delta m_n v_n^2 \\ &= \sum \frac{1}{2}\Delta m_i v_i^2 \\ &= \sum \frac{1}{2}\Delta m_i r_i^2 \omega^2 \\ &= \frac{1}{2}\left(\sum \Delta m_i r_i^2\right)\omega^2 \end{aligned} \tag{1-8}$$

二、转动惯量

(1-8)式中的 $\sum \Delta m_i r_i^2$ 用 I 来表示，称为刚体对某给定转轴的**转动惯量**。因此，刚体的动能又可写成

$$E_k = \frac{1}{2}I\omega^2 \tag{1-9}$$

若把(1-9)式与质点的动能 $\frac{1}{2}mv^2$ 相对照，(1-9)式中的 ω 相当于质点运动的 v，I 相当于质点的质量

m,m 是表示质点运动惯性大小的物理量,类似地,I 则是表示刚体转动惯性大小的物理量。转动惯量 I 的计算如下:

$$I = \sum \Delta m_i r_i^2 \tag{1-10}$$

若刚体质量分布是连续的,则刚体的转动惯量 I 可写成积分的形式,即

$$I = \int r^2 \cdot dm = \int r^2 \cdot \rho \cdot dV \tag{1-11}$$

式中,dV 表示 dm 处的体积元;ρ 表示刚体在某体积元 dV 处的密度,r 表示体积元到转轴的距离。转动惯量的单位是千克·米^2($kg \cdot m^2$)。

刚体的转动惯量不仅取决于刚体总质量的大小,还和刚体的形状、大小及各部分质量的分布有关,同一物体由于轴的位置不同,转动惯量也不同。

如图 1-4 所示,棒长为 l、质量为 m 的均匀细棒,其截面面积为 S,转轴与棒垂直。

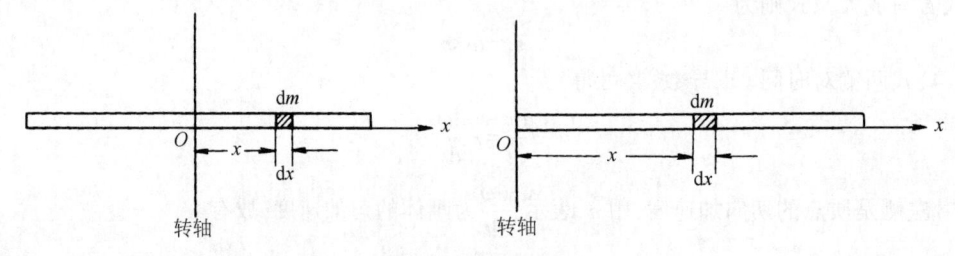

图 1-4 转轴位置不同

当转轴位于棒中心处时,转动惯量为

$$I = \int x^2 \cdot dm = \int x^2 \cdot \rho \cdot S \cdot dx = \int_{-\frac{l}{2}}^{\frac{l}{2}} x^2 \cdot \frac{m}{S \cdot l} \cdot S \cdot dx = \frac{1}{12}ml^2$$

当转轴位于棒的端点时,转动惯量为

$$I = \int x^2 \cdot dm = \int x^2 \cdot \rho \cdot S \cdot dx = \int_0^l x^2 \cdot \frac{m}{S \cdot l} \cdot S \cdot dx = \frac{1}{3}ml^2$$

对于几何形状比较简单,密度分布均匀或有规律的物体,可以用数学方法求出物体的转动惯量,否则需用试验方法测定。表 1-1 给出了几种常见物体的定轴转动的转动惯量,以供参考。

表 1-1 几种特殊形状物体的转动惯量

细圆环	薄圆盘	圆柱体
mR^2	$\frac{1}{2}mR^2$	$\frac{1}{2}mR^2$
均匀细棒	均匀细棒	球体
$\frac{1}{3}ml^2$	$\frac{1}{12}ml^2$	$\frac{2}{5}mR^2$

例 1-1 如图 1-5 所示,试求一质量为 m、半径为 R 的均匀圆盘围绕过其圆心且垂直于圆面的定轴转动的转动惯量。

解 取半径为 r、宽度为 $\mathrm{d}r$ 的细圆环为质量元 $\mathrm{d}m$,设圆盘的面密度即单位面积的质量为 σ,则 $\sigma = \dfrac{m}{\pi R^2}$,那么质量元 $\mathrm{d}m$ 应为

$$\mathrm{d}m = \sigma \cdot 2\pi r \cdot \mathrm{d}r$$

所以

$$I = \int r^2 \cdot \mathrm{d}m = \int_0^R r^2 \cdot \sigma \cdot 2\pi r \cdot \mathrm{d}r$$
$$= 2\pi\sigma \int_0^R r^3 \cdot \mathrm{d}r = \frac{1}{2}mR^2$$

即此圆盘的转动惯量为 $\dfrac{1}{2}mR^2$。

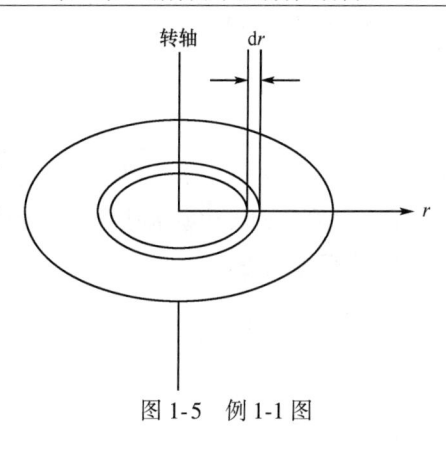

图 1-5 例 1-1 图

三、质心坐标的确定

若把刚体看成是由质点系组成的,那么对这些质点可以写出牛顿第二定律,即

$$m_i \boldsymbol{a}_i = \boldsymbol{f}_i + \boldsymbol{F}_i \tag{1-12}$$

式中,m_i 表示第 i 个质点的质量;$\boldsymbol{a}_i$ 是它的加速度;$\boldsymbol{F}_i$ 是它所受的外力;$\boldsymbol{f}_i$ 是其他质点对它的作用力(内力)。显然这类方程的数目应该与质点的数目相等,由于方程的数目非常大,解方程找出质点的运动状态是非常困难的。

但是,试验证明,在刚体上存在一特殊点,该点的加速度 $\boldsymbol{a}_C$ 等于刚体上所受的外力的矢量和 $\boldsymbol{F}$ 与刚体的质量 m 的比值,即

$$\boldsymbol{a}_C = \frac{\boldsymbol{F}}{m} \tag{1-13}$$

也就是说,可以认为刚体的全部质量和所受的一切外力都集中在这一点上,并且可以按质点运动规律求出它的加速度,这样一个特殊点称为刚体的质量中心或简称**质心**。

下面我们讲解如何确定质心的位置,首先讨论由两个质点所组成的质点系,设两个质点的质量分别为 m_1 和 m_2,在两质点的连线上作一坐标轴,即 Ox 轴,如图 1-6 所示。设 m_1 的坐标为 x_1,m_2 的坐标为 x_2,假设 C 点为质心,则 C 点的坐标 x_C 应满足下式:

$$m_1(x_C - x_1) = m_2(x_2 - x_C)$$

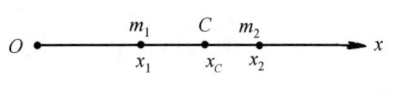

图 1-6 质心坐标的确定

即

$$x_C = \frac{m_1 x_1 + m_2 x_2}{m_1 + m_2}$$

对于由三个质点组成的质点系,可以先就其中两个质点按上述方法确定出质心,把该质心看成是一个新的质点,然后用同样的方法把此新的质点与第三个质点的质心找出来,最后确定的这个质心才是这三个质点所组成的质点系的质心。据上述道理,对于多个质点所组成的系统,质心的位置由下列三个公式确定:

$$x_C = \frac{\sum m_i x_i}{\sum m_i} \tag{1-14}$$

$$y_C = \frac{\sum m_i y_i}{\sum m_i} \tag{1-15}$$

$$z_C = \frac{\sum m_i z_i}{\sum m_i} \tag{1-16}$$

四、平行轴定理与垂直轴定理

在计算刚体的转动惯量时,经常用到平行轴定理及垂直轴定理。

1. 平行轴定理

同一刚体对于不同的轴有不同的转动惯量,设有两个转动轴,其中 Cz 轴通过刚体的质心,C 点为刚体的质心;另一与它平行的轴是 Oz' 轴,如图 1-7 所示。取坐标系 $Cxyz$ 及 $Ox'y'z'$,且使 Cy 轴与 Oy' 轴重合,Cz 轴与 Oz' 轴之间的垂直距离为 d;质量元 Δm_i 到 Cz 轴及 Oz' 轴的距离分别为 r_i 及 r_i';Δm_i 在 $Cxyz$ 坐标系及 $Ox'y'z'$ 坐标系中的坐标分别为 (x_i,y_i,z_i) 及 (x_i',y_i',z_i')。按照转动惯量的定义,则刚体对 Cz 轴及对 Oz' 轴的转动惯量分别为

$$I_{Cz} = \sum \Delta m_i r_i^2 = \sum \Delta m_i (x_i^2 + y_i^2)$$

$$I_{Oz'} = \sum \Delta m_i r_i'^2 = \sum \Delta m_i (x_i'^2 + y_i'^2)$$

Δm_i 在两坐标系中的坐标有如下关系:

$$x_i' = x_i$$
$$y_i' = y_i - d$$
$$z_i' = z_i$$

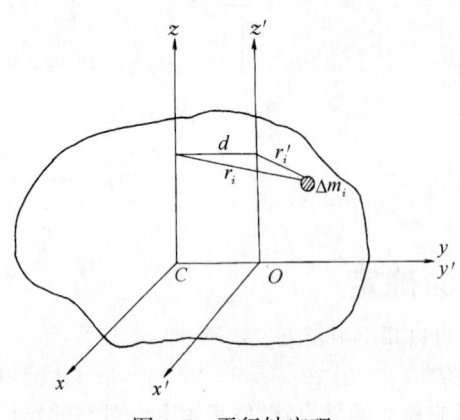

图 1-7 平行轴定理

将上述关系代入 $I_{Oz'}$ 的表达式中可得

$$I_{Oz'} = \sum \Delta m_i [x_i^2 + (y_i - d)^2]$$
$$= \sum \Delta m_i (x_i^2 + y_i^2) + d^2 \sum \Delta m_i - 2d \sum \Delta m_i y_i$$

式中,$\sum \Delta m_i y_i$ 根据质心坐标确定的 (1-15) 式可得

$$\sum \Delta m_i y_i = y_C \cdot \sum \Delta m_i$$

因 y_C 为刚体质心的坐标,令刚体质心在坐标系 $Cxyz$ 中的坐标为 $(0,0,0)$ 即与坐标原点重合,故 $y_C = 0$,因而有 $\sum \Delta m_i y_i = 0$,又因为 $I_{Cz} = \sum \Delta m_i (x_i^2 + y_i^2)$,于是

$$I_{Oz'} = I_{Cz} + md^2 \tag{1-17}$$

(1-17) 式表明,刚体对于某轴的转动惯量等于刚体对于通过其质心且与该轴平行的轴的转动惯量加上刚体的质量与两轴间距离平方的乘积。这就是**平行轴定理**。

2. 垂直轴定理

设有一个厚度均匀的薄板,取坐标系 $Oxyz$,Oz 轴垂直于薄板,Ox 轴及 Oy 轴都位于薄板内,Ox 轴、Oy 轴、Oz 轴都交于薄板内一点 O,如图 1-8 所示。则薄板对 Oz 轴的转动惯量为

$$\begin{aligned} I_{Oz} &= \sum \Delta m_i (x_i^2 + y_i^2) \\ &= \sum \Delta m_i x_i^2 + \sum \Delta m_i y_i^2 \\ &= I_{Ox} + I_{Oy} \end{aligned} \tag{1-18}$$

(1-18) 式表明:薄板对于垂直于板面的轴 Oz 的转动惯量

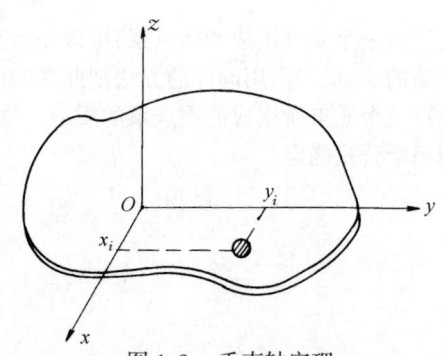

图 1-8 垂直轴定理

等于薄板对于位于板面内与 Oz 轴交于一点的两相互垂直的轴 Ox 和 Oy 的转动惯量之和。这就是**垂直轴定理**。

例 1-2 试求质量为 m、半径为 R 的均匀圆盘对于通过它边缘上某点 A 且垂直于盘面的轴的转动惯量 I_A，如图 1-9 所示。

解 我们已知质量为 m、半径为 R 的圆盘对于通过其质心且垂直于盘面的轴的转动惯量 $I_C = \frac{1}{2}mR^2$。

根据平行轴定理，则有

$$I_A = I_C + mR^2$$

$$= \frac{1}{2}mR^2 + mR^2 = \frac{3}{2}mR^2$$

所以，此圆盘对于通过它边缘上某点 A 且垂直于盘面的轴的转动惯量为 $\frac{3}{2}mR^2$。

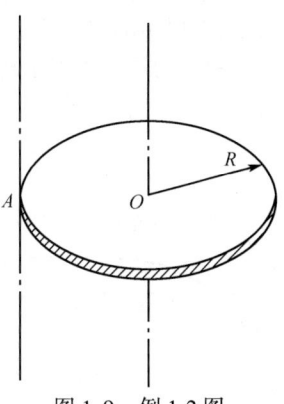

图 1-9 例 1-2 图

例 1-3 试求质量为 m、半径为 R 的均匀薄圆盘对于通过它直径的轴 OP 的转动惯量 I_P 为多少？如图 1-10 所示。

解 因为圆盘对于通过其圆心 O 且垂直于盘面的轴的转动惯量 $I_O = \frac{1}{2}mR^2$。

利用垂直轴定理可得

$$I_O = 2I_P$$

所以

$$I_P = \frac{1}{2}I_O = \frac{1}{4}mR^2$$

即薄圆盘围绕通过其直径轴的转动惯量为 $\frac{1}{4}mR^2$。

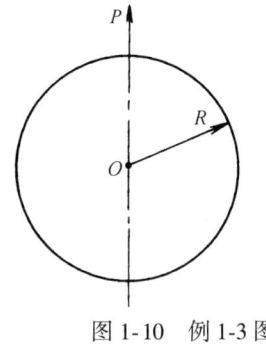

图 1-10 例 1-3 图

第三节 转 动 定 律

一、力 矩

一个具有固定转动轴的刚体，在外力作用下，刚体转动状态的改变不仅与力的大小、方向有关，而且与力的作用点的位置有关。这时我们使用力矩的概念。

设刚体所受的外力 F 在垂直于转轴 OO' 的平面内，如图 1-11 所示。力的作用线与转轴之间的垂直距离 d 称为力臂。力与力臂的乘积称为**力矩**。用 M 表示，即

$$M = Fd \tag{1-19}$$

设力的作用点是 P，P 点的位置矢量为 r，从图上可求出 $d = r \cdot \sin\phi$，ϕ 是矢量 F 与 r 间的夹角，所以 (1-19) 式可以写成

$$M = F \cdot d = F \cdot r\sin\phi \tag{1-20}$$

也可以按右手螺旋法则确定出力矩的方向，并写出矢量表达式

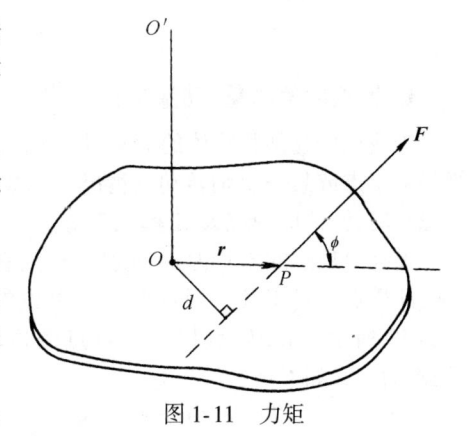

图 1-11 力矩

$$M = r \times F \tag{1-21}$$

(1-21)式表明力矩矢量的方向是:当右手四指沿着从 r 的方向,经过小于180°的角度,转到力 F 的方向,此时大拇指的方向就是力矩的方向。力矩的单位为牛顿·米(N·m)。

如果外力不在垂直于转轴的平面内,那就必须把外力分解成相互垂直的两个分力,一个与转轴平行,另一个与转轴垂直。前者不能使刚体转动,后者才能使刚体转动。

二、转动定律

首先我们先讨论力矩所做的功,如图1-12所示,设一刚体在力 F 作用下绕 OO' 轴转动,当在 dt 时间内,刚体绕转轴转过一个角位移 $d\theta$,力 F 作用点的位移 $ds = r \cdot d\theta$,力 F 所做的元功为

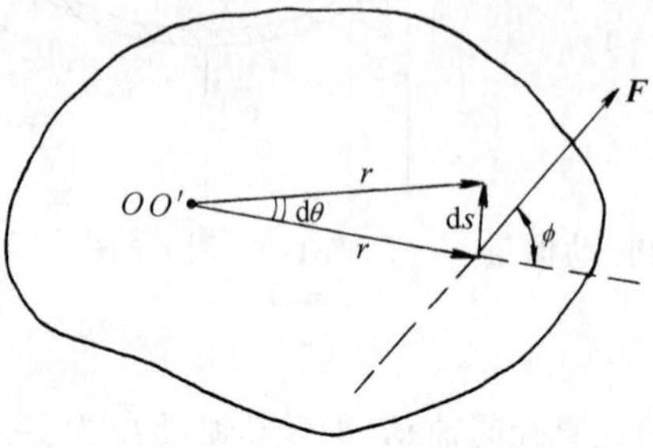

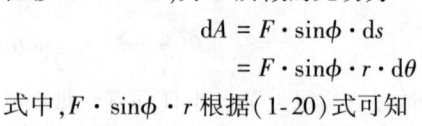

$$dA = F \cdot \sin\phi \cdot ds$$
$$= F \cdot \sin\phi \cdot r \cdot d\theta$$

式中,$F \cdot \sin\phi \cdot r$ 根据(1-20)式可知

$$F \cdot \sin\phi \cdot r = M$$

所以

$$dA = M \cdot d\theta \tag{1-22}$$

由功能原理可知,力矩对刚体所做的功应等于刚体转动动能的增量,于是可得

$$M \cdot d\theta = d\left(\frac{1}{2}I\omega^2\right)$$

图1-12 力矩做功

当 I 固定不变时,则有

$$M \cdot d\theta = I\omega \cdot d\omega$$

上式两边同时除以 dt 可得

$$M\frac{d\theta}{dt} = I\omega\frac{d\omega}{dt}$$

即

$$M = I\beta \tag{1-23}$$

(1-23)式指出,转动刚体的角加速度与作用在刚体上的力矩成正比,与刚体的转动惯量成反比。这一定律称为**转动定律**。

第四节 角动量守恒定律

一、角动量 L

1. 质点的角动量(动量矩)

当我们研究某些物体的运动时,经常会遇到质点绕某一定点或某一定轴转动的情况。例如,原子内电子绕核转动,地球围绕太阳运转,等等。

设某一质点的质量为 m,速度为 v,则它的动量 $p = mv$,此质点相对于某一固定点 O 的位置矢量为 r,如图1-13所示。则此质点相对于 O 点的角动量(动量矩)L 的定义如下:

$$L = r \times p = r \times mv \tag{1-24}$$

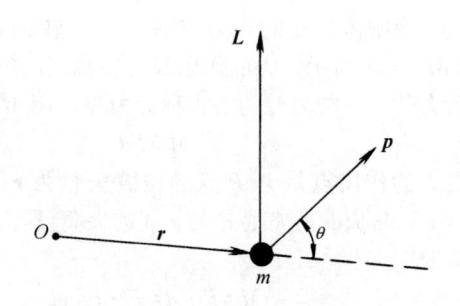

式中,L 的方向垂直于 r 与 p 所构成的平面,L 的方向

图1-13 质点角动量的确定

可由右手法则确定,即右手四指顺着 r 的方向以小于180°的方向转向 p 的正向,则大拇指所指的方向即为 L 的方向。角动量的单位是千克·米²/秒($kg·m^2/s$)。

2. 刚体绕定轴转动的角动量

当某一刚体围绕某一定轴转动时,如图1-14中的 Oz 轴,求刚体的转动惯量时,可以把刚体分解为许多个质量元,设第 i 个质量元的质量为 Δm_i,Δm_i 到 Oz 轴的垂直距离为 r_i,若刚体转动的角速度为 ω 时,刚体第 i 个质量元对 Oz 轴的角动量按(1-24)式可得

$$L_i = \Delta m_i \cdot r_i \cdot v_i = \Delta m_i \cdot r_i^2 \cdot \omega$$

于是,整个刚体所有质量元对 Oz 轴转动的总的角动量为

$$L_{Oz} = \sum L_i = \sum \Delta m_i \cdot r_i^2 \cdot \omega = \omega \sum \Delta m_i \cdot r_i^2$$

式中

$$I = \sum \Delta m_i \cdot r_i^2$$

所以

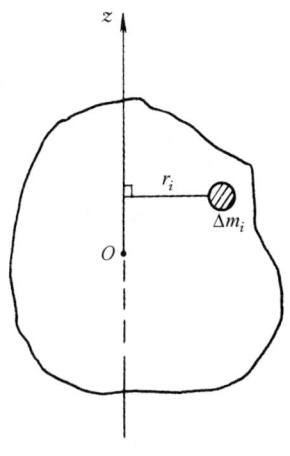

图1-14 刚体角动量的确定

$$L_{Oz} = I\omega \tag{1-25}$$

二、角动量定理

根据转动定律可知

$$M = I\beta = I\frac{d\omega}{dt} = \frac{d(I\omega)}{dt}$$

式中,转动惯量与角速度的乘积 $I\omega$ 即为角动量 L,则

$$M = \frac{dL}{dt} \tag{1-26}$$

(1-26)式表明,刚体对某一给定转轴或点的角动量对时间的变化率等于刚体所受到的对同一转轴或点的合外力矩的大小。这一关系称为**角动量定理**。

(1-26)式还可写成

$$M \cdot dt = dL$$

式中,$M \cdot dt$ 称为刚体受到的**冲量矩**。所以角动量定理还可叙述为:转动刚体所受到的冲量矩等于刚体在 dt 时间内的角动量的变化量。

如果刚体从 t_0 时刻到 t 时刻的一段时间内,其角速度从 ω_0 变化到 ω,则有

$$\int_{t_0}^{t} M \cdot dt = \int_{t_0}^{t} dL = L - L_0 = I\omega - I\omega_0 \tag{1-27}$$

冲量矩是一个矢量,它的方向与力矩矢量方向一致,冲量矩表示力矩的时间累积效应。冲量矩的单位是牛顿·米·秒($N·m·s$)。

三、角动量守恒定律

由上述角动量定理可知,如果刚体所受到的合外力矩 $M=0$ 时,则有 $dL=0$,即

$$L = I\omega = 恒量 \tag{1-28}$$

(1-28)式表明:当刚体所受的合外力矩为零时,刚体的角动量保持恒定不变,这一结论称为刚体的**角动量守恒**。

如图1-15所示的演示试验,图中由两个质点组成的系统,图1-15(a)表示最初状态,其角动量为 $I_0\omega_0$;图1-15(b)表示当两个质点与转轴的距离变小后,即 $I<I_0$ 时,则由角动量守恒可知图1-15(b)态角速度比图1-15(a)态的角速度要大,即 $\omega>\omega_0$。

角动量守恒定律是分析人体转动的力学基础,如一个花样滑冰运动员,常常先伸开双臂以一定

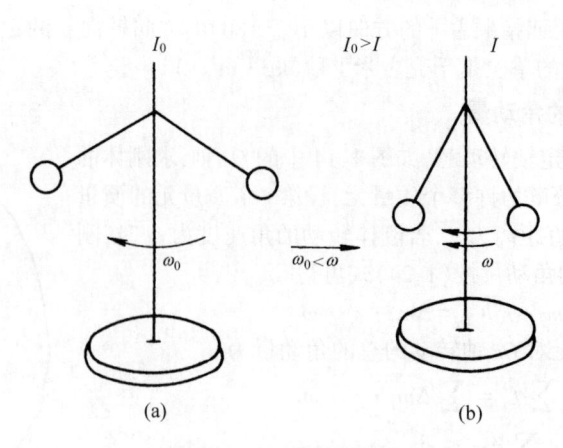

图 1-15 角动量守恒演示

的角速度转动,当他把双臂收回时,可以看到运动员这时旋转的角速度加快,以完成特定的花样动作,这一表演动作说明在角动量保持不变的条件下,转动惯量变小时(双臂收回)角速度必将增大。

第五节 陀螺的运动*

如果把一个静止的陀螺放到一个固定的支点 O 上,若陀螺的质心在 C 处,如果用 M 表示重力 mg 对 O 点的力矩,则陀螺将在力矩 M 的作用下向下倾倒,但如果使陀螺以很大的角速度 ω 绕其对称轴转动时,我们会看到陀螺在力矩 M 的作用下并不向下倾倒,并且看到陀螺除绕自身的对称轴自转外,其对称轴还沿铅直轴 Oz 以很小的角速度 Ω 缓慢转动,陀螺的这种运动我们称为**进动**。下面我们对进动情况作一定量分析。

如图 1-16 所示,设陀螺以较高的角速度 ω 绕其对称轴自转,陀螺的自转轴和铅直轴 Oz 之间的夹角为 θ,若陀螺质心 C 到 O 点的距离为 l,则陀螺所受的重力矩 M 的大小为

$$M = mgl \cdot \sin\theta$$

当经过 dt 时间后,根据角动量定理,力矩 M 将引起角动量的改变,设角动量的改变量为 dL,陀螺的角动量 L 的端点由 P 移至 P',则根据角动量定理可知

$$dL = M \cdot dt$$

因 P 点是在半径为 $L \cdot \sin\theta$ 的圆周上做圆周运动,根据角量和线量的关系可知

$$dL = L \cdot \sin\theta \cdot d\phi$$

式中,$d\phi$ 是 dL 所对应的圆周角。将上式结果代入角动量定理的表达式中,则有

$$M \cdot dt = L \cdot \sin\theta \cdot d\phi$$

即

$$M = L \cdot \sin\theta \cdot \frac{d\phi}{dt}$$

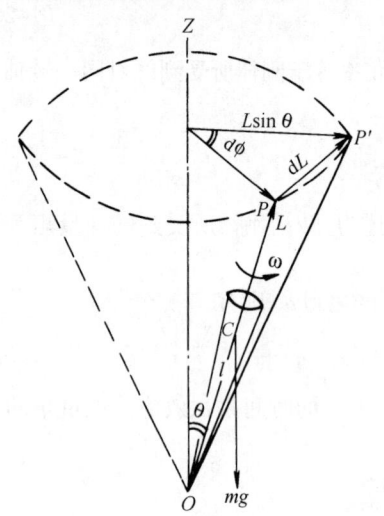

图 1-16 陀螺的运动

式中,$d\phi/dt$ 表示的是陀螺的自转轴绕铅直轴转动的角速度,我们称为**进动角速度**。并用 Ω 表示,则上式可写成

---

* 为选读内容,后同。

$$M = L \cdot \sin\theta \cdot \Omega$$

因为 $M = mgl \cdot \sin\theta$，将此关系代入上式得

$$\Omega = \frac{mgl}{L} = \frac{mgl}{I\omega} \tag{1-29}$$

利用陀螺的运动规律可以解释物质的核磁共振现象，从而更好地分析物质的结构。近几年来，核磁共振理论广泛应用于医学诊断和药物分析领域。

知识拓展　　物体的弹性　骨材料的力学性质

一、应变　应力　弹性模量

物体在外力作用下发生的形状和大小的改变，称为**形变**。在物体的弹性限度内，外力撤除后，物体能恢复原状，这种形变称为**弹性形变**。若外力过大，则物体的形变超出了弹性限度，物体便不能恢复原状，这种形变称为**塑性形变**。本节主要介绍物体发生弹性形变时的应变、应力和弹性模量等概念。

1. 正应变和正应力

物体受到拉力（压力）时，其长度就会发生变化。如图1-17所示，有一匀质杆，原长度为 x_0，当两端受到大小为 F 的拉力时，杆在拉力的作用下伸长了 Δx，为了表示拉伸（压缩）时长度的变化程度，我们引入一个无量纲的物理量，称其为**张应变**，用 ε 表示

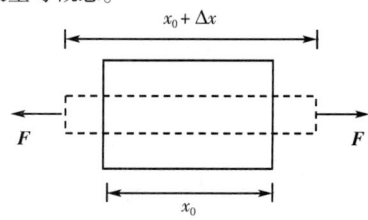

$$\varepsilon = \frac{\Delta x}{x_0} \tag{1-30}$$

图 1-17　物体的拉伸形变

物体受到拉力（压力）会伸长（缩短），那么物体内部任一横截面 S 处也会产生张力（压力），我们把单位横截面积上受到的内力称为**张应力（压应力）**，用 σ 表示

$$\sigma = \frac{F}{S} \tag{1-31}$$

σ 的单位为 N/m^2。张应力（压应力）的方向均与物体的横截面积垂直，统称为**正压力**，相应的应变统称为**正应变**。

实验表明，当物体发生拉伸或压缩形变时，在一定的弹性限度内，应力与应变成正比，满足胡克定律，即

$$\sigma = E\varepsilon \tag{1-32}$$

式中，比例系数 E 称为**弹性模量**，也称为**杨氏模量**，其大小由材料本身的性质决定，单位为 N/m^2。在一定的弹性限度内，它等于物体发生单位形变所对应的应力，用来表征物体抗形变的能力。

将(1-30)式，(1-31)式代入(1-32)式可得杨氏模量的表达式

$$E = \frac{\sigma}{\varepsilon} = \frac{\frac{F}{S}}{\frac{\Delta x}{x_0}} = \frac{Fx_0}{S\Delta x} \tag{1-33}$$

由此可知，若其他各量都可通过实验测得，就可利用(1-33)式计算出该材料的杨氏模量，从而判断材料的力学性质。

当形变超过弹性范围时，若继续对材料增大拉力，可导致材料断裂，此时的张应力叫做材料的**抗张强度**；在压缩情况下，断裂时的压应力叫**抗压强度**。这两个物理量也是判断试件材料力学性质的重要指标。

2. 切应变和切应力

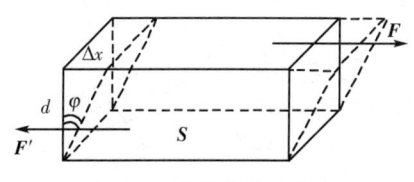

图 1-18　物体的剪切形变

若两个距离较近、大小相等、方向相反的平行力作用于同一物体上下面时所引起的形变，称为**剪切形变**，简称**切变**。如图1-18所示，方块物体的下底面固定于台面上，在上底面施加一个与之平行的力 F，可知下底面同时就要受到台面施加的一个大小相等方向相反的力 F'，则上下底面在这一对力 F 与 F' 的作用下发生相对的平行位移。设上下底面的相对位移为 Δx，垂直距离为 d，则比值 $\frac{\Delta x}{d}$ 表

示剪切形变的程度,称为**切应变**,用 γ 表示,

$$\gamma = \frac{\Delta x}{d} = \tan\varphi \tag{1-34}$$

在实际情况下,一般 φ 很小,则(1-34)式可近似为 $\gamma \approx \varphi$,切应变没有量纲。

发生剪切形变时,物体中任意一个平行于底面的截面 S 把物体分为上下两部分,由于两部分之间具有大小与外力相等的切向内力作用,使得两部分之间具有相对位移,我们把 F 与面积 S 的比值称为**切应力**,用 τ 表示,单位为 N/m²,

$$\tau = \frac{F}{S} \tag{1-35}$$

实验表明,当物体发生剪切形变时,在一定弹性范围内,切应力与切应变成正比,即

$$\tau = G\gamma \tag{1-36}$$

式中,G 为**切变模量**。

由(1-34)式~(1-36)式可得切变模量可表示为

$$G = \frac{\tau}{\gamma} = \frac{\frac{F}{S}}{\frac{\Delta x}{d}} = \frac{Fd}{S\Delta x} \tag{1-37}$$

3. 体应变和体应力

若物体受到压力作用,体积发生变化,但形状不改变时,如图 1-19 所示,我们把体积变化量 ΔV 与原体积 V_0 之比称为**体应变**,用 θ 表示,即

$$\theta = \frac{\Delta V}{V_0} \tag{1-38}$$

使体积变化的应力用压强 P 表示,此压强也称为**体应力**。

实验表明,当物体发生体应变时,在一定弹性范围内,压强 P 与相应的体应变成正比,即

$$P = -K\theta \tag{1-39}$$

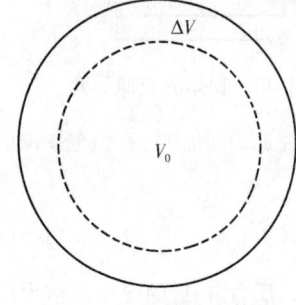

图 1-19 物体受力体积变化形状不变

式中,负号表示压强增大时体积缩小,比例系数 K 叫做**体积模量**,在一般应用中,通常把体积模量的倒数称为**压缩模量**,通过(1-38)式和(1-39)式整理可得体积模量的计算公式

$$K = -\frac{P}{\Delta V}V_0 \tag{1-40}$$

综上可知,应变又叫做胁变,表示物体的相对形变;应力又叫做胁强,它反映了物体发生形变时内部的受力情况,表示作用在单位面积上的内力。在多数情况下,物体同一截面上各点所受应力不等,也可以同时受到切应力和正应力的作用。

二、骨骼材料的力学性质

人体的骨骼系统是人体的支架,它的主要作用是:支撑重量,维持体形,完成运动和保护内脏器官。人体中的骨骼因其部位不同,其功能也不同,其中,最有代表性的就是软骨和管状骨。

软骨在骨骼系统中是不可缺少的,其作用与其所处位置有关。例如,脊柱的各椎骨之间有软骨垫,它的作用是使脊柱具有柔韧性和弹性,像弹簧一样,在人运动特别是跳跃时起到缓冲作用,减缓对大脑的震动,同时能辅助脊柱在一定范围内做各种运动。又如,肋骨前端的软骨,使得肋骨可以满足呼吸运动变化的要求。另外,关节软骨可以提供关节表面的润滑,使关节面能以最小的摩擦和磨损进行相对运动。

管状骨是在生物进化过程中,根据力学需要形成的,如股骨、胫骨等都属于管状骨。图 1-20 是受负荷

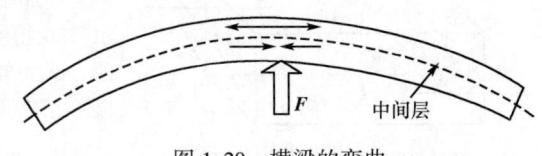

图 1-20 横梁的弯曲

作用而弯曲的横梁,若将其分成若干层,可以找到一个应力为零的**中间层**,中间层以上各层均受到拉伸而具有张应力,以下各层均受到压缩而具有压应力。由此可见中间层以及其附近层所承受的应力作用较小,因而可有可无,这就是管状骨生成的力学依据。管状骨中央为空腔,其层状结构十分巧妙,最外层是韧性很好的骨膜,再向里为密质骨、疏质骨、骨髓腔,将密度较大和强度较高的材料配置在高应力区,这种骨结构既减轻了骨重量,又有较高的受力强度。另外,这些骨的两端比中部肥大,可以增大关节处的接触面积,减少压强。因此,骨骼是一种截面和外形极为合理的优良承力结构。

骨骼受到外力作用,会产生内应力。用刚解剖的新鲜股骨做拉伸实验,测量其张应变和张应力的关系。如图 1-21 所示,其应力与应变的关系呈非线性关系,随应力的增大,非线性的程度也增大,当应力约为 $120\times10^6\text{N/m}^2$ 时,股骨试件断裂。材料试验表明,骨的密度比钢和花岗岩小,但是其抗张强度约为钢的1/4,抗压强度接近于花岗岩。

骨材料具有各向异性的力学性能,在不同方向的负荷作用下,表现出来不同的强度,如图 1-22 所示(黑短线表示拉伸方向)。从图中可以看出,在纵轴方向上加负载时,样品的强度最大,而横轴方向上强度最小,所以骨骼的抗剪切能力比抗拉伸或压缩能力要弱。

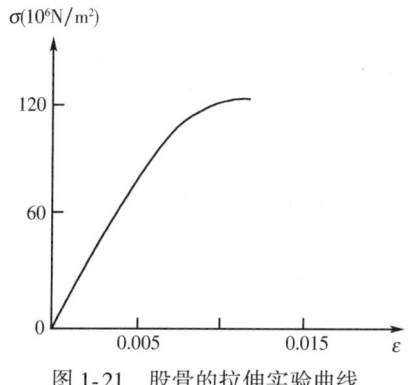

图 1-21 股骨的拉伸实验曲线 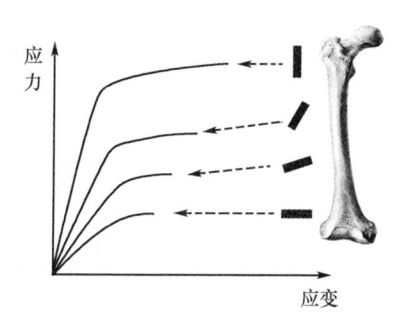　　图 1-22 股骨在不同方向的受力强度

人体骨骼受力形式多种多样,根据外力和力矩的方向可分为以下 5 种。
(1) **拉伸**:从骨的表面或两端沿轴向向外施加负荷(如人进行悬垂动作时骨受到的负荷);
(2) **压缩**:在骨的两端施加大小相等,方向相反的负荷(如举重时,人体骨骼会受到压缩负荷);
(3) **弯曲**:骨骼受到使其轴线发生弯曲的负荷;
(4) **剪切**:骨骼受到与骨骼横截面平行的负荷;
(5) **扭转**:骨骼受到沿其轴线使骨发生扭转的负荷。

以上列举的方式是骨骼承受负荷的几种简单情况,在实际生活中,作用在人体骨骼上的负荷往往是上述几种负荷的复合作用。

科学之光　牛顿的故事

艾萨克·牛顿(1643—1727)爵士,英国皇家学会会长,英国著名物理学家,百科全书式的"全才"。

牛顿于 1665 年毕业于剑桥大学并留校任教。1687 年出版了伟大的科学著作《自然哲学的数学原理》(简称《原理》)。在这部著作中,牛顿提出了力学的三大定律和万有引力定律,对宏观物体的运动给出了精确的描述。他把地面上的物体和太阳系内行星的运动统一在相同的物理定律之中,从而完成了人类文明史上第一次科学的大综合。

艾萨克·牛顿

牛顿的《原理》不仅总结和发展了牛顿之前物理学的几乎全部

重要成果,而且也是后来所有科学思想和科学方法的楷模。牛顿的科学思想和科学方法对他以后三百年来自然科学的发展产生了极其深远的影响,第一次对自然规律进行理论性概括和总结,奠定了经典物理学的基础。

牛顿的科学观是因果决定论的科学观。牛顿所遵循的认知途径是从实验观察得到的运动现象去探讨力的规律,然后用这些规律去解释自然现象。正如他在《原理》一书的前言中写道,我奉献这一作品,作为哲学的数学原理,因为哲学的全部责任似乎在于——"从运动的现象去研究自然界中的力,然后从这些力去说明其他自然现象。"爱因斯坦(Einstein)对牛顿的科学认识道路给予了高度的评价。

牛顿研究方法的一大特点是对错综复杂的自然现象敢于简化,善于简化,从而建立起理想的物理模型。另一特色是运用形象思维的方法进行创造性思维活动,他构思了一些神奇的理想实验,创造新的物理图像,来揭示天体运动与地面上物体运动的统一性。

牛顿采用归纳和演绎的方法,完成从特殊到一般,再从一般到特殊的认识过程。在探索物质运动规律的过程中,归纳的过程就是通过对运动的研究,探索自然界规律的过程,演绎的过程就是运用力的规律,去计算物体的运动,做出明确预见的过程。

牛顿的科学思想和科学方法深刻地影响着以后物理学家的思想、研究和实践的方向。这说明了科学思维方法的重要性。从物理学的重大发现中吸取科学思想、科学方法的营养,对提高我们提出问题、分析问题和解决问题的能力都是大有裨益的。

牛顿对人类的贡献是巨大的。然而牛顿却能清醒地评价自己的一生。他对自己之所以能在科学上有突出的成就以及这些成就的历史地位有清醒的认识。他曾说过:"如果说我比多数人看得远一些的话,那是因为我站在巨人们的肩上。"他在临终时还留下了这样的遗言:"我不知道世人将如何看我,但是,就我自己看来,我好像不过是一个在海滨玩耍的小孩,不时地为找到一个比通常更光滑的卵石或更好看的贝壳而感到高兴,但是,尚待探索的真理的海洋正展现在我的面前。"

1942年12月25日,在牛顿诞辰300周年纪念日上,在革命圣地延安,在中国共产党领导下的陕甘宁边区隆重举行了纪念大会,延安自然科学院院长徐特立在会上作了题为《对牛顿应有的认识》的专题报告,介绍了牛顿的生平事迹、创立经典力学的科学成就和深远影响,最后谈到了我党对发展科学技术事业的战略设想。此举充分表明了中国共产党对科学技术及科学家的高度重视,并通过此举推动科技创新和科学普及工作。

小　结

(1) 刚体力学:

1) 角速度:$\omega = \lim\limits_{\Delta t \to 0} \dfrac{\Delta \theta}{\Delta t} = \dfrac{\mathrm{d}\theta}{\mathrm{d}t}$

2) 角加速度:$\beta = \lim\limits_{\Delta t \to 0} \dfrac{\Delta \omega}{\Delta t} = \dfrac{\mathrm{d}\omega}{\mathrm{d}t} = \dfrac{\mathrm{d}^2\theta}{\mathrm{d}t^2}$

3) 刚体对某一定轴的转动惯量:$I = \sum\limits_{i=1}^{n} \Delta m_i r_i^2$ 或 $I = \int r^2 \mathrm{d}m = \int r^2 \rho \mathrm{d}V$

4) 刚体的转动动能:$E_k = \dfrac{1}{2} I \omega^2$

5) 力矩及其方向的定义:$\boldsymbol{M} = \boldsymbol{r} \times \boldsymbol{F}$

6) 转动定律:$M = I\beta$

7) 角动量:$L = I\omega$

8) 角动量守恒定律:$L=I\omega=$恒量,即当刚体在一段时间内所受的合外力矩为零时,刚体的角动量保持恒定不变。

9) 陀螺进动角速度的计算公式:$\Omega=\dfrac{mgl}{L}=\dfrac{mgl}{I\omega}$

(2) 物体的弹性:

1) 正应变:$\varepsilon=\dfrac{\Delta x}{x_0}$

2) 正应力:$\sigma=\dfrac{F}{S}$

3) 杨氏模量:$E=\dfrac{\sigma}{\varepsilon}=\dfrac{Fx_0}{S\Delta x}$

4) 切应变:$\gamma=\dfrac{\Delta x}{d}=\tan\varphi$

5) 切应力:$\tau=\dfrac{F}{S}$

6) 切变模量:$G=\dfrac{\tau}{\gamma}=\dfrac{Fd}{S\Delta x}$

7) 体应变:$\theta=\dfrac{\Delta V}{V_0}$

8) 体变模量:$K=-\dfrac{P}{\Delta V}V_0$

习 题 一

1-1. 当飞轮做加速转动时,在飞轮上半径不同的两个质点,它们的切向加速度是否相同?法向加速度是否相同?

1-2. 某一转轮,从静止开始以匀角加速度转动,经20s后,它的角速度到达60rad/s,求此转轮的角加速度及在20s内转轮转过的角度。

1-3. 某电动机的转子由静止开始转动,经30s后,转子的转速增加到250r/s,转子的直径为0.04m,试求在$t=30$s时转子表面上一点的速度和加速度。

1-4. 试求质量为m,长为L的均匀细棒对下面几种情况的转动惯量。
   (1) 转轴通过棒的中心并与棒垂直;
   (2) 转轴通过棒的一端点并与棒垂直;
   (3) 转轴通过棒的中心并与棒呈θ角。

1-5. 双原子分子中两原子相距为r,它们的质量分别为m_1和m_2,可绕通过质心且垂直于两原子连线的轴转动,求此双原子分子的转动惯量。

1-6. 砂轮的直径为0.2m,厚度为0.025m,密度为2.4 g/cm³,求
   (1) 砂轮的转动惯量;
   (2) 当转速为2940r/min时,砂轮的转动动能为多少(砂轮可视为实心圆盘)?

1-7. 一飞轮直径为0.3m,质量为5kg,可绕过其质心与飞轮面垂直的轴转动,现用绳绕在飞轮的边缘,并以一恒力拉绳的一端,使飞轮由静止均匀地加速,经0.5s后,转速达到10r/s,假定飞轮可看成实心圆柱体,求

(1) 飞轮的角加速度；

(2) 飞轮在 0.5s 内转过的圈数；

(3) 作用在绳上的拉力及拉力在 0.5s 内所做的功。

1-8. 一圆盘半径为 1.0m，质量为 10kg，可绕过其质心与盘面垂直的轴转动。假设开始时，圆盘的角速度为 10rad/s，现将一质量为 2.0kg 的物体放在圆盘的边缘，问此时的角速度变为多少？

1-9. 一圆盘可绕过其质心，与盘面垂直的轴转动。已知圆盘的半径 $R=0.5$m，它的转动惯量 $I=20$kg·m²，开始盘是静止的，现在盘的边缘上沿切线方向施一个大小不变的力 $F=100$N，求

(1) 圆盘的角加速度；

(2) 在第 10s 末时刻，圆盘边缘一点的线速度。

1-10. 一根质量为 m，长为 L 的均匀细棒 AB，可绕一个水平光滑轴在竖直平面内转动，轴离 A 端距离为 $L/3$，今使棒从静止开始，由水平位置绕轴转动，求

(1) 棒在水平位置上刚启动时的角加速度；

(2) 棒转到竖直位置时的角速度及角加速度。

1-11. 长度为 $2l$，质量为 M 的细棒，放在光滑的水平面上，可绕过棒的质心并与水平面垂直的轴转动，轴承光滑，现有一质量为 m 的子弹以速度 v_0 沿水平方向垂直射入棒的端点，求棒和子弹绕轴转动的角速度。

1-12. 股骨是大腿中的主要骨骼，成年人股骨的最小截面积是 6×10^{-4}m²，问受压负荷为多大时将发生碎裂？该负荷是 70kg 体重的多少倍（股骨的抗压强度为 17×10^7N/m²）？

1-13. 设某人的一条腿股骨长 50cm，横截面积平均为 4cm²，当双腿支持整个 60kg 的体重时，其一条腿股骨长度缩短多少（骨压缩时的杨氏模量近似按 10^{10}N/m² 计算）？

第一章PPT

第二章 流体动力学基础

自然界中的物质有三种状态,即固态、液态和气态。液态和气态的物质统称为**流体**。

流体力学研究流体的运动规律,包括**流体静力学**和**流体动力学**。流体静力学是研究流体处于静止状态时的力学规律,中学物理中已经讨论过;流体动力学研究的是流体流动时的运动规律以及它与相邻其他物体之间相互作用的一门学科。生物体的许多活动过程,如血液和淋巴液的循环、养分的输送和废物的排泄以及呼吸过程,都与流体的运动密切相关。

本章讨论流体动力学的一些基本规律,重点为不可压缩流体运动的基本规律,并介绍流体力学规律在医学中的一些应用。

第一节 理想流体的稳定流动

一、理 想 流 体

在外力作用下,流体的一部分相对另一部分很容易发生相对运动,这是流体最基本的特性,即**流动性**。

实际流体内部各部分的流速不一定相同,速度不同的相邻两流层之间存在着沿分界面切向的摩擦力——内摩擦力,它阻碍流体各层间的相对滑动。流体的这种性质称为**黏滞性**。实际流体都有黏滞性。

虽然实际流体总是或多或少地具有黏滞性,但是像水和乙醇等一些液体的黏滞性很小,气体的黏滞性更小,在很多研究中,对流体运动的影响不大。因此,在讨论这些流体的流动时,可以忽略黏滞性,将其视为无黏滞性流体。

实际流体都是可压缩的。液体的可压缩性很小,因此,一般液体的可压缩性可以忽略不计。就气体而言,虽然可压缩性非常显著,但当其处在可以流动的状态下时,很小的压强差就足以使气体迅速流动,因此引起的密度变化不大,其可压缩性也可忽略。

在物理学研究中,为了突出被研究对象的主要特性和简化问题,常用理想化的模型来代替实际对象进行分析。在流体力学的很多实际问题中,可压缩性和黏滞性只是影响流体运动的次要因素,流动性才是决定流体运动的主要因素。这时,我们用**理想流体**这一理想化的模型来代替实际流体进行分析,从而得出理想流体运动的基本规律。**所谓理想流体,就是绝对不可压缩,而且完全没有黏性的流体**。

理想流体这个模型忽略了研究对象的可压缩性和黏滞性,突出了其流动性,在研究可压缩性和黏滞性较小的流体的运动时,是一种科学的抽象。

二、稳 定 流 动

一般情况下,流体流动时,流体粒子流经空间各点的流速不相同,而且随时间变化。这种随时间而变化的流动称为非稳定流动。如果空间任意固定点的流速不随时间而变,即同一时刻流体内各处的流速可能不同,但流体粒子流经空间任一给定点的速度是确定的,且不随时间变化,我们就说其流动状态是稳定的,这种流动称为**稳定流动**,也可称为**定常流动**。

为形象地描述流体的运动情况,我们引入**流线**这个概念。流线是这样一簇假想的曲线,曲线上每一点的切线方向和位于该点的流体质量元的速度方向一致。如图 2-1 所示,虽然流体流经 A,B,C

三点的速度不同,但任何时刻流体流经 A 点的速度总是 v_A,流经 B 点的速度总是 v_B,流经 C 点的速度总是 v_C。所以当流体做稳定流动时,流线的形状将不随时间而改变,这时流线就与流体质量元的运动轨迹相重合。当流体做非稳定流动时,由于流体质量元流经空间各点的流速随时间而变,因而不同时刻有不同的流线,这时流线与流体质量元的运动轨迹不再重合。

流线的疏密程度反映流体流动速度的大小:流线密集的地方流速大,反之,流线稀疏的地方流速小。如果在流动的流体中作一个小截面,并作出通过它的周边上各点的流线,由这些流线所围成的管状区域称为**流管**,如图 2-2 所示。

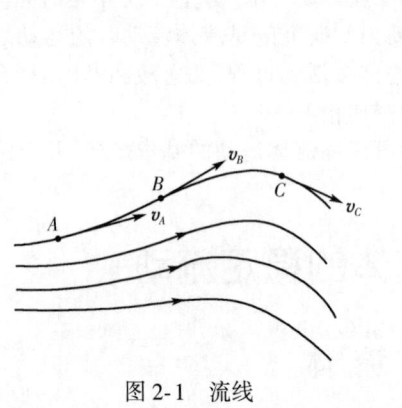

图 2-1 流线　　　　　　　　图 2-2 流管

流体做稳定流动时,由于流线的形状不随时间发生改变,因此流管的形状也不随时间发生改变。由于每一时刻空间一点上的流体粒子只能有一个速度,所以流线不可能相交,流管内的流体不能穿出管外,流管外的流体也不能穿入管内,只能从流管的一端流进,从另一端流出。若流体在固定管道中做稳定流动时,固定管道本身可视为一个流管。

三、稳定流动的连续性方程

连续性方程讨论的是在稳定流动的情况下,流体通过流管时,流量与流速、流管截面积的关系。

如图 2-3 所示,我们在流体中任意选取一根截面积很小的流管,不可压缩的流体在流管内做稳定流动。设垂直于流管的截面积 S_1 和 S_2 处的流速为 v_1 和 v_2,经过一短时间 Δt,流过截面积 S_1 和 S_2 的流体的体积分别为

$$V_1 = S_1 v_1 \Delta t$$
$$V_2 = S_2 v_2 \Delta t$$

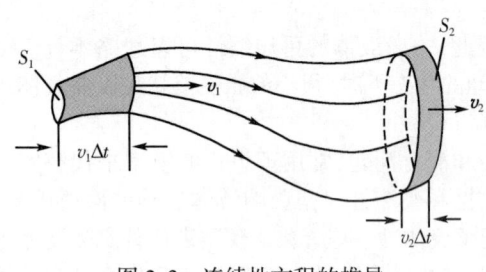

图 2-3 连续性方程的推导

因为研究的是不可压缩流体的连续流动,那么,根据质量守恒原理,相同时间内,流过同一流管任意一截面的流体体积应该相等,即

$$S_1 v_1 \Delta t = S_2 v_2 \Delta t$$

又为

$$S_1 v_1 = S_2 v_2 \tag{2-1}$$

这一关系对流管中任意与流管垂直的截面 S 都成立。我们把单位时间内流过同一流管任一垂直截面的流体体积 Sv 称为流体的**流量**,用 Q 表示,单位为 m^3/s。故不可压缩流体做稳定流动的**连续性方程**可表示为

$$Q = Sv = 恒量 \tag{2-2}$$

方程(2-2)表明,当不可压缩流体做稳定流动时,流体的速度与垂直截面积的乘积为恒量。垂直

截面积大的地方,流速小;垂直截面积小的地方,流速大,通过各处的流量不变。因此连续性方程(2-1),(2-2)反映了流量、流速和垂直截面的面积三者之间的关系。

利用连续性方程,可以近似地分析人体体循环系统中血液流速与血管截面积之间的关系。在正常生理状态下,通过各类血管的平均血流量应该是相等的。生理学的测定也表明,在一般情况下,一个心动周期内从左心室射出的血流量与流回左心房的平均血流量相等,都等于心脏在一个心动周期内射出的血液体积。也就是说,血液在血管内的流动基本上是连续的。根据连续性方程,各类血管内血液的平均流速与该类血管的总截面积成反比。人体主动脉的总截面积最小,只有约 3cm²,因此主动脉内血液的平均流速最大,可达 30cm/s 左右。随着血管分支的增加,每根血管的半径虽在不断减小,但血管数目增加却很快,故血管总截面积迅速增大。毛细血管的总截面积最大,约为 900cm²,故毛细血管内血液流速最小,仅为 1cm/s 左右。由毛细血管到腔静脉,血管总截面积在不断减小,到腔静脉处约为 18cm²,腔静脉内血液流速为 5cm/s 左右。图 2-4 给出了人体体循环中血管的总截面积和血液在各类血管内的平均流速的关系曲线。

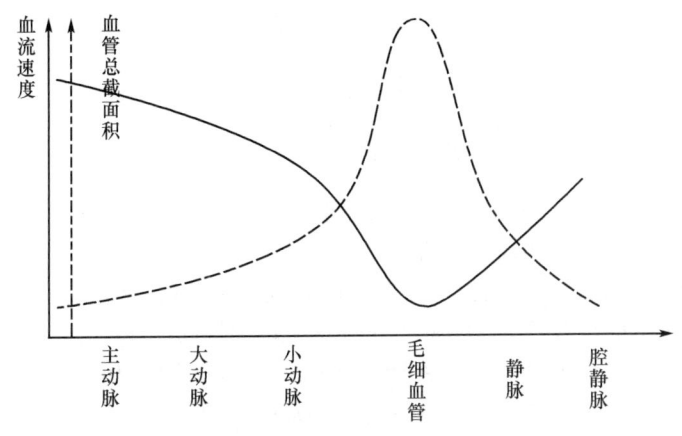

图 2-4 血管总截面积和血液平均流速的关系

第二节 伯努利方程

伯努利(Bernoulli)方程是流体力学的基本方程,它反映了理想流体做稳定流动时,压强、流速和高度三者之间的关系。我们可以用功能原理来导出这一方程。

图 2-5 是理想流体在重力场中做稳定流动时的一根细流管,在管中任取一段 MN 中的流体为研究对象,经过很短的时间 Δt 后,此段流体的位置由 MN 流动到 M'N',因为流管很细,时间 Δt 很短,可

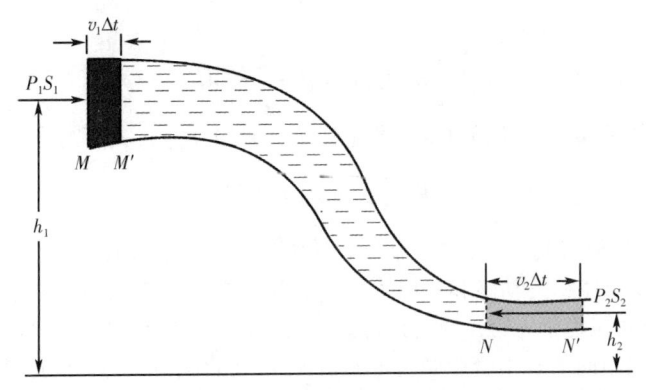

图 2-5 伯努利方程的推导

以认为流体段 MM' 和 NN' 内各物理量是均匀的,它们的压强、流速、高度、截面积分别为 P_1, v_1, h_1, S_1 和 P_2, v_2, h_2, S_2。

功能原理指出,系统机械能的增量等于外力和非保守内力做功的代数和。

机械能的增量包括动能和势能的增量。由图 2-5 看出,在 Δt 时间前后,$M'N$ 流体段处于原位置,除流体微粒更换以外,其他力学量,如流速、位置和压强均无变化,即机械能保持不变。因此,流体从 MN 流到 $M'N'$ 的过程中,机械能的增量等于流体段 NN' 与 MM' 的机械能之差。因为理想流体是不可压缩的,MM' 段的流体体积和质量一定等于 NN' 段流体的体积和质量。设其体积为 V,质量为 m,则

MM' 段流体的机械能为

$$E_1 = \frac{1}{2}mv_1^2 + mgh_1$$

NN' 段流体的机械能为

$$E_2 = \frac{1}{2}mv_2^2 + mgh_2$$

在 Δt 时间内 MN 段流体总的机械能的增量为

$$\Delta E = E_2 - E_1 = \frac{1}{2}mv_2^2 + mgh_2 - \frac{1}{2}mv_1^2 - mgh_1$$

分析力对流体所做的功时,因这里讨论的是理想流体,没有黏滞性,故不存在非保守内力,只需考虑外力,即周围流体对它的压力所做的功就行了。

流管外周的流体对这段流体的压力与流管壁垂直,因而不做功,只有流管内作用在这段流体的前后两个端面 S_1 和 S_2 上的压力对流体做功,作用在 S_1 上的力推动流体前进,做正功 $A_1 = P_1 S_1 \cdot v_1 \Delta t$,作用在 S_2 上的力阻碍流体前进,做负功 $A_2 = -P_2 S_2 \cdot v_2 \Delta t$,所以外力所做的总功为

$$A = A_1 + A_2 = P_1 S_1 v_1 \Delta t - P_2 S_2 v_2 \Delta t$$

根据连续性方程

$$S_1 v_1 = S_2 v_2$$

且

$$S_1 v_1 \Delta t = S_2 v_2 \Delta t = V$$

故

$$A = P_1 V - P_2 V$$

由功能原理,应有 $\Delta E = A$,即

$$\frac{1}{2}mv_2^2 + mgh_2 - \frac{1}{2}mv_1^2 - mgh_1 = P_1 V - P_2 V$$

各项除以 V 并移项,得

$$P_1 + \frac{1}{2}\rho v_1^2 + \rho g h_1 = P_2 + \frac{1}{2}\rho v_2^2 + \rho g h_2 \tag{2-3}$$

式中,$\rho = m/V$ 是流体的密度。由于流体 MN 段是任意选取的,(2-3)式可写成

$$P + \frac{1}{2}\rho v^2 + \rho g h = 恒量 \tag{2-4}$$

(2-3)式或(2-4)式称为伯努利方程,这是流体力学中的一个基本规律。它说明当理想流体在小流管中做稳定流动时,单位体积的动能和单位体积的重力势能以及该点处的压强之和为一常量。

当所取流管的截面积趋于无穷小时,方程描述一根流线上各点的压强、高度和流速之间的关系。

例 2-1 水在截面不同的水平管中做稳定流动,出口处的截面积为管的最细处的 2 倍,若出口处的流速为 2m/s,问最细处的压强为多少(已知出口处的压强为大气压强)?

解 设最细处为 1 点,出口处为 2 点,

由题意知
$$S_2 = 2S_1, \quad v_2 = 2\text{m/s}, \quad P_2 = P_0 = 1.013 \times 10^5 \text{Pa}$$

根据连续性方程,有
$$S_1 v_1 = S_2 v_2$$

可计算出
$$v_1 = \frac{S_2}{S_1} v_2 = \frac{2S_1 v_2}{S_1} = 2v_2 = 4\text{m/s}$$

因为在水平管中流动,故有 $h_2 = h_1$。又根据伯努利方程可得
$$P_1 = P_0 + \frac{1}{2}\rho v_2^2 - \frac{1}{2}\rho v_1^2 = 1.013 \times 10^5 + \frac{1}{2} \times 10^3 \times (4-16) = 9.53 \times 10^4 \text{Pa}$$

所以,最细处的压强为 $9.53 \times 10^4 \text{Pa}$。

第三节 伯努利方程的应用

伯努利方程和连续性方程在流体力学中应用非常广泛,可以解决流体力学中许多实际问题,现举例说明。

一、水平管中压强与流速的关系

在许多情况下,流体是在水平管道中流动的,这时 $h_1 = h_2$,伯努利方程简化为
$$P_1 + \frac{1}{2}\rho v_1^2 = P_2 + \frac{1}{2}\rho v_2^2 \tag{2-5}$$

由(2-5)式可以得出:在水平管道中流动的理想流体,流速小的地方压强大,流速大的地方压强小。

又由连续性方程(2-1)可以得出:理想流体在粗细不均匀的水平管中做稳定流动时,截面积大处流速小,则压强大;截面积小处流速大,则压强小。那么,当流体以较大速度通过时,在管道中足够狭窄部分的流速可以很大,使该处压强小于大气压,如果此时狭窄处与外界相通,则此负压就能把与该处相连通的容器内的小物体吸入,快速流经的流体将其带走,这种由于管内流体流动而将管外物体吸入管内的现象称为**空吸作用**。喷雾器、水流抽气机、雾化吸入器和流量计都是根据此原理设计制造的。

1. 喷雾器

图2-6为喷雾器的原理图。当快速推动活塞杆时,迫使气管中的气流高速地从狭窄的 a 处流过,使此处的压强小于大气压,由于药液瓶液面 b 处受到大气压的作用,瓶中药液将沿着竖直细管上升到 a 处,在高速气流的作用下,被吹成雾状从管口喷出。

2. 水流抽气机

图2-7所示为医学中使用的水流抽气机的原理图。气流从 A 处流入,从 C 处流出,狭窄的锥口 D 处流速越大,压强就越小,当 D 处压强小于与外相连接的容器 B 中的气体压强时,容器中的气体在 D 处与水混合后经 C 流出,完成抽气过程。

3. 雾化吸入器

雾化吸入器是治疗呼吸道疾病的一种常用医疗仪器,图2-8为雾化吸入器的原理图。高速氧气流从细小的 a 管喷口喷出,使喷口处压强减小,在药液面上大气压强的作用下,药液经 b 管上升到管口,被高速的氧气流吹成雾状,经过吸气管进入患者的气管、支气管和肺中,完成对患者肺部、支气管和气管部位的直接给药和吸氧工作。

图 2-6 喷雾器的原理

图 2-7 水流抽气机的原理

图 2-8 雾化吸入器的原理

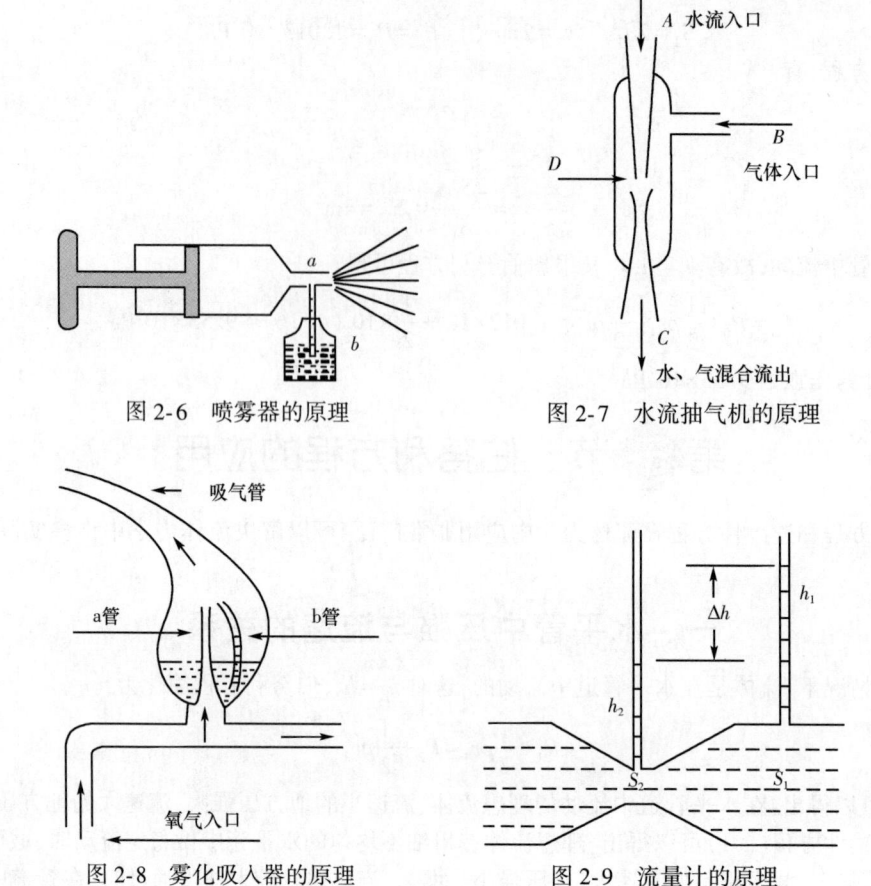

图 2-9 流量计的原理

4. 流量计

为了测定某一管道中液体的流量，可以在该管道中接入如图 2-9 所示的汾丘里流量计。一段截面积不均匀的主管，在已知截面积为 S_1 及 S_2 处各装一与主管连通的竖直的与大气相通的细管。液体通过水平管时，从竖直细管的液面高度可以得到两管中液面的高度差 Δh，利用伯努利方程和流量计算公式就可以求得主管中液体的流量。由于水平管中的液体高度相同，伯努利方程为

$$P_1 + \frac{1}{2}\rho v_1^2 = P_2 + \frac{1}{2}\rho v_2^2$$

从图 2-9 中可以看出 $h_1 > h_2$，故有

$$P_1 > P_2$$

$$P_1 - P_2 = \rho g \Delta h$$

又由连续性方程

$$S_1 v_1 = S_2 v_2$$

三式联立解得

$$v_1 = S_2 \sqrt{\frac{2g\Delta h}{S_1^2 - S_2^2}}$$

所以管中的流量是

$$Q = S_1 v_1 = S_1 S_2 \sqrt{\frac{2g\Delta h}{S_1^2 - S_2^2}} \tag{2-6}$$

二、均匀管中压强与高度的关系

如果流体在粗细均匀的管道中流动,根据连续性方程,其流速不变,伯努利方程简化为

$$P_1+\rho gh_1 = P_2+\rho gh_2$$

上式表明,均匀管道中流动的流体,高处压强小,低处压强大。这可以定性地说明人的血压随体位变化而改变的原因。血液对血管壁产生的侧压强叫做血压,临床测得的血压数值是这个侧压强高于大气压的压强数,单位 kPa。如图 2-10 所示,人体取平卧位时头部、脚部与心脏的高度相同,三处动脉压、静脉压几乎相同,稍有差别是由于血液流动时的黏滞性造成的。人体取直立位时这三处的动脉压、静脉压显著不同,主要就是由高度差引起。但是,不管取直立或平卧位,心脏的动、静脉压是不变的,也就是说,心脏的血压不随高度的变化而改变。这是因为心脏是血液流动的动力泵,所以,在测量血压时,常常选择与心脏同高的手臂处作为测量部位。

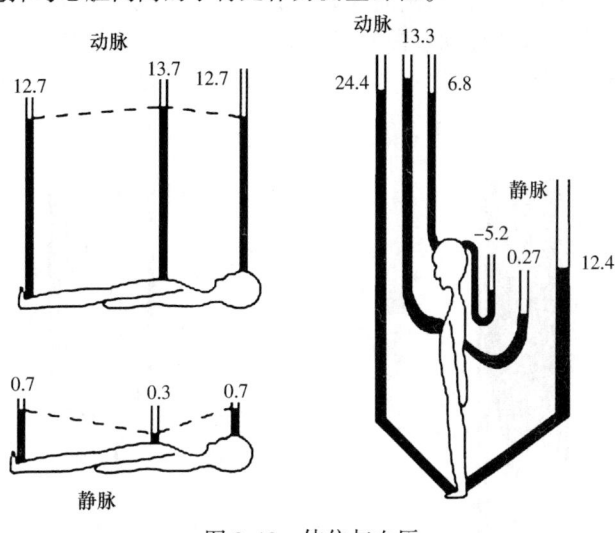

图 2-10 体位与血压

三、小孔处的流速

如图 2-11 所示,有一盛有液体的大容器,若在距离液面为 h 的地方开一小孔,则液体将从小孔流出。

设 A、B 分别表示液面和小孔处的两点,其流速分别为 v_A 和 v_B。根据连续性方程,由于液面的面积大,小孔的面积小,所以小孔处的流速比液面的流速大得多,可认为液面的流速 $v_A \approx 0$,同时液面和小孔都与大气接触,故 A、B 两处的压强都等于大气压强 P_0,于是 A、B 两处可列出伯努利方程如下:

$$P_0+\rho gh = P_0+\frac{1}{2}\rho v_B^2$$

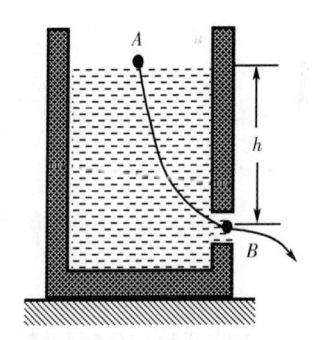

图 2-11 小孔处的流速

由此可得小孔处的流速

$$v_B = \sqrt{2gh} \tag{2-7}$$

第四节 黏性流体的流动

前面讨论的是理想流体的运动规律。实际流体在流动时因为有内摩擦力而表现出黏滞性,简称黏性。有的流体黏性较大,如甘油、血液、重油等;有些流体黏性较小,如水、乙醇,但在远距离输送

时,由黏性所引起的能量损耗也必须考虑。研究这些运动时,其黏滞性不能忽略。理想流体的模型不再适合。

考虑了其黏性的流体称为黏性流体,本节讨论黏性流体的性质及流动规律。

一、牛顿黏滞定律

1. 液体的内摩擦现象

如图 2-12 所示,在一竖直圆管中注入无色甘油,上部再加一段着色甘油,着色甘油与无色甘油之间会有明显的分界面。打开管子下部的活门使甘油缓缓流出,经一段时间后,着色甘油的下部呈舌形界面。这说明甘油流出时,沿管轴流动的速度最大,距轴越远流速越小。可见,甘油的流动是分层的。

将在管中流动的甘油分成许多同轴圆筒状的薄层,如图 2-13 所示,由于任意两个相邻层都存在相对运动,流动较快的流层作用于流动较慢的邻层一向前的力,而流动较慢的流层作用于流动较快的邻层一向后的力,这一对与接触面平行,大小相等而方向相反的力,称为**内摩擦力**或**黏滞力**。

图 2-12　黏性流体的流动　　图 2-13　层流示意图

2. 牛顿黏滞性定律

如图 2-14 所示,把沿 z 方向流动的液体在垂直于 x 方向的平面上分成许多互相平行的薄层,各层之间有相对滑动。设在 x 方向相距 dx 的两液层的速度差为 dv,则 dv/dx 就是速度在垂直于流速方向上的变化率,称为**速度梯度**,也称**切变率**。

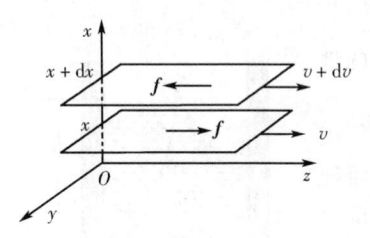

图 2-14　速度分布示意图

实验表明,流体内相邻两层接触面间的内摩擦力 f 的大小与接触面积 S 及速度梯度 dv/dx 成正比,即

$$f = \eta S \frac{dv}{dx} \tag{2-8}$$

(2-8)式称为**牛顿黏滞性定律**。式中,比例系数 η 称为**黏滞系数**或**黏度**。在国际单位制中,黏度的单位为帕斯卡·秒(Pa·s)。其值取决于流体的性质,黏滞性越大的流体,其 η 值越大。

由实验可知,黏度的大小还与温度有关。一般说来,液体的黏度随温度升高而减小,气体的黏度随温度的升高而增大。表 2-1 列出了几种流体黏滞系数的数值。

如果某种流体的黏度在一定温度下为一常量,而且遵循牛顿黏滞定律,这类流体称为**牛顿流体**。水、乙醇、血浆、血清等均质流体都是牛顿流体。如果流体的黏度在一定温度下不是常量,不遵循牛顿黏滞定律,这类流体称为**非牛顿流体**。含有悬浮物或弥散物的流体多为非牛顿流体,如血液,其中就含有大量悬浮的血细胞,牛顿黏滞定律只能在特殊的条件下才对其适用。

表 2-1　几种流体的黏滞系数值

流体	温度(℃)	η(Pa·s)	流体	温度(℃)	η(Pa·s)
水	0	1.729×10^{-3}	乙醇	20	1.2×10^{-3}
	20	1.005×10^{-3}	水银	20	1.55×10^{-3}
	37	0.69×10^{-3}	蓖麻油	17.5	1225×10^{-3}
	100	0.284×10^{-3}	甘油	20	0.830
空气	0	1.709×10^{-5}	血液	37	$2.5\sim4.0\times10^{-3}$
	20	1.808×10^{-5}	血浆	37	$1.0\sim1.4\times10^{-3}$
	100	2.175×10^{-5}	血清	37	$0.9\sim1.2\times10^{-3}$

二、层流　湍流　雷诺数

流体的流动有两种基本状态:层流和湍流,人体中的生理流动也是如此。

1. 层流

黏性流体在流速不太大时表现为分层流动,相邻各流层因速度不同而做相对滑动,彼此不相混杂,流体微团无横向运动。流体的这种流动状态称为**层流**。

2. 湍流

当黏性流体的流速不断增大时,层流被破坏,流体中出现了横向的速度分量,使流层混淆,形成紊乱的流动状态,甚至可能出现漩涡,这种流动称为**湍流**。湍流的能量损耗和阻力都比层流大得多。湍流可引起机械振动,因而产生声音,而层流是无声的。

用图 2-15 所示的实验可以观察流体流动的两种状态。如图 2-15(a),在盛水的容器 A 中,装有一支水平放置带有阀门的玻璃管 C,另一支竖直放置的玻璃管 B 内盛有染色的水,沿细管进入 C 管。打开阀门 D,B 管和容器 A 中的水都流入 C 管。当水流速度不大时,染色的水在 C 管中为直线状稳定的细水流,如图 2-15(b)所示,这时 C 管内的水流是层流。开大阀门 D,使水流速度增大到一定程度时,流动不再稳定,着色水的细流散开而与无色水混合起来,如图 2-15(c),这时的流动成为湍流。

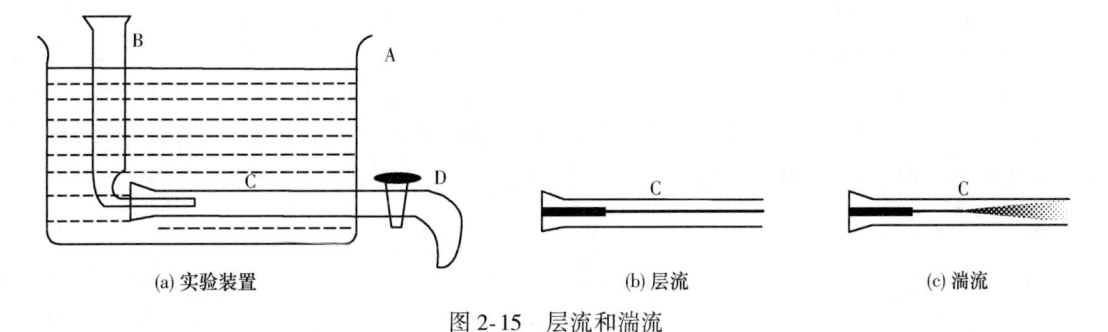

(a) 实验装置　　(b) 层流　　(c) 湍流

图 2-15　层流和湍流

3. 雷诺数

流体的流动从层流变为湍流,除与速度 v 有关外,还与流体的黏滞系数 η、密度 ρ 和管道的形状、大小、刚性有关。1883 年,英国物理学家雷诺通过大量实验研究后,提出了一个无单位的纯数作为决定在刚性长直圆形管道中的流体从层流向湍流转变的依据,即

$$Re=\frac{\rho v r}{\eta} \tag{2-9}$$

Re 称为**雷诺(Reynolds)数**,r 为管道的半径。实验结果表明,$Re<1000$ 时,流体为层流;$Re>1500$ 时,流体为湍流;$1000\leqslant Re\leqslant1500$ 时,流动不稳定,流体可为层流,也可为湍流。由(2-9)式可以看出,流体黏度越小,流速、管半径及密度越大,越容易产生湍流;相反,越不容易出现湍流。湍流的出现不仅

与管半径、流速、密度和黏度有关,还受管的形状及内壁光滑程度的影响,在管道有急弯、分支或管径骤变处,都是湍流易发生的地方。

对湍流的研究在医学中有着很重要的意义,健康人体的血管和气管等管道具有良好的弹性,管壁可以吸收扰动能量,起着稳定作用,所以正常人体循环系统中的血液和呼吸系统中的气体大都做层流,但在管道有急弯处、发生分支处或管径骤变处,因血管、气管内壁粗糙就可能在较低的雷诺数下发生湍流,而湍流的高能量又会对病变的管壁造成进一步的伤害,就是所谓"湍流致病学说"。因为血红细胞减少而引起血黏度下降或因管道弹性减弱也会使湍流易于发生。流体做湍流时,伴随着声音发出,这在医学中也很有实用价值,人的心脏、主动脉以及支气管中的某些部位都是容易出现湍流的地方,临床医生凭借训练有素的耳朵和一只结构简单的听诊器,就能根据听到的湍流声来辨别血流和呼吸是否正常。

例 2-2 设某人的一动脉半径为 2mm,血流的平均速度为 50cm/s,已知血液的黏滞系数 $\eta = 3.0 \times 10^{-3}$Pa·s,密度 $\rho = 1.05 \times 10^3$kg/m³,求雷诺数并指出血液的流动状态。

解 由(2-9)式可知

$$Re = \frac{\rho v r}{\eta} = \frac{1.05 \times 10^3 \times 0.5 \times 2 \times 10^{-3}}{3.0 \times 10^{-3}} = 350$$

这一数值远小于1000,所以血液在此处的流动状态为层流。

第五节 泊肃叶定律 斯托克斯定律

一、泊肃叶定律

法国生理学家泊肃叶(Poiseuille)在19世纪研究了黏性流体在细玻璃管内的流动情况,找到的规律是:黏滞系数为 η 的黏性流体在半径为 R,长度为 L 的水平管中做稳定流动时,流体的体积流量与管两端的压强差 ΔP 成正比,即

$$Q = \frac{\pi R^4 \Delta P}{8\eta L} \tag{2-10}$$

(2-10)式称为**泊肃叶定律**,利用泊肃叶定律可以定性分析血液的流动问题。例如,血管半径的改变对血液流量的影响很大。当血压降一定时,血流量随半径的四次方而改变;而当某器官在功能上对血液流量需求一定时,若血管半径变小,则血压降须随半径的四次方而增大才能保证器官血流充足,所以降低血压的有效办法是扩张血管。此外,降低血液黏度也是在保证一定的血液灌注量的前提下减小血压降的有效措施。

令

$$Z = \frac{8\eta L}{\pi R^4} \tag{2-11}$$

那么(2-11)式可写成

$$Q = \frac{\Delta P}{Z} \tag{2-12}$$

Z 称为**流阻**,医学上习惯称为外周阻力,它的大小由液体的黏度 η 和管道的几何形状决定。单位为 Pa·s/m³。特别值得注意的是,流阻与圆管半径的4次方成反比。可见半径的微小变化对流阻的影响都是不可忽视的。由于血管的弹性非常好,其面积大小可以在一定范围内变化,这对血液流量的控制作用是很强的,特别是人体小动脉对血流流量有着非常灵敏而有效的控制。

(2-12)式适用于任何流体在任何形状的管道中的流动。对于牛顿流体在圆管中流动,Z 可由(2-11)式计算;对于非牛顿流体或非圆管中流动的情形,Z 一般由实验测定。

与电阻一样,如果流体流过几个"串联"的流管,则总流阻等于各流管流阻之和;若几个流管相"并联",则总流阻的倒数等于分流阻的倒数之和。

必须注意,流阻如同电阻一样并非阻力,也没有阻力的单位,仅是影响流量的一个因素。医学上对心

血管系统的研究中,习惯把流阻称为外周阻力,应用(2-12)式可分析心排血量、血压和外周阻力的关系。

二、斯托克斯定律

当固体在黏性流体中做相对运动时,将受到黏滞阻力,这是由于固体表面黏附着一层流体,该层流体随固体一起运动,因而与周围流体间发生相对运动,产生内摩擦力,此力会阻碍固体在流体中的运动。

实验表明,若在黏性流体中运动的物体是一个小球,其速度很小(雷诺数 $Re<1$)时,所受到的黏滞阻力 f 与小球的半径 r,运动的速度 v,流体的黏度 η 成正比,比例系数只与物体的形状有关。斯托克斯(G. G. Stokes)从理论上推出,对于球体,比例系数为 6π,也就是说,半径是 r 的球体,以相对于流体的速度 v 在黏滞系数为 η 的流体中运动时,所受到的黏滞阻力为

$$f = 6\pi\eta v r \tag{2-13}$$

(2-13)式称为**斯托克斯定律**。

斯托克斯定律可用来测量流体的黏度或小球的半径。当小球降落时,小球在黏性流体中运动时所受的力有重力、浮力和黏滞阻力,合力为

$$F = \frac{4}{3}\pi r^3 \rho_1 g - \frac{4}{3}\pi r^3 \rho_2 g - 6\pi\eta v r$$

其中,ρ_1 是球体的体密度,ρ_2 是液体的密度。在此合力作用下,小球以加速度下降,但黏滞阻力随下降速度的增大而增大,当速度增大到某一数值时,三个力平衡,则小球做匀速下降,此时小球做匀速运动时的速度称为**收尾速度**,满足关系

$$\frac{4}{3}\pi r^3 g(\rho_1-\rho_2) = 6\pi\eta r v_{\text{收尾}}$$

整理得

$$v_{\text{收尾}} = \frac{2}{9\eta}r^2(\rho_1-\rho_2)g \tag{2-14}$$

(2-14)式表明,当球状物体在黏性流体中(如尘埃在空气中、血细胞在血浆中)下降时,沉降速度与重力加速度、小球与流体的密度差以及小球半径的平方成正比,而与流体的黏度成反比。

(2-14)式被广泛应用于医药领域。例如,在药厂制造液剂药物时,为了防止沉淀,需要设法尽可能减小溶液中颗粒的沉降速度。由(2-14)式可知,要想降低沉降速度,可通过增加溶液的密度和减小颗粒的大小等办法实现。

对于悬浮液中的微粒,如血浆中的血细胞、黏性液体中的生物大分子、胶粒等,由于微粒线度非常小,故沉降速度特别慢。因此如果采用沉降方法把微粒从悬浮液中分离出来,时间长而且效果不佳,此时通常是将悬浮液放入高速离心机,这样可以增加有效 g 值,根据斯托克斯定律,可以缩短分离时间,提高分离效果。

知识拓展   旋转式黏度计

旋转式黏度计广泛应用于测量牛顿流体的绝对黏度、非牛顿流体的表观黏度及流变特性。其主要包括以下几种:圆筒式黏度计、锥板型黏度计等。

圆筒式黏度计:这种黏度计外部为一个平底圆筒,内部有一个与其同轴的圆柱体,且圆柱体通过弹簧悬挂于一个测力装置上。圆筒与圆柱体之间的狭缝两表面相互平行,待测液体在此狭缝中。这种仪器分为两类,一类是外筒旋转,用传感器测定作用在内圆柱体转轴上的转矩称为外旋式或下旋式黏度计,另一类是内圆柱以一定的速度旋转,传感器测量外圆筒上的转矩称为内旋式或上旋式黏度计。当外侧圆筒做旋转运动时,狭缝内的流体由于受到切变力而发生流动,因液体的黏滞性带动内部圆柱体转动。当圆柱体受到的转矩与弹簧力相平衡时,这时可通过圆柱体的转矩与外圆筒的转速求出狭缝内流体各位置上的切应力与切变率(即速度梯度)。速度梯度大时对应液体黏度也大,速度梯度小时对应液体黏度小。

锥板型黏度计:外部是一个圆筒底部为圆板,内部是一个圆锥体,圆锥和圆板的中心在同一条轴线上,且都是可转动的,和圆筒式黏度计稍不同的是,流体处于圆锥和圆板构成某一夹角的狭缝中,转动圆板,由于液体

的黏滞性，将带动圆锥转动，在切应力平衡的条件下，圆锥在转动一定角度后停止旋转。即可读出圆锥体的转矩与外筒转速，从而求出流体黏度。

科学之光　丹尼尔·伯努利

丹尼尔·伯努利（Daniel Bernoulli，1700—1782），瑞士物理学家、数学家、医学家，也是众多著名的数学家伯努利家族成员之一。他特别为后人所铭记的是他在流体力学与概率和数理统计领域做的先驱工作，他的名字被纪念在伯努利原理中，即能量守恒定律的一个特别的范例，这个原理描述了力学中潜在的数学，促成了20世纪的两个重要的技术的应用——化油器和机翼。

1700年丹尼尔·伯努利出生于荷兰格罗宁根，他是著名的数学家约翰·伯努利（Johann Bernoulli）的次子。丹尼尔·伯努利从小违背家长要他经商的愿望，坚持学医，曾是一位外科名医。由于自幼受父叔兄弟学术思想的熏陶，最后还是转向研究数学和力学。他和欧拉（Leonhard Euler）曾在圣彼得堡科学院共事，是亲密的朋友，也是竞争的对手。他们都曾以25年中获得10次法兰西科学院奖而闻名于世。伯努利在25岁时就应聘为圣彼得堡科学院的数学院士。8年后回到瑞士的巴塞尔，先任解剖学教授，后任生理学教授，最后任物理学教授。他离开圣彼得堡之后，就开始了与欧拉之间最受人称颂的科学通信。他向欧拉提供最重要的科学信息，欧拉运用杰出的分析才能和丰富的工作经验，给予最迅速的回助。他们先后通信40年，最重要的通信是在1734~1750年。他们的通信录是了解伯努利的重要资料。

伯努利的贡献涉及医学、力学、数学，而以流体动力学最为著名。他著有13章的《流体动力学》，流体动力学这个学科就是由他命名的。他把流体的压强、密度和流速作为描写流体运动的基本物理量，提出了"流速增加、压强降低"的伯努利原理，写出了流体动力学的基本方程，后人称之为伯努利方程。他还提出把气体压强看成气体分子对容器壁表面撞击而产生的效应，建立了分子运动论和热学的基本概念，并指出了压强和分子运动随温度增高而增强的事实。从1728年起，他和欧拉还共同研究柔韧而有弹性的链和梁的力学问题，包括这些物体的平衡曲线，还研究了弦和空气柱的振动。他曾因天文测量、地球引力、潮汐、磁学、洋流、船体航行的稳定、土星和木星的不规则运动和振动理论等成果而获奖。

伯努利的研究领域极为广泛，他的工作几乎对当时的数学和物理学的研究前沿都有所涉及。在纯数学方面，他的工作涉及代数、微积分、级数理论、微分方程、概率论等方面。但是，他最出色的工作是将微积分、微分方程应用到物理学，研究流体问题、物体振动和摆动问题，他被推崇为数学物理方法的奠基人。

小　结

(1) 理想流体：绝对不可压缩，完全没有黏性的流体。
(2) 稳定流动：空间任意固定点的流速不随时间变化的流动。
(3) 流线：用来形象描述流体流动的速度在空间的分布的假想曲线，曲线上每一点的切线方向都与流体流经该点的速度方向一致。
(4) 流管：在稳定流动的流场中，由许多流线围成的管状区域。

(5) 连续性方程:在稳定流动的情况下,流量与流速、流管截面积的关系为

$$Q = Sv = 恒量$$

(6) 伯努利方程:反映了理想流体做稳定流动时,同一条流线上的压强、流速和高度三者之间的关系。

$$P + \frac{1}{2}\rho v^2 + \rho g h = 恒量$$

(7) 层流:黏性流体在流速不太大时,表现为分层流动,相邻各流层因速度不同而做相对滑动,彼此不相混杂,流体的这种流动状态称为层流。

(8) 湍流:当黏性流体的流速不断增大时,层流被破坏,流体中出现了横向的速度分量,使液层混淆,形成紊乱的流动状态,甚至可能出现涡流,这种流动称为湍流。

(9) 雷诺数:一个无单位的纯数,用来作为决定层流向湍流转变的依据

$$Re = \frac{\rho v r}{\eta}$$

(10) 牛顿黏滞定律:做层流的流体,相邻两液层之间的黏性力 f 的大小与两液层的接触面积 S 成正比,与两液层的接触面处的速度梯度 $\frac{dv}{dx}$ 成正比

$$f = \eta S \frac{dv}{dx}$$

(11) 泊肃叶定律:黏度系数为 η 的黏性流体在半径为 R、长度为 L 的水平管中做稳定流动时,流体的体积流量与管两端的压强差 ΔP 成正比

$$Q = \frac{\pi R^4 \Delta P}{8\eta L}$$

(12) 斯托克斯定律:半径是 r 的球体,以相对于流体的速度 v 在黏滞系数为 η 的流体中运动时,所受到的黏滞阻力为

$$f = 6\pi \eta v r$$

习 题 二

2-1. 什么是理想流体?

2-2. 什么是稳定流动?

2-3. 流线和流管是客观存在吗?

2-4. 为什么从救火唧筒里向天空打出来的水柱,其截面积随高度的增加而变大,而用水壶向瓶中灌水时,水柱的截面积随高度的降低而变小?

2-5. 连续性方程成立的条件是什么?伯努利方程成立的条件是什么?

2-6. 若两只船平行前进时,为什么不允许靠得很近?

2-7. 水在同一流管中做稳定流动,截面积为 0.5cm^2 处的流速为 12cm/s,在流速为 4cm/s 处的截面面积是多少?

2-8. 流量为 $0.012 \text{m}^3/\text{s}$ 的水流过如题 2-8 图所示的管子,A 点的压强为 $2.0 \times 10^5 \text{Pa}$,截面积为 100cm^2,B 点的截面积为 60cm^2,B 点比 A 点高 2m。水近似看成理想液体,求 A,B 两点的流速和 B 点的压强。

2-9. 一圆形水管的某处横截面积为 5cm^2,有水在水管内流

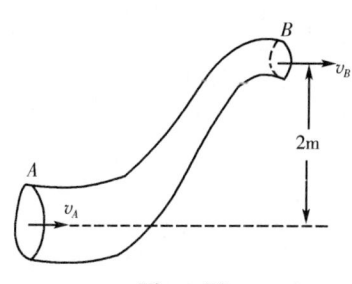

题 2-8 图

动,在该处流速为2m/s,压强比大气压大 1.5×10^4 Pa,在另一处水管的横截面积为 10cm²,压强比大气压大 3.3×10^4 Pa,求此点的高度与原来的高度之差。

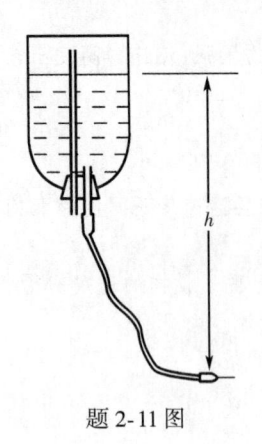

2-10. 一盛有水的大容器,水面离底部的距离为 H,容器底部有一面积为 a 的小孔,水从小孔流出,求开始时的流量。

2-11. 如题 2-11 图所示吊式输液器,输液瓶的液面与注射针头之间的高度差为 1.25m,求药液自针尖流出的速度。

题 2-11 图

2-12. 一个顶部开口的大圆形容器,在底部中心开有一横截面积为 1cm² 的小孔,当水从圆形容器顶部以 100cm³/s 的流量持续注入时,容器中水面能达到的最大高度为多少?

2-13. 一根直径为 6.0mm 的动脉内出现一硬斑块,此处有效直径为 4.0mm,平均血流速度为 5.0cm/s。求

(1) 未变窄处的平均血流速度;

(2) 狭窄处会不会发生湍流?已知血液体黏度 $\eta=3.0\times10^{-3}$ Pa·s,其密度 $\rho=1.05\times10^3$ kg/m³。

2-14. 成年人主动脉的半径约为 $R=1.0\times10^{-2}$ m,长约为 $L=0.20$ m,求这段主动脉的流阻及其两端的压强差。设心排血量为 $Q=1.0\times10^{-4}$ m³/s,血液黏度 $\eta=3.0\times10^{-3}$ Pa·s。

2-15. 一个红细胞可近似地认为是一个半径为 2.0×10^{-6} m 的小球,它的密度为 1.3×10^3 kg/m³,求红细胞在重力作用下,在37℃的血液中均匀下降后沉降 1.0cm 所需的时间(已知血液黏度 $\eta=3.0\times10^{-3}$ Pa·s,密度 $\rho=1.05\times10^3$ kg/m³)。

第二章 PPT

第三章 分子物理学

分子物理学是从物质微观结构和分子热运动出发,运用统计平均的方法,阐明热现象的规律,建立宏观量与微观量之间的联系,并阐明气体宏观性质的微观本质。

物质由大量分子构成,所有分子都在不停地做无规则的热运动。这是一种比机械运动要复杂得多的运动形式。热现象是大量分子热运动的表现。每一个运动的分子都有它的体积、质量、速度和能量等,这些表征个别分子性质和运动状态的物理量称为微观量;一般实验所能测得到的,如压强、温度等,则是表征大量分子集体性质的物理量,即宏观量。宏观量与微观量之间存在着内在的联系。

本章从物质分子运动论观点阐明气体的一些宏观性质及规律,同时还将简述液体表面现象及其应用。

第一节 理想气体压强公式

一、理想气体的微观模型

1. 平衡态

设有一封闭容器,用隔板分成 A 和 B 两部分。A 中储有气体,B 为真空,如图 3-1 所示。当隔板抽去后,A 中的气体就会向 B 中运动,在这个过程中,气体内各处的状态是不均匀的,而且随时间改变,一直到最后达到各处均匀一致的状态为止。在这以后,如果没有外界的影响,则容器中的气体将始终保持这一状态,不再发生宏观变化。又如,当两个冷热不同的物体相互接触时,热的物体变冷,冷的物体变热,直到最后两物体达到各处冷热程度均匀一致的状态为止。这时,如果没有外界的影响,则两物体将始终保持这一状态,不再发生宏观变化。类似的现象还可以举出许多。从这些现象中可以得出结论,即当热力学系统在不受外界影响的条件下,都可达到一个确定的状态,而不再有任何的宏观变化。这种在不受外界影响的条件下,宏观性质不随时间变化的状态称为**平衡态**。

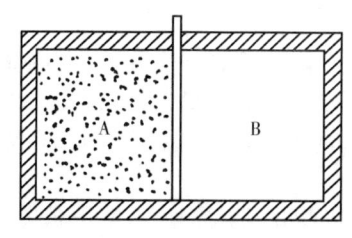

图 3-1 封闭容器

应该指出,平衡态是指系统的宏观性质不随时间发生变化。从微观角度来看,在平衡态下,组成系统的分子仍在不停地运动着,只不过分子运动的平均效果不随时间改变,而这种平均效果不变在宏观上就表现为系统达到了平衡态。因此,我们经常把这种平衡称为**热动平衡**,把平衡态又称为**热动平衡态**。

2. 理想气体的微观模型

为了便于推导理想气体的压强公式,我们从理想气体和热动平衡态的特点出发,提出理想气体分子的模型假设:

(1) 分子的线度与分子间的平均距离相比可以忽略不计,即分子可视为无大小的质点;

(2) 除碰撞瞬间外,分子之间以及分子与容器器壁之间都无相互作用,同时也略去分子所受的重力;

(3) 分子之间以及分子与容器器壁之间的碰撞是完全弹性碰撞;

(4) 分子沿任一方向运动的机会均相等,即在任一时刻沿任一方向运动的分子数目相等,大量分子的速度在任一方向分量的各种平均值也相等。

上述假设有一定的实验基础,由它推得的结果不但符合理想气体的实际,而且在一定范围内反映真实气体的性质。

二、理想气体压强公式

1. 理想气体压强公式的推导

下面根据理想气体分子的模型假设,按照分子运动论的观点来计算理想气体的压强,并阐明气体压强的微观实质。

如图 3-2 所示,设有一个边长为 l 的立方体容器,容器中盛有某种气体,内有 N 个分子,每个分子的质量为 m,现在计算与 x 轴垂直的器壁 A_1 所受的压强。

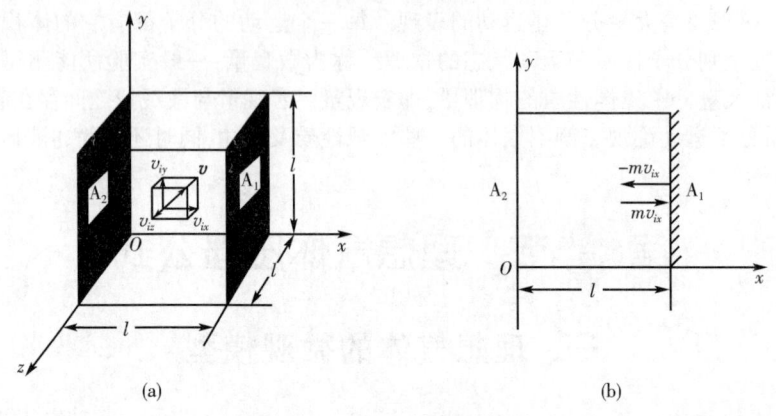

图 3-2 气体压强公式的推导

首先,考虑一个分子 i 与器壁 A_1 碰撞一次施于 A_1 的冲量。设分子 i 速度为 v_i,在 x,y,z 三个坐标方向的分量分别为 v_{ix},v_{iy},v_{iz},由于这个分子与 A_1 碰撞是完全弹性的,所以碰撞前后分子沿 x 方向上的速度分量由 v_{ix} 变为 $-v_{ix}$,即大小不变,方向相反。这样分子每碰撞一次其动量的改变量为

$$-mv_{ix}-(mv_{ix})=-2mv_{ix}$$

根据动量原理,这就是器壁 A_1 施于分子 i 的冲量。根据牛顿第三定律可知,分子 i 施于 A_1 的冲量为 $2mv_{ix}$。

其次,计算分子 i 在 dt 时间内施于器壁 A_1 的冲量。尽管一个分子连续两次与 A_1 相碰撞之间所经历的路程是迂回曲折的,但沿 x 轴方向所经过的距离一定是 $2l$。因此,分子 i 连续两次与 A_1 相碰撞所经历的时间为 $2l/v_{ix}$,在 dt 时间内与 A_1 相碰撞的次数为

$$\frac{dt}{2l/v_{ix}}=\frac{v_{ix} \cdot dt}{2l}$$

因为分子 i 与器壁 A_1 碰撞一次施于 A_1 的冲量为 $2mv_{ix}$,所以它在 dt 时间内施于 A_1 的冲量为

$$2mv_{ix} \cdot \frac{v_{ix}dt}{2l}=\frac{m \cdot dt}{l}v_{ix}^2$$

第三,计算 N 个分子在 dt 时间内施于器壁 A_1 的冲量为

$$I=\overline{F} \cdot dt=\sum_{i=1}^{N}\frac{m \cdot dt}{l}v_{ix}^2=\frac{m \cdot dt}{l}\sum_{i=1}^{N}v_{ix}^2$$

所以,平均冲力为

$$\overline{F}=\frac{m}{l}\sum_{i=1}^{N}v_{ix}^2 \tag{3-1}$$

虽然单个分子对器壁的冲力是断续的,但大量分子对器壁不断碰撞的结果,却在宏观上显示出一个持续的作用力。

那么 N 个分子施于器壁 A_1 的压强 P 为

$$P = \frac{\overline{F}}{l^2} = \frac{m}{l^3}\sum_{i=1}^{N}v_{ix}^2 = \frac{m}{V}\sum_{i=1}^{N}v_{ix}^2 \tag{3-2}$$

式中 V 为容器的体积，即气体体积。

将(3-2)式分子分母同时乘以 N，则

$$P = \frac{mN}{V}\left(\frac{v_{1x}^2 + v_{2x}^2 + v_{3x}^2 + \cdots + v_{Nx}^2}{N}\right) \tag{3-3}$$

设单位体积内的分子数，即分子数密度为 $n = \frac{N}{V}$，又因为 $\frac{v_{1x}^2 + v_{2x}^2 + \cdots + v_{Nx}^2}{N} = \overline{v_x^2}$，式中 $\overline{v_x^2}$ 为分子速度在 x 轴方向上的分量平方的平均值。于是(3-3)式可写为

$$P = nm\overline{v_x^2} \tag{3-4}$$

由平衡状态下气体分子沿任一方向运动的机会均等(假设4)可得 $\overline{v_x^2} = \overline{v_y^2} = \overline{v_z^2}$。又由于 $\overline{v^2} = \overline{v_x^2} + \overline{v_y^2} + \overline{v_z^2}$，式中 $\overline{v^2}$ 为分子速度平方的平均值，由以上两式可得 $\overline{v_x^2} = \frac{1}{3}\overline{v^2}$，将此结果代入(3-4)式，则

$$P = \frac{2}{3}n\left(\frac{1}{2}m\overline{v^2}\right) \tag{3-5}$$

(3-5)式为理想气体的压强公式，其中 $\frac{1}{2}m\overline{v^2}$ 是气体分子的平均平动(动)能。(3-5)式说明，理想气体压强 P 与气体分子数密度 n 成正比，与分子平均平动能成正比。

2. 关于理想气体压强公式的几点说明

(1) 从分子运动论观点看理想气体压强的实质：即气体在宏观上施于器壁的压强，是大量气体分子对器壁不断碰撞的结果，而不是因为气体分子有重量。由压强公式推导过程可见，气体压强等于所有分子在单位时间内施于单位面积器壁的平均冲量，它决定于分子数密度 n 和分子的平均平动能 $\frac{1}{2}m\overline{v^2}$，这就定量地说明了气体压强的实质。我们更应该进一步从微观实质深入理解宏观量压强的意义。分子数密度 n 大，即单位体积内分子数多，分子在单位时间内与单位面积器壁相碰撞的次数多，因而压强 P 大。分子的 $\frac{1}{2}m\overline{v^2}$ 大，即分子无规则运动激烈程度大，一方面分子往返频繁，分子在单位时间内与单位面积器壁碰撞次数就多；另一方面，分子每次碰撞施于器壁的冲量大，由于这双重原因都导致压强 P 大。

(2) 压强公式是一个统计结果，在推导压强公式过程中，不仅运用了力学原理，而且运用了统计规律和方法。由于分子对器壁碰撞是断续的，分子施于器壁的冲量涨落不定，所以分子在单位时间内施于单位面积器壁的平均冲量，即压强 P 是一个统计平均量，是对大量分子、在一定时间和在一定面积的统计平均量，要求分子足够多、时间足够长、面积足够大。当然这"三个足够"都是相对而言。在气体中，单位体积内的分子数也是涨落不定的，所以 n 也是一个统计平均量。因此，压强公式是一个表征三个统计平均量 P、n 和 $\frac{1}{2}m\overline{v^2}$ 之间互相联系的统计规律，而不是一般的力学规律。

(3) 压强公式不能直接用实验验证：压强 P 可以直接测定，但 $\frac{1}{2}m\overline{v^2}$ 不能直接由实验测定，但从公式出发可以满意地解释或导出几个已经验证过的理想气体实验定律。这表明，压强公式及其推导该公式的有关假设在一定程度上反映了客观实际。

三、温度与分子平均平动动能的关系

将理想气体的压强公式与理想气体的状态方程对比，可以得出温度 T 与分子平均平动动能 $\frac{1}{2}m\overline{v^2}$

的关系,从而揭示出宏观量温度的微观本质。

由(3-5)式,得理想气体的压强公式为

$$P = \frac{2}{3}n\left(\frac{1}{2}m\overline{v^2}\right)$$

理想气体状态方程为

$$PV = \frac{M}{\mu}RT$$

其中 M 为气体的质量,μ 为气体的摩尔质量,R 为普适气体常数,T 为气体的热力学温度,将上面两式消去 P 可得

$$\frac{1}{2}m\overline{v^2} = \frac{3}{2}\frac{MRT}{n\mu V}$$

因为 $n = \frac{N}{V}$,$N = \frac{M}{\mu}N_A$,$N_A = 6.022\times10^{23}\,\text{mol}^{-1}$ 表示 1mol 气体所含的分子数,称为**阿伏伽德罗常量**,所以上式变为

$$\frac{1}{2}m\overline{v^2} = \frac{3}{2}\frac{R}{N_A}T$$

R 和 N_A 都是常数,其比值可用另一个常数 k 来表示,k 称为**玻尔兹曼常量**,其值为

$$k = \frac{R}{N_A} = 1.38\times10^{-23}\,\text{J/K}$$

所以上式为

$$\frac{1}{2}m\overline{v^2} = \frac{3}{2}kT \tag{3-6}$$

(3-6)式表明,气体分子的平均平动动能只与温度有关,并与绝对温度成正比,(3-6)式主要说明了三点:

(1) 从分子运动论的观点阐明了温度的实质,即温度标志着物体内部分子无规则运动的剧烈程度,或者说,温度是分子平均平动动能的量度。物体温度越高,表示物体内部分子运动越剧烈。

(2) 揭示了宏观量温度 T 和微观量分子平均平动动能 $\frac{1}{2}m\overline{v^2}$ 之间的关系。由于温度是与大量分子的平均平动动能有关,所以温度是大量分子热运动的集体表现,是含有统计意义的,对于个别分子,说它有温度是没有意义的。

(3) 实际上是给出了分子运动论的基本规律之一,即"能量按自由度均分定理"(下节具体讨论)应用于理想气体分子平动时的表达式。

由(3-5)式及(3-6)式可得

$$P = \frac{2}{3}n\left(\frac{1}{2}m\overline{v^2}\right) = \frac{2}{3}n\left(\frac{3}{2}kT\right) = nkT$$

即

$$P = nkT \tag{3-7}$$

(3-7)式被称为**阿伏伽德罗定律**。

例3-1 容器内盛有氧气,压强为 $P = 1.0\times10^5\,\text{Pa}$,温度为 0℃,试求氧分子的方均根速率及每立方米有多少分子?

解 由(3-6)式可知

$$\frac{1}{2}m\overline{v^2} = \frac{3}{2}kT$$

所以

$$\overline{v^2} = \frac{3kT}{m} = \frac{3kT}{\dfrac{\mu}{N_A}} = \frac{3RT}{\mu}$$

即

$$\sqrt{\overline{v^2}} = \sqrt{\frac{3RT}{\mu}} = \sqrt{\frac{3\times 8.31\times 273}{32\times 10^{-3}}} = 461\text{m/s}$$

由(3-7)式可知

$$P = nkT$$

所以

$$n = \frac{P}{kT} = \frac{1.0\times 10^5}{1.38\times 10^{-23}\times 273} = 2.65\times 10^{25}\text{m}^{-3}$$

即每立方米中有 2.65×10^{25} 个氧分子。

第二节 能量按自由度均分定理

一、自 由 度

前面我们只讨论了分子平均平动动能,实际上,除单原子以外的其他结构比较复杂的分子,不但具有平动能,还有转动能和振动能。为了确定分子各种形式运动能量的统计规律,需要引入和了解自由度的概念。**决定一个物体在空间的位置所需要的独立坐标的数目,称为这个物体的自由度。**自由度常用字母 i 表示。

1. 质点的自由度数

如果一个质点在空间自由运动,则决定质点的位置需要 3 个独立坐标,如 x,y,z,所以这个质点有 3 个自由度;如果一个质点在平面或曲面上运动,则它的位置只有 2 个自由度;同理被限制在一直线或曲线上运动的质点,只有 1 个自由度。如果将飞机、轮船、火车视为质点,则飞机有 3 个自由度,即 $i=3$,轮船有 2 个自由度,即 $i=2$,而火车只有 1 个自由度,即 $i=1$。

2. 刚体的自由度数

由 2 个或 2 个以上原子组成的分子在常温下可近似地视为刚体,刚体的运动可分解为质心的平动和绕通过质心轴的转动,因此刚体的自由度应是平动自由度和转动自由度之和。具体来说,刚体的位置决定如下:

(1) 用 3 个独立坐标,如 x,y,z,决定其质心的位置。

(2) 用 2 个独立坐标,如 α,β,决定通过质心的转轴的方位(3 个方位角只有 2 个是独立的,因为 $\cos^2\alpha+\cos^2\beta+\cos^2\gamma=1$)。

(3) 对于由 3 个或 3 个以上原子组成的分子,还需用另外的 1 个独立坐标,如 θ,决定刚体对起始位置转过的角度。因此,自由刚体有 6 个自由度(即 $i=6$),其中,3 个平动自由度,3 个转动自由度,如图 3-3 所示。当刚体的运动受到限制时,自由度数将减少。当分子由 2 个原子构成时,则没有 θ 这个自由度。

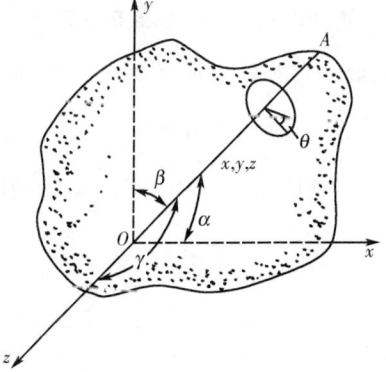

图 3-3 刚体的自由度

3. 分子运动的自由度数

单原子分子,如氦、氖、氩等,可视为自由运动的质点,有 3 个自由度(即 $i=3$);双原子分子,如氧气、一氧化碳等,如果原子间的相互位置保持不变,可将此种分子视为 2 个质点组成的"哑铃"形刚性分子,由于质心位置需要 3 个独立坐标决定,2 个原子连线方向需要 2 个独立坐标决定,所以刚性双原子分子共有5个自由度(即$i=5$),即刚性双原子分子有3个平动自由度和2个转动自由度;由3个或3个以上原子组成的分子,如果将其视为刚体,应有6个自由度(即$i=6$)。常温下的分子一般可视为刚性分子。对于非刚性的分子,分子光谱研究的结果告诉我们,原子沿连线方向还有微小振动,这种非刚性的分子可采用"一根可忽略质量的弹簧连接两个质点"的模型来描述。因此这些分子除平动和转动自由度外,还有振动自由度。例如,非刚性的双原子分子共有6个自由度(即$i=6$),即3个平动自由度,2个转动自由度和1个振动自由度。一般地讲,由n个原子组成的非刚性分子($n \geq 3$),最多有$3n$个自由度,其中,有3个平动自由度,3个转动自由度,其余$3n-6$个是振动自由度。

应该指出,同一种气体的分子运动情况还要根据气体的温度而言,其自由度数随温度变动而不同。例如,氢分子在室温下其分子模型可视为一刚性键连接的2个质点,只有在高温下其分子模型可视为由质量可忽略的弹簧连接的2个质点。

二、能量按自由度均分定理

上一节中,曾确定了理想气体平均平动能与温度的关系,即

$$\frac{1}{2}m\overline{v^2} = \frac{3}{2}kT$$

而

$$\frac{1}{2}m\overline{v^2} = \frac{1}{2}m\overline{v_x^2} + \frac{1}{2}m\overline{v_y^2} + \frac{1}{2}m\overline{v_z^2}$$

因前面指出,在平衡态下,大量气体分子沿各个方向运动的机会均相等,因而有

$$\overline{v_x^2} = \overline{v_y^2} = \overline{v_z^2} = \frac{1}{3}\overline{v^2}$$

由以上公式可以得到一个重要的结果为

$$\frac{1}{2}m\overline{v_x^2} = \frac{1}{2}m\overline{v_y^2} = \frac{1}{2}m\overline{v_z^2} = \frac{1}{2}kT$$

即分子在每一个平动自由度上都具有相同的平均动能,其大小等于$\frac{1}{2}kT$,也就是说分子的平均平动能$\frac{3}{2}kT$是均匀地分配于每个平动自由度上。

这个结论可以推广到分子的转动和振动自由度上。根据经典统计物理学的基本原理,可以得出一个普遍的定理——**能量按自由度均分定理**,简称能均分定理:**在温度为T的平衡状态下,物质(气体、液体或固体)分子的每一个自由度均具有相同的平均动能,其大小为$\frac{1}{2}kT$**。因此,如果某种气体分子有t个平动自由度,r个转动自由度,s个振动自由度,则分子的平均平动动能、平均转动动能、平均振动动能就分别为$\frac{t}{2}kT,\frac{r}{2}kT,\frac{s}{2}kT$,则分子的平均总动能为

$$\overline{e}_k = \frac{i}{2}kT = \frac{(t+r+s)}{2}kT \tag{3-8}$$

能均分定理是关于分子热运动动能的统计规律,是对大量分子统计平均所得的结果。对个别分子而言,在任一瞬时它的各种形式的能量及其总能量完全可能与根据能均分定理所确定的平均值差别很大,而且每一种形式的能量也不一定按自由度均匀分配。对大量分子整体来说,能量之所以会按自由度均分是由于分子无规则碰撞的结果。在碰撞过程中,一个分子的能量可以传递给另一个分子,一种形式的能量可以转化为另一种形式,而且能量还可以从一个自由度转移到另一个自由度。某一种形式或某一个自由度上的能量多了,在碰撞时,能量由这种形式转换成为其他形式或由这一自由度转移到其他自由度的几率就比较大。因此,在平衡状态时,能量就按

自由度均匀分配。

由振动学可知,谐振动在一个周期内的平均振动动能和平均振动势能是相等的。由于分子内原子间的微振动可近似看成谐振动,所以对于每一个振动自由度,分子除了具有 $\frac{1}{2}kT$ 的平均振动动能外,还具有 $\frac{1}{2}kT$ 的平均振动势能。因此如果分子的振动自由度为 s,则分子的平均振动动能和平均振动势能应各为 $\frac{s}{2}kT$,所以分子的平均总能量应为

$$\bar{e} = \frac{1}{2}(t+r+2s)kT \tag{3-9}$$

例 3-2 试求单原子分子,刚性及非刚性双原子分子的平均平动能、平均总动能及平均总能量。

解 (1) 对于单原子分子 $t=3, r=0, s=0$,所以分子的

平均平动动能为 $\frac{3}{2}kT$

平均总动能为 $\frac{3}{2}kT$

平均总能量为 $\frac{3}{2}kT$

(2) 对于刚性双原子分子 $t=3, r=2, s=0$,所以分子的

平均平动动能为 $\frac{3}{2}kT$

平均总动能为 $\bar{e}_k = \frac{1}{2}(t+r+s)kT = \frac{5}{2}kT$

平均总能量为 $\bar{e} = \frac{1}{2}(t+r+2s)kT = \frac{5}{2}kT$

(3) 对于非刚性双原子分子 $t=3, r=2, s=1$,所以分子的

平均平动动能为 $\frac{3}{2}kT$

平均总动能为 $\bar{e}_k = \frac{1}{2}(t+r+s)kT = 3kT$

平均总能量为 $\bar{e} = \frac{1}{2}(t+r+2s)kT = \frac{7}{2}kT$

三、理想气体的内能

除了上述各种形式的动能及分子内部原子间的振动势能外,由于分子间存在着相互作用的保守力,所以分子还具有与这种力相关的势能。气体内所有分子各种形式的动能和势能的总和,称为气体的**内能**。由于理想气体分子间不存在相互作用的保守力,故不具有与这种力相关的势能,所以理想气体的内能只是所有分子各种形式的动能和分子内原子间的振动势能的总和。根据(3-9)式,若质量为 M 的理想气体,则它的内能为

$$E = \frac{M}{\mu} N_A \cdot \frac{1}{2}(t+r+2s)kT$$

即

$$E = \frac{1}{2}\frac{M}{\mu}(t+r+2s)RT \tag{3-10}$$

由上面的结果可以看出,摩尔数相同的理想气体的内能只取决于分子的自由度数和气体的温

度,而与气体的体积及压强无关。

例 3-3 试求温度为 27℃ 的 1mol 氧气和氮气的内能(氧气和氮气可视为刚性分子)。

解 因氧气和氮气的自由度数相等,即 $t=3, r=2, s=0$,所以

$$E_{O_2} = E_{N_2} = \frac{5}{2}RT = \frac{5}{2} \times 8.31 \times (273+27) = 6.23 \times 10^3 \text{J}$$

第三节 液体的表面层现象

液体中分子与分子之间的距离比气体分子间的距离小得多。平均距离 r_0 的数量级约为 10^{-10}m。当两分子间的距离大于 r_0,在 $10^{-10} \sim 10^{-9}$m 时,分子之间的作用力表现为引力。当分子间的距离大于 10^{-9}m 时,则引力很快趋于零。因此分子之间的引力作用范围可以认为是一个半径不超过 10^{-9}m 的球,只有在球内的分子才对球心分子有作用力,所以我们称这个球的半径为**分子引力作用半径**。液面下厚度约等于分子引力作用半径的一层液体称为液体的**表面层**。

一、液体的表面张力 表面能

如图 3-4 所示,对于液体内部的某一分子 C 来说,将受到它周围分子的作用力,在引力作用范围内,由于分子排布是球对称的,所以对 C 分子来讲,它所受周围分子的吸引力的合力为零。对于处在表面层的分子 A 或 B 来说,情况就不同了,它一方面受到液体内分子对它的吸引力,另一方面受到液面外气体分子对它的作用力,但是气体的密度比液体的密度小得多,一般可以把气体分子的作用忽略不计。由此可知,在液体的表面层中,每个分子受到它周围分子的吸引力的合力是垂直于液面并指向液体内部,且分子越接近液面合力就越大。所以如果要把液体中的一个分子从内部移到表面时,就必须克服这个力而做功,从而增加了这一分子的势能。也就是说,处于表面层的分子比处于液体内部的分子具有较大的势能,这种势能就称为**表面能**。由于液体表面层中的每个分子都受到一个指向液体内部的引力的作用,所以,处在表面层中的分子都有尽量挤入液体内部的趋势,使液体的表面有一种绷紧的状态,犹如被拉紧的弹性薄膜一样具有收缩的趋势。从表面能的角度来看,因为一个系统处于稳定平衡时,系统将有最小的势能,所以液体的表面都有一种缩小的趋势。这样,在宏观上就表现为液体的表面层存在着**表面张力**。例如,掉在桌面上的水银会缩成小球状;落在树叶上的露水会形成珠状;在水面上轻轻放上一枚小硬币,则硬币会浮在水的表面等。又如图 3-5(a) 所示,在一个有肥皂膜的金属圆环上放一沾湿的小细棉线环,这时棉线上每一小段的两侧都受到大小相等、方向相反的张力作用,棉线处于平衡状态,因而保持最初的形状不变。当用一热针把棉线环中的肥皂膜刺破时,棉线环只受到环外肥皂膜对它的作用,棉线被拉成圆形。如图 3-5(b) 所示。从这个实验可知:表面张力的方向是沿着液体的表面与液面相切并且与分界线相垂直。

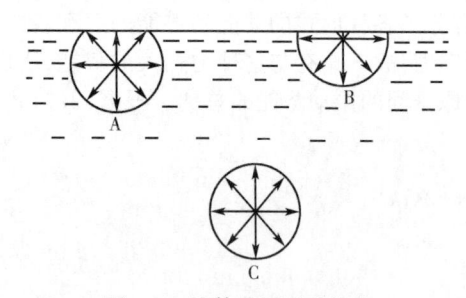

图 3-4 液体分子所受的力　　图 3-5 表面张力的作用

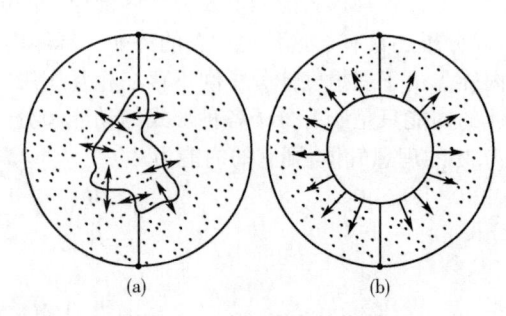

现讨论表面张力的大小。在图 3-6 中,线段 MN 表示在液面上所设想的一条分界线,把液面划

分为Ⅰ,Ⅱ两部分。则此线段 MN 两边都受到一个沿着液面并垂直于 MN 的表面张力。f_1 表示表面Ⅰ对表面Ⅱ的拉力,f_2 表示表面Ⅱ对表面Ⅰ的拉力,这两个力大小相等,方向相反。表面张力的大小是和液面设想的分界线 MN 的长度 l 成正比,可写成

$$f = \alpha l \tag{3-11}$$

式中,比例系数 α 称为**表面张力系数**,单位是牛顿/米(N/m)。

表面张力系数在量值上等于沿液体表面作用在单位分界线长度上的表面张力的大小。表面张力系数与液体的性质有关,不同的液体有不同的表面张力系数。另外,表面张力系数还和此液体相接触的液面外的物质性质有关,同时还与液体的温度有关。一般情况下,温度越高,表面张力系数越小。表3-1给出了几种液体的表面张力系数的量值。表中与液体相接触的液面外的物质均为空气。

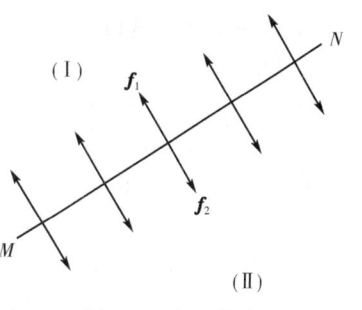

图3-6 表面张力

表3-1 几种液体的表面张力系数

液体	温度(℃)	α(10^{-3}N/m)	液体	温度(℃)	α(10^{-3}N/m)
水	0	75.64	肥皂泡	20	40
水	20	72.75	乙醇	20	22
水	40	69.56	水银	20	470
水	60	66.18	血浆	20	60
水	80	62.62	正常尿	20	66
水	100	58.85	黄疸患者尿	20	55

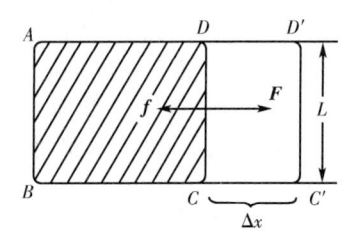

图3-7 表面能的大小

另外,我们再从功能关系来说明表面张力系数的物理意义。前面我们讲过,处于表面层的分子比处在液体内部的分子具有较大的势能,这种势能就称为**表面能**。可见液体的表面积越大时,表面能也越大。表面积越小时,表面能也越小。一个系统处于稳定平衡时,势能总是取最小值,所以液体表面都尽可能地收缩,一直收缩到表面积最小为止。现在,我们来分析表面能的大小。如图3-7所示,设一金属框 ABCD 上有一层液体薄膜,金属框的一边 CD 可以自由滑动,设 CD 边的长度为 L,由于液膜具有收缩的趋势,于是 CD 边将向左移动,为阻止 CD 边的移动,就必须对 CD 边施以向右的外力 F,F 的大小与 CD 边所受的表面张力的大小相等,因为液膜有两个表面,故 CD 边所受的表面张力的大小为

$$f = F = 2\alpha L$$

若在外力的作用下,使滑动边 CD 向右匀速移动 Δx 距离,则外力所做的功为

$$\Delta W = F\Delta x = 2\alpha L\Delta x = \alpha \cdot \Delta S$$

式中,ΔS 为液膜表面积的增量。从上式可以得出

$$\alpha = \frac{\Delta W}{\Delta S}$$

由此可见,**表面张力系数在数值上等于增加液体单位表面积时,外力所做的功**。

从上面实验可以看出,外力做功的结果是使液膜的表面积增加了,也就是说,有更多的液体分子从内部移到了表面层,从而增加了液体的表面能。所以我们说外力所做的功用来增加液体的表面能。用 ΔE 表示表面能的增量,则

$$\Delta E = \Delta W = \alpha \cdot \Delta S$$

或

$$\alpha = \frac{\Delta E}{\Delta S} \tag{3-12}$$

由此,**表面张力系数**也可定义为**增加液体单位表面积时液体表面能的增量**。单位也可写成焦耳/米²(J/m^2)。

例 3-4 1 个半径为 1mm 的大水滴,分裂为 8 个小水滴,问表面能增加了多少(设水的表面张力系数为 $73×10^{-3}N/m$)?

解 设大水滴的半径为 R,小水滴的半径为 r,表面能的增量为

$$\Delta E = \alpha(8 \times 4\pi r^2 - 4\pi R^2)$$

由于一个大水滴的质量等于 8 个小水滴的质量,故有

$$\rho \frac{4}{3}\pi R^3 = \rho \frac{4}{3}\pi r^3 \cdot 8$$

$$8r^3 = R^3, \quad r^3 = \frac{R^3}{2^3}$$

$$r = 0.5mm$$

即

$$\Delta E = 0.9 \times 10^{-6} J$$

二、弯曲液面的附加压强 气体栓塞

在日常生活中,我们会看到静止的液体表面经常是平面,但也有弯曲的,如肥皂泡、小水滴,还有固体与液体接触处等。

如图 3-8 所示,三个图分别表示液面是平面、凸面和凹面的情况。

在液体表面上取一小面积 ΔS,ΔS 所受的表面张力是沿着周界线并与周界线相垂直与液面相切的。如果液面为水平面,则表面张力的方向与液面平行。因此不产生垂直于液面的压力,则紧靠液面下一点的压强 P 应等于外界大气压强 P_0,即 $P=P_0$,如图 3-8(a)所示。如果液面为凸面,则表面张力的合力方向指向液体内部,这个合力将对凸液面下层液体施以压强 P_S,此时,液面下一点的压强 P 应等于外界压强 P_0 与表面张力产生的压强 P_S 之和,即 $P=P_0+P_S$,如图 3-8(b)所示。如果液面为凹面,则表面张力的合力方向指向液体外部,这个合力将对液面下层液体施以拉力,因而由于表面张力所产生的压强 P_S 应指向液体外部,所以液面下一点的压强 P 应满足 $P=P_0-P_S$,如图 3-8(c)所示。这种由于液面弯曲,表面张力所产生的压强 P_S,称为**附加压强**。

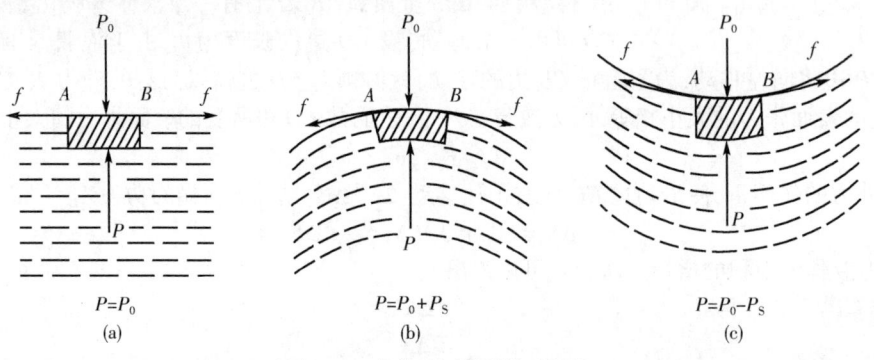

图 3-8 弯曲液面的附加压强

1. 附加压强的计算

当液体表面是半径为 R 的球面的一部分的情形时,求出附加压强的大小。如图 3-9 所示,取球面的一小部分 ΔS,作用在这部分周界线上的表面张力是和球面相切与周界线垂直的。现求作用于圆周线段 Δl 上的力 Δf 的大小。由(3-11)式可知 $\Delta f = \alpha \cdot \Delta l$。

Δf 可以分解为两个分力。一个分力是 Δf_1,其方向指向液体内部。另一个分力是 Δf_2,其方向与曲率半径 OC 垂直,由于 Δf_2 的合力为零,对附加压强不起作用,可不予考虑。

由图 3-9 可知
$$\Delta f_1 = \Delta f \sin\varphi = \alpha \cdot \Delta l \sin\varphi$$
沿 ΔS 的周界，指向液体内部的分力总和为
$$f_1 = \sum \Delta f_1 = \alpha \sin\varphi \sum \Delta l = 2\pi r \cdot \alpha \cdot \sin\varphi$$
将 $\sin\varphi = \dfrac{r}{R}$ 代入上式得
$$f_1 = \frac{2\pi\alpha r^2}{R}$$

由于 f_1 的作用，将使小面元 ΔS 向液体内部紧压，当 ΔS 很小时，它可以近似地看成是一个小圆形面积，其半径为 r，面积为 $\Delta S = \pi r^2$。将 ΔS 去除 f_1，就可得到 ΔS 曲面对于液体内部所施加的附加压强的大小，即

$$P_S = \frac{f_1}{\pi r^2} = \frac{2\alpha}{R} \tag{3-13}$$

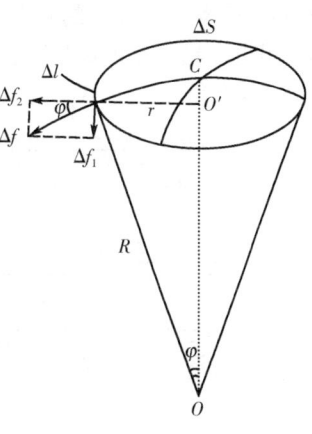

图 3-9 弯曲液面的附加压强

由此可见，附加压强的大小与表面张力系数 α 成正比，而与曲率半径 R 成反比，曲率半径越小，附加压强就越大。

例 3-5 试求一水面下气泡内空气的压强。设气泡的半径为 4×10^{-6}m，水的表面张力系数为 73×10^{-3}N/m。

解 由(3-13)式可得
$$P_S = \frac{2\alpha}{R} = \frac{2\times73\times10^{-3}}{4\times10^{-6}} = 3.65\times10^4 \text{Pa}$$
由此可得出气泡内的压强为 $P_0+P_S=1.38\times10^5$Pa。

例 3-6 试求一肥皂泡的内外压强差。设肥皂泡的曲率半径为 R，表面张力系数为 α。

解 如图 3-10 所示，肥皂泡具有内外两个表面，由于液膜很薄，那么内外两个表面的半径可以看成相等，都为 R，在泡外、泡液中、泡内各取一点分别为 A,B,C 三点。由(3-13)式可知
$$P_B = P_A + \frac{2\alpha}{R}$$
$$P_C = P_B + \frac{2\alpha}{R}$$

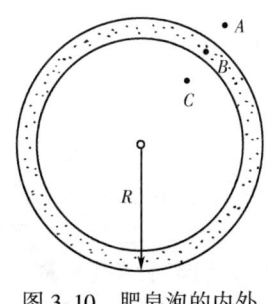

图 3-10 肥皂泡的内外压强差

由上面两式可得 $P_C-P_A=\dfrac{4\alpha}{R}$，即肥皂泡内外压强差为 $\dfrac{4\alpha}{R}$。

2. 气体栓塞

当液体在细管中流动时，如果管中出现气泡，液体的流动就要受到阻碍，气泡多了就能堵住管子，使液体不能流动，这种现象称为**气体栓塞**。

气体栓塞的产生是由于气体与液体间的曲面有附加压强的缘故。如图 3-11 所示，设在细管中流动的液体里有一气泡，当细管两端的压强相等，即 $P_A=P_B$ 时，气泡与液体的交界面会形成两个半径相等的曲面，如图 3-11(a)所示。根据(3-13)式，两曲面所产生的附加压强 $P_{SA}=P_{SB}$，方向相反，系统处于平衡状态，此时液体不流动。如果要想使液体自左向右移动，则需增大 A 端的压强，即 $P_A>P_B$。这样就会使两液面的形状发生改变，左边曲面的曲率半径变大，右边曲面的曲率半径变小，如图 3-11(b)所示。由于附加压强与曲率半径成反比，于是有 $P_{SA}<P_{SB}$，即两曲面所产生的附加压强合作用的结果是阻止液体自左向右运动，当向右的外加压强之差 $\Delta P=P_A-P_B$ 正好等于两曲面所产生的向左的附加压强之差 $\Delta P_S=P_{SB}-P_{SA}$ 时，则液体仍不能运动。如果细管中的液体被 n 个气泡分

隔,则将产生 n 个 ΔP_S 的阻力,如图 3-11(c)所示。所以气泡越多时,为了推动液柱移动所需克服的总的阻力也越大。当管两端的总压强差 ΔP 等于 $n\Delta P_S$ 时,液体仍不能运动,于是造成栓塞现象。

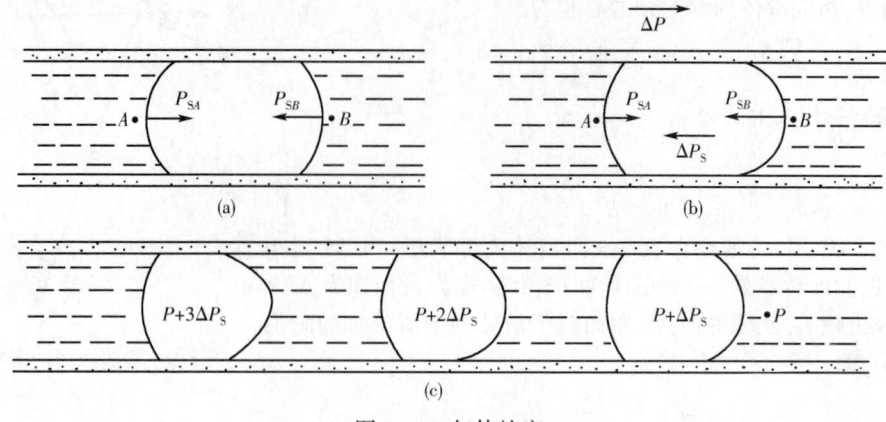

图 3-11 气体栓塞

人体的血管中是不允许有气泡存在的,若气泡很小时,可以通过血液循环从肺部排出。若气泡较大或多到一定量时,则造成血液循环障碍,后果严重。例如,在静脉注射或输液中应特别注意防止空气输入到血管中。

另外,气体能溶解于液体,压力越高溶解度越大。例如,潜水员在深水中工作时,处于很高的压强下,这时有较多的气体溶解于血液中,如果他突然上升到水面上,即压强骤然变小,这时原来溶解在血液中的大量气体由溶解状态立即游离出来,在血液内形成无数微小气泡且可融成大气泡,引起各器官广泛栓塞,危及生命,医学上称为减压病。因此,潜水员从深水处上来或工作在高压氧舱的人出来时,都应有适当的缓冲时间,避免发生气体栓塞现象。

三、表面吸附和表面活性物质　肺泡中的压强

1. 表面吸附和表面活性物质

如图 3-12 所示,有一种密度较小的液滴 I 浮在另一种密度较大的液体 II 的表面上。液滴 I 的上表面与空气相接触,其表面张力系数为 α_1。它的下表面与液体 II 相接触,在这两种液体的接触处,也有表面张力作用,用 α_{12} 表示在这两种液体相接触处的表面张力系数。液体 II 与空气相接触的表面,其表面张力系数为 α_2。液滴 I,液体 II 和空气这 3 个界面的会合处是一个圆周,在这圆周上作用着 3 个表面张力 f_1,f_2 和 f_{12},3 个表面张力分别与对应的表面相切。力 f_1 与 f_{12} 有使液滴紧缩的趋势,力 f_2 有使液滴伸展的趋势。当液滴平衡时,力 f_1,f_{12} 和 f_2 的矢量和应为零,显然,只有当 $f_2 < f_1 + f_{12}$ 时才有可能。由此可知,如果

$$\alpha_2 < \alpha_1 + \alpha_{12}$$

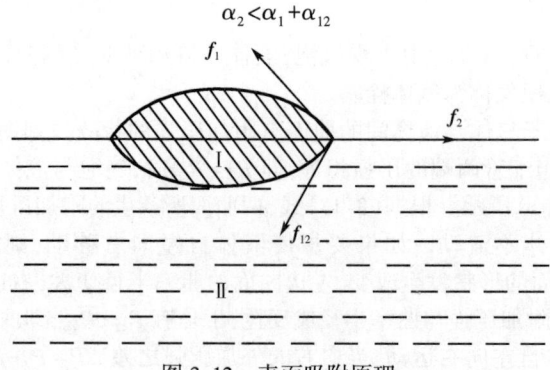

图 3-12 表面吸附原理

则液滴Ⅰ就能够在液体Ⅱ的表面上保持液滴的形状。

如果表面张力系数 α_2 比其他两个系数大得多,以致

$$\alpha_2 > \alpha_1 + \alpha_{12}$$

在这种情况下,无论液滴的形状如何,力 f_1 与 f_{12} 的矢量和与力 f_2 不可能平衡,于是液滴Ⅰ就在液体Ⅱ的表面上伸展成一薄膜,我们把液滴Ⅰ在液体Ⅱ的表面上伸展成薄膜的现象称为液体Ⅱ对液滴Ⅰ的**表面吸附**。同时,我们把液滴Ⅰ称为液体Ⅱ的**表面活性物质**。把液体Ⅱ称为对液滴Ⅰ的**吸附剂**,吸附剂单位表面积上表面活性物质的质量称为**表面浓度**。

一种液体是不是表面活性物质,或是不是吸附剂,都是相对的。表面活性物质相对其吸附剂而言,它的表面张力系数较小。根据(3-12)式可知,当把表面活性物质加入其吸附剂时,可以降低吸附剂的表面能或表面张力系数的作用,这是表面活性物质的主要特点。吸附剂的表面张力系数随表面活性物质的表面浓度的增加而减小。

2. 肺泡中的压强

现在看这样一个实验,如图3-13(a)所示,在一连通管的两端,吹成大小不等的两个肥皂泡。A端为大泡,半径为 R,B端为小泡,半径为 r,设泡外的压强为 P_0。此时,A泡内的压强应为

$$P_A = P_0 + \frac{4\alpha}{R}$$

B泡内的压强应为

$$P_B = P_0 + \frac{4\alpha}{r}$$

由于 $R > r$,所以 $P_A < P_B$,当管子连通时,可以看到小泡逐渐萎缩,大泡逐渐膨胀,直到大泡的曲率半径和小泡剩余部分的曲率半径相同为止,如图3-13(b)所示。

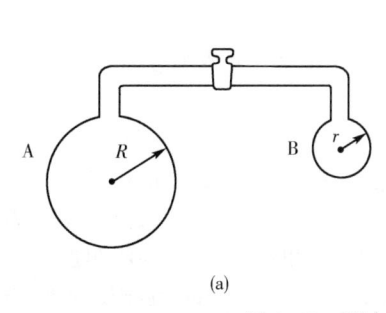

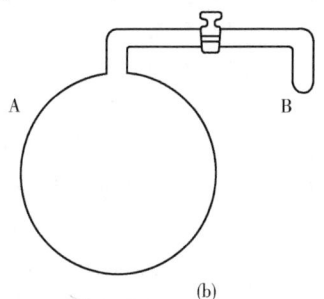

图3-13 两个肥皂泡连通后的变化

表面活性物质在肺的呼吸过程中起着重要的作用。肺位于胸腔内,支气管在肺内分成很多小支气管,小支气管越分越细,其末端膨胀成囊状气室,每室又分成许多小气囊,叫做肺泡(图3-14)。可以说呼吸是在肺泡里进行的。

要让空气进入肺泡,必须使肺泡内的压强 P_i 低于大气压强约3mmHg(即 $P_i = -3$mmHg)。一般情况下,肺泡外胸膜腔的平均压强 $P_0 = -4$mmHg,比肺泡内的压强低1mmHg,所以使肺贴向胸壁。正常吸气时,由于膈肌下降和胸腔扩张,可以形成 $-9 \sim -10$mmHg 的负压。这样似乎可以使肺泡扩大进行吸气,但是由于肺泡表面覆盖着一层黏性组织液,其表面张力系数约为0.05N/m。把肺泡看成是球形,平均半径 R 为 0.50×10^{-4}m,根据(3-13)式肺泡表面所产生的附加压强为

$$P_S = \frac{2\alpha}{R} = \frac{2 \times 0.050 \text{N/m}}{0.50 \times 10^{-4} \text{m}} = 2 \times 10^3 \text{N/m}^2 \approx 15 \text{mmHg}$$

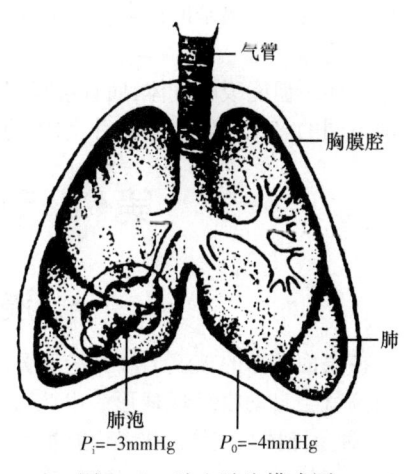

图3-14 肺和肺泡模式图

显然膈肌下降和胸腔扩张所形成的负压,不足以克服附加压强以达到正常吸气。这个困难要由肺泡壁分泌表面活性物质(磷脂类物质)使肺泡的表面张力降低来克服。这种表面活性物质以单分子层覆盖于肺泡黏液的表面,使表面张力降低到原来的 1/15～1/7,这样就可以使肺泡在胸腔的负压下进行吸气,并且由于表面活性物质的量是保持一定的,当肺泡扩张时,单位面积上表面活性物质的量(即浓度)相对减少,使表面张力以及附加压强相对增加,不致使肺泡继续涨大。在肺缩小时,则表面活性物质的浓度相对增加,使表面张力以及附加压强相对减小,不致使肺泡萎缩。这样表面活性物质的存在,具有调节表面张力大小的作用,以维持肺泡大小不同时工作的稳定性。

人的肺泡总数约有 3 亿个,各个肺泡大小不一,且同一气室内的肺泡有些是相通的。根据图 3-13 的实验,当两液泡的表面张力系数相等时,小泡内的压强大于大泡内的压强,小泡内的气体将不断地流向大泡,直至使小泡趋于萎缩。但是这种情形在肺泡里并没有出现,原因也是由于上述表面活性物质的作用。表面活性物质在呼吸过程中调节着大小肺泡的表面张力,从而稳定大小肺泡内的压强,使小肺泡不致萎缩而大肺泡又不致过分膨胀。吸气时,肺泡变大,则肺泡内表面活性物质的表面浓度降低,使表面张力系数增加,从而表面张力也变大,这样有利于排气。呼气时,肺泡变小,则肺泡内表面活性物质的表面浓度升高,使表面张力系数变小,从而表面张力也变小,这样有利于吸气。如果表面活性物质缺乏,则很多肺泡将因大小不等而无法稳定,表面张力增大,功能就发生障碍,易于发生呼吸困难综合征,严重者会导致死亡。

子宫内胎儿的肺泡被黏液所覆盖,附加压强使肺泡完全闭合。临产时,肺泡壁分泌表面活性物质,以降低黏液的表面张力。但新生儿仍需以大声啼哭的强烈动作进行第一次呼吸来克服肺泡的表面张力,以获得生存。

表面活性物质在医药上的用途,除部分直接用于消毒、杀菌、防腐外,主要用于对药物的增溶,混悬液的分散、助悬,油的乳化以及有效成分的提取,增加药物的稳定性,促进药物的透皮吸收,促进片剂的崩解,增强药物的作用等。

另有一类物质溶于溶剂后,可使其表面张力系数增加,这类物质称为表面非活性物质,如水的表面非活性物质有食盐、糖类、淀粉等。

固体也能对气体、液体分子产生表面吸附,以减少自己的表面能。像液体一样,在其表面沾有其他物质时,表面能减小。固体表面对被吸附的分子有很强的吸引力,如要将被吸附在玻璃表面的水蒸气分子完全除掉,需在真空中加热到 400℃。固体表面积越大,吸附能力越强,被吸附在固体表面上的气体量与固体的表面积成正比。固体在单位表面积吸附的气体量称为**吸附度**。吸附度不但随温度的升高而降低,而且还与气体的压强、固体和气体的性质有关。多孔性物质的表面积很大,吸附力强,如活性炭的吸附度就很大,在低温时尤为显著,它吸附的气体体积可以达到本身体积的几百倍。在医疗中常用一种白色的黏土粉末——白陶土或活性炭给患者服用,来吸附胃肠道中的细菌、色素和食物分解出来的毒素等有机物。在药物生产过程中,常采用活性炭等吸附剂精制葡萄糖、胰岛素等药品。

固体不但能吸附气体,而且会吸附溶解在液体中的各种物质。常用的净水器,就是让水经过滤器中不同的多孔物质层滤出后,水中的有害物质就被多孔物质吸附,从而达到净化水的目的。

第四节　液体的附着层现象

一、浸润现象与不浸润现象

在表面洁净的玻璃上放一些水滴,这些水滴就扩展开来把玻璃润湿;如果把水银滴放在玻璃上,水银滴就会自动收缩成球形。由此可以看出,当液体与固体接触时,在接触处会出现两种不同的现象,一种是液体与固体的接触面有扩大的趋势,液体易于附着固体,这种现象称为**浸润现象**。另一种是液体与固体的接触面有收缩的趋势,这种现象称为**不浸润现象**。

浸润与不浸润现象通常用**接触角**或称**浸润角** θ 来描述，接触角是指在液体表面与固体表面的接触处，作一条与液面相切的切线，此切线与固-液界面之间的夹角。如图 3-15 所示，当 θ 为锐角时，称**液体浸润固体**；当 θ 为零时，称**液体完全浸润固体**；当 θ 为钝角时，称**液体不浸润固体**；当 θ 为 180° 时，称**液体完全不浸润固体**。

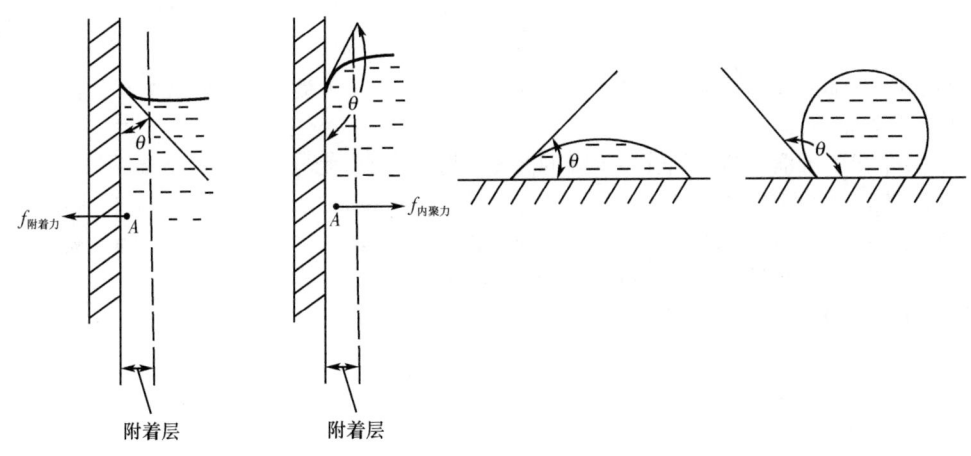

图 3-15 浸润与不浸润

浸润与不浸润现象的产生，取决于液体自身分子的吸引力和固体与液体两种分子间的吸引力。液体自身分子间的吸引力称为**内聚力**。固、液分子间的吸引力称为**附着力**。设内聚力有效作用距离为 l，附着力的有效作用距离为 r，在液体与固体接触处有一层液体，其厚度为 l 和 r 中的大者，称为**附着层**（图 3-15）。附着层内的任一液体分子，一方面受到附着力的作用，另一方面受到内聚力的作用。当内聚力大于附着力时，液体跟固体接触的面积就有缩小的趋势，也就是液体不浸润固体。当附着力大于内聚力时，液体跟固体接触的面积就有扩大的趋势，也就是液体浸润固体。

二、毛 细 现 象

拿一根细玻璃管，把它的一端插入装有水的容器里，可以看到，管子里的水面高出容器里的水面。管子内径越小，管内部水面上升得就越高，如图 3-16(a) 所示。如果把玻璃管插入装有水银的容器里，会看到管子里的水银面低于容器里的水银面，管子越细，管子里的水银面越低，如图 3-16(b) 所示。这种浸润液体在细管里上升的现象和不浸润液体在细管里降低的现象称为**毛细现象**，能够发生毛细现象的管称为**毛细管**。

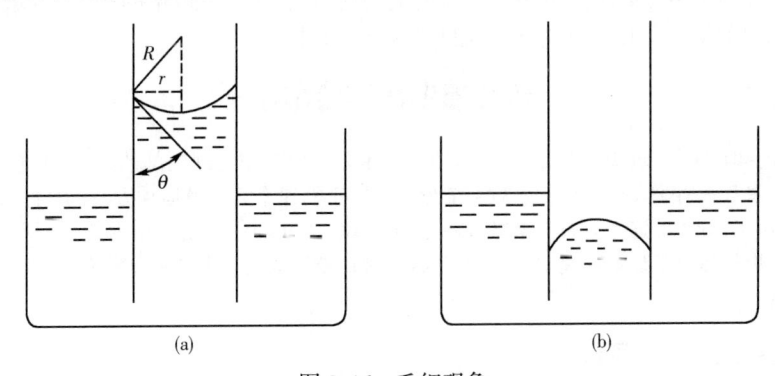

图 3-16 毛细现象

液体沿毛细管上升或降低的高度可通过附加压强来计算。如图 3-16(a) 所示，设接触角为 θ，因为水浸润玻璃，所以 θ 角为锐角，管内液面为凹面，液面下一点的压强小于液面外的大气压强，所以

液体沿管壁上升,直到升高的液柱产生的压强等于弯曲液面的附加压强为止,即

$$P_s = \frac{2\alpha}{R} = \frac{2\alpha}{r}\cos\theta = \rho g h$$

于是

$$h = \frac{2\alpha\cos\theta}{\rho g r} \tag{3-14}$$

式中,ρ 为液体的密度,R 为液面的曲率半径,r 为毛细管半径,α 为液体的表面张力系数,液体沿管上升的最大高度为 h。

同理,可求出不浸润液体在细管中下降的高度,其下降的高度与(3-14)式结果一致。

例 3-7 将一毛细管竖直插入水中,则水沿毛细管上升的高度为 4cm,当把此毛细管插入乙醇中,则乙醇沿毛细管上升的高度为 2cm,设水的表面张力系数为 73×10^{-3} N/m,乙醇的密度为 0.8×10^3 kg/m³,求乙醇的表面张力系数(设水和乙醇完全浸润玻璃)。

解 根据(3-14)式,将 $\theta=0$ 代入得

$$h_1 = \frac{2\alpha_1}{\rho_1 g r}$$

$$h_2 = \frac{2\alpha_2}{\rho_2 g r}$$

将上面两式相除得

$$\alpha_2 = \frac{\alpha_1 \rho_2 h_2}{\rho_1 h_1} = \frac{73\times10^{-3}\times0.8\times10^3\times2}{1\times10^3\times4}$$

$$\alpha_2 = 29.2\times10^{-3} \text{N/m}$$

即乙醇的表面张力系数为 29.2×10^{-3} N/m。

液体表面张力、表面能、表面活性剂和表面吸附、浸润和毛细现象等在日常生活和生产技术中,尤其在药物生产、保管和使用等方面有重要意义。在某些液体药剂、针剂、软膏、丸剂等的生产及稳定性等问题上,都需要运用液体表面现象方面的知识。

毛细现象在日常生活和生产技术中经常遇到。在动物和植物组织中存在着大量微型导管,植物中养料和水分在微型导管中的输运和吸收,动物血液在毛细血管中的流通,毛细现象都起着重要作用。

大部分多孔性物质,如木材、纸、布、棉纱等都可以吸收液体,这种吸收作用正是由于能润湿上述固体物质的液体深入到固体内部的大量毛孔中的缘故。土壤中的小孔对于土壤中水分的吸收和保持也起着重要作用。

在药物制剂的生产中,常常在药物中加入适量的能降低药液接触角的物质,以增加药物的润湿能力,提高药物被吸收的效果,从而达到增加药物疗效的目的。

知识拓展　　麦克斯韦速率分布律

我们从上面的知识可知,理想气体处于平衡态时,气体分子仍然作无规则的热运动,由于分子之间相互碰撞,每个分子的速率都在时刻发生着变化。就某个分子来讲它的速率大小及运动方向都是偶然的,但对于大量分子组成的整体而言,分子的速率分布却遵循着一定的规律。在 1859 年,麦克斯韦首先利用统计方法解决了在平衡状态下,理想气体分子运动的速率分布规律,这个规律就称为麦克斯韦速度分布律。而且这个规律在不久就被实验所验证了。

一、麦克斯韦速率分布函数

若某一容器内的理想气体处于平衡状态下,设气体的温度为 T,分子数为 N,一个分子的质量为 m,k 是玻耳兹曼常数,麦克斯韦得出了速率在 v 与 $v+dv$ 区间内的分子数 dN_v 为:

$$dN_v = 4\pi N \left(\frac{m}{2\pi kT}\right)^{3/2} v^2 e^{-mv^2/2kT} dv \tag{3-15}$$

从上式中可见，$dN/(N \cdot dv)$ 是表示单位速率间隔内的分子数占总分子数的百分比，用 $f(v)$ 来表示，$f(v)$ 的数值越大则表示在这一单位速率间隔内，分子具有这样的速率的百分比就越高。所以函数 $f(v)$ 可以定量反映气体分子在某个特定的温度下按照速率分布的情况，我们将 $f(v)$ 称为**麦克斯韦速率分布函数**。即

$$f(v) = 4\pi \left(\frac{m}{2\pi kT}\right)^{3/2} v^2 e^{-mv^2/2kT} \tag{3-16}$$

很显然，速率分布函数应该满足归一化条件，即

$$\int_0^\infty f(v)\,dv = 1 \tag{3-17}$$

我们若以 v 为横轴，$f(v)$ 为纵轴，画出的曲线称为麦克斯韦速率分布函数曲线，见图 3-17 所示。它能形象地表示出气体分子按速率分布的情况。图 3-17(a)中曲线下面宽度为 dv 的小窄条面积就等于在该区间内的分子数占总分子数的百分比 dN/N。

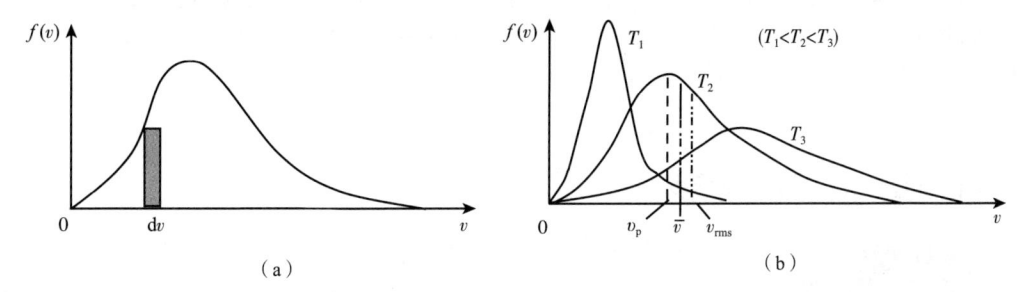

图 3-17 麦克斯韦分子速率分布曲线

二、三种分子速率

从图 3-17 中可以看出，每条曲线都是从原点出发，逐渐上升至最高点后又开始下降，然后慢慢再趋于零。这说明在最高点的速率为 v_p 处，函数存在一极大值，我们把 v_p 称为**最概然速率**，也称**最可几速率**。它的物理意义是：若整个速率范围分成许多相等的小区间，则 v_p 所在的区间内的分子数占总分子数的百分比最大，v_p 可以由下式求出：

$$\left.\frac{df(v)}{dv}\right|_{v_p} = 0$$

由此得

$$v_p = \sqrt{\frac{2kT}{m}} = \sqrt{\frac{2RT}{\mu}} \approx 1.41\sqrt{\frac{RT}{\mu}} \tag{3-18}$$

而 $v=v_p$ 时，

$$f(v_P) = \left(\frac{8m}{\pi kT}\right)^{\frac{1}{2}} e^{-1} \tag{3-19}$$

式(3-19)表明，v_p 随温度的升高而增大，又随 m 增大而减小。图 3-17 画出了在不同温度下的速率分布函数，可以看出温度对速率分布的影响；温度越高，最概然速率越大，$f(v_p)$ 越小。由于曲线下的面积恒等于 1，所以温度升高时曲线变得平坦些，并向高速区域扩展，也就是说，温度越高，速率较大的分子数就越多。这就是通常我们所说的"温度越高，分子运动越剧烈"的内在含义。

应该指出，麦克斯韦速率分布律是一个统计规律，它只适用于大量分子组成的气体。由于分子运动的无规则性，在任何速率区间 v 到 $v+dv$ 内的分子数都是不断变化的。式(3-15)中的 dN_v 只表示在这一速率区间的分子数的统计平均值。为使 dN_v 有确定的意义，区间 dv 必须是宏观小而微观大的。如果区间是微观小的，则 dN_v 的数值将十分不确定，因而失去实际意义。

已知速率分布函数，我们还可以求出分子运动的**平均速率**。平均速率的定义是

$$\bar{v} = \frac{\left(\sum_{}^{N} v_i\right)}{N} = \int \frac{v\,dN_v}{N} = \int_0^\infty v f(v)\,dv$$

将麦克斯韦速率分布函数代入上式，可求得平衡态下理想气体分子的平均速率为

$$\bar{v} = \sqrt{\frac{8kT}{\pi m}} = \sqrt{\frac{8RT}{\pi \mu}} \approx 1.60\sqrt{\frac{RT}{\mu}} \qquad (3\text{-}20)$$

还可以利用速率分布函数求 v^2 的平均值。由平均值的定义

$$\overline{v^2} = \frac{\left(\sum_{i}^{N} v_i^2\right)}{N} = \int \frac{v^2 \mathrm{d}N_v}{N} = \int_0^\infty v^2 f(v)\mathrm{d}v = \frac{3kT}{m}$$

由上式可得**方均根速率**为

$$v_{\text{rms}} = \sqrt{\overline{v^2}} = \sqrt{\frac{3kT}{m}} = \sqrt{\frac{3RT}{\mu}} \approx 1.73\sqrt{\frac{RT}{\mu}} \qquad (3\text{-}21)$$

由式(3-18)、式(3-20)、式(3-21)确定的这三个速率值都是在统计意义上说明大量分子的运动速率的典型值。它们都与 $\sqrt{T}$ 成正比,与 $\sqrt{m}$ 成反比。其中方均根速率最大,平均速率次之,最概然速率最小。

三种速率有着不同的应用,一般在讨论速率分布时用最概然速率,计算分子的平均平动动能时用方均根速率,讨论分子碰撞次数时用平均速率。

科学之光　阿伏伽德罗

阿莫迪欧·阿伏伽德罗(Amedeo Avogadro,1776—1856),意大利物理学家、化学家,1776 年 8 月 9 日生于都灵显赫家族,1856 年 7 月 9 日卒于同地。1792 年进入都灵大学学习法学,1796 年获法学博士,1800~1805 年又专门攻读数学和物理学,之后主要从事物理学和化学研究。1811 年发表了阿伏伽德罗假说,也就是阿伏伽德罗定律,并提出分子概念及原子和分子的区别等重要化学问题。1820 年任都灵大学数学和物理学教授,曾一度被解职,于 1834 年又重任该校教授,直到 1850 年退休。他是都灵科学院院士,还担任过意大利度量衡学会会长,为促使意大利采用公制做出了重要贡献。

阿伏伽德罗毕生致力于原子-分子学说的研究。1811 年,他发表了题为《原子相对质量的测定方法及原子进入化合物时数目之比的测定》的论文。他以盖-吕萨克(Joseph Louis Gay-Lussac)气体化合体积比实验为基础,进行了合理的假设和推理,首先引入了"分子"概念,并把分子与原子概念相区别,指出原子是参加化学反应的最小粒子,分子是能独立存在的最小粒子。单质的分子是由相同元素的原子组成的,化合物的分子则由不同元素的原子所组成。文中明确指出:"必须承认,气态物质的体积和组成气态物质的简单分子或复合分子的数目之间也存在着非常简单的关系。把它们联系起来的一个、甚至是唯一容许的假设就是相同体积中所有气体的分子数目相等"。这样就可以使气体的原子量、分子量以及分子组成的测定与物理学上、化学上已获得的定律完全一致。阿伏伽德罗的这一假说,后来被称为阿伏伽德罗定律。

阿伏伽德罗还根据他的这条定律详细研究了测定分子量和原子量的方法,但他的方法长期不为人们所接受。这是由于当时科学界还不能区分分子和原子,分子假说很难被人理解,再加上当时的化学权威们拒绝接受分子假说的观点,致使他的假说默默无闻地被搁置了半个世纪之久,这无疑是科学史上的一大遗憾。直到 1860 年,意大利化学家坎尼扎罗(Stanislao Cannizzaro)在一次国际化学会议上慷慨陈词,声言阿伏伽德罗在半个世纪以前已经解决了确定原子量的问题。坎尼扎罗以充分的论据、清晰的条理、易懂的方法,很快使大多数化学家相信阿伏伽德罗的学说是普遍正确的。但这时阿伏伽德罗已经在几年前默默地去世了,没能亲眼看到自己学说的胜利。

阿伏伽德罗是第一个认识到物质由分子组成、分子由原子组成的人。他的分子假说奠定了原子-分子论的基础，推动了物理学、化学的发展，对近代科学产生了深远的影响。1837~1841年期间，他的四卷著作《有重量的物体的物理学》是第一部关于分子物理学的教程。

1摩尔任何物质都含有6.023×10^{23}个分子，这一常数被人们命名为阿伏伽德罗常数N_A，以纪念这位杰出的科学家。阿伏伽德罗常数是自然科学的重要基本常数之一，可用很多种不同的方法进行测定，例如电化当量法、布朗运动法、油滴法、X射线衍射法、黑体辐射法、光散射法等，这些方法的理论根据各不相同，但结果却几乎一样。

小 结

(1) 理想气体的压强公式：$P=\dfrac{2}{3}n\left(\dfrac{1}{2}mv^2\right)\bar{e}_{平动动能}$

(2) 阿伏伽德罗定律：$P=nkT$

(3) 温度和气体分子平均平动动能的关系：$\bar{e}_{平动动能}=\dfrac{3}{2}kT$

(4) 能量均分定理：在温度为T的平衡状态下，气体分子每一个自由度具有相同的平均动能$\dfrac{1}{2}kT$

(5) 质量为M的理想气体的内能：$E=\dfrac{M}{\mu}\dfrac{i}{2}RT=\dfrac{M}{\mu}\dfrac{t+r+2s}{2}RT$

(6) 表面张力及表面能：$f=\alpha l$；$\Delta E=\alpha\cdot\Delta S$

(7) 弯曲液面的附加压强：$P_S=\dfrac{2\alpha}{R}$

习 题 三

3-1. 若氢和氦的温度相同，摩尔数相同，那么，这两种气体的
(1) 分子的平均动能是否相等？
(2) 分子的平均平动动能是否相等？
(3) 内能是否相等？

3-2. 将理想气体压缩，使其压强增加1.01×10^4Pa，温度保持27℃。求单位体积内分子数增加多少？

3-3. 一容器储有压强为1.33Pa温度为27℃的气体，试求
(1) 气体分子的平均平动动能；
(2) 1cm³中分子具有的总的平均平动动能。

3-4. 1mol氦气，当温度增加1℃时，其内能增加了多少？

3-5. 指出下列各式所表示的物理意义：

(1) $\dfrac{1}{2}kT$ (2) $\dfrac{3}{2}kT$ (3) $\dfrac{1}{2}(t+r+s)kT$

(4) $\dfrac{1}{2}(t+r+2s)kT$ (5) $\dfrac{M}{\mu}\dfrac{1}{2}(t+r+2s)RT$ (6) $\dfrac{M}{\mu}\dfrac{3}{2}RT$

3-6. 一个半径为 10cm 的肥皂泡,它的内外压强差为 16×10^{-3}Pa,该皂液的表面张力系数是多少?

3-7. 在一毛细管中观察到密度为 790kg/m³ 的乙醇(表面张力系数为 22.7×10^{-3}N/m)升高 2.5cm,假定接触角为 30°,求此毛细管的半径为多少?

3-8. 油和水形成界面的表面张力系数为 1.8×10^{-2}N/m,现将 1g 的油在水内分裂成半径为 1.0×10^{-6}m 的小油滴,问需做多少功(设油的密度为 900kg/m³)?

3-9. 在竖直放置的 U 形管中,灌入一部分水,设 U 形管两边的内半径分别为 r_1 和 r_2,水面的接触角为零,水的表面张力系数为 α,求两管水面的高度差。

第三章PPT

第四章 热力学基础

热力学是研究物质热运动形式及转化规律的一门学科,热力学的理论基础是热力学第一定律和热力学第二定律。热力学第一定律是研究包括热现象在内的能量转化和守恒定律,而热力学第二定律是指明过程进行的方向性和条件。

热力学基本定律的应用范围非常广泛,如在动物代谢过程中,一个人体或动物体不管其是休息还是工作,总是不停地把食物中储存的化学能转化为其他必需的形式,以维持身体的各种器官、系统、组织和细胞的功能。

在代谢过程中,动物体内的内能在不断地减少,为了补偿内能的减少,就必须吃进食物,其中,部分分解代谢用于身体对外界系统做功,部分成为传导到体外的热量,动物的这个代谢活动满足热力学第一定律。又如,在中药的制剂生产、剂型配制及中药成分的提取和分离过程中,常常遇到一些化学变化和相变化的问题,这些问题都需要用热力学的理论并结合实践中测得的数据加以计算解决。

因此学好本章的内容是很重要的。本章主要对热力学第一定律和第二定律作最基本的讨论。

第一节 热力学的一些基本概念

为了比较明确而深入地讨论热力学的基本理论,首先必须了解热力学中常用的几个基本概念。

一、热力学系统

在热力学中,一般常把所研究的物体(或一组物体)称为**热力学系统**,简称**系统**。对系统以外的物质通常称为**外界环境**,简称**环境**。

二、平 衡 态

一个系统在某时某刻都有一系列的性质,一个状态可以用一个或几个物理量来描述其性质。为了描述系统所处的状态,可以从中选择一些物理量作为描述系统状态的变化,这几个物理量称为**状态参量**。系统开始所处的状态称为**初始状态**或**初状态**,经过变化后的系统所处的状态称为**终了状态**或**末状态**。

如果一个系统当所有状态参量都不随时间发生变化时,即系统中各个部分都具有各自相同的量值时,我们称该系统处于某一确定的**平衡状态**。反之,系统的不同部分中任何一个状态参量取不同的量值,或者系统的任何一个状态参量随时间发生变化,就称该系统处于**非平衡状态**。实际上,世界中不存在所有性质都永远保持不变的系统,系统的平衡状态只是一个理想的概念,是人们对系统在一定条件下的理想抽象。在本章中,除特别说明外,所有状态均是指平衡状态。应当指出的是:平衡态是指系统的宏观性质不随时间发生变化,在微观上,组成系统的分子处在某个平衡状态时仍在不停地运动着,只不过分子运动的平均效果不随时间改变而已,而这种平均效果的不变在宏观上就表现为系统处于平衡状态。

三、准静态平衡过程

当一个热力学系统的状态随时间改变时,或者说一个系统从一个状态过渡到另一个状态的过程,我们就说系统经历了一个**热力学过程**。一般来说,系统经历过程的任何一个微小阶段必定引起系统状态的改变,而状态的改变必然破坏原有的平衡态,并且系统尚未达到新的平衡状态之前如果又继续经历过程的下一个微小阶段,这样在过程中系统必然要经历一系列的非平衡状态,这种过程称为**非静态平衡过程**,简称为**非静态过程**。

在热力学中,具有重要意义的是**准静态平衡过程**,简称为**准静态过程**。所谓准静态过程是指:系统在过程进行的每一时刻,系统总是无限接近于平衡态,或者说系统所经历的过程是由一个个平衡态所组成的。

在这里举一个准静态过程的例子,如图4-1所示,是一个带活塞的容器,里面储有气体,设气体与外界处于热平衡(设外界温度 T_0 保持不变)。气体的状态参量用 P_0,T_0 表示,这时让气体膨胀,假设活塞与外界无摩擦,如果控制外界压强使它在每一时刻都比气体压强小一个微小量,这样气体将允许缓慢地膨胀,如果气体每膨胀一个微小量所用时间都比系统达到一个新的平衡状态所用的时间长,那么在这种过程中,系统就几乎随时接近平衡态,这种过程就可看成是一个准静态过程。

这里请思考一下,如果用力迅速压缩活塞,该系统所经历的过程又将如何?

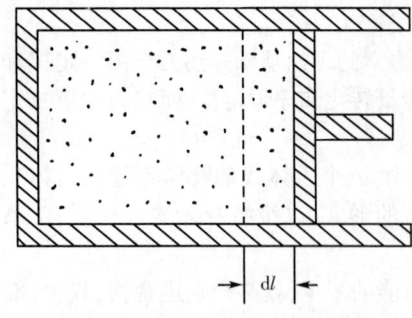

图 4-1 外界推动活塞压缩气体

对一定质量的气体来讲,其状态参量是压强 P,体积 V 和温度 T,给定其中任意两个参数,就对应一个平衡态,因此在 P-V 图上(或在 V-T,P-T 图上)任何一点就对应一个平衡状态,相应图上的任何一条曲线或直线就代表一个准静态平衡过程。

准静态过程是一个无限缓慢的理想化过程,在实际过程中都是在有限时间内进行的,不可能是无限缓慢的,但在许多情况下,可以近似地把一个实际过程看成准静态过程来处理。在下面的内容中,都是围绕着准静态过程来讨论。

第二节 热力学第一定律

一、热 量 与 功

大量事实表明,一个热力学系统其状态的变化总是通过外界对系统做功或向系统传递热量,或者两者兼施并用共同完成。

现研究系统在准静态过程中的功。如图4-1所示的容器是一密封的圆柱形容器,其中装有一定量的气体,容器配有一个可移动的活塞,活塞可无摩擦地左右移动。设容器内的压强为 P,当活塞移动一微小距离 dl 时,则气体膨胀推动活塞所做的功 dA 为

$$dA = P \cdot S \cdot dl$$

式中,S 为活塞的面积,由于气体体积增加了 $S \cdot dl$,即 $dV = S \cdot dl$,所以上式可写成

$$dA = P \cdot dV \tag{4-1}$$

从上面可以看出,气体膨胀时,$dV>0$,则 $dA>0$,表明系统对外界做功;气体被压缩时,$dV<0$,则 $dA<0$,表明外界对系统做功。

一般来说,系统经历不同的变化过程时,系统对外界所做的功也是不同的。

在准静态变化过程中,系统对外界所做的功可以在 P-V 图上表示出来,如图4-2所示,图中 A,B 分别表示系统的初始状态和终了状态,曲线 AB 代表一个准静态的压缩过程。设初始状态时气体的体积为 V_1,终了状态时气体的体积为 V_2,则由(4-1)式可知,系统对外界所做的总功为

$$A = \int_{V_1}^{V_2} P \cdot dV \tag{4-2}$$

由此我们可知,曲线 AB 下面的面积代表着系统对外界所做的功的大小。因此,不同曲线下的面积不同则表示系统对外界所做的功是不同的。所以说,系统对外界所做的功不仅与系统的初、终状态

有关,而且还和过程本身有关,即系统对外界所做的功与经历的路径有关。

上面提及做功是热力学系统之间相互作用的一种方式,外界对系统做功会使系统的状态发生变化。能使热力学系统状态发生改变的另一种方法是热力学系统之间热量的传递。实验表明:系统从初状态 A 变化到末状态 B,经历的过程不同时,外界传递给系统的热量是不同的,即系统从外界所获得的热量也与过程经历的具体路径有关。我们规定:**系统从外界获得热量时,热量本身为正值,当系统向周围环境散热时,热量本身为负值。**

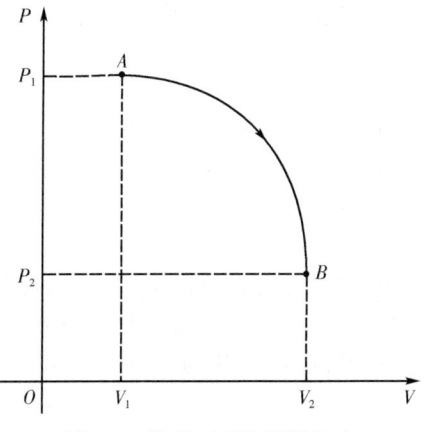

外界对系统做的功以及它向系统传递的热量都与路径有关这一事实说明,功和热量都不是系统本身所具有的某种性质,即功和热量不是由系统的状态所决定的,因而不是系统的某个状态量。因此我们说系统的功和系统的热量是没有意义的。做功和传递热量总伴随系统经历一定的具体过程,这样说过程中的功和过程中的热量才有意义。那么,在热力学中什么量才是状态量呢?

图 4-2 外界对系统所做的功等于曲线下的面积

在热力学中,系统的内能是一个只和状态有关,而和系统所经历的过程无关的量,即内能是系统状态的单值函数,我们称其为**态函数**。

二、热力学第一定律

大量事实表明,一个系统在经历一个过程后,系统所吸收的热量 Q,一部分使系统的内能增加了 ΔE,另一部分转变为系统对外界所做的功 A。用数学式子表示出来为

$$Q = \Delta E + A \tag{4-3}$$

这就是**热力学第一定律**。使用(4-3)式时,要注意符号的规定:当系统的内能增加时,ΔE 取正,反之取负;系统对外界做功时,A 取正,反之外界对系统做功时,A 取负;系统从外界吸取热量时,Q 为正,系统向外界放热时,Q 为负。热力学第一定律是包括热能在内的普遍的能量守恒和转化定律。

第三节 热力学第一定律的应用

作为热力学第一定律的简单应用,我们分析一下理想气体在一些过程中的能量转化情况。

一、等容过程

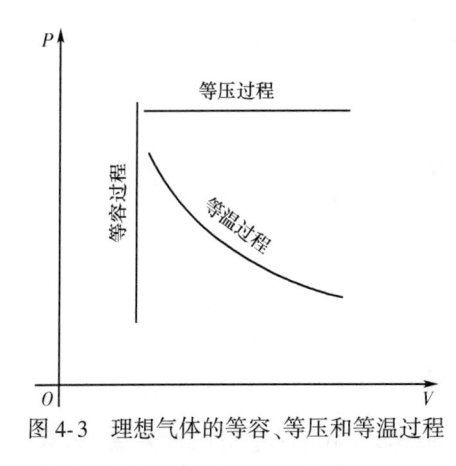

图 4-3 理想气体的等容、等压和等温过程

所谓等容过程就是指系统在变化过程中,气体体积始终保持不变的过程。在等容过程中,由于气体体积的变化量 $dV=0$,则由(4-2)式得 $A=0$,根据热力学第一定律,可得

$$Q = \Delta E$$

即系统从外界所吸收的热量全部用于系统内能的增加。每一等容过程在 P-V 图上对应一条与 P 轴平行的线段,如图 4-3 所示。设系统初、终两态的温度分别为 T_1 和 T_2,由第三章内容,我们可知理想气体的内能是温度的单值函数,即

$$\Delta E = \frac{M}{\mu} \frac{1}{2}(t+r+2s)R(T_2-T_1)$$

对于刚性气体分子,自由度 $i=t+r$,则

$$\Delta E = \frac{M}{\mu} \frac{i}{2} R(T_2-T_1)$$

式中,R 为普适气体常数,本书在后面的讲述中都是按照刚性分子处理的。

计算系统从外界所吸收的热量时,我们用下式计算

$$Q = \frac{M}{\mu} C_V (T_2-T_1)$$

式中,C_V 为**定容摩尔热容**,C_V 表示 1mol 理想气体在等容过程中,当温度升高或降低 1°时所吸收或放出的热量,其单位为焦耳/(摩尔·开),用符号 J/(mol·K) 表示。

在等容过程中,因为 $Q=\Delta E$,所以

$$\frac{M}{\mu} C_V (T_2-T_1) = \frac{M}{\mu} \frac{i}{2} R(T_2-T_1)$$

因此

$$C_V = \frac{i}{2} R \tag{4-4}$$

二、等压过程

等压过程就是指系统的压强始终保持不变的过程,每一等压过程在 P-V 图上对应一条与 V 轴平行的线段,如图 4-3 所示。

在等压过程中,由于气体的压强 P 是一常量,所示系统对外界所做的功为

$$A = \int_{V_1}^{V_2} P dV = P(V_2-V_1)$$

式中,V_1 和 V_2 分别表示初态和末态的体积。此时由热力学第一定律可得

$$Q = \Delta E + P(V_2-V_1)$$

如果用 C_P 表示在等压过程中,1mol 理想气体温度升高或降低 1°时,所吸收或放出的热量,我们称其为**定压摩尔热容**。那么,系统所吸收的热量 Q 可写为

$$Q = \frac{M}{\mu} C_P (T_2-T_1)$$

所以,热力学第一定律可写为

$$\frac{M}{\mu} C_P (T_2-T_1) = \Delta E + P(V_2-V_1) \tag{4-5}$$

因在等压过程中,有 $P_1=P_2$ 成立,所以

$$A = P(V_2-V_1) = P_2 V_2 - P_1 V_1 = \frac{M}{\mu} R(T_2-T_1)$$

又因内能的增量 ΔE 为

$$\Delta E = \frac{M}{\mu} \frac{i}{2} R(T_2-T_1)$$

所以(4-5)式可写成

$$\frac{M}{\mu} C_P (T_2-T_1) = \frac{M}{\mu} \frac{i}{2} R(T_2-T_1) + \frac{M}{\mu} R(T_2-T_1)$$

所以

$$C_P = \frac{i}{2} R + R = C_V + R \tag{4-6}$$

(4-6)式称为**迈耶(Mayer)公式**。

三、等温过程

如果系统在整个变化过程中,温度始终保持不变,这样的过程称为等温过程。因理想气体遵从公式

$$PV = \frac{M}{\mu}RT$$

在等温过程中,因温度 T 不发生改变,所以由上式可知

$$PV = 常量$$

所以每一等温过程在 P-V 图上对应一条双曲线,如图 4-3 所示,我们称其为**等温线**。

因理想气体的内能只与温度有关,所以理想气体在等温过程中内能不变,即 $\Delta E = 0$,所以由热力学第一定律可知

$$Q = A = \int P \cdot dV = \frac{M}{\mu}RT\int_{V_1}^{V_2}\frac{dV}{V} = \frac{M}{\mu}RT\ln\frac{V_2}{V_1} = \frac{M}{\mu}RT\ln\frac{P_1}{P_2} \tag{4-7}$$

式中,T 为系统的热力学温度,P_1,V_1 和 P_2,V_2 分别表示系统初、终两态的压强和体积。

四、绝热过程

若系统在整个过程中,始终与外界没有热量交换,这样的过程称为**绝热过程**。在绝热过程中,由于没有热量的交换,故 $Q = 0$,则由热力学第一定律可得

$$A = -\Delta E = -(E_2 - E_1)$$

即系统对外界所做的功完全取自系统本身的内能。

现在我们来推导一下绝热方程。我们把热力学第一定律写成微分形式为

$$dQ = dA + dE \tag{4-8}$$

因绝热过程中,$dQ = 0$,所以有

$$dA = -dE$$

即

$$PdV = -\frac{M}{\mu}C_V dT \tag{4-9}$$

对理想气体状态方程 $PV = \frac{M}{\mu}RT$ 两边取微分,则有

$$PdV + VdP = \frac{M}{\mu}RdT \tag{4-10}$$

将(4-9)式和(4-10)式联立,消去 dT,并引用 $C_P = C_V + R$,经整理后得

$$C_V VdP + C_P PdV = 0$$

用 $C_V PV$ 除上式且令 $\gamma = \frac{C_P}{C_V}$,则有

$$\frac{dP}{P} + \gamma\frac{dV}{V} = 0$$

积分上式有

$$\ln P + \ln V^\gamma = 常量$$

即

$$PV^\gamma = 常量 \tag{4-11}$$

将(4-11)式与理想气体的状态方程联立,消去 P 或 V 可得

$$V^{\gamma-1}T = 常量 \tag{4-12}$$

$$P^{\gamma-1}T^{-\gamma} = 常量 \tag{4-13}$$

(4-11)式、(4-12)式、(4-13)式都称为**绝热方程**,(4-11)式又称为**泊松(Poisson)公式**。γ 称为气体的**比热比**。根据泊松公式在 P-V 图上画出的理想气体在绝热过程中所对应的曲线称为**绝热线**。由于 $\gamma = C_P/C_V > 1$,所以在 P-V 图上的绝热线要比等温曲线陡一些,如图 4-4 所示。

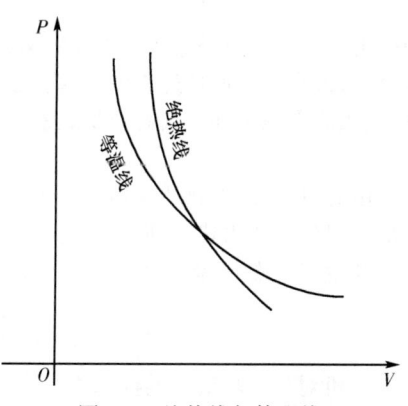

图 4-4 绝热线与等温线

例 4-1 理想气体在绝热过程中,系统对外界所做的功遵从如下公式:

$$A = \frac{1}{\gamma-1}(P_1V_1 - P_2V_2)$$

其中,γ 为气体的比热比,试证明之。

证明 因在绝热过程中,遵循(4-11)式,即

$$P_1V_1^\gamma = PV^\gamma = P_2V_2^\gamma$$

所以该气体在绝热过程中,对外界所做的功为

$$\begin{aligned}
A &= \int P dV = \int_{V_1}^{V_2} P_1 V_1^\gamma \frac{dV}{V^\gamma} = P_1 V_1^\gamma \int_{V_1}^{V_2} \frac{dV}{V^\gamma} \\
&= \frac{P_1 V_1^\gamma}{1-\gamma}(V_2^{1-\gamma} - V_1^{1-\gamma}) \\
&= \frac{1}{\gamma-1}(P_1V_1 - P_2V_2)
\end{aligned} \tag{4-14}$$

第四节 卡诺循环 热机效率

一、循环过程

一个热力学系统从初状态经历一系列的过程变化后,又回到原来的状态,即初状态,这样的周而复始的变化过程称为**循环过程**,或简称**循环**。循环过程中所包含的每一个过程,即组成循环的每一个过程称为**分过程**。在讨论循环过程时,常把做循环的物质称为**工作物质**,简称**工质**。

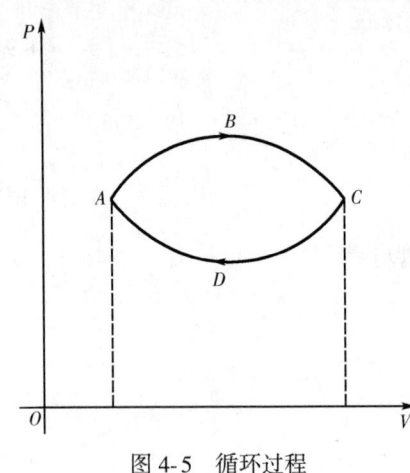

在 P-V 图上,循环过程可以用一封闭曲线来表示,如图 4-5 所示。因为内能是状态的单值函数,所以当工作物质经过一个循环后,它的内能没有改变,即经过一个循环后,$\Delta E=0$,这是循环过程的主要特征。如果在 P-V 图上的循环过程是沿着顺时针方向进行的,我们称这个循环为**正循环**。如果循环是沿着逆时针方向进行的,则称这个循环为**逆循环**。对于正循环,由图 4-5 可见,在过程 ABC 中,系统不断地膨胀,系统对外做功,数值上等于曲线 ABC 下的面积;在过程 CDA 中,系统被压缩,外界对系统做功,功的大小等于曲线 CDA 下的面积。考虑到系统对外做功时,功值为正;外界对系统做功时,功值为负,所以经过一个正循环后,其结果是系统对外界做正功,这个功的数值大小等于闭合曲线 ABCDA 所包围的面积,这个功通常称为循环的**有用**

图 4-5 循环过程

功。由于工作物质经过一个循环后又回到初始状态,所以内能不变,因此,根据热力学第一定律我们知道,系统在整个循环过程中,系统从外界吸收的热量总和 Q_1 必然大于系统向外界散失的热量总和 $|Q_2|$,吸收总热量和放出总热量之差等于该循环的有用功,并用 $A_{有用功}$ 表示,即

$$A_{有用功} = Q_1 - |Q_2| \tag{4-15}$$

由此可见,工作物质经历一个正循环过程后,则把从外界吸收的热量,一部分用来对外做功,另一部分对外界放出热量,而使系统回到初始状态。

在生产实践中,能够利用工作物质持续不断地把热转换为对外做功的装置叫做**热机**。

二、热机效率

热机对外做功效能的标志之一是它的效率,也就是说,热机的效率是指工作物质把吸收的热量的多少转化为有用功。热机的有用功与系统吸收总热量的比率越高,热机的效率就越高,热机的效

率 η 定义为

$$\eta = \frac{A_{有用功}}{Q_1}100\% = \frac{Q_1-|Q_2|}{Q_1}100\% \tag{4-16}$$

热机效率通常用百分数表示。

除热机外,我们把能获得低温的装置称为**制冷机**。制冷机是靠工作物质的逆循环过程来工作的。

三、卡诺循环及其效率

在实际生产过程中,人们总是不断追求效率最高的热机。1824 年,法国的工程师卡诺(Carnot)提出了一种理想的热机,并且证明了这种热机的效率最高。卡诺热机以理想气体为工作物质,历经一个准静态的循环过程,在循环过程中,循环只在两个温度恒定的热源之间进行,我们把这种热机称为**卡诺热机**,它所经历的循环称为**卡诺循环**。

准静态的卡诺循环是由两个等温过程和两个绝热过程所组成的。我们所讨论的工作物质是理想气体,其卡诺循环过程可由图 4-6 表示。图上曲线 AB 是温度为 T_1 的等温线,曲线 CD 是温度为 T_2 的等温线,曲线 BC 和 AD 是两条绝热线。

现在我们讨论卡诺循环各过程中能量转化的情况以及卡诺循环的效率。

(1) 由状态 A 到状态 B 的过程是等温的膨胀过程。在此过程中,理想气体从外界环境所吸收的热量可由(4-7)式得

$$Q_1 = \frac{M}{\mu}RT_1\ln\frac{V_2}{V_1}$$

(2) 由状态 B 到状态 C 是一个绝热膨胀过程。理想气体的温度由 T_1 下降到 T_2,它和周围环境没有热量交换,由于膨胀,工作物质继续对外界做功。

(3) 状态 C 到状态 D 是一个等温压缩过程,在这个过程中,外界对气体做功,同时理想气体向环境放出热量,其数值为

$$|Q_2| = \frac{M}{\mu}RT_2\ln\frac{V_3}{V_4}$$

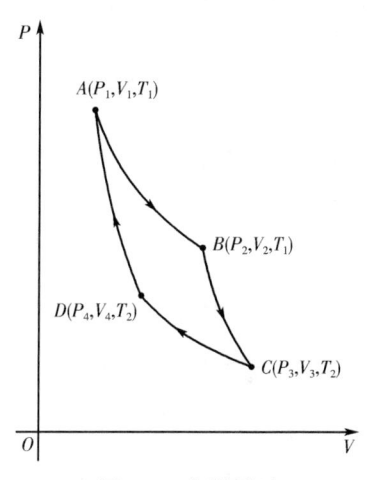

图 4-6 卡诺循环

(4) 由状态 D 回到状态 A 的过程是一个绝热过程,系统和外界没有热量交换,但外界继续对气体做功,使气体的温度由 T_2 回到 T_1。

从上面的分析可知,在经过了整个卡诺循环后,气体总的吸热为 Q_1,放热为 Q_2,系统回到了初始状态,理想气体的内能不变。根据热力学第一定律,工作物质,即气体,对外界所做的有用功为

$$A_{有用功} = Q_1 - |Q_2| = \frac{M}{\mu}RT_1\ln\frac{V_2}{V_1} - \frac{M}{\mu}RT_2\ln\frac{V_3}{V_4}$$

由此我们得到卡诺循环的效率为

$$\eta_卡 = \frac{A_{有用功}}{Q_1} = \frac{Q_1-|Q_2|}{Q_1} = 1-\frac{|Q_2|}{Q_1} = 1-\frac{T_2\ln\dfrac{V_3}{V_4}}{T_1\ln\dfrac{V_2}{V_1}}$$

上式可以进行简化处理,这是因为状态 A,D 和状态 B,C 分别在 2 条绝热线上,工作物质是理想气体,所以应满足绝热方程(4-12)式,即

$$T_1V_2^{\gamma-1} = T_2V_3^{\gamma-1}, \quad T_1V_1^{\gamma-1} = T_2V_4^{\gamma-1}$$

上两式相除,整理后得

$$\frac{V_2}{V_1} = \frac{V_3}{V_4}$$

故卡诺循环的效率为

$$\eta_卡 = 1 - \frac{T_2}{T_1} \tag{4-17}$$

这就是卡诺循环的效率。(4-17)式表明:卡诺热机的效率只决定于两个热源的温度。当高温热源的温度越高,低温热源的温度越低时,卡诺循环的效率就越高。(4-17)式还表明,由于实际高温热源的温度不可能无穷大,低温热源的温度也不可能为零,所以卡诺循环的效率就不可能是100%,也就是说,不可能把从高温热源吸收的热量全部用来转化为有用功,其中,必然有部分热量传递给低温热源。

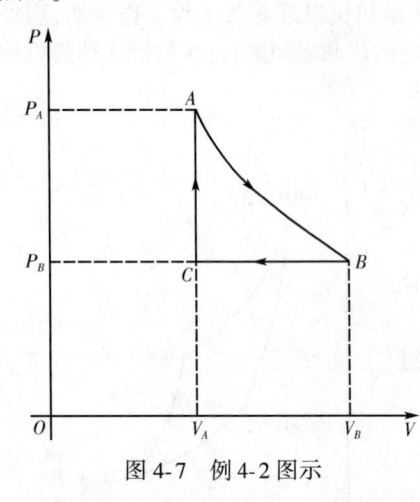

例4-2 图4-7所示为1mol单原子理想气体所经历的循环过程,其中,AB为等温线,AC为等容线,BC为等压线。已知 $V_A = 3\text{m}^3$, $V_B = 6\text{m}^3$,求其效率。

解 (1) 由 $A \to B$ 是等温膨胀过程,所以系统吸热,其数值为

$$Q_{AB} = RT_A \ln \frac{V_B}{V_A} = RT_A \ln 2$$

(2) 由 $B \to C$ 是一个等压压缩过程,系统将放热,其热量数值的大小为

$$|Q_{BC}| = C_P(T_B - T_C)$$

(3) 由 $C \to A$ 是等容升压过程,系统将吸热,其数值为

$$Q_{CA} = C_V(T_A - T_C)$$

因为 $A \to B$ 是等温过程,故有

$$T_A = T_B$$

图4-7 例4-2图示

因为 $B \to C$ 是等压过程,故有 $\frac{V_C}{T_C} = \frac{V_B}{T_B}$,即

$$T_C = \frac{1}{2}T_B = \frac{1}{2}T_A$$

所以效率为

$$\eta = \frac{Q_{AB} + Q_{CA} - |Q_{BC}|}{Q_{AB} + Q_{CA}} = \frac{RT_A \ln 2 + C_V(T_A - T_C) - C_P(T_B - T_C)}{RT_A \ln 2 + C_V(T_A - T_C)}$$

因为工作物质为单原子理想气体,所以 $C_V = \frac{3}{2}R$。再将 $T_A = T_B$, $T_C = \frac{1}{2}T_A$ 代入上式得

$$\eta = \frac{RT_A \ln 2 + \frac{3}{4}RT_A - \frac{5}{2}R \cdot \frac{1}{2}T_A}{RT_A \ln 2 + \frac{3}{2}R \cdot \frac{1}{2}T_A} = \frac{\ln 2 + \frac{3}{4} - \frac{5}{4}}{\ln 2 + \frac{3}{4}} = 13.4\%$$

第五节 热力学第二定律

热力学第一定律确定了在自然界中,任何一个变化过程能量都必须守恒,但能量守恒的变化过程却不一定能够实现,也就是说,热力学第一定律没有指明一个过程进行的方向,而确定过程进行的方向问题正是热力学第二定律。热力学第二定律是在研究如何提高热机效率的情况下逐步发现的,它是独立于热力学第一定律的另一基本规律,它和热力学第一定律一起,构成了热力学的主要理论基础。

一、热力学第二定律

热力学第二定律在文字表述上有很多种形式,最常见的是热力学第二定律的开尔文表述和克劳

修斯表述。

开尔文(Kelvin)表述:不可能实现这样一种循环过程,其最后结果仅仅是从单一热源获得热量并将其完全转变为有用功,而不产生其他影响。这里应指出的是:在开尔文表述中的"单一热源"是指温度均匀并且恒定不变的热源。另外在表述中强调的是,不可能把从单一热源吸收的热量全部转变为有用功,而不产生其他影响。如果产生其他影响的话,从一个热源吸收的热量全部用来转变为有用功是可能的。

克劳修斯(Clausius)表述:不可能把热量从低温物体传递到高温物体,而不引起其他变化。或者可以简单地说:**热量不可能自动地由低温物体传递到高温物体**。克劳修斯表述说明,当任何两个温度不同的物体相接触时,热量总是从温度较高的物体自发地传递给温度较低的物体,最后两者达到一个共同的温度。在日常生活中,我们不会观察到热量由温度较低的物体自动地传递给温度较高的物体,使两者间的温度差越来越大的现象。显然,这种现象并不违反热力学第一定律,但这种现象的变化过程是不可能的,也就是说,物体变化的自发过程有一定的方向性。

热力学第二定律的以上两种表述尽管说法不同,但它们在实质上完全等效。如果说热力学第一定律表明任何物体在任何变化过程中,能量必须守恒的话,那么热力学第二定律进一步指明并非在变化过程中能量守恒的过程都能自动实现,它指出一个物体在做自动变化的过程时是有方向性的,某些变化方向的过程可以自动实现,而另一些相反方向的变化过程则不能自动实现。

二、可逆过程与不可逆过程

为了进一步讨论热力学过程进行的方向性问题,有必要介绍一下可逆过程和不可逆过程这两个基本概念。

一个系统从某一状态开始,经过一系列的变化过程过渡到另一个状态,如果系统能够沿着原来的路径反方向地从终了状态返回到初始状态,同时使系统与外界环境完全复原,那么原来的过程就是一个**可逆过程**,反之就是一个**不可逆过程**。

一个单摆,如果没有空气阻力和其他摩擦力的作用,则当它离开某一位置后,经过一个周期,又回到原来的位置,周围环境和系统本身无任何变化,因此可把这种单摆的摆动看成是一个可逆过程。

热量可以从高温物体向低温物体传递,它的逆过程即热量由低温物体向高温物体传递,虽然也可以实现,但必须通过外界做功(如制冷机),这就引起了外界的变化。因此,热传递过程是不可逆过程。

热力学第二定律的开尔文表述指出功变热的过程是不可逆过程,而克劳修斯表述则是指出热传递过程是不可逆过程。所以,针对每一个不可逆过程都可以认为是热力学第二定律的一种表述方法。

三、热力学第二定律的统计意义

对于一个孤立的热力学系统,其内部发生的过程总是由几率小的状态向几率大的状态进行,即从微观形式上看,一个孤立的热力学系统,其内部发生的过程是由包含微观状态数目少的宏观状态向包含微观状态数目多的宏观状态方向进行。这就是热力学第二定律的统计意义。下面我们以气体的自由膨胀为例说明其统计意义。

如图4-8表示有一容器,容器用一块隔板将其分成A和B左右两部分,并使A部充有气体,B部保持真空。我们先假定A部只有一个分子a,当隔板抽掉后,它可能一会在A部运动,一会在B部运动,因此就a分子来说,它在A,B两部分运动的机会是均等的,也就是a分子在A,B两边运动的几率各占1/2。

如果我们开始在A部放置a,b,c 3个分子,当隔板抽掉后,3个分子将在整个容器内运动,以分子在A部或在B部来分类,则这3个分子将有8种可能的分布状态,如表4-1所列。

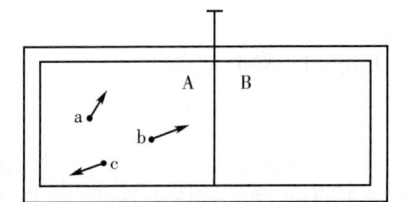

图4-8 气体的自由膨胀

表 4-1　3 个分子可能的分布状态

	1	2	3	4	5	6	7	8
A 部	abc	ab	ac	bc	a	b	c	0
B 部	0	c	b	a	bc	ac	ba	abc

从表 4-1 中可以看出，3 个分子同时退回到 A 部的可能性是 1/8，比较多的情况是 A, B 两部分都有分子在运动。数学上可以证明，如果容器内有 N 个分子，则这 N 个分子将有 2^N 可能的分布状态，而全部分子都退回到 A 部的几率是 $1/2^N$。大家知道，任何一个宏观系统都含有大量的分子或原子，如 1mol 的气体，其分子数 N 的数目约为 6.02×10^{23}，所以当气体做自由膨胀后，全部分子又重新集中在原来的空间的几率只有 $1/2^{6.02 \times 10^{23}}$。这个结果如此的小，以致我们认为在实际气体中，这种机会是不可能出现的。这实质上是反映了这个系统内部发生的过程总是由几率小的宏观状态向几率大的宏观状态进行，而相反的过程在外界不发生任何变化的条件下是不可能实现的。这就是热力学第二定律的统计意义。

四、卡 诺 定 理

早在热力学第一定律和第二定律建立以前，法国工程师卡诺在分析蒸汽机和一般热机中决定热转化为功的各种因素的基础上，提出了卡诺定理，其内容如下：

（1）在相同的高温热源和相同的低温热源之间工作的一切可逆热机，其效率都相等，与工作物质无关。

（2）在相同的高温热源和相同的低温热源之间工作的一切不可逆热机，其效率都小于工作在同样条件下的可逆热机的效率。

上面所讲的热源都是温度均匀的恒温热源；所讲的可逆热机是卡诺热机。卡诺定理可用热力学第一定律及第二定律来证明。

第六节　熵与熵增加原理

热力学第二定律有许多种表述形式，尽管这些表述方法是等价的，但人们应用它们来判断任意一个过程能否自动地进行显然是很不方便的。这是因为在这些自发过程中各有各的判断标准，如热传导，热量总是自动地从高温物体传向低温物体，直到两物体处于同一温度为止，故判断热传导过程进行的方向和限度的判断标准是温度。又如，气体的自由扩散过程，气体分子总是由密度大的地方向密度小的地方扩散，直到两处的密度均匀一致，此扩散过程进行的方向和限度的判断标准是分子密度。类似这些现象在自然界还有很多，每一个具体过程都有自己的判断标准，于是人们就想到在热力学系统中能否找到一个共同的标准来判断这些过程进行的方向呢？答案是肯定的，这个标准就是态函数——**熵**。

一、熵

由卡诺循环及其效率知

$$\eta_卡 = \frac{Q_1 - |Q_2|}{Q_1} = \frac{T_1 - T_2}{T_1}$$

对上式加以整理得

$$\frac{Q_1}{T_1} + \frac{Q_2}{T_2} = 0$$

上式表明，系统从环境所获得的热量与获得热量时的温度的比 $\frac{Q}{T}$ 这个物理量，对卡诺循环来说，其代数和为零。

对任意一个可逆循环,上述结果也是成立的。这是因为我们可以把这个可逆循环分成许多个微小的卡诺循环,如图 4-9 所示。对于每一个微小的卡诺循环,上述结果都成立。对所有这些小的卡诺循环求和可得

$$\sum_i \frac{\Delta Q_i}{T_i} = 0$$

在极限情况下,当取微小卡诺循环的数目趋于无穷大时,对所有微小卡诺循环过程的 $\Delta Q_i/T_i$ 求和,就成了沿这个任意循环过程的路径对 dQ/T 进行积分,于是有

$$\oint \frac{dQ}{T} = 0 \qquad (4\text{-}18)$$

(4-18)式称为**克劳修斯等式**。

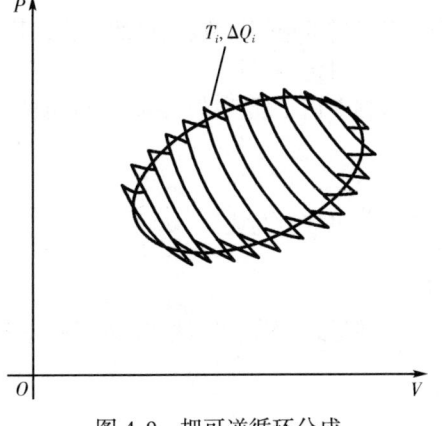

图 4-9 把可逆循环分成许多个微小的卡诺循环

现在我们把任意一个可逆循环分成两个分过程,如图 4-10 所示。一个分过程是 AL_1B,另一分过程是 BL_2A,于是克劳修斯等式可写成

$$\oint \frac{dQ}{T} = \int_{A \atop (L_1)}^{B} \frac{dQ}{T} + \int_{B \atop (L_2)}^{A} \frac{dQ}{T} = 0$$

由上式可得

$$\int_{A \atop (L_1)}^{B} \frac{dQ}{T} = \int_{A \atop (L_2)}^{B} \frac{dQ}{T}$$

上式说明,积分 $\int_A^B \frac{dQ}{T}$ 的值与从平衡态 A 到平衡态 B 的路径无关,只由初、终两平衡态所决定。这个结论对任意选定的初、终两态都成立。

我们知道保守力的功和路径无关,只由质点的初、终位置所决定,由此引入了质点在初、终两点的位能差。同样地,根据上述结论,即 $\int_{A \atop (L_1)}^{B} \frac{dQ}{T} = \int_{A \atop (L_2)}^{B} \frac{dQ}{T}$ 的特性,我们可以在热力学中引进一个只和系统状态有关的函数,这个函数就是**熵**,并用 S 来表示,写出式子如下:

$$S_B - S_A = \int_A^B \frac{dQ}{T}$$

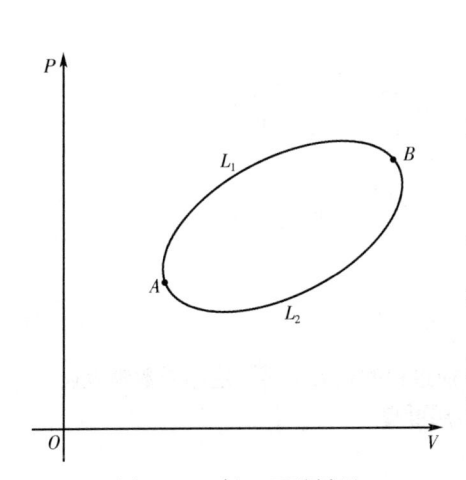

图 4-10 任一可逆循环

这里 A, B 表示的是任意给定的两个平衡态,S_A 为系统在初态的熵,S_B 可表示系统在终态的熵。这里需注意的是,终态的熵 S_B 的值包含着初态 S_A 的值,在一般情况下,对于一个热力学系统来说,具有实际意义的是初、终两态的熵的变化量,即**熵变**或**熵差**,用 ΔS 表示,

$$\Delta S = S_B - S_A = \int_A^B \frac{dQ}{T} \qquad (4\text{-}19)$$

熵的单位是焦耳/开(J/K)。

二、熵增加原理

由上面的讨论可知,对于一个可逆过程,它的终、初两态的熵变可由(4-19)式求得,即

$$\Delta S = S_B - S_A = \int_A^B \frac{dQ}{T}$$

如果过程为可逆的绝热过程,则 $dQ = 0$,故

$$\Delta S = S_B - S_A = 0$$

即对于可逆的绝热过程,系统的熵将保持不变。那么,对于不可逆的绝热过程,系统的熵值将怎样变化呢? 现讨论如下:

根据卡诺定理,我们得知,不可逆循环的热机效率小于可逆热机的效率,即

$$\frac{Q_1 - |Q_2|}{Q_1} < \frac{T_1 - T_2}{T_1}$$

所以上式可以改写成

$$\frac{Q_1}{T_1} + \frac{Q_2}{T_2} < 0$$

按照上述原理,我们可以推出,对于任意不可逆循环有下式成立,即

$$\oint \frac{\mathrm{d}Q_{不可逆}}{T} < 0 \tag{4-20}$$

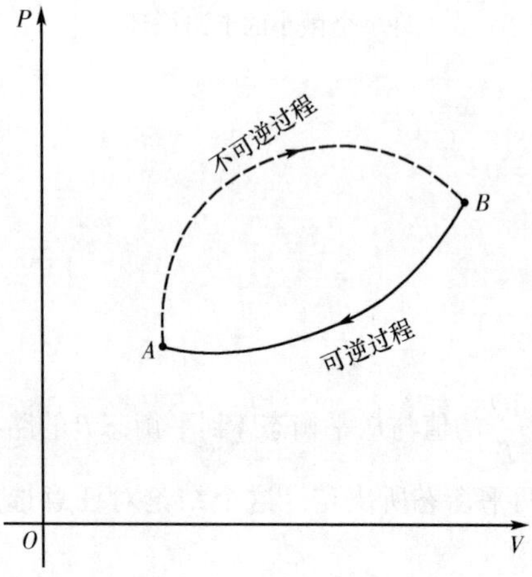

(4-20)式称为克劳修斯不等式,由此,我们可以假设有这样一个循环,使系统经过不可逆过程从 $A \to B$,如图 4-11 中的虚线所示,然后再经过一个可逆过程由 $B \to A$,如图 4-11 中的实线所示,这样就构成了一个循环。由于前一过程由 $A \to B$ 是不可逆过程,所以就整个循环来说,仍然是一个不可逆循环。根据(4-20)式可得

$$\int_A^B \frac{\mathrm{d}Q_{不可逆}}{T} + \int_B^A \frac{\mathrm{d}Q_{可逆}}{T} < 0$$

即

$$\int_A^B \frac{\mathrm{d}Q_{不可逆}}{T} - \int_A^B \frac{\mathrm{d}Q_{可逆}}{T} < 0$$

因为

$$\int_A^B \frac{\mathrm{d}Q_{可逆}}{T} = S_B - S_A$$

图 4-11 不可逆循环过程

所以上式可写成

$$\Delta S = S_B - S_A > \int_A^B \frac{\mathrm{d}Q_{不可逆}}{T} \tag{4-21}$$

(4-21)式是一个任意的不可逆过程所遵从的不等式,是不可逆过程的热力学第二定律的数学表述。

假如不可逆过程是绝热的,则 $\mathrm{d}Q_{不可逆} = 0$,根据(4-21)式可得

$$\Delta S = S_B - S_A > 0$$

综上所述,当系统经过可逆的绝热过程时,它的熵的数值不变;当系统经过一个不可逆的绝热过程时,它的熵的数值增加了。也就是说,对于一个孤立的热力学系统,当它从一个平衡态到达另一个平衡态时,它的熵是绝不会减少的,这个结论就称为**熵增加原理**。

对于一切自动进行的过程都是不可逆过程。所以,在孤立系统中自动发生的过程,它的熵值总是增加的,当到达平衡态后,系统的熵值达到最大。因此,熵是孤立系统中过程进行的方向和限度的判断标准。

三、熵变的计算

根据前面讲过的熵的定义可知,熵是系统状态的函数。当系统的某一平衡状态确定以后,熵就完全确定了,与通过什么路径或过程到达这一平衡态无关。在计算其熵变的大小时,我们给出下面两种方法:

(1) 一个热力学系统,在任意给定的两平衡态之间的熵变等于沿连接这两个平衡态的任一可逆过程中 $\mathrm{d}Q/T$ 的积分。

(2) 当系统由一平衡初态,通过不可逆过程到达另一平衡终态,计算这个不可逆过程的初、终两态的熵变有如下方法:①可设计一个连接同样的初、终两态的任一可逆过程,然后用(4-19)式计算熵变。②把熵作为状态参量的函数形式计算出来,并以初、终两态的参量值代入,计算出其熵变。③对一个具体的热力学系统,把一系列平衡态的熵值制出一图表,如物理化学中常用 T-S 图,利用此图表就可以计算初终两态的熵之差,即熵变。

例 4-3 求 1kg 的 0℃ 的冰化为 0℃ 的水时的熵变(设冰的熔解热 $\lambda = 3.35 \times 10^5$ J/kg)。

解 因 0℃ 的冰化为 0℃ 的水时,温度保持不变,$T = 273$K,所以由(4-19)式可得

$$\Delta S = \int \frac{\mathrm{d}Q}{T} = \frac{Q}{T} = \frac{m \cdot \lambda}{T} = \frac{1 \times 3.35 \times 10^5}{273} = 1.23 \times 10^3 \mathrm{J/K}$$

例 4-4 1kg 的水,温度由 0℃ 升到 10℃ 时,它的熵变是多少[设水的定压比热 $C_P = 4.18 \times 10^3$ J/(kg·K)]?

解

$$\Delta S = \int \frac{\mathrm{d}Q}{T} = \int \frac{mC_P \mathrm{d}T}{T} = mC_P \int_{273}^{283} \frac{\mathrm{d}T}{T}$$

$$= 1 \times 4.18 \times 10^3 \times \ln\frac{283}{273} = 1.5 \times 10^2 \mathrm{J/K}$$

知识拓展　　熵 与 生 命

生命如何避免衰退呢?熵的理论告诉我们:一个生命体要摆脱死亡,也就是说要想活着,其唯一办法是不断地从环境中吸取负熵,同时又不断地排出废物、废热等正熵。也就是吃、喝、呼吸以及同化(就植物来说)即新陈代谢。那么,食物中究竟包含了什么珍贵的东西,能够给与生命负熵,不让我们死亡呢?

众所周知,生命体和一切无机物的一个根本区别是它具有高度有序性和规律性。熵表征了系统无序性程度的量度。生物体的生命就是熵持续增加的过程,它自身的熵不断增加,或者可以称之为产生正熵。按照这样的理论,生物体的生命基本上很快就会趋向于最大熵这种惰性状态——即死亡。但是,生命的奇迹而神秘之处恰恰体现他能够避免肌体迅速衰退成熵最大的惰性状态。那么生命是如何避免这种衰退呢?或者说生物如何能够延缓衰退到热力学平衡(死亡)状态的脚步呢?答案就是——生命赖以负熵为生。换句话就是说,生命在为自身汲取一股负熵流,用以补偿生命活动产生的熵增,从而将自身维持在稳定的、相对较低熵的状态。因此,想要维持自身稳定,并保持相当高程度的有序度(即相当低的熵),生物采取的策略就是从他所处的环境中持续不断地吸取有序性。高等动物从食物中充分摄取了有序度较高的负熵值,因为食物就是由较为复杂的、具有极其有序状态的有机物组成。动物摄取了食物中的有序性,将它变为次品形态,以分泌、排泄的方式输出。但输出的次品还不是最低级的形态,因为植物仍然可以进一步利用它们。由此形成了和谐的自然生物链。

科学之光　热力学之父——开尔文

开尔文(Kelvin,1824—1907),原名威廉·汤姆孙(William Thomson),19世纪英国卓越的物理学家。由于铺设第一条大西洋海底电缆有功,英国政府于1866年封他为爵士,并于1892年晋升为开尔文勋爵,以后他就改名为开尔文勋爵(Lord Kelvin)。

开尔文1824年6月26日生于爱尔兰的贝尔法斯特。他从小聪慧好学,10岁时就进格拉斯哥大学预科学习,1845年毕业于剑桥大学。1846年受聘为格拉斯哥大学自然哲学教授,任职达53年之久。1877年被选为法国科学院院士。1890~1895年任伦敦皇家学会会长。1904年任格拉斯哥大学校长,直到1907年12月17日在苏格兰的内瑟霍尔逝世。

开尔文研究范围广泛,在热学、电磁学、流体力学、光学、地球物

开尔文

理、数学、工程应用等方面都做出了贡献。他一生发表论文多达600余篇,取得70种发明专利,在当时科学界享有极高的名望,受到英国和欧美各国科学家、科学团体的推崇。他在热学、电磁学及它们的工程应用方面的研究最为出色。

开尔文是热力学的主要奠基人之一,在热力学的发展中做出了一系列的重大贡献。他根据盖-吕萨克(Joseph Louis Gay-Lussac)、卡诺(Nicolas Léonard Sadi Carnot)和克拉珀龙(Benoit Pierre Emile Clapeyron)的理论,在1848年创立了热力学温标,这是现代科学上的标准温标。他指出:"这个温标的特点是它完全不依赖于任何特殊物质的物理性质。"他和克劳修斯(Rudolf Julius Emanuel Clausius)是热力学第二定律的两个主要奠基人。1851年他提出热力学第二定律:"不可能从单一热源吸热使之完全变为有用功而不产生其他影响。"这是公认的热力学第二定律的标准说法。并且指出,如果此定律不成立,就必须承认可以有一种永动机能借助于使海水或土壤冷却而无限制地得到机械功,即所谓的第二类永动机。他从热力学第二定律断言,能量耗散是普遍的趋势。1852年他与焦耳(James Prescott Joule)合作进一步研究气体的内能,对焦耳气体自由膨胀实验作了改进,进行气体膨胀的多孔塞实验,发现了焦耳-汤姆孙效应,即气体经多孔塞绝热膨胀后所引起的温度的变化现象。这一发现成为获得低温的主要方法之一,被广泛地应用到低温技术中。1856年他从理论研究上预言了一种新的温差电效应,即当电流在温度不均匀的导体中流过时,导体除产生不可逆的焦耳热之外,还要吸收或放出一定的热量,这一现象后来被称为汤姆孙效应。

开尔文一生谦虚勤奋,意志坚强,在对待困难问题上他讲:"我们都感到,对困难必须正视,不能回避,应当把它放在心里,希望能够解决它。无论如何,每个困难一定有解决的办法,虽然我们可能一生没有能找到。"他这种终生不懈地为科学事业奋斗的精神,永远为后人所敬仰。1896年在格拉斯哥大学庆祝他50周年教授生涯大会上,他说:"有两个字最能代表我50年内在科学研究上的奋斗,就是'失败'两字。"这足以说明他的谦虚品德。为了纪念他在科学上的功绩,国际计量大会把热力学温标(即绝对温标)称为开尔文(开氏)温标,热力学温度以开尔文为单位,是现在国际单位制中七个基本单位之一。

开尔文是世界上最伟大的科学家之一。他去世时,得到了几乎整个英国和全世界科学家的哀悼,他的遗体被安葬在威斯敏斯特教堂牛顿墓的旁边。

小 结

(1) 理想气体状态方程:$PV = \dfrac{M}{\mu}RT$

(2) 热力学第一定律:$Q = \Delta E + A$

(3) 热量:$Q = \dfrac{M}{\mu}C(T_2 - T_1)$

(4) 内能:$\Delta E = \dfrac{M}{\mu}\dfrac{i}{2}R(T_2 - T_1)$

(5) 做功:$A = \int P \cdot dV$

(6) 定容摩尔热容:$C_V = \dfrac{i}{2}R$

(7) 定压摩尔热容:$C_P = C_V + R$(迈耶公式)

(8) 绝热过程: $PV^\gamma = $ 常量

(9) 热机效率: $\eta = \dfrac{A_{有用功}}{Q}100\% = \dfrac{Q_{吸}-|Q_{放}|}{Q_{吸}}100\%$

(10) 卡诺机效率: $\eta_卡 = 1 - \dfrac{T_2}{T_1}$

(11) 熵变的计算: $S_B - S_A = \int_A^B \dfrac{\mathrm{d}Q}{T}$

习 题 四

4-1. 热力学第一定律 $Q = A + \Delta E$ 式中, $Q, A, \Delta E$ 的正、负号的物理意义是什么?热力学第一定律可否用 $Q + A = \Delta E$ 式来表示?若可以的话 $Q, A, \Delta E$ 的符号又怎么规定?

4-2. 理想气体做绝热膨胀和做绝热压缩的过程中, 压强 P, 体积 V, 温度 T 将如何变化?

4-3. 某一定量的气体, 从一种状态变化到另一种状态时, 吸收了 800J 的热量, 同时对外界做功 500J, 则其内能的变化量为多少?

4-4. 在压强为 $1.5 \times 10^5 \mathrm{Pa}$ 不变的情况下, 气体体积由 $0.1 \mathrm{m}^3$ 变化到 $0.5 \mathrm{m}^3$, 系统吸收热量为 $9 \times 10^4 \mathrm{J}$, 求系统内能变化了多少?

4-5. 设某系统经路径 l_1 从初态变化到终态, 系统吸收了 400J 的热量。当外界对系统做功 200J 时, 系统从另一路径 l_2 由终态又回到了初态, 并放出 500J 热量, 求系统在路径 l_1 中对外所做的功。

4-6. 试证明迈耶公式的成立。

4-7. 当气体从体积 V_1 膨胀到 V_2 时, 该气体的压强与体积之间的关系为 $\left(P + \dfrac{a}{V^2}\right)(V-b) = K$, 其中, a, b, K 均为常数, 试计算气体对外所做的功。

4-8. 如题 4-8 图所示, 当系统由 A 状态开始, 沿 ACB 到达 B 状态时, 有 500J 的热量传入系统且系统对外做功 100J。

(1) 系统若沿 ADB 进行时, 系统对外做功 50J, 问有多少热量传入系统?

(2) 若 $E_D - E_A = 150\mathrm{J}$, 试求系统沿 AD 及 DB 各吸收多少热量?

(3) 当系统由 B 状态沿曲线 BA 返回到 A 状态时, 外界对系统做功 70J, 问系统是吸热还是放热, 传递的热量是多少?

4-9. 如题 4-9 图所示, 表示的是单原子分子理想气体的某一变化过程, 当系统由状态 Ⅰ 沿直线到达状态 Ⅱ 时, 求系统在这一过程中的摩尔热容。

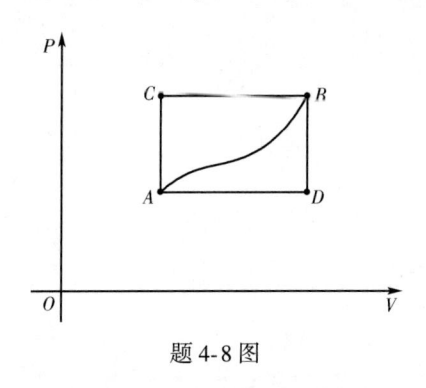

题 4-8 图　　　　　　　题 4-9 图

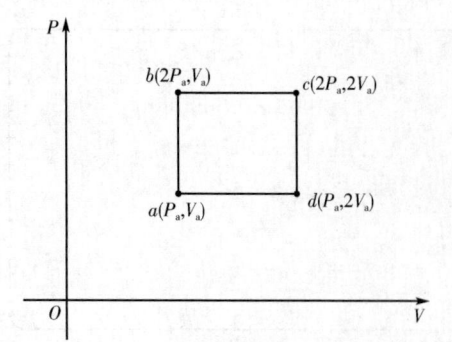

4-10. 设 1mol 单原子理想气体按如题 4-10 图所示的路线 abcda 进行准静态循环,已知气体的定容摩尔热容 $C_V = \dfrac{3}{2}R$,求这一循环的效率。

4-11. 一卡诺热机工作在温度 300~1000K,求其热机效率?如果高温热源温度提高到 1100K 或低温热源的温度降低到 200K,问热机的效率各增加到多少?

4-12. 一卡诺热机,低温热源的温度为 300K,效率为 40%,今将该热机的效率提高到 50%,求

(1) 若低温热源的温度不变,高温热源的温度应提高多少?

(2) 若高温热源的温度不变,低温热源的温度应降低多少?

4-13. 一卡诺热机,高温热源的温度为 373K,低温热源的温度为 273K,经一循环后,系统对外所做的有用功是 800J,今维持低温热源温度不变,提高高温热源的温度,使有用功增加到 1600J,求

(1) 高温热源的温度应升高到多少?

(2) 效率提高到多少(提示:两个循环均工作于相同的两绝热线之间)?

4-14. 1kg 的水,温度由 20℃ 冷却到 0℃,求其熵变是多少?已知水的定压比热 $C_P = 4.18 \times 10^3$ J/(kg·K)。

4-15. 把 0℃,0.5kg 的冰与一热源相接触,当冰完全熔解为 0℃ 的水时,求

(1) 冰的熵变是多少?已知冰的熔解热 $\lambda = 3.35 \times 10^5$ J/kg。

(2) 如果热源是温度为 20℃ 的庞大的物体,那么此物体的熵变是多少?

(3) 冰和热源的总熵变是多少?其结果说明了什么?

4-16. 设有 $\dfrac{M}{\mu}$ mol 的理想气体,由初态 (P_1, V_1, T_1) 变化到终态 (P_2, V_2, T_2),试

(1) 用 V, T 表示熵变;

(2) 用 P, T 表示熵变。

第五章 静电场与生物电现象

本章研究的是相对于观察者静止的电荷所产生的场,即**静电场**的物理性质,以及静电场和处在其中的物质之间的相互作用,并简单探究生物体呈现的电现象,即生物电现象。生物电广泛存在于生命现象之中,人体所有的功能和活动都涉及生物电。本章内容是我们今后了解其他相关知识的重要理论基础。本章主要介绍静电学的基本原理,从描述两个点电荷间相互作用的库仑定律出发,引入描述静电场性质的基本物理量——电场强度。在此基础上我们将讨论反映静电场基本性质的场叠加原理、高斯定理。为了讨论电场对电荷所做的功,引入了场的电势以及电场力做功与路径无关的原理。我们还要讨论静电场中的电介质的性质及其在静电场中的极化现象。最后,简单介绍生物电现象的机制和心电的物理基础以及心电图波形成的基本原理。

第一节 电场强度

一、库仑定律

1785 年法国物理学家库仑在前人大量实验和理论的基础上,对电荷之间存在的相互作用总结出了一条非常重要的结论:**在真空中,电量分别为 q_1 和 q_2 的两个点电荷之间存在着相互作用力,作用力的方向沿着这两个点电荷的连线方向,且同号电荷相斥,异号电荷相吸,作用力的大小与电荷 q_1 和 q_2 的乘积成正比,与这两个点电荷之间的距离 r 的平方成反比**。这就是**库仑(Coulomb)定律**。如果用数学表达式写出来,库仑定律即为

$$F = \frac{1}{4\pi\varepsilon_0}\frac{q_1 q_2}{r^2} \tag{5-1a}$$

式中,ε_0 称为**真空中的介电常量**,其大小为 8.85×10^{-12} 库仑^2/(牛顿·米^2),即 $C^2/(N\cdot m^2)$。若考虑到力的矢量性,则 q_1 对 q_2 的作用力写作

$$\vec{F} = \frac{1}{4\pi\varepsilon_0}\frac{q_1 q_2}{r^2}\hat{r} \tag{5-1b}$$

式中,$\hat{r}$ 表示从 q_1 指向 q_2 的单位矢量。

库仑定律讨论的是两个点电荷之间的静电力,当真空中有两个以上的点电荷时,还要补充另一原理,即叠加原理,其内容是:作用于每一点电荷上的总静电力等于其他点电荷单独存在时,作用于该点电荷的静电力的矢量和,这就是**叠加原理**。

二、电场强度

为了研究电场中各点的性质,可以想象用一个点电荷 q_0 做实验,这个电荷称为**试验电荷**。试验电荷应满足下面条件:

(1) q_0 为一正电荷,它的线度必须小到可以被看成点电荷;
(2) q_0 的电量要足够小,使得由于它的置入不引起原有电荷所建立的电场的重新分布。

我们知道,任何两个带电体之间存在着相互作用,原因是任何带电体周围都存在有一种特殊的物质——**静电场**。现在先讨论点电荷 q 在其周围空间产生的静电场。我们把电场中所要研究的点称为**场点**。在场点上放置一个静止的试验电荷 q_0,按照库仑定律,q_0 所受的电场力为

$$\vec{F} = \frac{1}{4\pi\varepsilon_0}\frac{qq_0}{r^2}\hat{r} \tag{5-2}$$

式中,r 为点电荷 q 与场点之间的距离。从(5-2)式可以看出,F 既与场点有关,又与试验电荷 q_0 有关。然而比值 F/q_0 却是一个只与场点有关,由电场本身施力本领决定,而与 q_0 无关的量。

为了描述场点的性质,我们把场中每点的比值 F/q_0 称为该点的**电场强度**(简称**场强**),用 E 表示,即

$$E = \frac{F}{q_0} \tag{5-3}$$

场强 E 是描述电场中某点电场本身性质的物理量,它是一个矢量,其大小等于单位试验电荷在该点所受电场力的大小,其方向与试验电荷在该点所受电场力的方向相同,即正电荷受力的方向。电场强度的单位是牛顿/库仑(N/C)。若电场是由许多点电荷 $q_1, q_2, \cdots, q_n$ 组成的点电荷系统建立的,则根据叠加原理,空间某场点的电场强度 E 应等于每一点电荷单独存在时在该场点产生的场强 $E_1, E_2, \cdots, E_n$ 的矢量和,即

$$E = E_1 + E_2 + \cdots + E_n = \sum E_i \tag{5-4}$$

这个规律称为**电场强度叠加原理**。应用这一原理以及微分和积分的思想,可以计算出任意带电体系所产生的场强。

三、场强的计算

1. 点电荷 q 所激发电场的场强

由场强定义(5-3)式及库仑定律可知,点电荷 q 在空间某点激发的场强应为

$$E = \frac{1}{4\pi\varepsilon_0} \frac{q}{r^2} \hat{r} \tag{5-5}$$

其中,$\hat{r}$ 是从 q 点到场点方向的单位矢量,r 是 q 到场点的距离。当 q 为正电荷时,E 与 $\hat{r}$ 的方向一致,即场强背离 q 点;当 q 为负电荷时,E 与 $\hat{r}$ 的方向相反,即场强指向 q 点。

2. 点电荷系电场的场强

设电场是由 n 个点电荷 $q_1, q_2, \cdots, q_n$ 共同建立,电场在某场点的场强等于各个点电荷单独存在时在该点建立的电场场强的矢量和。结合点电荷的场强公式,可得到点电荷系电场的场强公式

$$E = \sum_{i=1}^{n} E_i = \frac{1}{4\pi\varepsilon_0} \sum_{i=1}^{n} \frac{q_i}{r_i^2} \hat{r}_i \tag{5-6}$$

3. 线电荷电场的场强

图 5-1 带电细棒

设电荷连续分布于某一细棒上,当场点与细棒之间距离远大于棒的粗细时,可忽略棒的粗细,而认为电荷分布于一条曲线 L 上,如图 5-1 所示,设单位长度上所带的电量,即**线电荷密度**为 λ,用数学式子表达为

$$\lambda = \lim_{\Delta l \to 0} \frac{\Delta q}{\Delta l} = \frac{\mathrm{d}q}{\mathrm{d}l}$$

其中,$\mathrm{d}q$ 是细棒上长度为 $\mathrm{d}l$ 的线元所带的电量,则 $\mathrm{d}q = \lambda \mathrm{d}l$。这时场强的计算如下:

$$E = \frac{1}{4\pi\varepsilon_0} \int_L \frac{\lambda \mathrm{d}l}{r^2} \hat{r} \tag{5-7}$$

其中,r 是线元 $\mathrm{d}l$ 到场点的距离,$\hat{r}$ 是 $\mathrm{d}l$ 指向场点的单位矢量,积分遍及整条曲线 L。

4. 面电荷电场的场强

设电荷连续分布于一曲面 S 上,在曲面上某点周围取一面元 ΔS,设 ΔS 上所带的电量为 Δq,则

某点处单位面积上所带的电量,即**面电荷密度** σ 为

$$\sigma = \lim_{\Delta S \to 0} \frac{\Delta q}{\Delta S} = \frac{dq}{dS}$$

计算带电面 S 激发的场强时,可以把每一面元 dS 看成电量为 $dq = \sigma dS$ 的点电荷,则场强的计算如下:

$$\boldsymbol{E} = \frac{1}{4\pi\varepsilon_0} \iint_S \frac{\sigma dS}{r^2} \hat{\boldsymbol{r}} \quad (5\text{-}8)$$

其中,r 是面元 dS 到场点的距离,$\hat{\boldsymbol{r}}$ 是 dS 向场点方向的单位矢量,积分遍及整个带电曲面 S。

5. 体电荷电场的场强

若电荷连续分布于某一体积 V 中,在体积中某点周围取一小体积元 ΔV,设 ΔV 内的电量为 Δq,则单位体积内所带的电量,即**体电荷密度** ρ 为

$$\rho = \lim_{\Delta V \to 0} \frac{\Delta q}{\Delta V} = \frac{dq}{dV}$$

计算带电体 V 在空间某点产生的场强时,可以把带电体分成许多小体积元 dV,每个 dV 可以看成电量为 $dq = \rho dV$ 的点电荷,则场强的计算为

$$\boldsymbol{E} = \frac{1}{4\pi\varepsilon_0} \iiint_V \frac{\rho dV}{r^2} \hat{\boldsymbol{r}} \quad (5\text{-}9)$$

其中,r 为 dV 到场点的距离,$\hat{\boldsymbol{r}}$ 是 dV 向场点方向的单位矢量,积分遍及整个带电区域 V。

例 5-1 有一半径为 a,线电荷密度为 λ 的均匀带电圆环,试求环的中心轴上离环心 O 距离为 x 的 P 点处的场强(已知 $\lambda > 0$)。

解 如图 5-2 所示,在圆环上取一线元 dl,则 dl 上所带的电量为 $dq = \lambda dl$,电荷元 dq 在 P 点所产生的场强 $d\boldsymbol{E}$ 大小为

$$dE = \frac{1}{4\pi\varepsilon_0} \cdot \frac{\lambda dl}{r^2}$$

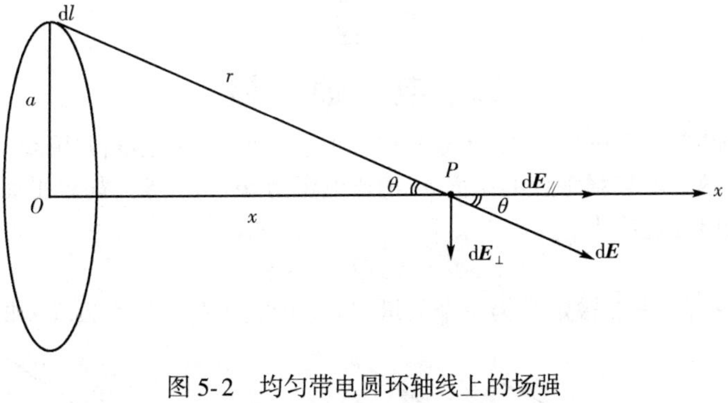

图 5-2 均匀带电圆环轴线上的场强

其方向如图 5-2 所示,r 为 dl 与 P 点之间的距离,由于电场强度 $d\boldsymbol{E}$ 可以分解为平行于轴线方向 $d\boldsymbol{E}_{/\!/}$ 和垂直于轴线方向 $d\boldsymbol{E}_\perp$ 的两个分量,又因 P 点位于圆环中心的轴线上,根据对称性,圆环上各电荷元在 P 点的场强 $d\boldsymbol{E}$ 在垂直于轴线上的分量相互抵消,P 点的场强只剩下与轴线相平行的分量部分,其场强总和为各电荷元在该点处产生的平行于轴线方向的分量之和。所以有

$$dE_{/\!/} = dE \cos\theta$$

θ 为 $d\boldsymbol{E}$ 与轴线方向的夹角,则 P 点处总的场强大小为

$$E = \int dE_{/\!/} = \int dE \cos\theta = \int \frac{1}{4\pi\varepsilon_0} \frac{\lambda dl}{r^2} \cos\theta$$

由几何关系可知 $r^2 = x^2 + a^2$,所以 P 点的场强为

$$E = \frac{\lambda x}{4\pi\varepsilon_0 (x^2+a^2)^{3/2}} \int_0^{2\pi a} dl = \frac{2\pi a \lambda x}{4\pi\varepsilon_0 (x^2+a^2)^{3/2}} = \frac{a\lambda x}{2\varepsilon_0 (x^2+a^2)^{3/2}}$$

设圆环上所带的总电量为 q，则 $q = 2\pi a\lambda$，所以 P 点的场强也可写成

$$E = \frac{1}{4\pi\varepsilon_0} \frac{qx}{(x^2+a^2)^{3/2}} \quad (5\text{-}10)$$

从上式可以看出，当 $x=0$ 时，$E=0$，说明环中心处的场强为零；当 $x \gg a$ 时，我们可以近似认为 $(x^2+a^2)^{3/2} \approx x^3$，这时 P 点的场强为

$$E = \frac{q}{4\pi\varepsilon_0 x^2}$$

这说明在远离环心处的地方，环上的电荷可视为全部集中在环心处的一个点电荷，此结果与点电荷的场强公式完全一样。

第二节　静电场中的高斯定理

在带电体电荷分布已知时，原则上可用库仑定律及场的叠加原理求得它所建立的电场中各点的场强，但计算往往比较复杂。当电荷分布具有某种对称性时，为使更容易地计算出电场的分布，本节将向大家介绍一种计算场强的新方法，即利用高斯定理求解有关电场强度的问题。在讲述高斯定理之前，先阐述两个基本概念——电力线及电通量。

一、电　力　线

为了形象地描述电场的分布及其性质，我们可以在电场中画出一系列曲线，并对曲线有如下限制：**曲线上任一点的切线方向都与电场在该点的电场强度方向相一致，曲线密集的地方，电场强度大；曲线稀疏的地方，电场强度小，这样的一些曲线我们称其为电力线**。由于电力线的疏密可以反映电场强度的强弱，我们在电场中某处取一个与电力线垂直的面元 $\Delta S_\perp$，设穿过这个面元的电力线的条数为 $\Delta\Phi$，则该处场强 E 的大小规定为

$$E = \frac{\Delta\Phi}{\Delta S_\perp} \quad (5\text{-}11)$$

二、电　通　量

我们把通过电场中某一面积的电力线的条数称为通过该面积的**电通量**，并用 Φ 表示。

在均匀电场中，通过与场强垂直的平面 $S_\perp$ 的电通量为 $\Phi = E \cdot S_\perp$，如果平面的法线方向 n 与 E 成 θ 角，则通过 S 的电通量应为

$$\Phi = ES\cos\theta = \boldsymbol{E} \cdot \boldsymbol{S} \quad (5\text{-}12)$$

如图 5-3(a)所示，这里 S 被定义为一个矢量，其大小即为 S，方向为法线 n 的方向。

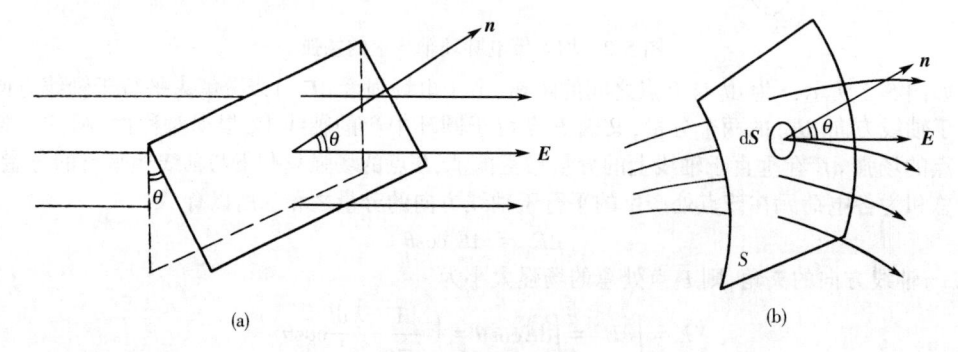

图 5-3　电通量的计算

对于非均匀的电场而且给定的面为曲面时，就需要把这个曲面分割成许多的小面元 $\mathrm{d}S$，我们认为场强在每一个面元上是均匀的，若 $\mathrm{d}S$ 的法线方向与该处的场强 E 的方向成 θ 角，如图 5-3(b)所

示,则通过面元 dS 的电通量 dΦ 为

$$d\Phi = E\cos\theta dS$$

那么,通过整个曲面的电通量应为

$$\Phi = \iint_S d\Phi = \iint_S E\cos\theta dS = \iint_S \boldsymbol{E} \cdot d\boldsymbol{S} \tag{5-13}$$

式中,d$\boldsymbol{S}$ 被定义为一个矢量,其大小为 dS,方向为该点处曲面的外法线 $\boldsymbol{n}$ 的方向。

若曲面 S 为一闭合曲面,则(5-13)式可以写成

$$\Phi = \oiint_S \boldsymbol{E} \cdot d\boldsymbol{S} \tag{5-14}$$

对于闭合曲面,数学上规定:在任何一点法线 $\boldsymbol{n}$ 的正方向为垂直于该点处曲面向外的方向。这时通过曲面上各个面元的电通量 dΦ 就会有正有负。当 θ 为锐角时,d$\Phi>0$;当 θ 为钝角时,d$\Phi<0$。

三、高斯定理

高斯定理是关于求算闭合曲面电通量的定理。我们先讨论最简单的情况,设电场是由一个点电荷 q 激发的,现以 q 为中心作一个半径为 r 的球,在球面上任取一面元 d$\boldsymbol{S}$,如图 5-4(a)所示,则通过 d$\boldsymbol{S}$ 的电通量为

$$d\Phi = \boldsymbol{E} \cdot d\boldsymbol{S} = \frac{1}{4\pi\varepsilon_0}\frac{q}{r^2}dS$$

通过整个球面的电通量为

$$\Phi = \oiint_{球面} d\Phi = \oiint_{球面} \frac{1}{4\pi\varepsilon_0}\frac{q}{r^2}dS = \frac{1}{4\pi\varepsilon_0}\frac{q}{r^2}\oiint_{球面} dS$$

其中,$\oiint_{球面} dS$ 是球面面积,应等于 $4\pi r^2$,这样

$$\Phi = \frac{q}{\varepsilon_0} \tag{5-15}$$

它说明通过球面的电通量与球面内点电荷的电量有关,而与半径无关。如果包围点电荷 q 的曲面是任意的闭合曲面,如图 5-4(b)所示。从图中可以看出,任意一条电力线通过闭合曲面的次数总是奇数,根据对电通量正负的规定,只需考虑电力线最后通过的那一次,其余的偶数次对电通量的贡献都两两相互抵消。所以可以证明,计算通过任意闭合曲面的电通量,(5-15)式仍成立。

对于任意闭合曲面内不包围点电荷的情况,如图 5-4(c)所示,则进入这个闭合曲面的电力线的条数必等于从闭合曲面穿出来的电力线的条数,所以,通过这个闭合曲面的总的电通量为零。

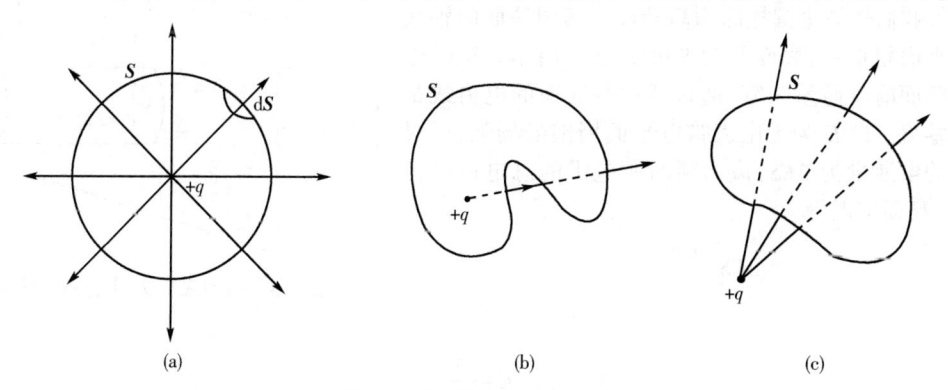

图 5-4 闭合曲面的电通量

上面讨论了点电荷电场中闭合曲面的电通量。如果闭合曲面内包围多个点电荷 $q_1,q_2,\cdots,q_n$ 时,根据场叠加原理及上述讨论的结果可知,通过任一闭合曲面 S 的电通量为

$$\Phi = \oiint_S \boldsymbol{E} \cdot \mathrm{d}\boldsymbol{S} = \oiint_S \sum \boldsymbol{E}_i \cdot \mathrm{d}\boldsymbol{S} = \sum \oiint_S \boldsymbol{E}_i \cdot \mathrm{d}\boldsymbol{S} = \sum \Phi_i$$

根据(5-15)式可得

$$\Phi = \oiint_S \boldsymbol{E} \cdot \mathrm{d}\boldsymbol{S} = \frac{1}{\varepsilon_0} \sum q_i \tag{5-16}$$

(5-16)式为静电场中高斯定理的数学表达式。它表明电场中任一闭合曲面的电通量等于该闭合曲面内电荷的代数和除以 ε_0，而与闭合曲面外的电荷无关，这个结论就称为**静电场中的高斯定理**。该闭合曲面 S 又称为高斯面。当电荷分布具有某种对称性时，用高斯定理就可以比较简便地求出场强的大小。

例 5-2　求一均匀带正电球壳内外的场强，设球壳带电总量为 q，半径为 R。

解　在球外任取一点 P，过 P 点作与带电球面同心的球面 S 为高斯面，此球面的半径为 r，如图 5-5 所示。据高斯定理可得

$$\oiint_S \boldsymbol{E}_\text{外} \cdot \mathrm{d}\boldsymbol{S} = E_\text{外} \oiint_S \mathrm{d}S = E_\text{外} \cdot 4\pi r^2 = \frac{q}{\varepsilon_0}$$

所以

$$E_\text{外} = \frac{q}{4\pi\varepsilon_0 r^2}$$

从上式可以看出，均匀带电球壳外任一点的场强等于将全部电量集中在球心即等效看成点电荷时，在该点所产生的场强。

现进一步讨论带电球壳内任一点的场强。在球壳内经过任一点，作一个与带电球面同心的球面 S' 为高斯面，据高斯定理可得

$$\oiint_{S'} \boldsymbol{E}_\text{内} \cdot \mathrm{d}\boldsymbol{S} = E_\text{内} \cdot 4\pi r^2 = 0$$

故

$$E_\text{内} = 0$$

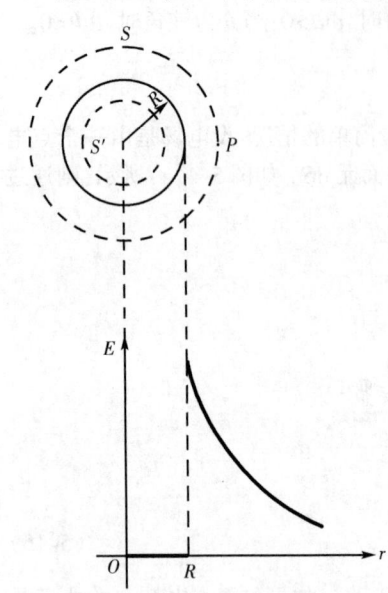

图 5-5　均匀带电球壳的场强

即均匀带电球壳内任一点的场强为零。根据上面结果，可以画出场强 $\boldsymbol{E}$ 的大小随场点到球壳中心的距离 r 而变的函数曲线，如图 5-5 所示。

例 5-3　试求均匀带正电的无限大平面的场强，设无限大带电平面的面电荷密度为 σ。

解　我们作一个圆柱面为高斯面。其圆柱面的轴线和带电平面相垂直，底面积为 S，如图 5-6 所示。这时通过圆柱侧面的电通量为零，通过圆柱两底面的电力线都与底面垂直。设 E 为无限大带电平面周围的场强，通过两底面的电通量为 $2ES$，该高斯面所包围的总电荷量为 σS，则由高斯定理得

$$2ES = \frac{\sigma S}{\varepsilon_0}$$

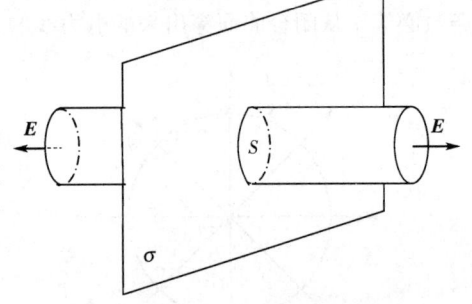

图 5-6　均匀无限大带电平面场强

所以

$$E = \frac{\sigma}{2\varepsilon_0}$$

即无限大带电平面附近的电场为匀强电场。

第三节 电场力所做的功 电势

电荷在电场中运动时电场力要做功,研究静电力做功的规律,对于了解静电场的性质具有重要意义。

一、电场力所做的功

设一试验电荷 q_0 在点电荷 $+q$ 产生的电场中从 A 点经任一路径到达 B 点,如图 5-7 所示。我们可以把整个路径分成许多个元位移,任取一元位移 dl,设该 dl 所在处的场强为 E,则静电力 F 在这一元位移上所做的元功为

$$dA = F \cdot dl = q_0 E \cdot dl = q_0 E \cos\theta dl$$

式中,θ 为电场强度 E 和 dl 方向的夹角,由几何关系可知

$$\cos\theta dl = dr$$

dr 为矢径长度的增量,又已知点电荷 q 的场强大小应为

$$E = \frac{1}{4\pi\varepsilon_0} \frac{q}{r^2}$$

这样在试验电荷 q_0 从 A 点移到 B 点的整个过程中,电场力所做的功为

$$A_{AB} = \int dA = \int_A^B q_0 E \cos\theta dl = \frac{qq_0}{4\pi\varepsilon_0} \int_{r_A}^{r_B} \frac{dr}{r^2}$$

即

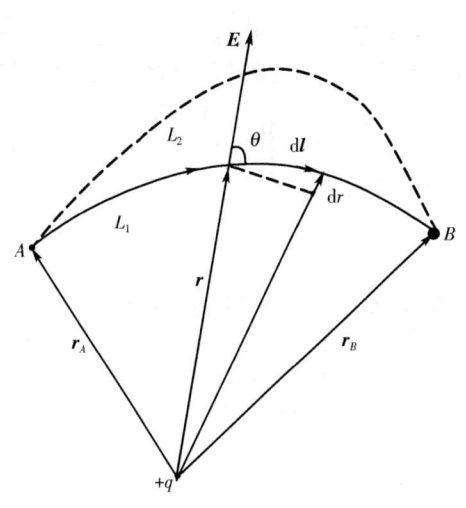

图 5-7 电场力所做的功

$$A_{AB} = \frac{qq_0}{4\pi\varepsilon_0} \left(\frac{1}{r_A} - \frac{1}{r_B} \right) \tag{5-17}$$

(5-17)式说明,当电荷 q_0 在点电荷 q 激发的电场中运动时,电场力所做的功只取决于运动电荷的始末位置,而与路径无关。所以我们得出**静电力是保守力**,这是静电场的一个重要性质,然而,具有这种性质的场称为**保守力场**。

上述结论还可以推广到由点电荷系 $q_1, q_2, \cdots, q_n$ 所产生的电场中,当试验电荷 q_0 在该电场中由 A 点移动到 B 点时,电场力对试验电荷所做的功就等于各点电荷的电场力对试验电荷所做功的代数和,即

$$A_{AB} = \int_A^B q_0 \boldsymbol{E} \cdot d\boldsymbol{l} = \int_A^B q_0 \boldsymbol{E}_1 \cdot d\boldsymbol{l} + \int_A^B q_0 \boldsymbol{E}_2 \cdot d\boldsymbol{l} + \cdots + \int_A^B q_0 \boldsymbol{E}_n \cdot d\boldsymbol{l} = \sum_{i=1}^n \frac{q_i q_0}{4\pi\varepsilon_0} \left(\frac{1}{r_{Ai}} - \frac{1}{r_{Bi}} \right) \tag{5-18}$$

所做的功仍然与路径无关。

如果试验电荷在静电场中沿某一闭合路径绕行一周,如沿着图 5-7 中的 L_1 从 A 点到 B 点,再沿 L_2 从 B 点回到 A 点。在点电荷的电场中,根据(5-17)式;在点电荷系,亦即任意带电体的电场中,则根据(5-18)式可知,电场力所做的功为

$$A = \oint_L q_0 \boldsymbol{E} \cdot d\boldsymbol{l} = \int_A^B q_0 \boldsymbol{E} \cdot d\boldsymbol{l} + \int_B^A q_0 \boldsymbol{E} \cdot d\boldsymbol{l} = \sum_{i=1}^n \frac{q_i q_0}{4\pi\varepsilon_0} \left(\frac{1}{r_{Ai}} - \frac{1}{r_{Bi}} \right) + \sum_{i=1}^n \frac{q_i q_0}{4\pi\varepsilon_0} \left(\frac{1}{r_{Bi}} - \frac{1}{r_{Ai}} \right) = 0$$

即

$$\oint_L \boldsymbol{E} \cdot d\boldsymbol{l} = 0 \tag{5-19}$$

(5-19)式说明,静电场的场强 E 沿任一闭合曲线的环路积分等于零。这是静电场的又一重要性质,我们称之为静电场的**场强环路定理**。

二、电势能与电势

从上述讨论可知,静电场力是一种保守力,而静电场是保守力场,因此在静电场中可引入势能的概念,也就是说,电荷在电场中的任一位置都具有一定的势能,这个势能我们称之为电势能。电场力对电荷所做的功是电势能改变的量度,若设 W_A,W_B 分别表示试验电荷 q_0 在 A,B 两处的电势能,当试验电荷 q_0 在电场中从 A 点移到 B 点时,电场力所做的功与电势能的改变量之间满足

$$A_{AB} = q_0 \int_A^B \boldsymbol{E} \cdot \mathrm{d}\boldsymbol{l} = W_A - W_B$$

电势能和重力势能一样,只是一个相对量,要说明电场中某点电势能的大小,就必须有一个作为势能参考的零标度,通常在电荷分布于有限范围内时,人们规定电荷在无穷远处的电势能为零。所以,试验电荷 q_0 在电场中任一点 A 的电势能在数值上等于将 q_0 从 A 点移到无穷远处时,电场力所做的功。这样,根据(5-17)式就可以求得试验电荷 q_0 在点电荷 q 激发的电场中任意一点 A 的电势能为

$$W_A = \int_A^\infty q_0 \boldsymbol{E} \cdot \mathrm{d}\boldsymbol{l} = \frac{qq_0}{4\pi\varepsilon_0} \int_{r_A}^\infty \frac{\mathrm{d}r}{r^2} = \frac{qq_0}{4\pi\varepsilon_0 r_A} \tag{5-20}$$

式中,r_A 为场点到点电荷 q 之间的距离。从(5-20)式可以看出,电场中某点的电势能的大小除与激发电场的电荷和场点的位置有关外,还与试验电荷 q_0 有关。而比值 W/q_0 是与试验电荷 q_0 无关的量,它可以反映静电场中某给定点的电场的性质,我们用一个物理量——**电势**或**电位**来描述这个性质,并用 U 来表示电势。则电场中任意一点 A 的电势为

$$U_A = \frac{W_A}{q_0} = \int_A^\infty \boldsymbol{E} \cdot \mathrm{d}\boldsymbol{l} \tag{5-21a}$$

(5-21a)式是对任意静电场中某点 A 的电势的定义,零电势参考点的选择与电势能的相同。这样,**某点电势在数值上就等于将单位正电荷沿任意路径,从该点移到无穷远点时,电场力所做的功**。(5-21a)式中,尽管积分路径可以是任意的,但在实际电势的计算中,积分路径应选择为场强分布规律已知的路径。电势是标量,其单位为伏特(V)。

由(5-20)式可知,点电荷 q 激发的电场中某点的电势为

$$U = \frac{W}{q_0} = \frac{q}{4\pi\varepsilon_0} \int_r^\infty \frac{\mathrm{d}r}{r^2} = \frac{q}{4\pi\varepsilon_0 r} \tag{5-21b}$$

式中,r 为场点到点电荷 q 之间的距离。

在点电荷系激发的电场中,**空间某点的电势等于各个点电荷单独存在时在该点产生的电势的代数和**,这一结论称为**电势的叠加原理**,即

$$U = \sum_{i=1}^n \frac{q_i}{4\pi\varepsilon_0 r_i} \tag{5-21c}$$

这一原理给出了计算任意带电体所产生电场中某点电势的又一个方法。

在实际情况下,常常用到电势差(电位差)这一概念来描述电场中各点间电场状态的不同。所谓**电势差**是指电场中任意两点 A 和 B 的电势之差,即

$$\Delta U = U_{AB} = U_A - U_B = \int_A^B \boldsymbol{E} \cdot \mathrm{d}\boldsymbol{l} \tag{5-22}$$

第四节 静电场中的电介质

一、电介质与电偶极子

1. 电介质及其分类

电介质有时又称为绝缘体,是一种导电性能很差的物质。由于本身内部结构的原因,又可以把

电介质划分为两大类,即有极分子电介质和无极分子电介质。

我们知道每个分子都是由原子组成的,原子又由带负电的电子和带正电的原子核组成。每个分子的正电荷和负电荷分布于分子所占的整个体积中。在比分子的线度大得多的地方来看,整个分子产生的影响(如电场)可以近似采用一种"中心模型"来描述,即可以认为分子中所有正电荷和所有负电荷分别集中于两个几何点上,这两个几何点分别称为正、负电荷的"**中心**",也就是说,整个分子在远处所产生的电场可以等效成正、负电荷分别集中于各自"中心"时所激发的电场。

根据正负电荷中心的分布情况,我们把电介质分为两类:有一类电介质的分子,它的正负电荷的中心重合在一起,这种分子称为**无极分子**,由无极分子组成的电介质称为**无极分子电介质**。例如,H_2、N_2、CH_4 等分子是无极分子。另一类电介质的分子,它的正负电荷的中心不重合,这种分子称为**有极分子**,由有极分子组成的电介质称为**有极分子电介质**。例如,HCl,H_2O,CO 等分子是有极分子。

2. 电偶极子

所谓**电偶极子**是指:两个相距很近的等量异号的点电荷所组成的带电体系。设两个点电荷的电量分别为 +q 和 -q,它们之间的距离为 l,连接两个点电荷的直线称为**轴线**,取从负电荷到正电荷的矢量 l 的方向作为轴线的正方向,把电量 q 与 l 的乘积称为电偶极子的**电偶极矩**,简称**电矩**。电偶极矩是一个矢量,它的方向与矢量 l 的方向一致,用 **p** 来表示,即

$$p = ql \tag{5-23}$$

电矩是表征电偶极子整体电性质的物理量。对于无极分子,因正、负电荷的中心重合,所以电矩 $p = 0$;对于有极分子,则分子的电矩 $p \neq 0$,我们可以把有极分子看成一个电偶极子,而把整个电介质可以看成是由无数的小电偶极子组成的。

二、电介质的极化 电极化强度

1. 电介质的极化

在无外电场的情况下:对于无极分子,由于分子的电矩为零,所以无极分子电介质对外不显电性;对于有极分子,虽然每个分子的电矩不为零,但由于分子不断地做无规则的热运动,各个分子电偶极矩的方向杂乱无章,因此宏观看来仍不显电性。当电介质在外电场的作用下,无论是有极分子还是无极分子的电矩排列都要发生某种变化,这种变化就导致了电介质的极化。极化分为位移极化和取向极化两种,现介绍如下。

(1) 无极分子的位移极化:在外电场 E_0 的作用下,无极分子的正、负电荷的中心向相反的方向做一个微小的位移,如图 5-8 所示。这时,无极分子的正、负电荷的中心就不再重合了,形成了一个电偶极子。对于整块电介质来说,由于每一个分子都形成了电偶极子,且电偶极子的电矩方向与外电场 E_0 的方向一致。这样就宏观看来,在电介质的表面上,一边出现了正电荷,另一边出现了负电荷,这些正、负电荷不能在电介质中自由移动,这样的电荷我们称之为**极化电荷**。**电介质在外电场的作用下,与电场方向对应的表面上出现极化电荷的现象称为电介质的极化**。由于电

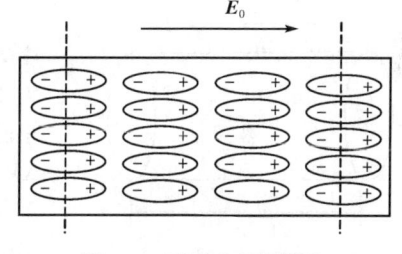

图 5-8 无极分子的极化

子的质量比原子核质量小得多,所以在外电场的作用下,主要是电子的位置发生移动,无极分子的这种极化我们称之为**电子位移极化**或简称为**位移极化**。

(2) 有极分子的取向极化:对于由有极分子构成的电介质来说,在外电场力的作用下,每个有极分子都要受到力矩的作用,如图 5-9(a)所示,电场力的作用使分子的电矩转向外电场方向,尽管分子的转向由于分子的无规则热运动的干扰而不能整齐地依照外电场的方向使分子排列起来,但总体趋势一致,对整个电介质来说,其表面也产生了极化电荷,这种极化就是有极分子的极化现象。由于

有极分子的极化主要取决于分子本身电偶极子方向的改变,所以把有极分子的这种极化称为**取向极化**,如图 5-9(b) 所示。

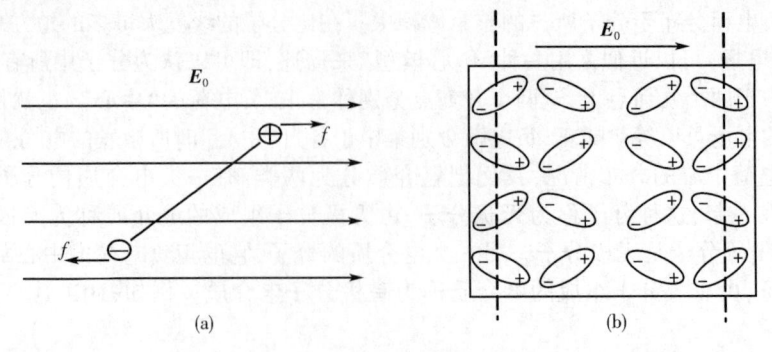

图 5-9 有极分子的取向极化

2. 电极化强度

从上面关于电介质极化机制的说明中可以看到:当电介质处于极化状态时,如果我们在电介质中任取一小体积元 ΔV,则 ΔV 内的分子的电偶极矩矢量之和不能相互抵消,亦即 $\sum \boldsymbol{p}_i \neq 0$;当电介质没有被极化时,由于分子运动的无规则性,则 $\sum \boldsymbol{p}_i = 0$。所以为了定量地描述电介质的极化程度,我们引入一个新的物理量——**电极化强度**矢量,并用 $\boldsymbol{P}$ 来表示,它等于单位体积内分子的电偶极矩的矢量和,即

$$P = \frac{\sum \boldsymbol{p}_i}{\Delta V} \tag{5-24}$$

电极化强度矢量 $\boldsymbol{P}$ 的单位为库仑/米^2(C/m^2)。极化现象既然是由电场引起的,那么极化强度就应与场强有对应关系,理论和实验均表明,在各向同性的均匀介质中,每一点的极化强度 $\boldsymbol{P}$ 与该点的合场强 $\boldsymbol{E}$ 方向相同且大小成正比,即

$$\boldsymbol{P} = \varepsilon_0 \chi \boldsymbol{E} \tag{5-25}$$

式中,χ 称为电介质的**电极化率**,它取决于电介质的性质,是一个没有单位的纯数。

由于电介质的极化程度不同,产生的极化电荷量也不同,下面我们讨论电介质的电极化强度与极化电荷量的关系。

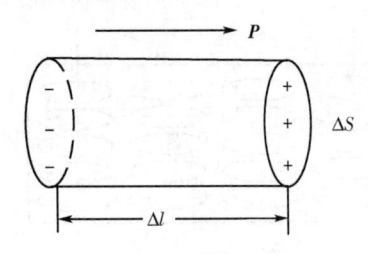

图 5-10 体积元的电偶极子

我们在各向同性的介质中,取一圆柱形体积元 ΔV,电极化强度 $\boldsymbol{P}$ 的方向如图 5-10 所示。设小圆柱的两底面的面积为 ΔS,长为 Δl,两底面的面极化电荷密度为 $+\sigma'$ 和 $-\sigma'$,这时可以把整个小圆柱看成一个大的电偶极子,其电矩大小为 $\sigma' \cdot \Delta S \cdot \Delta l$,所以 ΔV 内所有分子的电矩矢量和的大小为

$$\sum p_i = \sigma' \cdot \Delta S \cdot \Delta l$$

由(5-24)式可知电极化强度 $\boldsymbol{P}$ 的大小为

$$P = \frac{\sum p_i}{\Delta V} = \frac{\sigma' \cdot \Delta S \cdot \Delta l}{\Delta S \cdot \Delta l} = \sigma'$$

即

$$P = \sigma' \tag{5-26}$$

(5-26)式表明,当各向同性的电介质处于极化状态时,在垂直于外电场的两端面上所产生的极化电荷的面密度在数值上等于该处的电极化强度的大小。

三、电介质中的电场 介电常量

电介质在有外电场 E_0 出现时将被极化而产生极化电荷,这些极化电荷也将在周围空间产生一个附加的电场 E'。根据电场的叠加原理,电介质内部某一点的合场强 E 应是外电场 E_0 和极化电荷产生的附加电场 E' 的矢量和,即

$$E = E_0 + E'$$

为了定量描述电介质内部的场强,我们设想把各向同性的电介质充满两"无限大"平行板电容器极板之间,如图 5-11 所示。设平行板电容器极板上的面电荷密度为 $+\sigma$ 和 $-\sigma$,产生的场强为 E_0,电介质被极化而产生的面极化电荷密度为 $+\sigma'$ 和 $-\sigma'$,所产生的场强为 E'。E_0 与 E' 方向相反,所以,电介质中的合场强 E 的大小为

$$E = E_0 - E'$$

因为 $E' = \dfrac{\sigma'}{\varepsilon_0}, P = \sigma' = \chi \varepsilon_0 E$,代入上式得

$$E = E_0 - \dfrac{\chi \varepsilon_0 E}{\varepsilon_0} = E_0 - \chi E$$

所以有

$$E = \dfrac{E_0}{1+\chi} = \dfrac{E_0}{\varepsilon_r} \tag{5-27a}$$

我们把上式中的 $\varepsilon_r = 1 + \chi$ 称为电介质的**相对介电常量**。它的大小由电介质的性质决定,在真空中 $\varepsilon_r = 1$,在其他任何电介质 $\varepsilon_r > 1$,相对介电常量是一个没有单位的纯数。(5-27a)式表明,电介质中的场强为原场强的 $\dfrac{1}{\varepsilon_r}$ 倍。

考虑到 $E_0 = \dfrac{\sigma}{\varepsilon_0}$,电介质中的场强又可以写成

$$E = \dfrac{\sigma}{\varepsilon_0 \varepsilon_r} = \dfrac{\sigma}{\varepsilon} \tag{5-27b}$$

物理学中又把 $\varepsilon = \varepsilon_0 \varepsilon_r$ 称为**电介质的介电常量**。

例 5-4 设神经细胞膜内外体液都是导电的电解液。细胞膜本身是很好的绝缘体,相对介电常量约等于 7。在静息状态下膜外是一层正电荷,膜内是一层负电荷,如果膜内外的电位差为 -70mV,膜厚为 6nm。求:(1) 细胞膜内的电场强度;(2) 膜两侧的电荷密度。

解 (1) 膜内的电场强度

$$E = \dfrac{U}{d} = \dfrac{70 \times 10^{-3}}{6 \times 10^{-9}} = 1.2 \times 10^7 \text{N/C}$$

(2) 参考平行板间有介质时的电场强度公式

$$E = \dfrac{\sigma}{\varepsilon} = \dfrac{\sigma}{\varepsilon_0 \varepsilon_r}$$

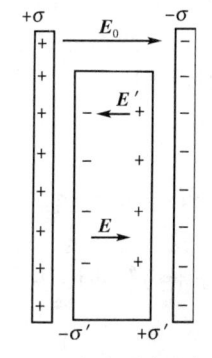

图 5-11 电介质中的场强

可求出膜两侧电荷密度的理论值

$$\sigma = \varepsilon_r \varepsilon_0 E = 7 \times 8.85 \times 10^{-12} \times 1.2 \times 10^7 = 7.4 \times 10^{-4} \text{C/m}^2$$

第五节 生物电现象*

生物电现象是一切生物机体普遍具有的电现象。它与生命状态密切相关,伴随着生命活动的全部过程。现代医学在临床上的许多常规检查,如心电图(ECG)、脑电图(EEG)、肌电图(EMG)等,都是记录不同形式的人体生物电现象作为判断各组织活动的生理或病理状态的重要指标。对生物电

现象的研究有助于我们去认识生命状态的本质。下面介绍生物电现象和神经传导电学特性的基本知识。

一、能斯特方程

细胞膜是一个半透膜。细胞膜内外的电解液中存在着浓度不同的某些离子(参见表 5-1),其中,比较重要的是 K^+、Na^+ 和 Cl^- 离子。细胞未受到各种物理化学因素的刺激(如热、冷、光、声和气味等)作用时所处的状态称为**静息状态**。在静息状态下,细胞膜外面带正电,膜里面带负电。细胞膜外存在大量的 Na^+ 和 Cl^-,膜内有大量的 K^+。由于细胞膜内外存在着离子浓度差,细胞膜的两侧就会产生一定的电势差 ΔU,这种电势差称为**膜电位**。现在我们来解释细胞膜电位的产生原因。

表 5-1　细胞内外液中离子浓度　　　　　　　　　　　　(单位:mol/L)

离子种类	细胞内浓度 C_1	细胞外浓度 C_2	离子种类	细胞内浓度 C_1	细胞外浓度 C_2
Na^+	0.010	0.142	其他负离子	0.147	0.044
K^+	0.141	0.005	总计	0.151	0.147
Cl^-	0.004	0.103			

用半透膜分隔某一种**电解质**的浓溶液和稀溶液,设浓度 $C_1 > C_2$,如图 5-12(a)所示。假定半透膜只能容许正离子通过而负离子不能通过,那么,正离子将自浓度较高的左边向低浓度的右边扩散,但因受到左边过剩的负离子的吸引,不能远离。结果就有正、负离子对在膜的两侧积累,形成极化现象。产生一个阻碍正离子继续扩散的电场 E。最后达到动态平衡,在膜的两侧便形成了一定的电位差,如图 5-12(b)所示。由此可见细胞膜电位的形成必须具备两个条件:**其一,膜内外存在着离子浓度差;其二,细胞膜对离子具有选择性的通透性**。理论计算可以得到计算膜电位公式

$$\varepsilon = \pm \frac{kT}{Ze} \ln \frac{C_1}{C_2} = \pm 2.3 \frac{kT}{Ze} \lg \frac{C_1}{C_2} \quad (V) \tag{5-28}$$

(5-28)式称为**能斯特(Nernst)方程**,$\varepsilon = \Delta U$ 又称为**能斯特电位**。式中,k 是第三章中提到的玻尔兹曼常量,T 是溶液的热力学温度,e 为电子电荷量,Z 为离子的电荷数即离子的价数,C_1 和 C_2 分别为膜两侧溶液的浓度。若是正离子迁移上式取负号;若负离子迁移则取正号。

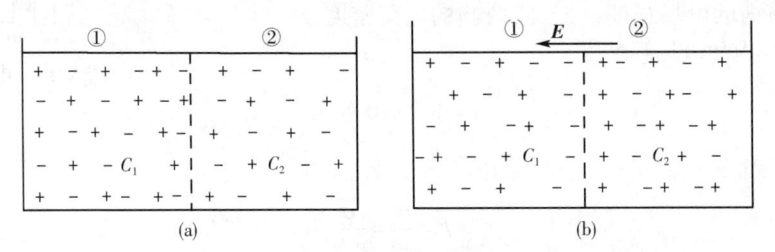

图 5-12　膜电位的产生

当细胞在静息状态下,温度 $T = 300K(27℃)$ 时,将表 5-1 中的钠、钾、氯离子浓度和 k, T, e 等数据代入方程,可得各种离子产生的膜电位:$\varepsilon_{K^+} = -89mV$,$\varepsilon_{Na^+} = 70mV$,$\varepsilon_{Cl^-} = -86mV$。

计算结果和实际测得的膜电位 $-85mV$ 比较,ε_{Cl^-} 正好处于平衡状态,即 Cl^- 离子通过细胞膜扩散出入的数目保持平衡。ε_{K^+} 的数值稍低于实际测得的值,说明仍有少量 K^+ 离子由膜内向膜外扩散。ε_{Na^+} 的数值和实际相差虽然很远,但是,因为在静息状态下细胞膜对 Na^+ 离子的通透性是很小的,所以,只有少量 Na^+ 离子可以由浓度高的膜外向浓度低的膜内扩散。

二、静息电位　动作电位

细胞在不受外界干扰时,细胞膜内外两侧存在的膜电位称为**静息电位**。细胞膜的静息电位是细胞膜内带负电,膜外则带正电。它的产生是由于细胞膜内外存在着离子浓度差以及细胞膜对不同离子的通透性不同而引起的。**人们通常将膜外作为零电势参考点**,故人们常说的膜内电势值,实际就是膜内外的电势差。

在静息状态下,K^+和Cl^-能通过细胞膜,而Na^+的通透性很小。但是,细胞膜对Na^+的通透性是可以调节的。当细胞受到刺激而发生兴奋时,细胞膜对Na^+通透性迅速增大。膜电位在静息电位的基础上发生一次迅速而短暂的、可向周围扩布的电位变化,这一电位变化称为**动作电位**。动作电位可又分为两个过程,**除极**和**复极**过程。

当细胞膜对Na^+的通透性突然增大时,因为膜外Na^+离子的浓度远高于膜内,而且膜内的电位又比膜外低,所以,Na^+就大量涌入细胞膜内,使得膜内正离子数激增,电位迅速提高。膜内电位的升高,阻碍了Na^+从膜外向膜内的扩散运动,达到动态平衡时,膜内带正电,膜外带负电,膜的极化状态发生逆转,膜电位由原来的$-85mV$迅速上升为$+60mV$左右,这就是除极过程。此后细胞膜对Na^+的通透性又恢复原状,同时K^+的通透性又突然升高,使大量K^+向膜外扩散。这样,膜电位又从正值迅速下降为负值,直到恢复到原来的极化状态,这就是复极过程。动作电位与时间的关系,如图5-13所示。

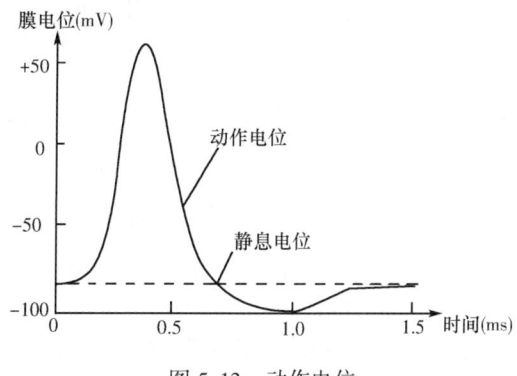

图 5-13 动作电位

细胞膜在受到刺激而产生动作电位的过程中,有大量的Na^+和K^+离子分别从它们的高浓度区扩散到低浓度区。但是,在静息状态下离子的浓度又保持不变。如何解释这一问题呢?人们提出了钾泵和钠泵的假说,认为细胞膜存在一种与水泵作用相似的机制,称为**钠泵**,泵的作用是使Na^+或K^+逆着浓度差从低浓度区返回到高浓度区,以维持膜内外正常的离子分布。研究发现所谓钠泵是镶嵌在膜脂质双分子层中的一种特殊蛋白质,它除了对Na^+,K^+的转运功能外,还具有三磷酸腺苷(ATP)酶的活性,可以分解 ATP 使之释放能量。

在一般生理情况下,每分解 1 个 ATP 分子可以使 3 个 Na^+ 移出膜外,同时有 2 个 K^+ 移入膜内,从而产生向膜外的电流,该电流使细胞膜超极化,以维持细胞的静息电位。

第六节　心电图波形成的基本原理*

一、电偶极子电场的电位

前面我们讲过电偶极子的概念,即把两个相距很近的等量异号的点电荷所组成的带电体系称为电偶极子。设电偶极子的两个点电荷的电量分别为$+q$和$-q$,它们之间的距离为l,我们讨论这样一个电偶极子在空间的某个场点A处的电位情况,如图5-14所示。设$+q$和$-q$到A点的距离分别为r_1和r_2,由(5-21c)式,若令$K=\dfrac{1}{4\pi\varepsilon_0}$,则电偶极子在$A$点产生的电位为

$$U=U_++U_-=K\left(\dfrac{q}{r_1}-\dfrac{q}{r_2}\right)=Kq\dfrac{r_2-r_1}{r_1r_2} \tag{5-29}$$

设r为电偶极子轴线中点到A点的距离,此连线r与电偶极矩$\boldsymbol{p}$的夹角为θ,由于r_1,r_2和r都远

远大于 l，因此可近似认为 $r_1r_2 \approx r^2, r_2-r_1 \approx l\cos\theta$。将上面的结果代入(5-29)式中得

$$U = Kq\frac{l\cos\theta}{r^2} = K\frac{p\cos\theta}{r^2} \quad (5\text{-}30)$$

式中，$p=ql$ 是电矩的大小。由(5-30)式可以看出，在离电偶极子轴线中点的距离为 r 的地方，如 A 点的电位，与电偶极子的电矩 p 成正比，与距离 r 的平方成反比且与 θ 角有关。若 A 点在轴线的延长线上 ($\theta = 0, \pi$) 时，则 A 点的电位为 $U = \pm K\dfrac{p}{r^2}$；如果 A 点在电偶极子轴线的中垂面上 ($\theta = \pi/2, 3\pi/2$) 时，则 A 点的电位 $U = 0$，因 $\cos\theta$ 在一、四象限为正值，在二、三象限为负值，所以电偶极子轴线的中垂面，把电偶极子电场的电位分为正负对称的两个区域，$+q$ 所在的区域电位为正，$-q$ 所在的区域电位为负。这就是电偶极子电场电位分布的特点，了解这种分布对理解心电图波的形成是很有帮助的。

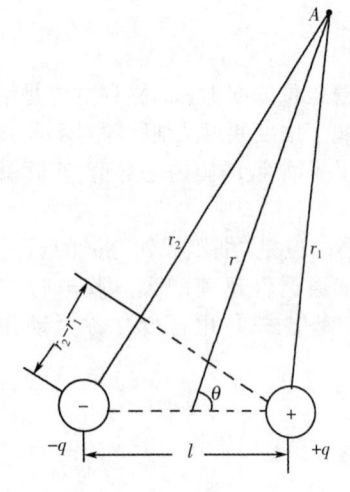

图 5-14 电偶极子电场的电位

二、心电向量 心电向量环

心脏由大量的心肌细胞组成，这些细胞具有细长的形状，典型的心肌细胞约长 100μm，宽 15 μm，每个细胞都被一层厚度为 8~10nm 的细胞膜所包围，膜内有导电的细胞内液，膜外有导电的细胞间液，它们都是电解液。这些细胞在未受到任何刺激而处于静息状态时，细胞膜外带正电，膜内带负电。这种状态称为**极化状态**，如图 5-15 (a) 所示。

当原来处于极化状态的心肌细胞，因受到刺激而激动时，细胞膜对离子的通透性发生了改变，从而引发了动作电位，心肌细胞发生动作电位时，膜内外的电位必然改变，使原来的极化状态遭到破坏，我们称此现象为**除极现象**。除极由兴奋处开始，沿着细胞向周围传播，如图 5-15 (b)，(c) 所示，是由左向右传播的。在除极过程中，整个心肌细胞等效于一个电偶极子，其电矩方向与除极的传播方向相同。除极过程是一个极其短暂的过程，之后细胞又逐渐恢复到原来的内负外正的带电状态，如图 5-15(d) 所示，这一过程称为**复极过程**，这时细胞同样也等效为一个电偶极子，只是它的电矩方向与除极时的电矩方向相反。当复极结束时，整个细胞又恢复到原来的极化状态。综上所述可以看出，在心肌细胞的除极和复极过程中，将形成一个变化的电矩，因而在其周围空间将引起电位的变化。

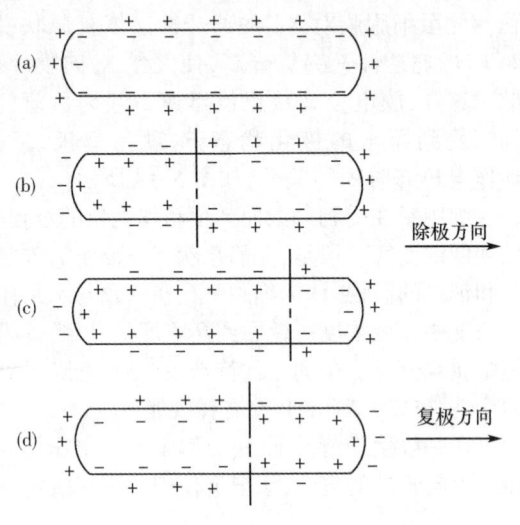

图 5-15 心肌细胞的除极与复极

因为一个心肌细胞的除极和复极的情况，可看成是一个等效电偶，当外界刺激从一个细胞传递给另一个细胞时，可认为是等效电偶在移动。由于一块心肌是由许多细胞组成，它的除极和复极过程也可看成是许多这样的电偶在移动。

每一个电偶极子有一个相应的物理量电矩 $\boldsymbol{p}_i$，利用向量叠加的方法，我们可以把几个电矩向量合成一个总的电偶极矩向量。心肌除极是以除极面（即已除极的部分和未除极部分的交界面）的形式向前扩展，如图 5-16 所示。从图上可以看出，一块心肌除极时，各小电偶的电矩方向不是都相同，我们把某一瞬间多个这样的小电偶的电矩按矢量相加的方法依次相加，最后合成一个总矢量。我们把心肌在

某一瞬间所合成的总矢量 p 称为**瞬间综合心电向量**,简称**心电向量**。图 5-16 中的 $p = \sum p_i$。

心肌在除极和复极过程中,心电向量不断地随时间改变着,不仅向量的方向在不断变化,而且大小也在变化。在某一心动周期内,连接各瞬间心电向量的箭头所形成的空间轨迹,便形成了一个环,我们把此环称为**心电向量环**。当我们知道这个心电向量环时,就可得知任一瞬间的心电向量。心脏在心动周期内的电活动,理论上可以用一系列瞬间综合心电向量来代表。目前医院临床上使用的心电向量诊断仪,可测得心电向量环。当心房除极的过程中,每一瞬间都有心电向量的产生,可形成 P 空间向量环;心室除极时可形成 QRS 向量环;心室复极时形成 T 向量环,如图 5-17 所示。图中只给出了它们的平面图,这些平面图是空间向量环在某平面上的投影。在实际的心电向量诊断仪上,可描绘出向量环在三维平面上的平面投影图形。

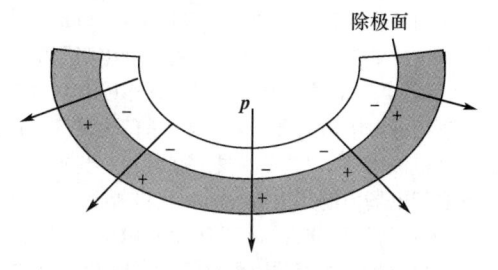

图 5-16 心肌除极面示意图

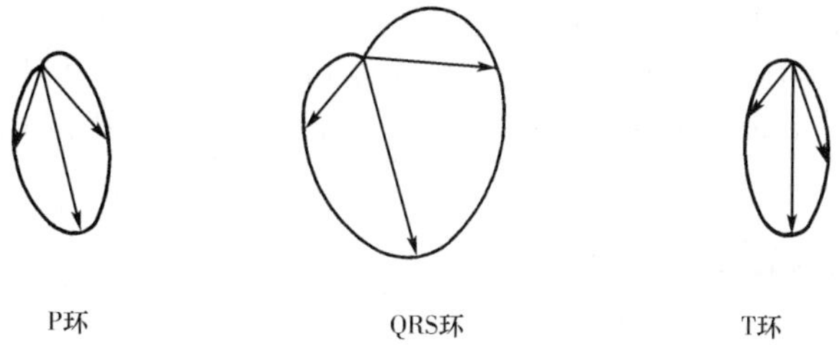

P环　　QRS环　　T环

图 5-17 心电向量环

三、心电图波的形成

心肌激动时,在每一瞬间都有心电向量的产生,我们可以把瞬间综合心电向量等效成一个电偶极子的电矩,这个电偶极子电矩的变化将引起体表电位的改变,电位的变化可依据(5-30)式求得

$$U = K\frac{p\cos\theta}{r^2}$$

式中,p 是瞬间综合心电向量(等效电偶的电矩),r 是电偶中心到探测点的距离。这种随心动周期而变化的体表电位,用平面图表示出来就称为**心电图**。如图 5-18 中,纵轴表示电位的大小,横轴表示时间,曲线显示出各瞬间的体表某点的电位大小。在临床上,心电图是一种检查心脏兴奋的产生、传播与恢复过程是否正常的重要物理诊断指标,可用于对心脏疾病的诊断。

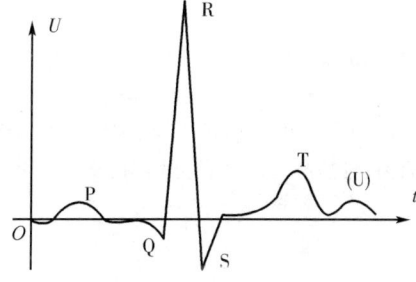

图 5-18 常规心电图波

📖 知识拓展　　**静电在医学中的应用**

一、静电吸附的应用

1. 静电吸附的原理

当物体带电后,靠近另一个不带电的物体时,出现静电感应现象,即会在没有电荷的物体表面产生感应电荷。靠近带电体的一侧会产生与带电体所带电荷极性相反的电荷,而另一侧则产生与带电体所带电荷极性相同的电荷。此时,相互靠近的物体由于库仑力的作用而互相吸引,从而吸附到目标物体表面,这就是产生静电吸附的原理。

2. 静电吸附的应用

我们日常配戴的防护性较好的口罩,口罩主体过滤材料一般为聚丙烯熔喷布,是一种超细静电纤维布,其滤过纤维通常带有一定的静电,利用静电吸附的方式来提高飞沫、颗粒或细菌等的过滤效果,因此,空气中的粉尘、含有各类病毒的飞沫接近聚丙烯熔喷布后,能被吸附在熔喷布表面,无法穿透。

利用静电吸附的方式来除尘、杀菌也被广泛应用。其工作原理是在仪器内部产生很强的静电场,室内空气通过静电吸附装置(内有强电场)时,在电场的作用下,空气中的微尘、微生物等粒子因被电离而带上正电荷,因此受到电场力的作用被吸附到负极板上,一般来说,粒子越大,电离时所带电量就越多,越容易被吸附到负极板上,实现与气流分离。有些吸尘器内部的强电场能够吸附直径小至 $0.01\mu m$ 的粒子或细菌。有些空气消毒机还可以产生高浓度的正电离子,而细菌在高浓度正离子的作用下会电解,把细菌的电解质、细胞膜破坏,而导致死亡。

静电复印机在复印时,也使用到了静电吸附这一现象。静电复印机的工作原理和过程相比前面介绍的应用,要更复杂。静电复印机复印每一页都要经过充电、曝光、显影、转印、定影等几个步骤,这些步骤是在硒鼓转动的过程中依次完成的。在复印过程中,带正电的转印电极使输送来的白纸带正电,白纸带正电后再与硒鼓表面的墨粉接触,将带负电的墨粉吸附到白纸上,吸附了墨粉的纸被送入定影区,墨粉在高温下熔化而浸入纸中,在纸面形成牢固的字迹从而完成复印。

此外还有静电喷药、静电育种、静电植绒等技术被广泛应用。当前,静电技术已经广泛应用于各个领域,如医疗卫生消毒、生物技术、食品保鲜、农业生产、环境保护、大规模集成电路生产、选矿和物质分离、纺织印染、石油化工等。

二、电疗法在医学上的应用

1. 高压静电场疗法

高压静电场疗法是利用较小电流的高压静电场来调理人体各器官组织的功能,来进行治疗的一种方法。利用高压静电场,可以使酶的活性和细胞膜的通透性发生改变,来调节生物体器官组织功能,特别是神经系统和内分泌系统的功能。近年来,高压静电疗法在治疗失眠、神经衰弱、过度疲劳、原发性高血压、骨折的痊愈等方面有较好的疗效。

2. 经皮电刺激神经疗法

经皮电刺激神经疗法(TENS)是用电流来刺激穴位或痛点,实质是刺激特定的兴奋感觉神经,来达到缓解疼痛的目的。这种方法目前并不能保证达到完全止痛的效果,但是对于长期受疼痛困扰的病人,麻醉药物效果不佳,神经生理疗法疗效也不显著,使用电疗法配合治疗,可产生显著的疗效。并且和服用药物治疗相比较,副作用要小得多。因此,可用于治疗腰椎、颈椎疼痛综合征,以及皮肤、肌肉、骨骼和慢性关节炎引起的疼痛。

科学之光 高斯的故事

约翰·卡尔·弗里德里希·高斯(Johann Karl Friedrich Gauss,1777—1855),德国著名数学家、物理学家、天文学家、大地测量学家,生于布伦瑞克,卒于格丁根。高斯被认为是最重要的数学家,并有"数学王子"的美誉。高斯、阿基米德和牛顿并列为世界三大数学家。其一生成就极为丰硕,以他名字"高斯"命名的成果达一百多个,属数学家之最。他对数论、代数、统计、分析、微分几何、大地测量学、地球物理学、力学、静电学、天文学、矩阵理论和光学皆有贡献。

1792年,15岁的高斯进入布伦瑞克的卡罗琳学院开始高等数学的研究,独立发现了二项式定理的一般形式、数论上的"二

约翰·卡尔·弗里德里希·高斯

次互反律"、素数定理及算术-几何平均数。1795年10月高斯进入哥廷根大学,次年完成了数学杰作《正十七边形尺规作图之理论与方法》。1798年高斯离开哥廷根前往赫尔姆斯泰特大学,1799年高斯的博士论文出版,赫尔姆斯泰特大学根据这篇论文,在高斯缺席的情况下,授予他博士学位。1806年,一直为高斯提供资助的斐迪南(Karl Wilhelm Ferdinand)公爵去世,高斯失去了重要的保护人而处境艰难。圣彼得堡请他去做欧拉(Leonhard Euler)的继承人,德国著名学者洪堡(Alexander Von Hunboldt)等有识之士不愿意德意志失去一位伟大的数学家,经过努力,1807年起,高斯开始担任哥廷根大学数学教授兼任天文台台长。

高斯的数学研究几乎遍及所有领域,在数论、代数学、非欧几何、复变函数和微分几何等方面都做出了开创性的贡献。他还把数学应用于天文学、大地测量学和磁学的研究,发明了最小二乘法原理。高斯一生共发表155篇论文,他对待学问十分严谨,只是把自己认为十分成熟的作品发表出来。1802年之所以能发现"谷神星",就是因为高斯事先计算了它的轨道和预报了其方位。1809年高斯出版了《天体运动论》。在物理学方面,高斯发明了磁强计,1833年高斯与韦伯(Wilhelm Eduard Weber)合作首创了电磁电报机。1839年高斯研究静电场基本性质的著名的高斯定理。1840年他与韦伯合作画出了人类第一张地球磁场图,标定了地球磁南极和磁北极的位置。在大地测量方面,1843~1844年高斯出版了《高等大地测量理论》(上),1846~1847年高斯出版了《高等大地测量理论》(下)。此外,高斯在光学、流体力学、最小作用原理等方面也有独到的贡献。爱因斯坦曾评论说:"高斯对于近代物理学的发展,尤其是对于相对论的数学基础所做的贡献(指曲面论),其重要性是超越一切、无与伦比的。"

为纪念高斯,在国际单位制中,磁感应强度单位命名为高斯(Gs)。高斯在哥廷根大学奠定的将数学研究与实用科学,尤其物理研究密切结合起来的基调,成为哥廷根数学学派最具有特点的代代相传的学术基因。这一基因优势不仅使哥廷根成为世界数学中心,在20世纪前几年适逢物理学发展的黄金时代,这一特殊基因恰逢其时,孕育诞生了当时世界上最伟大的物理学派。

高斯曾经说过:"绝不能以为获得一个证明以后,研究便告结束,或把寻找另外的证明当作多余的奢侈品。有时候你开始没有得到最简单和最完善的证明,但就是这样的证明才能深入到高级算术的真理的奇妙联系中去,这正是吸引我们去继续研究的主动力,并且最能使我们有所发现。"这足以说明他的成就离不开勤奋、严谨、钻研、力求完美的科学精神。因为高斯在数学、天文学、大地测量学和物理学中做出的杰出贡献,他被选为多个科学院及学术团体的成员,在其去世后不久,德国铸造了纪念他的面值10德国马克的钱币。

小 结

(1) 库仑定律的矢量表达式:$\boldsymbol{F} = \dfrac{1}{4\pi\varepsilon_0}\dfrac{q_1 q_2}{r^2}\hat{\boldsymbol{r}}$

(2) 电场强度矢量的定义:$\boldsymbol{E} = \dfrac{\boldsymbol{F}}{q_0}$

(3) 电场强度的叠加原理:$\boldsymbol{E} = \boldsymbol{E}_1 + \boldsymbol{E}_2 + \cdots + \boldsymbol{E}_n = \sum \boldsymbol{E}_i$

(4) 场强的计算:

1) 点电荷电场的场强:$\boldsymbol{E} = \dfrac{1}{4\pi\varepsilon_0}\dfrac{q}{r^2}\hat{\boldsymbol{r}}$

2) 点电荷系电场的场强:$\boldsymbol{E} = \sum\limits_{i=1}^{n}\boldsymbol{E}_i = \dfrac{1}{4\pi\varepsilon_0}\sum\limits_{i=1}^{n}\dfrac{q_i}{r_i^2}\hat{\boldsymbol{r}}_i$

3) 任意带电体电场的场强:$\boldsymbol{E} = \dfrac{1}{4\pi\varepsilon_0}\int\dfrac{\mathrm{d}q}{r^2}\hat{\boldsymbol{r}}$

(5) 通过任意曲面 S 的电通量：$\Phi = \iint_S d\Phi = \iint_S E\cos\theta dS = \iint_S \boldsymbol{E} \cdot d\boldsymbol{S}$

(6) 高斯定理：$\Phi = \oiint_S \boldsymbol{E} \cdot d\boldsymbol{S} = \dfrac{1}{\varepsilon_0}\sum q_i$

(7) 场强环路定理：$\oint_L \boldsymbol{E} \cdot d\boldsymbol{l} = 0$

(8) 电场中某点 A 的电势：$U_A = \dfrac{W_A}{q_0} = \int_A^\infty \boldsymbol{E} \cdot d\boldsymbol{l}$

(9) 点电荷电势的计算：$U = \dfrac{W}{q_0} = \dfrac{q}{4\pi\varepsilon_0}\int_r^\infty \dfrac{dr}{r^2} = \dfrac{q}{4\pi\varepsilon_0 r}$

(10) 电势的叠加原理：$U = \sum\limits_{i=1}^n \dfrac{q_i}{4\pi\varepsilon_0 r_i}$，即空间某点的电势等于各个点电荷单独存在时在该点产生的电势的代数和

(11) 电场中任意两点 A 和 B 的电势之差：$\Delta U = U_{AB} = U_A - U_B = \int_A^B \boldsymbol{E} \cdot d\boldsymbol{l}$

(12) 电介质在外电场 $\boldsymbol{E}_0$ 中产生极化时的电极化强度：$\boldsymbol{P} = \dfrac{\sum \boldsymbol{p}_i}{\Delta V}$

习 题 五

5-1. 按照点电荷周围的电场公式 $E = \dfrac{1}{4\pi\varepsilon_0}\dfrac{q}{r^2}\hat{r}$ 可以得出下面的说法，当 $r \to 0$ 时，$E \to \infty$，然而场强不可能有无穷大的情况，试说明其中的道理。

5-2. 简述无极分子组成的电介质和有极分子组成的电介质产生极化的过程。

5-3. 简述人体心电图波产生的机理。

5-4. 长 $l = 15\text{cm}$ 的直导线 AB 上均匀分布有正电荷，电荷的线密度 $\lambda = 5.0 \times 10^{-9}\text{C/m}$。求
(1) 在导线的延长线上与导线一端 B 相距 5.0cm 处 P 点的场强；
(2) 在导线的垂直平分线上与导线中点相距 5.0cm 处 Q 点的场强。

5-5. 一质量为 $1.0 \times 10^{-6}\text{kg}$ 的小球，带有电量 $2.0 \times 10^{-11}\text{C}$，悬于一丝线下端，现将其放在一块很大的竖直放置的均匀带电平板附近，这时丝线与带电平板呈 $30°$ 角，试求该带电平板的面电荷密度。

5-6. (1) 一半径为 R、线电荷密度为 λ 的均匀带电圆环，试求环的中心轴线上，离环心 O 点距离为 x 的 P 点的场强；
(2) 利用(1)问的结果试求一半径为 R、面电荷密度为 σ 的均匀带电圆盘的中心轴线上，距盘心 O 为 x 的 P 点的场强。

5-7. 求半径为 R、面电荷密度为 σ 的无限长直圆管的内、外场强的大小。

5-8. 求线电荷密度为 λ 的均匀带电无限长直细棒周围的场强大小。

5-9. 在一面电荷密度为 σ 的无限大均匀带电平板上，挖一半径为 R 的圆孔，圆心为 O 点，求垂直于平板距 O 点距离为 x 的 P 点的场强大小。

5-10. 求在电偶极子的连线上，距偶极子中心距离为 r 处 P 点的场强。如题 5-10 图所示。（电偶极子正负电荷 $\pm q$ 之间的距离为 l）

5-11. 设有一半径为 R 的球体，均匀带电，电荷为 q，体电荷密度为 ρ，求球体内部和外部各点

的场强。

5-12. 如题 5-12 图所示,已知 $r = 8.0$cm, $a = 12$cm, $q_1 = q_2 = 1.3×10^{-8}$C,电荷 $q_0 = 10^{-9}$C,求

(1) q_0 从 A 点移到 B 点时电场力所做的功;

(2) q_0 从 C 点移到 D 点时电场力所做的功。

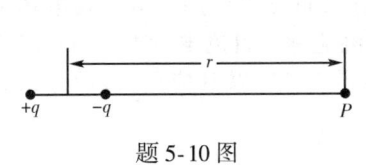

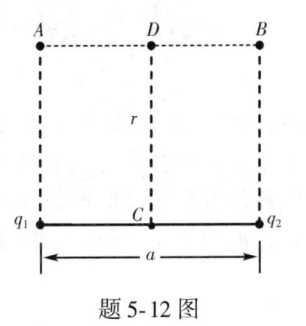

题 5-10 图

题 5-12 图

第五章 PPT

第六章 直流电路

电流的应用非常广泛,它既可以输送能量,又可以传递信息。无论是现代科技,还是我们的日常生活,都离不开电;同时,它还在生命的过程中起着重要的作用。电荷在电场中做定向移动形成电流,若电流的方向不随时间发生变化,则这种电流称为**直流电**。本章将讨论电流的产生条件,一段含源电路的欧姆定律,在此基础上介绍基尔霍夫定律及其应用,最后介绍直流电在医疗上的一些应用。

第一节 电流密度

一、电流强度

在电场中,正电荷和负电荷总是沿着相反的方向运动,我们把正电荷的运动方向规定为电流的方向。由此我们不难推断,在导体中电流的方向总是沿着电场的方向由电势高的地方到电势低的地方。

导体中产生电流是有条件的。首先,导体内要有自由移动的载流子;其次,导体两端要有电势差,即导体内有电场。

单位时间内通过导体任意一个横截面的电量称为**电流强度**。电流强度是描述电流强弱的物理量,用 I 表示。如果在 Δt 的时间内通过某一横截面积的电量为 Δq,则电流强度为

$$I = \frac{\Delta q}{\Delta t} \tag{6-1}$$

电流强度的大小和方向都不随时间变化的电流称为**稳恒电流**。如果电流的大小随时间变化,则有

$$I = \lim_{\Delta t \to 0} \frac{\Delta q}{\Delta t} = \frac{dq}{dt} \tag{6-2}$$

在国际单位制中,电流强度的单位为安培(A),$1A = 1C/s$。常用的单位还有毫安(mA)和微安(μA)。

二、电流密度

在一般的电路计算中,只要知道通过导体的电流强度即可,无须考虑电流在横截面积内分布是否均匀。当大块导体(如人体的躯干、四肢,容器中的电解液等)有电流通过时,通常导体内部各处的电流强度大小和方向不完全相同,这样的导体称为容积导体。显然要想准确描述容积导体内的电流分布情况,还需引入一个新物理量——**电流密度**。

设在导体中某处取一个与该处场强 E 的方向垂直的截面积 ΔS,我们把通过 ΔS 的电流强度 ΔI 与 ΔS 的比值的极限值定义为该点的电流密度的大小,即

$$j = \lim_{\Delta S \to 0} \frac{\Delta I}{\Delta S} = \frac{dI}{dS} \tag{6-3}$$

电流密度是矢量,用 j 表示,方向和该处场强方向相同。电流密度是描述导体内部电流分布情况的物理量,单位为 A/m^2。

为了使用方便,我们推导出电流密度矢量的另一种表达式。如图6-1所示,如果取垂直于场强方向的截面积 ΔS,载流子(导体中含有的大量可自由移动的带电粒子)在导体中沿垂直于 ΔS 的方向运动,设单位体积内载流子的数目即载流子的数密度为 n,平均漂移速度为 $\bar{v}$,每个载流子所带的电量为 Ze,Z

为载流子的价数,在 Δt 的时间内,载流子通过的距离为
$$\Delta l = \bar{v}\Delta t$$
通过 ΔS 的电量
$$\Delta q = nZe\Delta l\Delta S = nZe\bar{v}\Delta t\Delta S$$
通过截面积 ΔS 的电流强度为 ΔI

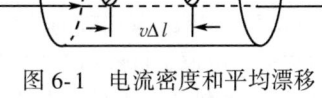

图 6-1 电流密度和平均漂移速度之间的关系

$$\Delta I = \frac{\Delta q}{\Delta t} = nZe\bar{v}\Delta S$$

则电流密度的数值根据(6-3)式为

$$j = \lim_{\Delta S \to 0}\frac{\Delta I}{\Delta S} = nZe\bar{v} \tag{6-4}$$

(6-4)式表明,电流密度在数值上等于导体中的载流子数密度 n,载流子所带电量 Ze 和平均漂移速度 $\bar{v}$ 三者的乘积。

在金属中存在着大量的无规则运动的自由电子,在其两端加上电势差,电子在电场力的作用下,沿着场强 E 的相反方向做漂移运动,形成定向移动的电流。金属中自由电子的平均漂移速度是很小的。在金属导体中取一个和场强方向垂直的小截面积 ΔS,设电子的数密度为 n,平均漂移速度为 $\bar{v}$,一个电子所带电量的绝对值为 e,在 Δt 的时间通过 ΔS 的电量 $\Delta q = ne\bar{v}\Delta t\Delta S$,通过的电流强度 $I = \frac{\Delta q}{\Delta t} = ne\bar{v}\Delta S$,则电流密度的数值为

$$j = \frac{\Delta I}{\Delta S} = ne\bar{v} \tag{6-5}$$

例 6-1 一根铜导线直径为 0.15cm,通过的电流强度为 200mA,铜导线的每立方米中有 8.5×10^{28} 个自由电子,求自由电子的平均漂移速度。

解 $j = \frac{\Delta I}{\Delta S} = ne\bar{v}$, $\Delta S = \pi r^2$

$$\bar{v} = \frac{j}{ne} = \frac{\Delta I}{ne\Delta S} = \frac{\Delta I}{ne\pi r^2} = \frac{200\times 10^{-3}}{8.5\times 10^{28}\times 1.6\times 10^{-19}\times 3.14\times \left(\frac{0.15\times 10^{-2}}{2}\right)^2} = 8.3\times 10^{-6}\text{m/s}$$

从例 6-1 可见,电子定向运动的平均漂移速度远远小于电流在导体中的传播速度(即光速),当电路两端加上电势差的一瞬间,电场在整个电路中就建立起来,几乎同时,在电场力的作用下导体中的自由电子开始定向运动,形成了电流。

如果导体为电解质溶液,载流子则为正、负离子,将其置于电场中时,正、负离子在电场力的作用下,将分别沿着场强的方向和场强相反的方向运动,形成电流。此时总的电流密度为正、负离子所产生的电流密度之和,即

$$\boldsymbol{j} = \boldsymbol{j}_+ + \boldsymbol{j}_- = Zen\bar{\boldsymbol{v}}_+ + Zen\bar{\boldsymbol{v}}_- \tag{6-6}$$

Z 表示离子的价数。对一定的电解质而言,在一定温度下 $\boldsymbol{j}$ 与 $\boldsymbol{E}$ 成正比,而且方向相同。

第二节 一段含源电路的欧姆定律

一、电 动 势

要使导体中产生电流,必须满足导体中有大量可自由移动的电荷和导体两端有一定的电位差的条件。电源的作用就是借助非静电力来产生和维持这个电位差的装置。如果电位差保持恒定不变,就可获得稳恒电流。

不同的电源,非静电力所做的功是不同的。电源的**电动势**是描述电源内部非静电力做功本领的物理量。**电源的电动势 ε 等于把单位正电荷从负极经电源内部移到正极时非静电力所做的功**。假

如移送电量为 q，所做的功为 W，则

$$\varepsilon = \frac{W}{q} \tag{6-7}$$

电动势是标量，电动势的单位和电势的单位相同，即伏特(V)。为了使用方便，规定电动势有方向，通常把从电源负极经电源内部到电源正极的方向规定为电动势的方向。

电源电动势的大小只与电源本身的性质有关，与外电路的连接方式无关。电源内部的电阻叫做电源的内电阻，电流通过电源内部时也要受到阻碍。外电路的电压降落叫做**路端电压**，当外电路断路时，路端电压等于电源的电动势。

电源的种类很多，如干电池、蓄电池、光电池、发电机等，产生非静电力的原因各不相同，不同电源的非静电力做功所消耗的能量形式也不同，但各种非静电力做功的实质都是将其他形式的能量转换成电能，电源就是一种换能器。

二、一段含源电路的欧姆定律

下面讨论含有电源的电路。在这类电路的计算中，用电势降落的观点来分析和处理问题是很方便的。

如图 6-2 所示，ACB 是一闭合电路中的一段含源电路，现计算 AB 两点间的电势差。E_1 和 E_2 表示两个电源，它们的电动势及内阻分别为 ε_1, r_1 和 ε_2, r_2，假设电流方向如图所示，我们首先选择从 A 到 B 作为绕行方向，然后按此方向分别求出 AB 中各段的电势降落，最后求出它们的代数和，即为 AB 两点间的电势差。我们规定：沿着绕行方向，若电势降低了，则降低的数值前取正；相反，若电势升高了，则升高的数值前取负。在 AC 段中，因为绕行方向是从 A 到 C，和 I_1 的方向相同，R_1 上的电势降落为 I_1R_1，经电源 E_1 时是由正极到负极的方向，电势降落了 ε_1，r_1 上的电势降落为 I_1r_1；在 CB 段中，经电源 E_2 时方向是由负极到正极，电势升高了 ε_2，经电源 E_3 时是由正极到负极的方向，电势降落为 ε_3，由于从 C 到 B 的绕行方向与电流 I_2 的方向相反，所以在 R_2 上的电势降落为 $-I_2R_2$，r_2 和 r_3 上的电势降落分别为 $-I_2r_2$ 和 $-I_2r_3$。所以 AB 两点间的电势差为

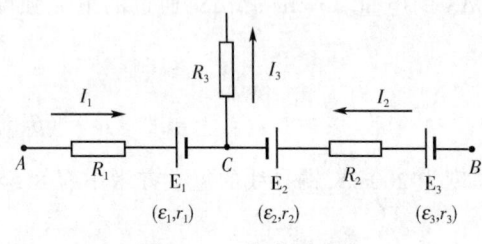

图 6-2 一段含源电路

$$U_{AB} = U_A - U_B = I_1R_1 + \varepsilon_1 + I_1r_1 - \varepsilon_2 - I_2r_2 - I_2R_2 + \varepsilon_3 - I_2r_3$$

如果用 $\sum IR$ 表示电阻上电势降落的代数和，用 $\sum \varepsilon$ 表示电源电动势电势降落的代数和，由上式可知，**一段含源电路两端的电势差**，等于这段电路中所有电源和电阻上电势降落的代数和。写成普遍形式

$$U_{AB} = U_A - U_B = \sum IR + \sum \varepsilon \tag{6-8}$$

这就是一段**含源电路的欧姆定律**。在这里我们要特别指出，绕行方向可任意选定。为了计算方便，我们将(6-8)式中正负号规定为

(1) 当电流方向和选定的绕行方向相同时，电阻上的电势降落为正，IR 取正值；反之，IR 取负值。

(2) 当选定的绕行方向由电源的正极到负极时，电源提供的电势降落为正，ε 取正值；反之，ε 取负值。

从(6-8)式可知，$U_A - U_B > 0$ 时，A 点的电势比 B 点的电势高；$U_A - U_B < 0$ 时，A 点的电势比 B 点的电势低；当 A、B 两点重合，构成闭合回路时有

$$U_{AA} = U_A - U_A = \sum IR + \sum \varepsilon = 0$$

如果闭合回路中各处的电流大小相等、方向相同，即闭合回路为单回路电路，则有

$$I = \frac{\sum \varepsilon}{\sum R} \tag{6-9}$$

这就是闭合电路的欧姆定律。必须注意,此时(6-9)式中的 $\sum \varepsilon$ 表示电源电动势电势升高的代数和。

例 6-2 如图 6-3 所示的电路,求(1)电路中的电流强度;(2)电源 E_2 的端电压 U_{AB};(3)电源 E_1 两端的电压 U_{BC}。

解 (1)因为 $\varepsilon_2 > \varepsilon_1$,故电流方向在电路中为顺时针流动。根据闭合电路的欧姆定律有

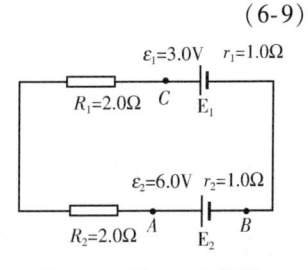

图 6-3 例 6-2 电路图

$$I = \frac{\varepsilon_2 - \varepsilon_1}{R_1 + R_2 + r_1 + r_2}$$

$$I = \frac{6-3}{2+2+1+1} = \frac{3}{6} = 0.5 \text{A}$$

(2)求 U_{AB}。选择顺时针的绕行方向,从 A 点出发经 R_2, R_1, E_1 到 B 点,则得

$$U_{AB} = IR_2 + IR_1 + Ir_1 + \varepsilon_1 = 0.5 \times 2.0 + 0.5 \times 2.0 + 0.5 \times 1.0 + 3.0 = 5.5 \text{V}$$

在这里我们还可以选择逆时针方向作为绕行方向求出 U_{AB},即从 A 点出发经 E_2 到 B 点,有

$$U_{AB} = -Ir_2 + \varepsilon_2 = -0.5 \times 1.0 + 6.0 = 5.5 \text{V}$$

显然,这种方法列出的方程式要简单一些。在遇到实际问题时,要注意灵活应用一段含源电路的欧姆定律,尽量做到简单方便。

(3)求 U_{BC}。选择逆时针方向为绕行方向,从 B 出发经 E_1 到 C,有

$$U_{BC} = -\varepsilon_1 - Ir_1 = -3.0 - 0.5 \times 1.0 = -3.5 \text{V}$$

因为

$$U_{CB} = -U_{BC} = 3.5 \text{V}$$

即电源 E_1 两端的电压 U_{CB} 大于其自身的电动势 ε_1,电路中电流的流动方向和电源 E_1 提供的电流方向相反,所以 E_1 在这里不输出能量,而要消耗一定的能量。

第三节 基尔霍夫定律

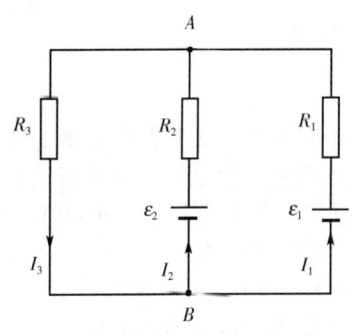

图 6-4 基尔霍夫定律示意图

对于稳恒电路而言,无论它看起来多么复杂,只要能通过串、并联简化成单回路电路进行计算,它就是一个简单电路,利用欧姆定律就可以解决问题。但在实际计算中,电路大多数比较复杂,无法利用串、并联关系简化为单回路电路,这时仅使用欧姆定律是不够的。德国物理学家基尔霍夫在 1847 年发表了两个电路定律,统称为**基尔霍夫定律**。该定律进一步发展了欧姆定律,对解决复杂电路起着重大的作用。

电路中 3 条或 3 条以上支路的连接点称为**节点**。支路是两个节点间的一段电路,它可以由一个电学元件组成,或者由几个电学元件串联组成的,在同一条支路上电流处处相等。电路中任意一个闭合通路称为**回路**。如图 6-4 所示的电路有 3 条支路、2 个节点、3 个回路。

一、基尔霍夫第一定律

基尔霍夫第一定律又叫做**节点电流定律**,它确定了任意一个节点处各个电流之间的关系。根据电流的连续性原理,我们知道稳恒电流电路中任何一处都没有电荷的积累,对于各个节点而言,流入节点的电流之总和与流出节点的电流总和总是相等的。如果规定流入节点的电流为正,流出节点的

电流为负,则有汇于节点的电流的代数和等于零,这就是**基尔霍夫第一定律**,其数学表达式为

$$\sum_{i=1}^{n} I_i = 0 \tag{6-10}$$

n 表示汇于节点的电流数。对图 6-4 的电路中的节点 A 可列出方程

$$I_1 + I_2 - I_3 = 0$$

节点 B 可列出方程

$$I_3 - I_1 - I_2 = 0$$

根据基尔霍夫第一定律列出的方程称为节点方程,从上面的结果可知,电路中的两个节点可以列出两个节点方程,但只有一个节点方程是独立的。可以证明对于有 n 个节点的电路,可以列出 $n-1$ 个独立的节点方程。如果在实际应用中,电流的方向无法确定,可任意假设一个方向,然后根据计算结果来确定它的实际方向,当计算结果电流 I 为正值时,说明假设方向和实际方向相同;当电流 I 为负值时,说明假设方向和实际方向相反。

二、基尔霍夫第二定律

基尔霍夫第二定律又叫做**回路电压定律**,它确定的是回路中各部分电势差之间的关系。

根据上一节的讨论我们知道,从一个回路中任意点出发绕行一周后又回到出发点,电势降落的代数和等于零。用数学式表示为

$$\sum IR + \sum \varepsilon = 0 \tag{6-11}$$

(6-11)式表明,**绕闭合回路一周,电势降落的代数和等于零**。这就是**基尔霍夫第二定律**。

应用基尔霍夫第二定律时,绕行方向任意选定,根据一段含源电路的欧姆定律,当所选定的绕行方向和电流方向相同时,电阻上的电势降落为正,IR 取正值;相反时,IR 取负值;沿着选定的绕行方向,电源是从正极到负极时,电源提供的电势降落为正,ε 取正值;反之,ε 取负值。

图 6-4 的电路有 3 个回路 $AR_3B\varepsilon_2R_2A$,$AR_2\varepsilon_2B\varepsilon_1R_1A$ 和 $AR_3B\varepsilon_1R_1A$,假设绕行方向均为逆时针方向,可以列出 3 个方程,这些根据基尔霍夫第二定律列出的方程,我们称其为**回路方程**或**电压方程**。

回路 $AR_3B\varepsilon_2R_2A$ 有

$$I_3R_3 + I_2R_2 - \varepsilon_2 = 0$$

回路 $AR_2\varepsilon_2B\varepsilon_1R_1A$ 有

$$-I_2R_2 + \varepsilon_2 - \varepsilon_1 + I_1R_1 = 0$$

回路 $AR_3B\varepsilon_1R_1A$ 有

$$I_3R_3 - \varepsilon_1 + I_1R_1 = 0$$

上面 3 个电压方程中任意 2 个相加或减,可得到第 3 个方程,也就是说只有 2 个方程是独立的。所以在选取回路列电压方程时,要注意回路的独立性。如果新选定的回路中,至少有一段电路在已选过的电路中从未出现过,则所列出的回路电压方程一定是独立的。如果电路中有 n 个节点,m 条支路,可列出 $m-(n-1)$ 个彼此独立的回路电压方程。通常取单孔回路(又称网孔)列方程,因为单孔回路数目恰好等于 $m-(n-1)$。

例 6-3 如图 6-5 所示的电路中,如果已知 $\varepsilon_1 = 6.0$ V,$\varepsilon_2 = 2.0$ V,$R_1 = 1.0\Omega$,$R_2 = 2.0\Omega$,$R_3 = 4.0\Omega$。试计算各支路的电流强度。

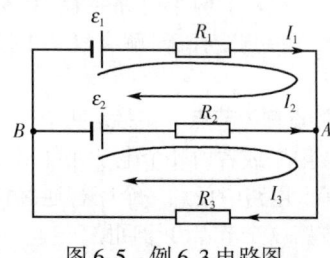

图 6-5 例 6-3 电路图

解 假设各支路的电流方向如图 6-5 中所示,根据基尔霍夫第一定律可列出节点方程,对节点 A 有

$$I_1 + I_2 - I_3 = 0$$

根据基尔霍夫第二定律可列出回路电压方程。假设绕行方向为如图所示的顺时针,回路电压方程为

对于回路 $B\varepsilon_1R_1AR_2\varepsilon_2B$,
$$-\varepsilon_1+I_1R_1-I_2R_2+\varepsilon_2=0$$
对于回路 $B\varepsilon_2R_2ARB$,
$$-\varepsilon_2+I_2R_2+I_3R_3=0$$
将已知条件代入各方程中,求解联立方程,得
$$I_1=2A, \quad I_2=-1A, \quad I_3=1A$$

所得结果中,I_1,I_3 为正值,说明假设的电流方向和电流的实际方向是相同;I_2 为负值,说明假设的电流方向与实际方向相反。通过这个例题,我们应该正确理解电流正负值的含义以及电源在具体情况下所起的不同作用,这些都是在实际问题中应该注意的。

综上所述,应用基尔霍夫定律分析和计算复杂电路时,首先要假设各个支路的电流方向和回路的绕行方向,然后列出 $(n-1)$ 个节点电流方程,$m-(n-1)$ 个回路电压方程,对 m 个方程联立求解,最后根据所得结果判断电流的实际方向。

第四节 惠斯通电桥

基尔霍夫定律的应用十分广泛,本节将介绍该定律在**惠斯通电桥**中的应用。

惠斯通电桥是一种被广泛使用的、能够比较精确地测量电阻的仪器,其结构如图 6-6 所示。

图中 R_x, R_0 分别为待测电阻和已知电阻,AC 间是一根粗细均匀的、电阻值为 R_1+R_2 的电阻丝,R_g 是灵敏电流计的内阻,D 是滑动头。ε 为电源电动势,K 是开关。各支路电流方向如图 6-6 所示。

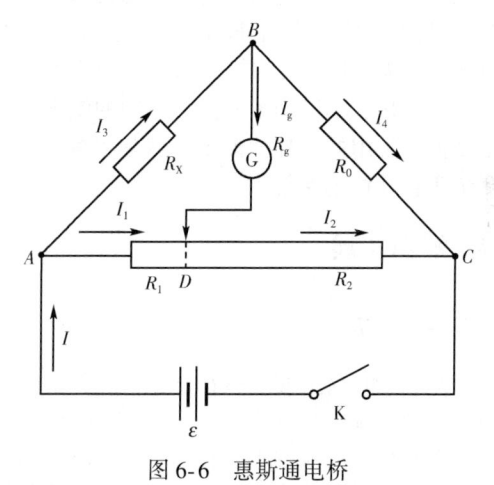

电路中共有 4 个节点分别是 A,B,C,D,可列出 3 个独立的节点方程

对于节点 A,
$$I-I_1-I_3=0$$
对于节点 B,
$$I_3-I_g-I_4=0$$
对于节点 D,
$$I_1+I_g-I_2=0$$

图 6-6 惠斯通电桥

电路中有 3 个单孔回路,可列出 3 个回路电压方程。假设各回路均选取顺时针方向为绕行方向。
对于回路 $AR_1R_2C\varepsilon A$,
$$I_1R_1+I_2R_2-\varepsilon=0$$
对于回路 $BCDB$,
$$I_4R_0-I_2R_2-I_gR_g=0$$
对于回路 $ABDA$,
$$I_3R_x+I_gR_g-I_1R_1=0$$

对于一般桥式电路,如果已知电路中的电动势和各电阻之值,根据上面所列出的 6 个方程式,联立解方程组,即可求出各支路上电流的数值,其中,通过 R_g 电流 I_g 为

$$I_g=\frac{(R_1R_0-R_xR_2)\varepsilon}{R_xR_0(R_1+R_2)+R_1R_2(R_x+R_0)+R_g(R_x+R_0)(R_1+R_2)} \tag{6-12}$$

由 (6-12) 式可知,当 $R_1R_0=R_xR_2$ 时,$I_g=0$,在这种状态下工作的电桥称为**平衡电桥**。利用它可测 R_x 的值。其步骤是先调节滑动头 D,改变 R_1 和 R_2 的比值,使 $I_g=0$。此时 $R_1R_0=R_xR_2$,若已知 R_0,R_1,R_2,则有

$$R_{x} = \frac{R_{1}}{R_{2}} R_{0} \tag{6-13}$$

通常 AC 是一根粗细均匀的电阻丝,所以有

$$\frac{R_{1}}{R_{2}} = \frac{l_{1}}{l_{2}}$$

即用相应的长度比 $\frac{l_{1}}{l_{2}}$ 来代替电阻比。因此有

$$R_{x} = \frac{l_{1}}{l_{2}} R_{0} \tag{6-14}$$

当 $R_1R_0 \neq R_xR_2$ 时,则 $I_g \neq 0$,在这种状态下工作的电桥称为**不平衡电桥**。不平衡电桥也可以用来测量电阻,通常是保持 R_0, R_1, R_2, R_g 和 ε 不变,R_x 作为待测电阻可变,由(6-12)式可知 I_g 是 R_x 大小的量度,在电流计 G 的刻度盘上直接标明电阻值的大小,改装后的不平衡电桥就可用来测量电阻。和平衡电桥不同的是,它不需要去调节平衡点和按公式去计算 R_x 的值。但是,在实际测量中要想使 $R_0, R_1, R_2, \varepsilon$ 和 R_g 都保持不变是很困难的,所以其测量的精确度要比平衡电桥差些。

不平衡电桥还可以制成温度计来测量温度,通常选用对温度特别敏感的半导体材料制成珠状、片状等各种形式的电阻。这种电阻的最基本的电性能是电阻值随温度的变化而显著变化。当温度升高时,电阻值减小;温度降低时,电阻值增加,而且反应非常灵敏,故称热敏电阻。用热敏电阻代替电桥中的 R_x,并使其与待测温度的物体相接触,当温度变化时,热敏电阻值随之变化,I_g 的值也随着作相应变化。不同的 I_g 的值与不同的温度一一对应,我们就可以在电流计的表头上直接刻出相应的温度值。常用的半导体温度计就是根据不平衡电桥的原理制成的。此外,不平衡电桥还可用于其他测量和自动控制系统中。

> 知识拓展　　　　　　　电泳　电疗

一、电泳

人体的组织液中除了含有无机盐电解后的正、负离子外,还有带电和不带电的有机分子或胶体粒子,如蛋白质等,在电场作用下,发生漂移的现象称为电泳。

这些微粒可以是细胞、病毒、球蛋白分子或合成的粒子,不同粒子由于分子量不同,体积不同,带电量也不同,因此在电场作用下,不同粒子的漂移速度是不同的。研究它们在电场作用下的漂移速度,或者利用它们漂移速度不同来把样品中的不同成分分开,已经成为生物化学研究、制药以及临床检验的常用手段。以血浆为例,在电场作用下,可把血浆中的几种蛋白质,如血清蛋白、球蛋白、纤维蛋白原等成分分开,并对它们进一步进行研究。比较精确的电泳技术可以把人体血浆中多达四十余种的蛋白质分开。

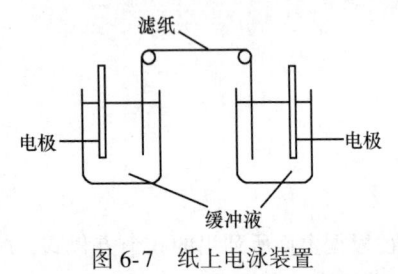

图 6-7 是一种最简单的电泳装置示意图,两个电极(炭棒或铂片),分别放在盛有缓冲液的两个容器里,把滤纸条的两端分别浸入缓冲溶液中,当滤纸条全部润湿后,将少量的待测标本滴在纸条上,然后接通电源,在电场的作用下,标本中的带电粒子开始泳动,经过一定时间后,由于不同成分的漂移速度不同,它们的距离就逐渐拉开。最后把纸条烘干,进行染色,也有的可用紫外灯进行荧光分析。

图 6-7　纸上电泳装置

二、电疗

直流电疗法是将直流电通入人体治疗疾病的一种方法,对静脉血栓、骨折愈合等有明显的疗效,同时也是离子导入疗法的基础。人体是个复杂的导体,它含有碳、氢、氧、钾、钠等 50 多种元素,这些元素构成了人体的 5 种主要物质,即水、蛋白质、糖、脂肪、无机盐等,其中,水占体重的 60%~70%,上述元素还以离子状态存在于水中,构成人体的体液。体液实际上就是一种电解质溶液,这是人体能够导电的基础。人体组织的导电性与含水

量有直接的关系,组织中含水量越多,导电性也越强。但是导电性不仅有个体的差异,就是同一个人在不同的季节、不同年龄、不同健康状况等因素影响下,导电性能也会有所不同。

直流电经皮肤通过人体时,要产生一系列的物理化学反应。人体中氯化钠含量较多,在直流电的作用下会产生电解现象,Na^+向直流电源的负极移动,Cl^-向正极移动。这样在负极会产生氢氧化钠,形成碱性反应,而在正极附近产生氯化氢,形成酸性反应。所以在电疗时应注意,不要把电极直接与患者皮肤接触,应在电极和皮肤之间加上湿润的衬垫,这样,电极下产生的酸碱可被衬垫稀释和吸附,避免酸、碱刺激而损坏皮肤。同时,加上湿衬垫,还可以使皮肤电阻降低,电流能均匀分布通过人体。

直流电作用于人体时,组织内的离子向其电性相反的电极移动,但细胞膜对离子的移动阻力很大,当正负离子反向移动到细胞膜上时,就形成了离子堆积,这就是极化现象。极化现象不仅妨碍电流的进一步加大,而且随着时间的延长,堆积的离子会越来越多,于是就产生了与原来电场极性相反的电势差。所以在实际进行直流电疗时,会出现电流强度急剧下降的情况,通电1ms,电流强度会下降到最初值的0.1~0.01,这就是因为在外电场作用下,形成离子堆积所引起的。

直流电通过人体时,体内各种离子都会发生迁移,而且不同的离子,迁移的速度也不同,此时会引起离子分布浓度的改变。这种浓度分布的改变,将引起一系列生理作用。在细胞膜的内外,虽然有离子从浓度高的地方向浓度低的地方扩散,但是因为扩散进行得很慢,无法抵消由于外电场作用下离子在细胞膜处的堆积所引起的浓度变化。因此,在进行直流电疗时,一定要逐渐地加大治疗通电电流,这样才能使患者消除电击感。

钾、钠和钙、镁离子的浓度变化会引起生理上的反应,在直流电场的作用下,钾、钠离子的迁移率比钙、镁离子大,所以在阴极附近,钾、钠离子的浓度相对地较高,它会使胶体的溶解度增加,从而引起细胞膜变疏松,通透性变大,原来不能通过细胞膜的物质会进入细胞内,影响了细胞功能,在生理上表现出兴奋升高。阳极附近的钙、镁离子浓度相对增大,细胞膜变密,通透性降低,新陈代谢减少,使兴奋减弱,有镇痛和消炎作用。电疗的一些常见应用如下:

(1) 人体穴位的阻抗:人体的经络和穴位的导电情况研究正在促进中医针灸治病机制的研究工作。从1958年以来,人们从实验中发现,人体皮肤各点的阻抗并不相同,有许多点的皮肤阻抗较小,称为良导点。这些良导点在人体上的分布,与中医经络理论的穴位分布非常相似,而且临床上还有人发现,皮肤上各点的阻抗除了与皮肤的类型、湿度有关外,还与人体的生理变化有关。于是人们利用穴位处导电特性的变化检测技术,研制出"经络测定仪"、"耳穴探测仪"和"导平仪"等医疗诊断仪器。

(2) 离子透入疗法:利用直流电作用于人体,把药物离子导入机体的方法称为直流电离子透入疗法。具体的方法是:将欲引入人体的药物溶液浸湿滤纸或纱布衬垫,放在人体的相关部位,按照药物离子的极性,把药物衬垫放在相应的电极下,即阳离子药物衬垫必须放在阳极下,而阴离子药物衬垫则放在阴极下。另一不含药物的湿衬垫放在另一电极下。然后,通入直流电,便能使药物离子透入人体,经体液带至体内,达到治疗目的。

对药物极性的判定,一般可根据药物的化学结构式来分析,或用电泳法来测定。

离子透入疗法的特点是:可以使药物直接进入体表浅层部位,并在局部保持较高的浓度,增加疗效。特别是那些口服药物不易达到的部位。药物在皮肤内形成离子堆积,逐渐消散进入深部,因而在体内作用时间较长。离子透入疗法不会损伤皮肤,不引起疼痛,不刺激胃肠道,具有电疗和药物的综合治疗作用。表6-1列出几种离子透入药物的浓度及极性等。

(3) 促进伤口愈合:动物实验和临床应用证实,通过选择适当的极性(一般为阴极或阴阳极交替使用)及其他参数,直流电具有加快伤口上皮增生,促进伤口闭合。

(4) 治疗心房颤动:同步直流电复律作为简便、安全、有效的治疗心房颤动的手段,仍然是我们现阶段治疗心房颤动必不可少的策略,并且尽早复律,减轻心脏重构,患者受益可能越大。

表6-1　几种离子透入药物种类、极性、作用及适应证

作用物质	药液名称	浓度(%)	极性	主要作用	适应证
小檗碱	黄连素液	0.5~1	+	对细菌有抑制和杀菌作用	化脓性感染、菌痢、前列腺炎、乳腺炎
五味子	五味子液	15~50	−	兴奋中枢神经系统,调节心血管功能,抑制杆菌	神经衰弱、嗜睡、盗汗、咳嗽、遗精、皮肤感染

续表

作用物质	药液名称	浓度(%)	极性	主要作用	适应证
川芎	川芎1号碱	0.8~3	+	使血管扩张	高血压病、冠心病
延胡索	延胡索液或其注射液	10 每次1~2ml	+	有镇静作用	各种疼痛(神经痛、痛经、腰痛、头痛等)
虎杖	虎杖液	30	−	对杆、球菌有抑制作用	皮肤、黏膜及浅层组织感染、前列腺炎等
洋金花	洋金花总生物碱	0.5	+	扩张支气管平滑肌	支气管哮喘
草乌	草乌总生物碱	0.1~0.3	+	止痛	浅神经痛、浅关节痛
氯霉素	氯霉素	0.25	+	抑菌作用	眼结膜、角膜炎、浅组织炎症
链霉素	硫酸链霉素	0.1g	+	抗菌、杀菌作用	结核性疾病

科学之光　基尔霍夫的故事

古斯塔夫·罗伯特·基尔霍夫(Gustav Robert Kirchhoff,1824—1887),德国物理学家。1824年3月12日生于普鲁士的柯尼斯堡(今为俄罗斯加里宁格勒),1847年毕业于柯尼斯堡大学,次年起在柏林大学任教。1850~1854年在布雷斯劳大学任临时教授,1854~1875年任海德堡大学教授。1874年起为柏林科学院院士,1875年重回柏林大学任理论物理学教授,直到1887年10月17日在柏林逝世。

19世纪40年代,由于电气技术发展十分迅速,电路变得愈来愈复杂。某些电路呈现出网络形状,并且网络中还存在一些由3条或3条以上支路形成的交点(节点)。这种复杂电路不是串、并联电路的公式所能解决的。刚从德国柯尼斯堡大学毕业,年仅21岁的基尔霍夫于1845年发表了他的第一篇论文,提出了稳恒电路网络中电流、电压和电阻关系的两条电路定律,即著名的基尔霍夫电流定律和基尔霍夫电压定律,解决了电器设计中电路方面的难题。后来他又研究了电路中电的流动和分布,从而阐明了电路中两点间的电势差和静电学的电势这两个物理量在量纲和单位上的一致,使基尔霍夫电路定律具有更广泛的意义。直到现在,基尔霍夫电路定律仍是解决复杂电路问题的重要工具。

古斯塔夫·罗伯特·基尔霍夫

1859年,基尔霍夫做了用灯焰烧灼食盐的实验。在对这一实验现象的研究过程中,得出了关于热辐射的定律,后被称为基尔霍夫热辐射定律:在平衡热辐射状态下,任何物体的单色辐出度和单色吸收比的比值都相同,且都等于同一温度下黑体的单色辐出度。并由此推断:太阳光谱的暗线是太阳大气中元素吸收的结果。这给太阳和恒星成分分析提供了一种重要的方法,天体物理由于应用光谱分析方法而进入了新阶段。1862年他又进一步得出绝对黑体的概念。他的热辐射定律和绝对黑体概念是开辟20世纪物理学新纪元的关键之一。1900年普朗克的量子论就发轫于此。

此外,基尔霍夫给出了惠更斯-菲涅耳原理的更严格的数学形式,著有《数学物理学讲义》4卷。他还讨论了电报信号沿圆形截面导线的扰动。基尔霍夫还发表了关于板的重要论文《弹性圆板的平衡与运动》,从三维弹性力学的变分开始,引进了关于板的变形的假设:任一垂直于板面的直线,在变形后仍保持垂直于变形后的板面;板的中间层,在变形过程中没有伸长变形。这个假设后来被逐步改进,形成现今的直法线假设。在论文中,基尔霍夫给出了板的边界条件的正确提法,并且给出了圆板的自由振动解,同时比较完整地给出了振动的节线表达式,从而较好地回答了克拉尼问题。至此,弹性板的理论问题才算是告一段落。这就是力学界著名的基尔霍夫薄板假设。

基尔霍夫在化学领域也有建树。在海德堡大学期间制成了光谱仪,他和化学家本生(Robert Wilhelm Bunsen)合作创立了光谱化学分析法(把各种元素放在本生灯上烧灼,发出波长一定的一些明线光谱,由此可以极灵敏地判断这种元素的存在),从而发现了元素铯和铷。其他科学家利用光谱化学分析法,还发现了铊、铟等多种元素。

小　　结

(1) 电流强度:单位时间内通过导体任意一个横截面的电量,即

$$I = \frac{dq}{dt}$$

(2) 电流密度:电流密度是矢量,用 j 表示,方向为该处电场强度方向。在导体中某处取一个与该处场强 E 的方向垂直的截面积 $dS_\perp$,通过 $dS_\perp$ 的电流强度 dI 与 $dS_\perp$ 的比值为该点的电流密度的大小,即

$$j = \frac{dI}{dS_\perp}$$

(3) 一段含源电路的欧姆定律:一段含源电路两端的电势差,等于这段电路中所有电源和电阻上电势降落的代数和。写成普遍形式

$$U_{AB} = U_A - U_B = \sum I_i R_i + \sum \varepsilon_i$$

(4) 基尔霍夫定律:

1) 基尔霍夫第一定律:汇于节点的电流的代数和等于零。其数学表达式为

$$\sum_{i=1}^{n} I_i = 0$$

2) 基尔霍夫第二定律:绕闭合回路一周,电势降落的代数和等于零,即

$$\sum I_i R_i + \sum \varepsilon_i = 0$$

习　题　六

6-1. 如果通过导体中各处的电流密度不相同,那么电流能否是稳恒电流?

6-2. 一根铜导线,通以电流2A,导线的直径为2cm,若铜导线每立方米中有 8.5×10^{28} 个自由电子,求电流密度及自由电子的漂移速度。

6-3. 如题6-3图,已知 $\varepsilon_1 = 24\text{V}, r_1 = 2\Omega, \varepsilon_2 = 6\text{V}, r_2 = 1\Omega, R_1 = 2\Omega, R_2 = 1\Omega, R_3 = 3\Omega$,求(1) 电路中的电流;(2) A、B 两点的电势;(3) U_{AD} 和 U_{CD}。

6-4. 如题6-4图,已知 $\varepsilon_1 = 6\text{V}, \varepsilon_2 = \varepsilon_3 = 3\text{V}, R_1 = R_2 = R_3 = 2\Omega$,求 U_{AB}, U_{AC} 和 U_{BC}。

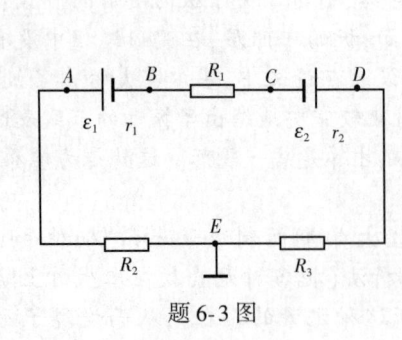

题 6-3 图 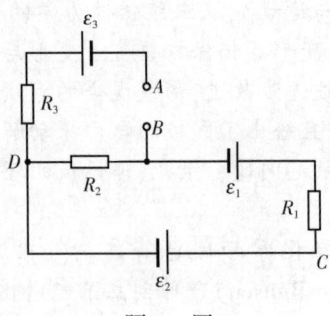   题 6-4 图

6-5. 如题 6-5 图所示,$\varepsilon_1 = 6V, \varepsilon_2 = 2V, R_1 = 6\Omega, R_2 = 2\Omega, R_3 = R_4 = 4\Omega$,求
(1) 通过各个电阻的电流;(2) A、B 两点间的电势差 U_{AB}。

6-6. 如题 6-6 图所示,$\varepsilon_1 = 2 V, \varepsilon_2 = 1V, R_1 = 4\Omega, R_2 = 2\Omega, R_3 = 3\Omega$,求
(1) 通过各个电阻的电流强度;(2) A、B 两点间的电势差。

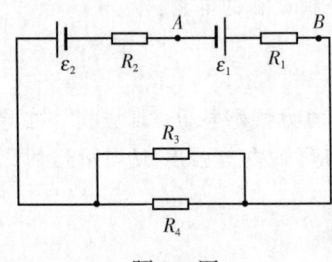

题 6-5 图 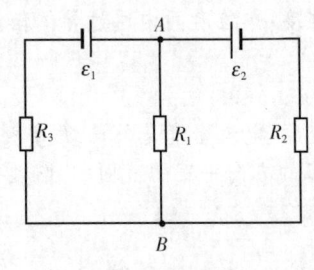   题 6-6 图

6-7. 如题 6-7 图所示电路 $\varepsilon_1 = 12 V, \varepsilon_2 = 9 V, \varepsilon_3 = 8V, r_1 = r_2 = r_3 = 1\Omega, R_1 = R_2 = R_3 = R_4 = 2\Omega$,$R_5 = 3\Omega$。求
(1) A、B 两点间的电势差;
(2) C、D 两点间的电势差;
(3) C、D 两点短路时,通过 R_5 的电流。

6-8. 如题 6-8 图所示,$\varepsilon_1 = 2V, \varepsilon_2 = \varepsilon_3 = 4V, R_2 = 2\Omega, R_1 = R_3 = 1\Omega, R_4 = R_5 = 3\Omega$,求
(1) 各个电阻上通过的电流;
(2) A、B 两点间的电势差。

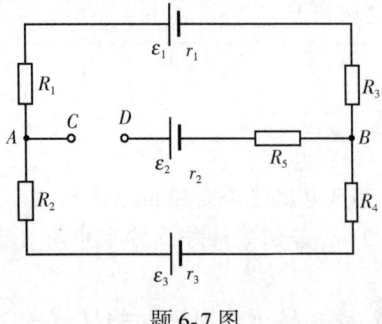

题 6-7 图 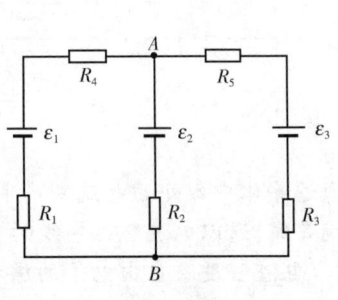   题 6-8 图

第七章 电磁现象

电磁运动是物质的一种基本的运动形式,长期以来,电现象和磁现象被认为是互不相关的,直到 1819 年奥斯特(Oersted)发现电流对磁针的作用,1820 年安培(Ampere)发现磁铁对电流的作用后,人们才开始认识到电与磁的关系。1831 年法拉第(Faraday)发现了电磁感应现象,不仅使人们对电与磁的关系有了深刻的认识,而且奠定了现代电磁学的基础,为人们广泛利用电能开辟了道路并促进了生产力的发展。

本章从理论和实际应用两方面进一步明确磁场的性质,着重讨论安培环路定理、洛伦兹(Lorentz)公式、安培定律等,最后对生物磁及磁疗等作一简单介绍。

第一节 电流的磁场

一、磁场 磁感应强度

任何运动电荷或电流周围空间除了和静止电荷一样存在电场之外,同时还存在另一种特殊物质——**磁场**,磁体之间的相互作用就是通过磁场来进行的。磁场对位于其中的运动电荷(或电流)有磁场力的作用。运动电荷与运动电荷之间、电流与电流之间、电流与磁铁之间的相互作用,都可以看成是它们中任意一个所激发的磁场对另一个施加作用力的结果。磁场与电场一样是物质存在的一种形式,它同样具有质量、能量和动量。

我们原则上可以用运动电荷、载流导体、永磁体中的任何一种作为试探电荷,利用其在磁场中受力的性质引入磁场强度来定量描述磁场。本章采用载流导体元作为试探元来定义磁感应强度 B。为了确定磁场空间各点的性质,保证测量精确,要求引入该载流导体元后不影响磁场的原有性质,同时载流导体元的线度必须很小。这样的载流导体元我们称为试验载流导体元。

实验发现,把试验载流导体元放入磁场中任何一点,都存在一特定的方向,即当电流沿该方向流动时,此载流导体元并不受力,即 $F = 0$。当它的方向转 $\pi/2$ 时,此载流导体元受力最大,该力大小不但与磁场位置有关,而且还与载流导体元长度 dl 和电流强度 I 成正比,即 $F_{max} \propto Idl$,且力的方向垂直于特定方向和 Idl 所决定的平面。实验还证明,在磁场中同一点,比值 F_{max}/Idl 对于不同的 Idl 都相同。可见这一比值反映了磁场本身的性质,我们把它定义为磁感应强度 B 的大小,即

$$B = \frac{F_{max}}{Idl} \tag{7-1}$$

由上述讨论得出结论:磁场中每一点的磁感应强度 B 的大小在数值上等于单位载流导线上所受到的最大磁力,方向是该导线不受力的方向,指向由图 7-1 所示右手螺旋法则唯一确定。磁感应强度的国际单位是特斯拉(T)。在实际中常用高斯(Gs)作单位,$1T = 10^4 Gs$。

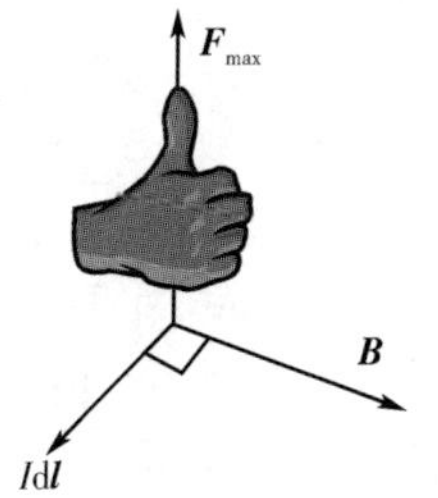

如果磁场中各点的磁感应强度 B 的大小和方向都相同,我们把这种磁场称为匀强磁场,也称均匀磁场;否则为非匀强磁场。

地球表面的磁感应强度 B 的大小约为 $0.3 \times 10^{-4} T$(赤道)到 $0.6 \times 10^{-4} T$(两极)之间;一般仪表中的永久磁铁的磁感应强度为 $10^{-2} T$;大型电磁铁的磁感应强度可达 2T;超导材料制造的磁体可以产生 $10^2 T$ 的磁感应强度;在微观领域中已发现某些原子核附近的磁场可达 $10^4 T$,目前研究所知的最强大的天然磁场是脉冲星的磁

图 7-1 右手螺旋法则

场,磁感应强度约为 10^8 T。当今世界最大单口径、最灵敏的射电望远镜——中国天眼,目前发现了 370 余颗脉冲星。

二、磁感应线　磁通量

1. 磁感应线

为了形象地描绘磁场,引入了磁感应线的概念。图 7-2 所示是实验测得的几种特殊情况下的磁感应线分布情况。从这些磁感应线分布看,它们都是围绕电流的闭合线,或者是从无限远处来,又到无限远处去,没有起点,也没有终点。从磁感应线这种闭合性可以看出,磁场的性质与静电场不同。需要注意的是,磁感应线是假想的一些曲线,而磁场是客观存在的物质。

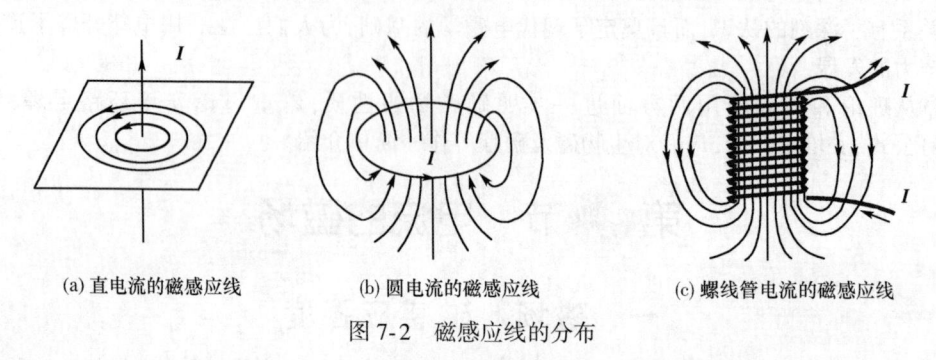

(a) 直电流的磁感应线　　(b) 圆电流的磁感应线　　(c) 螺线管电流的磁感应线

图 7-2　磁感应线的分布

磁感应线不仅能描述磁场的方向,而且还能表示磁场的强弱。磁感应线上每一点的切线方向与该点的磁感应强度 **B** 的方向相同;在磁场中某点处,通过与磁感应强度 **B** 方向垂直的单位面积的磁感应线条数,等于该处磁感应强度的大小。这样磁场较强的地方磁感应线较密,反之磁感应线较疏。

2. 磁通量

通过一给定曲面的磁感应线总数,称为通过该曲面的**磁通量**,用 Φ 表示。在一均匀磁场中有一面积为 S 的平面,其法线 **n** 与磁感应强度 **B** 的夹角为 θ,如图 7-3 所示,则磁通量为

$$\Phi = BS\cos\theta$$

如果磁场不均匀,在计算通过任意曲面上的磁通量时,可在曲面上取面积元 dS,认为该面积元上的磁场是均匀的,若 dS 的法线 **n** 与该处磁感应强度 **B** 之间的夹角为 θ,如图 7-4 所示。这样通过面积元 dS 的磁通量为

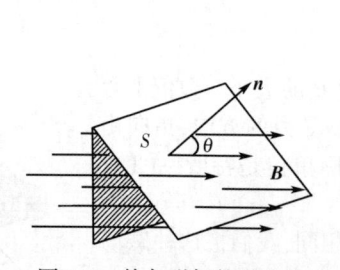

$$d\Phi = B\cos\theta dS$$

图 7-3　均匀磁场的磁通量　　图 7-4　磁通量

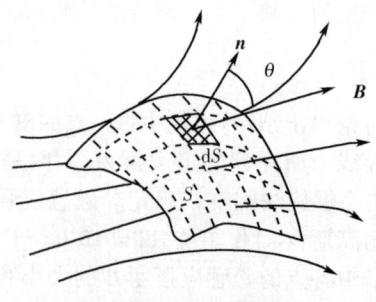

则通过有限曲面 S 的磁通量

$$\Phi = \iint_S B\cos\theta dS = \iint_S \boldsymbol{B} \cdot d\boldsymbol{S} \tag{7-2}$$

磁通量的单位是韦伯(Wb)。

三、磁场中的高斯定理

对于闭合曲面来说，由于电流的磁感应线永远是闭合的，或者是从无限远处来，又延伸到无限远处去，所以进入闭合曲面一侧的磁感应线条数必等于从闭合曲面另一侧出来的总磁感应线条数。进入面内的磁感应线与外法线成钝角而产生负通量，从面内出来的磁感应线就与外法线成锐角而产生正通量，如图 7-5 所示，这两部分相互抵消。因而，在磁场中通过任一闭合曲面的总磁通量为零，即

$$\oint_S \boldsymbol{B} \cdot \mathrm{d}\boldsymbol{S} = 0 \tag{7-3}$$

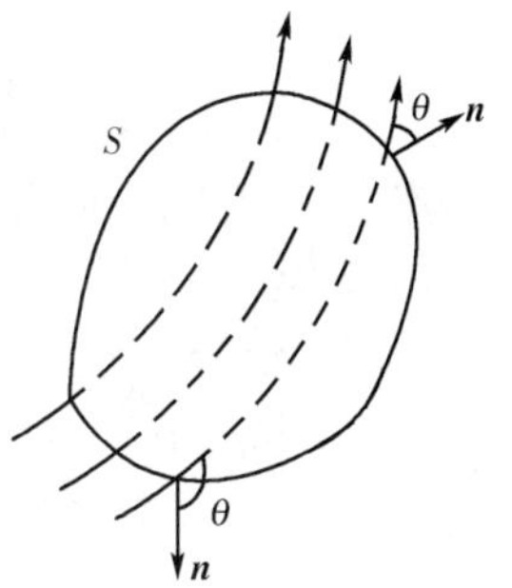

(7-3)式称为**磁场的高斯定理**。与静电学中的高斯定理相比，二者有着本质上的区别。在静电场中，由于自然界中有单独存在的自由电荷，因此通过闭合面的电通量可以不等于零，说明静电场是有源场，源头和源尾分别是正、负电荷。而在磁场中，由于自然界中就目前所知不存在单独磁极，所以通过任何闭合面的磁通量必等于零，说明磁场是无源场，也就是说，磁场与静电场是两类不同性质的场，而磁场的高斯定理正是表征磁场性质的重要定理之一。

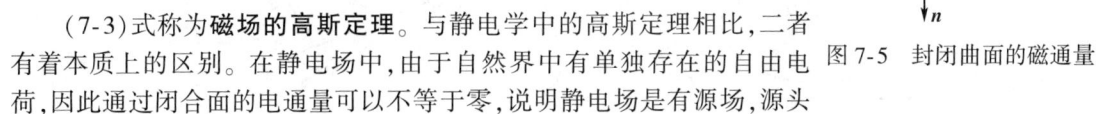

图 7-5　封闭曲面的磁通量

第二节　安培环路定理

一、安培环路定理

在研究静电场时，曾证明电场强度 E 沿闭合回路 L 的积分值为零，即 $\oint_L \boldsymbol{E} \cdot \mathrm{d}\boldsymbol{l} = 0$，它表示静电场是保守力场。磁场是不是保守力场呢？在磁场中，磁感应强度 B 沿闭合回路的积分 $\oint \boldsymbol{B} \cdot \mathrm{d}\boldsymbol{l}$ 等于多少？它能表示磁场的什么性质呢？这是本节研究的重要问题。

为此，先研究载流导体周围的磁场分布情况。实验证明，载流导体周围的磁场分布情况与导线形状、电流强度及周围介质分布情况都有关系。现在，首先研究在真空中一"无限长"载流直导线的磁场。设"无限长"直导线通以电流 I，从中学物理得知，空间任一点的磁感应强度大小为

$$B = K\frac{I}{r} \tag{7-4}$$

式中，r 为该点到导线之间的距离，K 为比例系数，其值与单位选择有关，在国际单位中，K 习惯上写成 $\dfrac{\mu_0}{2\pi}$ 的形式，μ_0 称为真空磁导率，其值为

$$\mu_0 = 4\pi \times 10^{-7} \mathrm{T} \cdot \mathrm{m/A}$$

则(7-4)式写成

$$B = \frac{\mu_0}{2\pi}\frac{I}{r} \tag{7-5}$$

B 的方向与该点和导线所决定的平面垂直，指向由右手螺旋法则确定。

下面从垂直于"无限长"载流导线的平面内任意形状的闭合回路 L，即安培环路的特殊情况来求 $\oint \boldsymbol{B} \cdot \mathrm{d}\boldsymbol{l}$ 的值。

1. 安培环路围绕电流

如图 7-6 所示，L 是任一安培环路，考虑环路 L 中的任一线元 $\mathrm{d}\boldsymbol{l} = \overline{KM}$。以 L 所在平面内流有电流处

O 为中心,以 $r=\overline{OK}$ 为半径作圆弧交 $\overline{OM}$ 于 N 点,ΔKMN 近似为一个直角三角形,$\angle NKM=\theta$ 为 B 与 dl 的夹角,故 $dl\cos\theta=\overline{KN}$。另一方面,设 dl 在 O 点所张的圆心角为 $d\phi$,则弧长 $\overline{KN}=rd\phi$,于是

$$dl\cos\theta=rd\phi$$

故

$$\oint_L \boldsymbol{B}\cdot d\boldsymbol{l} = \oint_L Bdl\cos\theta = \int_0^{2\pi} \frac{\mu_0 I}{2\pi r}rd\phi = \frac{\mu_0 I}{2\pi}\int_0^{2\pi}d\phi = \mu_0 I$$

不难看出,若 I 的流向相反,则 B 的方向相反,θ 为钝角,$dl\cos\theta=-rd\phi$,与上述积分差一个负号,即安培环路的绕行方向与电流间满足右手螺旋法则关系时电流取正,反之取负。

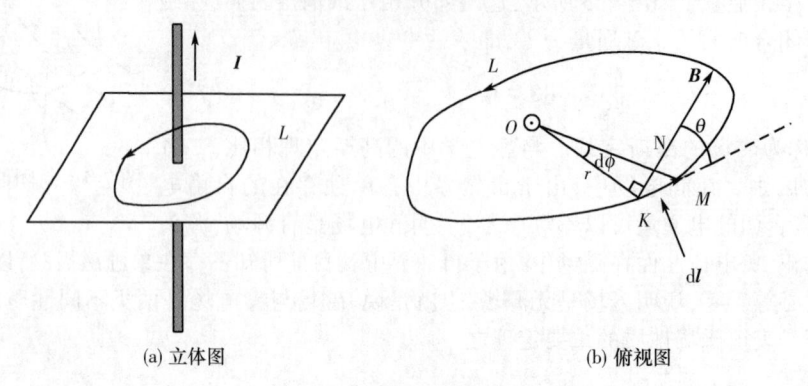

图 7-6 安培环路定理证明

2. 安培环路不围绕电流

如图 7-7 所示,对应于每个线元 dl 有另一段线元 dl',两者对 O 点所张的圆心角 $d\phi$ 是相同的,但 dl 处的 $\boldsymbol{B}$ 与它成锐角 θ,dl' 处的 $\boldsymbol{B}'$ 与它成钝角 θ',假设 O 点到 dl 处的距离为 r,到 dl' 处的距离为 r',故

$$dl\cos\theta=rd\phi,\quad dl'\cos\theta'=-r'd\phi$$

而两处磁感应强度的大小分别为 $B=\dfrac{\mu_0 I}{2\pi r}$,$B'=\dfrac{\mu_0 I}{2\pi r'}$,则有

$$\boldsymbol{B}\cdot d\boldsymbol{l}+\boldsymbol{B}'\cdot d\boldsymbol{l}'=Bdl\cos\theta+B'dl'\cos\theta'$$

$$=\frac{\mu_0 I}{2\pi r}rd\phi-\frac{\mu_0 I}{2\pi r'}r'd\phi=0$$

即在积分中两线段元的贡献相互抵消,所以沿整个闭合环路的积分为零。

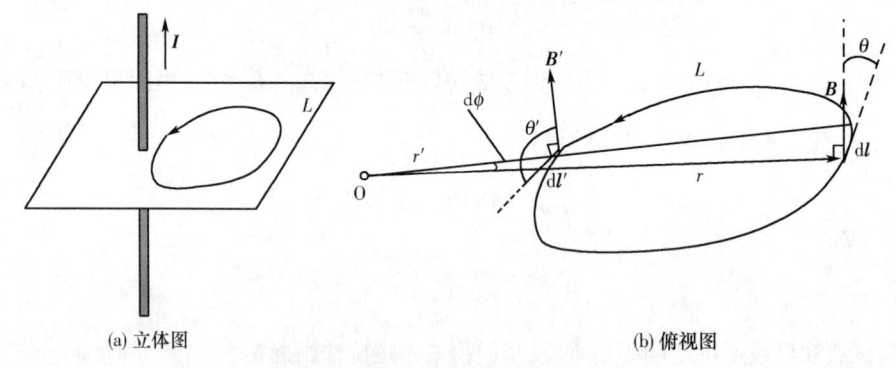

图 7-7 安培环路定理证明

从上述两方面的计算可知,$\oint \boldsymbol{B}\cdot d\boldsymbol{l}$ 的值仅与包围在安培环路内的电流有关,而与安培环路的形状和安培环路之外的电流无关。若同时有多根载流直导线,电流分别为 $I_1,I_2,\cdots,I_n,I_{n+1},\cdots,I_k$,其中,只有 $I_1,I_2,\cdots,I_n$ 穿过安培环路 L,则根据磁场叠加原理,推广上面的结果可得

$$\oint_L \boldsymbol{B} \cdot \mathrm{d}\boldsymbol{l} = \mu_0 \sum_{i=1}^n I_i = \mu_0 \sum_{(L内)} I_i \tag{7-6}$$

电流的正、负符号，由电流的流向与积分时在闭合回路上所取的绕行方向是否符合右手螺旋关系而定，即两者若符合右手螺旋关系时，电流为正，否则为负。

上述结果虽然是从"无限长"载流直导线的磁场推导出来的，但对稳定电流所产生的稳恒磁场而言，可以证明任何形状的电流分布以及任何形状的闭合回路，(7-6)式总是成立的，即在稳恒磁场中，磁感应强度沿任何闭合回路的线积分等于穿过该闭合回路所有电流的代数和的 μ_0 倍，这个结论称为**安培环路定理**。

由安培环路定理可知，磁场的性质与静电场不同，磁场的环流可以不等于零，因此，磁场不是保守力场，即磁场不是有势场。

通过上面计算应注意理解安培环路定理表达式中各物理量的含义。在(7-6)式右端的 $\sum I_i$ 中只包括穿过安培环路 L 的电流，但左端的 $\boldsymbol{B}$ 却代表空间所有电流产生的磁感应强度矢量和，其中，也包括那些不穿过 L 的电流产生的磁场，只不过不穿过 L 的电流产生的磁感应强度沿闭合环路积分的总效果等于零。

二、安培环路定理的应用

安培环路定理可以计算某些具有一定对称性载流导线的磁场分布。下面以通电无限长螺线管为例来计算磁感应强度。

设有一均匀密绕的长螺线管，通有电流 I，因螺线管很长，所以管内中间部分的磁场是均匀的，方向与管轴线平行，指向由右手螺旋法则确定。在管的外侧，磁场很弱，可以忽略不计。如图 7-8 所示，为了计算螺线管内中间部分某点 P 的磁感应强度，可以通过 P 点作一矩形闭合回路 $ABCDA$，线段 CD 及 BC 和 DA 的一部分位于管的外部，螺线管外部 $\boldsymbol{B}=0$，在 BC 和 DA 位于管内的另一部分，虽然 $\boldsymbol{B} \neq 0$，但 $\mathrm{d}\boldsymbol{l}$ 与 $\boldsymbol{B}$ 相互垂直，即 $\boldsymbol{B} \cdot \mathrm{d}\boldsymbol{l} = 0$，所以 $\boldsymbol{B}$ 沿闭合回路 $ABCDA$ 的线积分为

$$\oint_L \boldsymbol{B} \cdot \mathrm{d}\boldsymbol{l} = \int_A^B \boldsymbol{B} \cdot \mathrm{d}\boldsymbol{l} + \int_B^C \boldsymbol{B} \cdot \mathrm{d}\boldsymbol{l}$$
$$+ \int_C^D \boldsymbol{B} \cdot \mathrm{d}\boldsymbol{l} + \int_D^A \boldsymbol{B} \cdot \mathrm{d}\boldsymbol{l}$$
$$= \int_A^B \boldsymbol{B} \cdot \mathrm{d}\boldsymbol{l} = B \cdot \overline{AB}$$

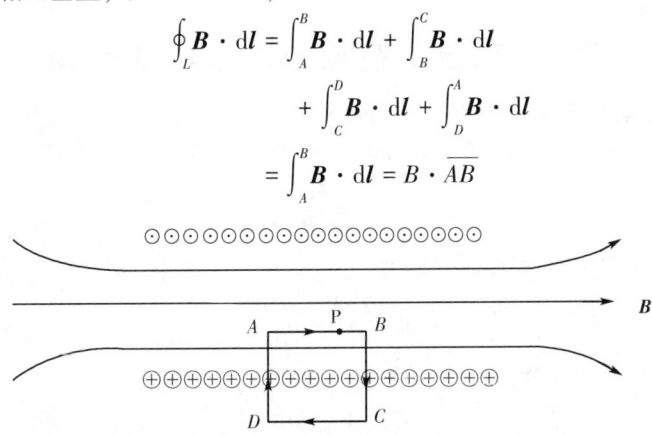

图 7-8 应用安培环路定理计算无限长螺线管内的磁场

设螺线管的长度为 L，共有 N 匝线圈，则单位长度上有 $N/L = n$ 匝线圈，若通过每一匝线圈的电流为 I 时，闭合回路 $ABCDA$ 内所包围的总电流为 $\overline{AB}\,nI$。根据右手螺旋法则，I 为正值，由安培环路定理得

$$\oint_L \boldsymbol{B} \cdot \mathrm{d}\boldsymbol{l} = B\,\overline{AB} = \mu_0 \overline{AB}\,nI$$

所以

$$B = \mu_0 nI \tag{7-7}$$

从上面的计算可看到用安培环路定理计算磁感应强度的方法，只在某些特殊情况下(如磁场是均匀对称的)才是方便的，因此利用安培环路定理还可以计算轴对称的载流导体附近、无限大载流平面附近的磁感应强度。

第三节 磁场对运动电荷的作用

一、洛伦兹力

磁场对运动电荷的作用力称为**洛伦兹力**。从中学物理中已经知道，当电荷 q 以速度 v 在磁场中与磁感应强度 B 成夹角 θ 运动时，该运动电荷所受到的洛伦兹力 f 的大小为

$$f = qvB\sin\theta \tag{7-8}$$

受力的方向垂直于运动电荷速度 v 和磁感应强度 B 所决定的平面，且 v、B、f 方向之间的关系满足右手叉乘法测，即以右手四指由 v 经小于 180° 的方向迎着 B，这时大拇指的指向就是运动电荷所受的洛伦兹力 f 的方向；若电荷为负，则受力方向相反，如图 7-9 所示。因而可以写成矢量式

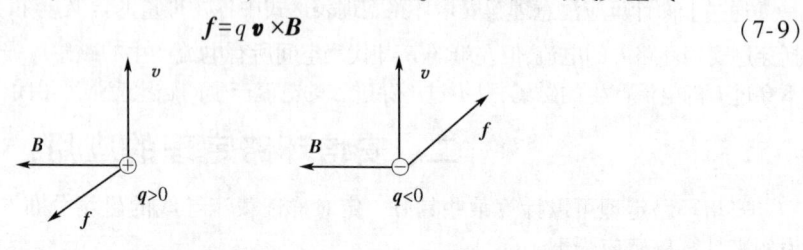

$$f = q\,v \times B \tag{7-9}$$

图 7-9　洛伦兹力的方向

由 (7-8) 式知，$\sin\theta = 0$ 或 $v = 0$ 时，$f = 0$。这表明当：①v 与 B 相同或相反时运动电荷不受磁场力的作用；②静止电荷也不受磁场力的作用，即磁场对运动电荷才可能有力的作用。由 (7-9) 式知，洛伦兹力 f 总是垂直于速度 v，即洛伦兹力只能改变运动电荷的速度方向，而不改变其大小，故洛伦兹力对运动电荷不做功。

二、带电粒子在均匀磁场中的运动

从中学物理知，若质量为 m，带电量为 q 的带电粒子，以速度 v 垂直进入磁感应强度为 B 的均匀磁场时，该带电粒子在磁场中做匀速圆周运动，其圆形轨道半径，即回旋半径为

$$R = \frac{mv}{qB} \tag{7-10}$$

带电粒子回旋一周所需的时间，即回旋周期为

$$T = \frac{2\pi R}{v} = \frac{2\pi m}{qB} \tag{7-11}$$

单位时间内带电粒子回旋的圈数，即回旋频率为

$$\nu = \frac{1}{T} = \frac{qB}{2\pi m} \tag{7-12}$$

(7-11) 式和 (7-12) 式表明，周期 T 和频率 ν 与粒子的速度大小 v 和回旋半径 R 无关。也就是说，速度大的粒子在半径大的圆周上运动，速度小的粒子在半径小的圆周上运动，它们回旋一周所需的时间都相同。这是一个非常重要的结论。它是质谱仪、回旋加速器和磁聚焦的基本原理。

在一般情况下，当 v 与 B 方向不垂直，夹角为 θ 时，可以把 v 分解为 $v_{/\!/} = v\cos\theta$ 和 $v_\perp = v\sin\theta$ 两个分量，如图 7-10 所示，它们分别平行和垂直于 B。$v_\perp$ 分量使带电粒子在垂直于 B 的平面内做匀速圆周运动；$v_{/\!/}$ 分量使带电粒子沿与 B 平行的方向做匀速直线运动。这两种运动合成的结果使粒子的轨迹成为一条螺旋线，其螺距

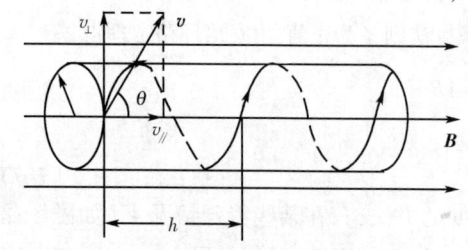

图 7-10　电荷在磁场中做螺旋运动

h,即粒子每回旋一周前进的距离为

$$h = v_{//}T = \frac{2\pi m v_{//}}{qB} \tag{7-13}$$

它与 $v_\perp$ 分量无关。

上述结果是一种最简单的磁聚焦原理。如图 7-11 所示,设想从磁场某点 A 发射一束很窄的带电粒子流,其速率 v 差不多相等,且与磁感应强度 B 的夹角 θ 都很小,则

$$v_{//} = v\cos\theta \approx v$$

$$v_\perp = v\sin\theta \approx v\theta$$

由于速度的垂直分量 $v_\perp$ 不同,在磁场力的作用下,各粒子将沿不同半径的螺旋前进。但由于它们速度的平行分量 $v_{//}$ 近似相等,经过距离 $h = \frac{2\pi m v_{//}}{qB} \approx \frac{2\pi m v}{qB}$ 后,它们又重新会聚在一点。这与光束经透镜聚焦的现象类似,所以称为**磁聚焦现象**。

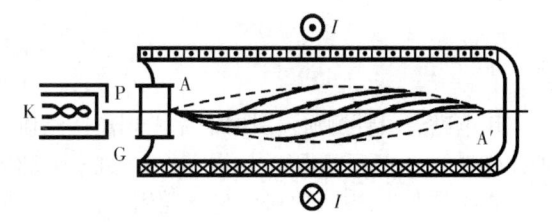

图 7-11 磁聚焦

上面是均匀磁场中的磁聚焦现象,要靠长螺线管来实现。而实际上用得更多的是用矩形线圈产生的非均匀磁场完成聚焦作用,这里线圈的作用与光学中的透镜相似,故称为**磁透镜**。磁透镜在许多真空系统中得到广泛应用,如电子显微镜。

三、霍 尔 效 应

1879 年霍尔发现,把一载流导体薄板放在磁场中时,如果磁场方向垂直于薄板平面,则在薄板的上、下两侧面之间会出现微弱电势差,这一现象称为**霍尔效应**,其电势差称为**霍尔电势差**。

霍尔效应可用带电粒子在磁场中运动所受到的洛伦兹力解释。金属导体中参与导电的粒子(称为载流子)是自由电子,如图 7-12 所示,设载流导体的宽为 b,厚为 d,通有电流 I。当电流流过金属时,其中的电子沿与电流相反的方向运动。设电子的平均运动速率为 v,则它在磁场中所受洛伦兹力大小为 $f = evB$,方向向下。因此电子向下偏转聚集在下表面,同时在上表面出现过剩的正电荷,在金属内部上、下表面之间就形成了电场,此电场随电荷的积累而增强,当电子所受电场力 F_e 与洛伦兹力 f 达到平衡时,电荷的积累达到稳定状态。此时的电势差即为霍尔电势差。实验表明,在磁场不太强时,霍尔电势差 V_H 与电流 I 和磁感应强度 B 成正比,与板的厚度成反比,

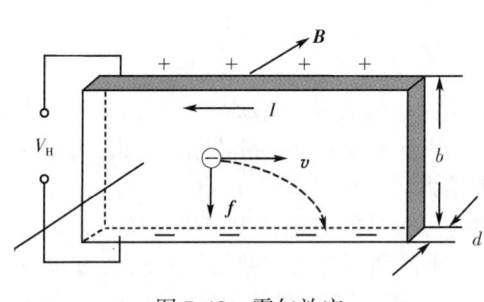

图 7-12 霍尔效应

即

$$V_H = k\frac{IB}{d} \tag{7-14}$$

式中,$k = \frac{1}{nq}$ 是一常量,称为霍尔系数,它与载流子的浓度 n 有关。

除金属导体外,半导体也产生霍尔效应。半导体分 n 型半导体和 p 型半导体,前者的载流子主要是电子,后者的载流子主要是空穴。一个空穴相当于一个带正电荷 e 的粒子。由于霍尔系数与载流子的浓度成反比,而一般金属中的载流子的浓度较大,所以霍尔效应不明显,而半导体材料的载流浓度低,在其他情况相同的条件下,霍尔效应显著,所以通常用的霍尔器件都由半导体材料制成。

根据霍尔效应中电压的极性,可以判断载流子的类型,研究半导体材料;根据霍尔电压与 B、I 及

载流子浓度 n 的关系,可以用来测量磁场,测量几万安培的大电流以及测量载流子的浓度。根据霍尔效应也可以制成磁流体发电机等。

在医学上霍尔效应一个重要应用就是电磁流量计,它是一种利用霍尔效应来测量血流量的仪器。设管道的直径为 D,平均血流速度为 v,在垂直于血管轴方向上加一磁场 B,这时血液中的正负离子就会在洛伦兹力的作用下偏转,形成霍尔电势差 V_H,当洛伦兹力和电场力平衡的时候,有

$$qE = qvB$$

电场强度

$$E = \frac{V_H}{D}$$

则

$$Q = Sv = \frac{\pi D^2}{4} \frac{E}{B} = \frac{\pi D}{4B} V_H \tag{7-15}$$

用电磁流量计测血流量时需手术剥离待测血管后,将血管嵌入其磁气隙中测量血流量。这是一种损伤性的方法,它常用于动物实验和心脏、动脉手术中血流量的测量。

在工农业生产中,电磁流量计应用十分广泛,它主要用于测量封闭管道中的导电液体和浆液中的体积流量,包括酸、碱、盐等强腐蚀性的液体。在石油、化工、冶金、纺织、食品、制药、造纸等行业以及环保、市政管理、水利建设等领域广泛应用。

四、质 谱 仪

质谱仪是分析各化学元素的同位素并测量其质量、含量的仪器。质谱仪的原理在高中课本中已经详细讲述了,在此不重复了。由于同位素的化学性质相同,不能用化学的方法加以区分,只能用物理的方法来区分。目前应用的质谱仪是非常精确的仪器,不仅可以将电荷相同而质量不同的粒子区分开来,还可以求出某种元素的各种同位素在该元素中所占的比例。

第四节 磁场对载流导体的作用

一、安 培 力

我们知道运动电荷在磁场中要受到洛伦兹力。电流是由电荷的定向运动产生的,因此磁场中的载流导体内的每一定向运动的电荷,都要受到洛伦兹力。由于这些电荷受到导体的约束,而将这个力传递给导体,表现为载流导体受到一个磁场力,称为**安培力**。

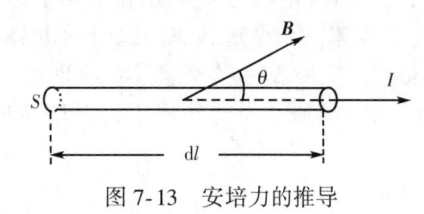

下面从运动电荷所受的洛伦兹力导出安培力公式。设在均匀磁场中有一电流强度为 I,横截面积为 S,长为 dl 的电流元 Idl,如图 7-13 所示,则金属导体内每一定向运动的电子所受到的洛伦兹力为

$$f = -e\boldsymbol{v} \times \boldsymbol{B}$$

图 7-13 安培力的推导

式中,$\boldsymbol{v}$ 为电子定向漂移速度,与电流密度矢量 $\boldsymbol{j}$ 反向,即 $\boldsymbol{j} = -ne\boldsymbol{v}$,$n$ 为导体单位体积的自由电子数,因而电流元内做定向运动的电子所受的合外力为

$$d\boldsymbol{F} = N(-e\boldsymbol{v} \times \boldsymbol{B}) = Sdl(-ne\boldsymbol{v} \times \boldsymbol{B}) = Sdl\boldsymbol{j} \times \boldsymbol{B}$$

在电流元的条件下,用来表示其中电流密度的方向且有 $I = jS$,于是上式表示为

$$d\boldsymbol{F} = Id\boldsymbol{l} \times \boldsymbol{B} \tag{7-16}$$

(7-16)式为电流元 dl 内定向运动的电子所受到的磁场力的合力,被传递给载流导体,表现为电流元这个载流导体所受的磁场力。其大小等于

$$dF = IdlB\sin\theta \tag{7-17}$$

式中,θ 为电流元 Idl 与磁感应强度 B 之间的夹角。方向可用右手螺旋法则判定,如图7-14所示。(7-16)式称为**安培力公式**,对有限长直载流导体 L 所受的安培力,等于各电流元所受安培力的矢量叠加,即

$$F = \int_L dF = \int_L Idl \times B \qquad (7-18)$$

例7-1 试分析均匀磁场中半圆形载流导线的受力情况。

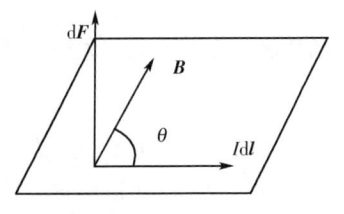

图7-14 安培力的方向

解 图7-15表示一段半径为 R 的半圆形导线,通以电流 I,磁场与导线平面垂直,并取坐标系 Oxy。从已知条件知道各段电流元受到的安培力的大小等于 $dF = BIdl$,方向沿各自半径离开圆心向外,则整个导线受力为各电流元受力的矢量叠加,即

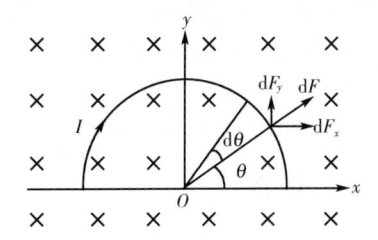

$$F = \int_L dF$$

对于这个矢量积分,应将各电流元所受的合力 dF 分解为 x 和 y 两个方向上,即 dF_x 和 dF_y。由于电流分布的对称性,沿 x 方向的分力的总和为零,在 y 方向上的分力为

$$dF_y = dF\sin\theta = BIdl\sin\theta$$

图7-15 均匀磁场中半圆形载流导体的受力分析

所以合力 F 在 y 方向上,因 $dl = Rd\theta$,其大小为

$$F = \int_L dF_y = \int_L BIR\sin\theta d\theta = 2BIR\int_0^{\frac{\pi}{2}} \sin\theta d\theta = 2BIR$$

显然,合力 F 作用在半圆弧中心,方向向上。

二、磁场对载流线圈的作用

如图7-16所示,在磁感应强度为 B 的均匀磁场中,放一矩形线圈 $ABCDA$,面积为 S,通一电流 I。设线圈平面与磁场方向成任意角 θ,并且 AB 和 CD 边均与磁感应强度 B 垂直时,从中学物理知道,磁场作用在该线圈上力矩的大小为

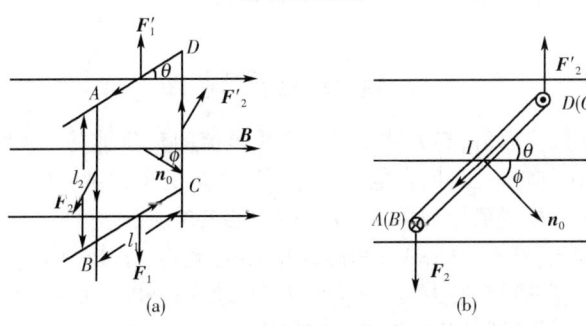

$$M = BIS\cos\theta$$

图7-16 矩形载流线圈在磁场中所受的力矩

为了讨论方便,规定载流线圈平面的法线方向如下:使右手四指半握拳,拇指伸直,当四指方向与电流方向一致时,拇指的方向就是该载流线圈平面的法线方向,用单位矢量 n_0 表示。因 $\theta+\phi=\pi/2$,所以上式可以写成

$$M = BIS\sin\phi$$

如果线圈有 N 匝,则载流线圈所受到的力矩为

$$M = BINS\sin\phi = mB\sin\phi \qquad (7-19)$$

式中,$m = INS$,称为线圈的**磁矩**。它由载流线圈自身的性质所决定,磁矩是矢量,其方向为载流线圈的法线方向,即

$$m = INS\,n_0 \tag{7-20}$$

显然载流线圈所受到的力矩等于磁矩与 B 的矢量积，即

$$M = m \times B \tag{7-21}$$

（7-20）式与（7-21）式不仅对矩形线圈成立，它对于在均匀磁场中任意形状的平面线圈也同样成立，甚至，带电粒子沿闭合回路的运动以及带电粒子的自旋所具有的磁矩，也都可以用上述公式来描述。以后在讨论原子光谱以及核磁共振现象时，都要用到磁矩的概念。

由（7-19）式可知，磁力矩的大小不仅与 m 和 B 的大小有关，还与 m 与 B 之间的夹角有关。当 $\phi = \pi/2$ 时，磁力矩 M 最大；当 $\phi = 0$ 或 π 时，$M = 0$，这时相当于线圈的两个平衡位置。$\phi = 0$ 的情况是线圈处于稳定平衡的位置；而 $\phi = \pi$ 是线圈处于不稳定平衡的位置，在这种情况下，只要线圈转过一个微小的角度，它就会在磁力矩的作用下离开这个位置而稳定在 $\phi = 0$ 时的平衡状态。可见，线圈在磁场中受磁力的作用时，总是使线圈磁矩的方向与外磁场方向相同，此时线圈达到稳定平衡。磁场对载流线圈作用力矩的规律是制造各种电动机和电表的基本原理。

应用磁力矩公式时，如果 B 的单位用 T，m 的单位用 A·m²，则磁力矩的单位是 N·m。

三、磁矩在外磁场中的能量

在讨论磁场对载流线圈的作用中知道，当线圈磁矩 m 在外磁场 B 中改变取向时，磁场或外力就对它做功，从而就有相应的势能。这个势能的零值位置可以任意选取。当选取 m 与 B 互相垂直时，即 $\phi = \pi/2$ 时势能为零值时的位置，则线圈在任意位置 ψ 处的势能可以这样定义：使这个线圈由势能零值的位置转到 ψ 的过程中，磁力矩所做的功，即

$$E_m = A = \int_{\frac{\pi}{2}}^{\psi} M\,d\phi = \int_{\frac{\pi}{2}}^{\psi} mB\sin\phi\,d\phi = mB\int_{\frac{\pi}{2}}^{\psi}\sin\phi\,d\phi = -mB\cos\psi$$

其矢量式为

$$E_m = -\boldsymbol{m} \cdot \boldsymbol{B} \tag{7-22}$$

（7-22）式为线圈在磁场任意位置时具有的势能表达式。

第五节 电磁感应现象

一、电磁感应定律

自从发现了电流的磁效应以后，有人就用磁来产生电流的实验研究。直到1831年，法拉第首先发现了电磁感应现象，得出结论：通过闭合电路所包围面积内的磁通量发生变化时，在该闭合电路中就产生电流。这个现象称为**电磁感应现象**，该电流称为**感应电流**。

在法拉第研究的基础上，楞次（Heinrich Friedrich Ernie Zenz）于1833年，通过实验总结出了一条判断感应电流方向的规律：闭合回路中感应电流的方向，总是使得它所激发的磁场来阻碍引起感应电流的磁通量的变化，这个结论称为**楞次定律**。应用这一定律，可以确定感应电流的流向。

回路中有感应电流，说明回路中有电动势存在，这种由电磁感应产生的电动势称为**感应电动势**。事实上，感应电动势的产生与电路是否闭合、电路如何组成无关，因此更能反映电磁感应现象的本质。法拉第从实验上总结了感应电动势与磁通量变化之间的关系，称为**法拉第电磁感应定律**，即闭合回路中感应电动势的大小正比于穿过该闭合回路磁通量的变化率 $\dfrac{d\Phi}{dt}$。其数学表达式为

$$\varepsilon_i = -\frac{d\Phi}{dt} \tag{7-23}$$

式中，负号表示感应电动势总是阻碍磁通量的变化。（7-23）式也是楞次定律的数学表达式。

应该注意，（7-23）式是针对单一回路，即单匝线圈而言的。如回路有 N 匝线圈组成，当磁通量

发生变化时，每匝线圈都会有感应电动势产生，则 N 匝线圈总的感应电动势为

$$\varepsilon_i = -N\frac{d\Phi}{dt} \tag{7-24}$$

下面以闭合回路中一段导体在均匀磁场中运动为例，来说明法拉第电磁感应定律以及楞次定律。

例 7-2 如图 7-17 所示的均匀磁场，$B = 0.22\text{Wb/m}^2$，一矩形线圈的 CD 边以 $v = 0.5\text{m/s}$ 的速度向右滑动，CD 边长为 $l = 10\text{cm}$，求矩形框回路中的感应电动势。

解 如图 7-17 所示，任意时刻穿过 $ABCDA$ 回路的磁通量为

$$\Phi = Blx$$

$x = \overline{AD} + vt$，当 CD 向右滑动时，磁通量是增加的，$\dfrac{d\Phi}{dt} = Bl\dfrac{dx}{dt} = Blv > 0$

则

$$\varepsilon_i = -\frac{d\Phi}{dt} = -Blv = -0.22 \times 0.10 \times 0.50 = -0.011\text{V}$$

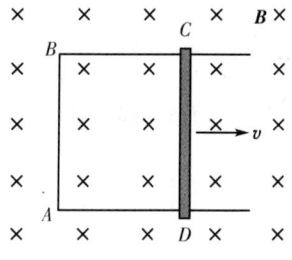

图 7-17 线框边滑动产生感应电动势

负号表示 ε_i 的方向是由 D 到 C，感应电流的方向与感应电动势的方向相同。即感应电流所激发的磁场与原磁场相反，阻碍磁通量的变化，当然也可以直接由楞次定律判断出感应电流的方向。

二、电磁感应的本质

法拉第电磁感应定律证明，在闭合回路中，只要磁通量随时间发生变化，回路中就会产生感应电动势。而引起磁通量发生变化的原因不外乎有两种，一种是磁场不变，导体运动（包括导体回路整体运动或部分运动）而导致磁通量发生变化；另一种是回路不动，磁感应强度随时间发生变化而导致磁通量发生变化。我们把因第一种原因而在回路中产生的感应电动势称为**动生电动势**；因第二种原因在回路中产生的感应电动势称为**感生电动势**。

1. 动生电动势

如例 7-2 情况，是磁场不变，仅仅是金属杆 CD 运动引起回路中磁通量的变化而在杆 CD 中产生感应电动势，即动生电动势。这种电动势产生原因可以看成由洛伦兹力所引起的，当导体 CD 以速度 $\boldsymbol{v}$ 向右运动时，导体中的自由电子也以速度 $\boldsymbol{v}$ 跟随导体一起向右运动。因此导体中每一个自由电子在洛伦兹力 $\boldsymbol{f} = -e(\boldsymbol{v} \times \boldsymbol{B})$ 作用下向 D 端聚集，结果使 D 端带负电，而 C 端带正电，若把运动的这一段导体看成电源时，则 D 端为负极，C 端为正极。在电源中的非静电力就是作用在单位正电荷上的洛伦兹力

$$\boldsymbol{E}_k = \frac{\boldsymbol{f}}{-e} = \boldsymbol{v} \times \boldsymbol{B}$$

因此电动势等于

$$\varepsilon_i = \int_-^+ \boldsymbol{E}_k \cdot d\boldsymbol{l} = \int_D^C (\boldsymbol{v} \times \boldsymbol{B}) \cdot d\boldsymbol{l}$$

式中，$d\boldsymbol{l}$ 表示将正电荷由 D 移动到 C 过程中的一小段位移，$(\boldsymbol{v} \times \boldsymbol{B})$ 是单位正电荷受力的大小和方向且 $\boldsymbol{v} \perp \boldsymbol{B}$，即 $(\boldsymbol{v} \times \boldsymbol{B})$ 的方向与 $d\boldsymbol{l}$ 的方向一致，所以上面的积分等于

$$\varepsilon_i = \int_D^C (\boldsymbol{v} \times \boldsymbol{B}) \cdot d\boldsymbol{l} = \int_D^C vB dl = Bvl$$

此结果与例 7-2 通过回路的磁通量的变化率计算出的结果相同。

以上讨论的是直导线、均匀磁场且导线垂直于磁场运动的特殊情况，对于任意形状的导线 L 在任意磁场中运动或变形时，也会引起动生电动势，这时可将导线 L 分成许多无限小的线元，则线元 $d\boldsymbol{l}$ 所产生的动生电动势为

$$d\varepsilon_i = (\boldsymbol{v} \times \boldsymbol{B}) \cdot d\boldsymbol{l}$$

式中，$\boldsymbol{v}$ 表示线元 $d\boldsymbol{l}$ 的运动速度，$\boldsymbol{B}$ 为 $d\boldsymbol{l}$ 所在处的磁感应强度。则整个导线中产生的动生电动势

$$\varepsilon_i = \int_L (\boldsymbol{v} \times \boldsymbol{B}) \cdot d\boldsymbol{l} \tag{7-25}$$

(7-25)式提供了另一种计算感应电动势的方法。若为非闭合回路，法拉第定律不能直接使用，但(7-25)式仍然成立。

从以上讨论可以看出动生电动势只可能存在于在磁场中运动部分的导体上，而在磁场中不运动部分的导体上没有电动势，它只是提供电流的通路，如果仅仅有一段导线在磁场中运动，而没有回路，在这段导线上虽然没有感应电流，但仍可能有动生电动势。至于在磁场中的运动导线在什么情况下一定有动生电动势产生，这要看导线在磁场中是如何运动而决定，即 $\boldsymbol{v}$ 与 $\boldsymbol{B}$ 之间的夹角不等于零且 $(\boldsymbol{v} \times \boldsymbol{B})$ 与 $d\boldsymbol{l}$ 方向夹角不等于 $\pi/2$ 时，才有动生电动势产生。

洛伦兹力对电荷不做功，而上边又说动生电动势是由洛伦兹力引起的，两者是否矛盾？

其实并不矛盾，上述讨论只计算了洛伦兹力的一部分。全面考虑的话，在导体中的电子不但具有与导体相同的速度 $\boldsymbol{v}$，而且还有相对于导体的定向运动的速度 $\boldsymbol{u}$，如图 7-18 所示，正是由于电子的后一运动构成了感应电流。因此，电子所受的总洛伦兹力为

$$\boldsymbol{f} = -e(\boldsymbol{v} + \boldsymbol{u}) \times \boldsymbol{B}$$

$\boldsymbol{f}$ 与合成速度 $(\boldsymbol{v} + \boldsymbol{u})$ 垂直，总洛伦兹力 $\boldsymbol{f}$ 不对电子做功。然而 $\boldsymbol{f}$ 的一个分量 $\boldsymbol{f}_1 = -e(\boldsymbol{v} \times \boldsymbol{B})$ 却对电子做正功，形成动生电动势；而另一个分量 $\boldsymbol{f}_2 = -e(\boldsymbol{u} \times \boldsymbol{B})$，它的方向沿 $-\boldsymbol{v}$，是阻碍导体运动的，从而做负功。可以证明两个分量所做功的代数和等于零。因此，洛伦兹力的作用并不提供能量，只是传递能量，即外力克服洛伦兹力的一个分量 $\boldsymbol{f}_2$ 所做的功，通过另一分量 $\boldsymbol{f}_1$ 转化为感应电流的能量。

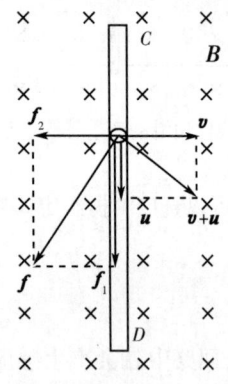

图 7-18 洛伦兹力不做功

例 7-3 均匀磁场中有一长为 L 的铜棒 AB，在垂直于磁场平面内绕 A 点以角速度 ω 旋转，如图 7-19 所示，求这根铜棒两端的电势差。

解 （1）用 $\varepsilon_i = \int_L (\boldsymbol{v} \times \boldsymbol{B}) \cdot d\boldsymbol{l}$ 求解。

在铜棒上取一小段 $d\boldsymbol{l}$，设与 A 点的距离为 l，则它相对于磁场的速度大小为 $v = \omega l$，方向如图 7-19 所示，由于 $\boldsymbol{v} \perp \boldsymbol{B}$ 且 $(\boldsymbol{v} \times \boldsymbol{B})$ 的方向与 $d\boldsymbol{l}$ 方向相同，故这一小段上产生的电动势是

$$d\varepsilon_i = (\boldsymbol{v} \times \boldsymbol{B}) \cdot d\boldsymbol{l} = v B dl = \omega B l dl$$

于是整个铜棒产生的电动势为

$$\varepsilon_{AB} = \int_A^B \omega B l dl = \omega B \int_0^L l dl = \frac{1}{2} \omega B L^2$$

由动生电动势的右手螺旋法则知，电动势的方向由 A 指向 B，两端电势差

$$U_{AB} = -\varepsilon_{AB} = -\frac{1}{2} \omega B L^2$$

负号说明点 B 电势高于 A 点电势。

（2）用法拉第定律方法求解请读者自己完成。

2. 感生电动势

实验表明，由磁场变化而在回路中产生的感生电动势完全与导体的种类、性质无关，只与磁通量的变化有关，这说明感生电动势是由变化磁场本身引起的。麦克斯韦分析了电磁感应一些现象之后，提出了如下假设：变化的磁场在其周围空间产生涡旋状电场，称为**涡旋电场**或**感生电场**。感生电动势就是导体中的自由电荷在这种电场力作用下的结果。

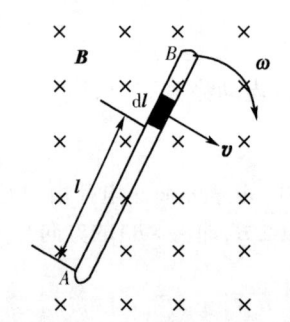

图 7-19 U_{AB} 两端的电势差

涡旋电场与静电场有一个共同的性质，即它们对电荷有作用力。但也有区别，一方面涡旋电场

不是由电荷激发,而是由变化的磁场所激发;另一方面描述涡旋电场的电力线是闭合的,因而它不是保守场,用数学式子来表示,则有

$$\oint_L \boldsymbol{E}_{旋} \cdot \mathrm{d}\boldsymbol{l} \neq 0$$

而产生感生电动势的非静电场 $\boldsymbol{E}_k$ 正是这涡旋电场 $\boldsymbol{E}_{旋}$,即

$$\varepsilon_i = \oint_L \boldsymbol{E}_{旋} \cdot \mathrm{d}\boldsymbol{l} \tag{7-26}$$

在一般情况下,空间的总电场 $\boldsymbol{E}$ 是静电场 $\boldsymbol{E}_{位}$ 和涡旋电场 $\boldsymbol{E}_{旋}$ 的叠加,即

$$\boldsymbol{E} = \boldsymbol{E}_{旋} + \boldsymbol{E}_{位}$$

其中, $\oint_L \boldsymbol{E}_{位} \cdot \mathrm{d}\boldsymbol{l} = 0$,所以感生电动势又可写成

$$\varepsilon_i = \oint_L (\boldsymbol{E}_{旋} + \boldsymbol{E}_{位}) \cdot \mathrm{d}\boldsymbol{l} = \oint_L \boldsymbol{E} \cdot \mathrm{d}\boldsymbol{l}$$

另一方面,按法拉第电磁感应定律

$$\varepsilon_i = -\frac{\mathrm{d}\Phi}{\mathrm{d}t} = -\frac{\mathrm{d}}{\mathrm{d}t} \iint_S \boldsymbol{B} \cdot \mathrm{d}\boldsymbol{S}$$

式中,面积分的区间 S 是以环路 L 为周界的曲面。当环路不变动时,可以将对时间的微商和对曲面的积分两个运算的顺序颠倒,则得

$$\oint_L \boldsymbol{E} \cdot \mathrm{d}\boldsymbol{l} = -\iint_S \frac{\partial \boldsymbol{B}}{\partial t} \cdot \mathrm{d}\boldsymbol{S} \tag{7-27}$$

(7-27)式表明感生电场的场强沿任一闭合回路的积分,等于穿过该回路所包围面积的磁通量变化率的负值。

若在稳恒条件下,一切物理量不随时间变化,$\frac{\partial \boldsymbol{B}}{\partial t} = 0$,$\boldsymbol{E}_{旋} = 0$,则(7-27)式变为 $\oint_L \boldsymbol{E} \cdot \mathrm{d}\boldsymbol{l} = 0$,这便是静电场的环路定理。由此可知,静电场的环路定理是(7-27)式的特例。

必须指出动生电动势与感生电动势的划分并不是绝对的,同一电动势在一参考系下是动生电动势,在另一参考系下则变成感生电动势。但并非在任何情况下,都可以通过参照系的变化实现动生与感生的转变,如自感现象。另外还要注意,法拉第电磁感应定律的原始形式,只适用于导体构成的闭合回路,而麦克斯韦的假设不管有无导体,不管在介质或真空中都适用。

3. 自感现象

当通电线圈的电流发生变化时,穿过该线圈的磁通量也随之发生变化,因而在线圈内便会出现感应电动势,这种由线圈自身的电流变化而引起的电磁感应现象称为**自感现象**,产生的感应电动势称为**自感电动势**。

人们在实践中发现,自感电动势的大小与线圈自身的一些特性密切相关,因此引入自感系数或电感来描述线圈的这些特性,自感系数用 L 来表示,国际单位为亨(H),引入自感系数后,通过线圈的磁通量可表示为

$$\Phi = LI$$

由法拉第电磁感应定律得回路中的自感电动势为

$$\varepsilon_i = -\frac{\mathrm{d}\Phi}{\mathrm{d}t} = -L\frac{\mathrm{d}I}{\mathrm{d}t} \tag{7-28}$$

由(7-28)式可知,自感电动势的大小与线圈中电流的变化率成正比;当电流变化率相同时,L 越大产生的感应电动势就越大,阻碍电流变化的作用也越大。

知识拓展　　　　　　**生物磁　磁疗**

生物磁学又称磁生物学,这门学科是研究物质磁性、磁场与生命活动间的相互关系,以及磁在生物医学中

的应用,在此只介绍一些主要的概念。

一、生物磁场

如同任何生物都能产生生物电一样,任何生物都具有磁性,而且在生命活动中会产生磁场,这就是生物磁场。生物磁场的来源主要有①由生物电流产生的磁场。运动的电荷会产生磁场,在生物体内凡是能产生生物电现象的部位,必定同时产生磁场,如心磁场、脑磁场、肌磁场等均属于这一类。②生物磁性材料(如 Fe_3O_4)产生的感应磁场。组成生物体组织的材料具有一定磁性,它们在外磁场的作用下产生感应磁场。肝、脾等器官就属于这一类型的磁性物质。③生物体内强磁场物质产生的磁场,某一些磁性物质的微粒被吸入肺脏或随食物进入胃肠器官并沉积在里面,被外界磁场磁化后,它们就成为小磁石残留在体内,也会使生物体产生磁化,形成生物磁场。肺磁场、腹部磁场均属于这一类。

生物磁场非常微弱,最强的肺磁场其强度也只有 $10^{-11} \sim 10^{-8}$ T 数量级;心磁场强度约为 10^{-10} T 数量级;自发脑磁场更弱,约为 10^{-12} T 数量级;诱发脑磁场和视网膜磁场更弱。而周围环境磁干扰和噪声比这些要大得多,如地磁场强度约为 0.5×10^{-4} T 数量级;现代城市交流磁噪声高达 $10^{-8} \sim 10^{-6}$ T 数量级。因此,生物磁信号测量起来较为困难。近些年来,人们相继制造出各种磁学测量仪器,如超导量子干涉仪,简称 SQUID。这种系统分辨率很高,可达到 10^{-15} T 左右,几乎所有的人体磁场都可以用它来测量,是目前测量生物磁场的主要手段。

二、磁场的生物效应

外界磁场对于生命活动的影响称为磁场生物效应。这是生物磁学的重要研究内容之一。

1. 地磁场的生物效应

地球是一个大磁体,是生物赖以生存一种环境物理因素。许多生物现象都与磁场有关。例如,放飞的鸽子在离家数千里之外会飞回原地,海龟为了产卵也会洄游千里,候鸟更是每年都要迁徙而不会迷航,还有一种细菌具有沿地磁场游动的特性等。科学研究发现,这些生物体内,嵌有一些细微的天然磁铁,它们像指南针一样为这些生物导航。也有人发现,人和生物的一些生理节律的变化,与地磁场的变化有相关性。因此,地磁场如同空气、日光、水、适宜的气温一样,为生命的要素之一。

2. 恒定磁场的生物效应

恒定磁场的生物效应,因其强度、梯度、作用时间的差别而不同。把小白鼠长期饲养在 4×10^{-1} T 的匀强磁场中,其肝脏氧化酶活性发生变化,尿中钠和钾的含量显著增加,肾上腺也发生病理变化。但若把小白鼠放在更强的磁场中,却没有出现明显的异常变化。实验表明,磁场生物效应与强度和作用时间有关,所以采用强度与时间的乘积作为磁场作用的剂量,用来表示对生物作用的程度。

研究资料表明,人处于强度为 50×10^{-4} T、400×10^{-4} T、5000×10^{-4} T 的磁场中,其红细胞凝集速度分别增加 21%、25% 和 30%;在高强度磁场条件下长期劳动 3~5 年的部分人员,会出现自主神经障碍症状,如手汗增多、头痛、失眠、食欲缺乏和前庭功能障碍等现象。

3. 极弱磁场的生物效应

极弱磁场对不同生物有不同的影响,如把鸡胚组织放在 5×10^{-9} T 磁场中培养 4 天,胚胎发育不受影响。但把小白鼠放在 10^{-7} T 磁场中饲养 1 年后,小白鼠寿命缩短 6 个月,而且不能生育。随着航天技术和宇宙科学的发展,这方面的研究具有重要的意义,因为宇宙当中的磁场比地磁场弱得多。

4. 交变磁场的生物效应

交变磁场比恒定磁场引起的生物效应更复杂,因为它还存在着由于电磁感应所产生的附加生物电流效应。恒定磁场对组织的再生和愈合具有抑制作用,但交变和脉冲磁场对促进骨折愈合却有良好的疗效。交变和旋转磁场,对人体淋巴细胞转化有影响,而且也能促进机体免疫力的提高。

三、磁场生物效应的医学应用

1. 磁诊断技术

人体磁场随时间变化的关系曲线,称为人体磁圈。与心电图相类似,通过异常和正常的磁图比较,可作为诊断疾病的一种根据。

测量人体磁图的磁探头不与生物体接触,可以避免接触干扰;人体磁图测定仪,可以测量恒定和交变磁场以及不同方向的磁场分量,还可以改变磁探头的位置,获得人体磁场的三维空间分布,从而用计算机分析得到产生这一磁场的体内生物电流源的分布。

目前,正在使用的人体磁图有心磁图、脑磁图和肺磁图。心磁图是心电流产生的磁场随时间而变化的关系曲线。心磁图检查是无创伤心功能检查领域的最新技术,对心肌缺血、冠心病的诊断较心电图更敏感、更准确。心磁图可以提供心电图无法提供的信息。例如,胎儿心脏的监测,由于胎儿的信号弱,往往被母体的信号所掩盖,心电图测定非常困难,而心磁图可以显示胎儿的心率。同样,脑磁图比脑电图在诊断上有许多优点。当前,随着技术的发展,肌磁图、肝磁图和眼磁图等也有了很大的发展。总之,磁诊断技术在医学上的应用越来越广泛。

磁在医学诊断方面的另一项重要应用是核磁共振成像,又称核磁共振CT。这是利用核磁共振的方法和电子计算机的处理技术等来得到人体、生物体和物体内部一定剖面的一种原子核素,也即这种核素的化学元素的浓度分布图像。目前应用的是氢元素的原子核核磁共振层析成像。这种层析成像比目前应用的X射线层析成像(又称X射线CT)具有更多的优点,这些内容在以后的章节中会更详细地介绍。

2. 磁治疗技术

利用磁场作用于人体一定部位治疗疾病的方法,称为磁疗。磁疗法可分以下几种:

(1) 静磁法:它是应用磁片或直流电磁铁产生的恒定磁场作用于人体穴位或病变部位进行治疗。例如,磁片、磁针、磁电疗器、磁椅和磁床等;

(2) 动磁场疗法:它是应用低频交变磁场、脉冲磁场以及磁片旋转产生的旋转磁场等进行疾病的治疗;

(3) 磁化水疗法:普通的水流经磁水器时,即成磁化水。实验表明,经磁场处理的水并不带磁性,但是它的含氧量、pH、渗透压和表面张力等与普通水不同。对结石症、高血压等疾病有一定的治疗;

(4) 磁流体疗法:磁流体又称磁性液体,它既具有磁性,又具有流动性。其主要成分为磁粉、表面活性剂与基本液体。例如,将抗肿瘤药物混入磁流体,在体外用强磁场把药物引导到肿瘤部位,可提高药物的疗效,减少副作用。

磁疗在临床上的应用,具有止痛、消炎、消肿、降压、降血脂、镇静安眠等作用。具有经济、简便、无痛苦、无创伤、副作用少等优点。目前,许多国家都在进行磁疗的研究和应用。例如,美国利用超导磁场、高频磁场加热法治疗肿瘤等。

科学之光 中国天眼之父——南仁东

我国古代在电磁学方面取得了骄人的成就。两千多年前我们的祖先发明了类似现代避雷针的"兹吻";战国时期齐国丞相管仲对磁有研究,将磁铁矿称为"慈石",并记录在《管子·地数篇》中,明代名医李时珍也进行过琥珀吸引轻小物体的记载。西方航海技术的发展来源于中国指南针的发明。

"中国天眼"FAST是世界上目前口径最大、最具威力的单天线射电望远镜。它使当代中国的电磁技术走在了世界前列,天眼的主要作用是搜寻和发现射电脉冲星,目前累计发现脉冲星超过370余颗。脉冲星的磁场是目前所知的最强大的天然磁场,脉冲星的超强磁场为研究磁层粒子加速机制、射电辐射过程、高能辐射提供了一个理想场所。

"中国天眼"之父——南仁东,出生于1945年,1963年毕业于清华大学,于中国科学院研究生院获硕士、博士学位。后在日本国立天文台任客座教授,1982年,他进入中国科学院北京天文台工作。2017年9月,南仁东已发表科技论文222篇,专著7部,技术报告6本,专利36项;论文被SCI收录56篇、被EI收录65篇,SCI和EI引用近900次。此外,还多次参与重大科研项目的相关工作。1994年起,担任FAST工程首席科学家兼总工程师,负责国家重大科技基础设施500米口径球面射电望远镜(FAST)的科学技术工作。南仁东推辞了国外高薪水的聘请,带领他的团队22年来足迹遍布云贵300个喀斯特地区的洼坑,常年异常艰苦的在野外生活,他们喝的是天然的"浑水",吃的是自带的冰冷干粮,克服了不可想象的困难。他是技术的核心推动者,是团队中掌握新技术最快的人,从宏观把握到技术细节,努力负责的程度超乎想象。主持攻克了索疲劳、动光缆等一系列技术难题,最终实现了由跟踪模仿到集成创新的跨越,"中国天眼"于2016年9月25日竣工。"天眼"已经一口气发现多颗脉冲星,成为国际瞩目的宇宙观测"利器"。在党的十九大报告中,"天眼"与天宫、蛟龙、大飞机等一起,被列为创新型国家建设的丰硕成果。天眼之父南仁东,二十四载年华,八千余日夜,攻坚克难、矢志不渝,终成观天巨眼。他在天文史上镌刻新高度,为国家奉献的过程中实现自己的价值,实现了中国拥有世界一流水平望远镜的梦想,推动了天文科学技术发展,使我国电磁探测技术处于世界领先水平。2017年9月15日,72岁的南仁东,把仿佛挥洒不完的精力留给了"中国天眼",自己却永远地离去了。中央宣传部授他"时代楷模"荣誉称号,赞扬他为中国天文千年梦想燃亮无尽未来。南仁东是科技工作者中的英雄,是新时代知识分子的杰出代表和光辉典范,他敢为人先、迎难而上感人事迹,为国家的科技进步和创新发展的奉献精神,将激励一代又一代年轻人努力奋斗,勇攀世界科技高峰。

小 结

(1) 磁场中的高斯定理:$\oiint_S \boldsymbol{B} \cdot \mathrm{d}\boldsymbol{S} = 0$

(2) 安培环路定理:$\oint_L \boldsymbol{B} \cdot \mathrm{d}\boldsymbol{l} = \mu_0 \sum_{i=1}^n I_i = \mu_0 \sum_{(L内)} I_i$

(3) 洛伦兹力及带电粒子在磁场中运动。

1) 洛伦兹力:$\boldsymbol{f} = q\boldsymbol{v} \times \boldsymbol{B}$

2) 回旋半径:$R = \dfrac{mv}{qB}$,回旋周期:$T = \dfrac{2\pi m}{qB}$,螺距:$h = v_{/\!/} T = \dfrac{2\pi m v_{/\!/}}{qB}$

(4) 安培力:$\mathrm{d}\boldsymbol{F} = I\mathrm{d}\boldsymbol{l} \times \boldsymbol{B}$

(5) 载流线圈在磁场中受到的力矩:$\boldsymbol{M} = \boldsymbol{m} \times \boldsymbol{B}$,其中 $\boldsymbol{m} = INS\,\boldsymbol{n}_0$ 称为磁矩

(6) 法拉第电磁感应定律:$\varepsilon_i = -\dfrac{\mathrm{d}\Phi}{\mathrm{d}t}$

(7) 动生电动势:$\varepsilon_i = \int_L (\boldsymbol{v} \times \boldsymbol{B}) \cdot \mathrm{d}\boldsymbol{l}$

(8) 感生电动势:$\varepsilon_i = \oint_L (\boldsymbol{E}_{旋} + \boldsymbol{E}_{位}) \cdot \mathrm{d}\boldsymbol{l} = \oint_L \boldsymbol{E} \cdot \mathrm{d}\boldsymbol{l}$

(9) 自感电动势:$\varepsilon_i = -\dfrac{\mathrm{d}\Phi}{\mathrm{d}t} = -L\dfrac{\mathrm{d}I}{\mathrm{d}t}$

习 题 七

7-1. 举例说明在一根磁感应线上,各点的磁感应强度是否一定是常矢量?

7-2. 在电子设备中,常把电流大小相等而流向相反的两根导线扭在一起来减少它们在远处产生的磁场,为什么?

7-3. 如题7-3图所示,取一闭合回路L,使3根载流导线穿过它所围成的面,在下列几种情况下闭合回路积分值$\oint \boldsymbol{B} \cdot \mathrm{d}\boldsymbol{l}$是否改变?路径上各点的$\boldsymbol{B}$是否改变?

(1) 使某导线中的电流方向改变;

(2) 保持电流强度不变而使其中一根导线穿过面的角度发生变化；
(3) 改变 3 根导线之间的互相间隔,但不越过积分线路；
(4) 把其中一导线移到闭合积分路线 L 之外。

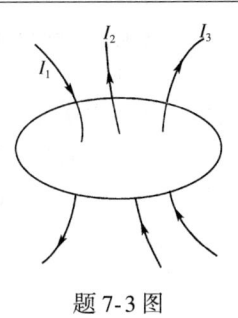

7-4. 在不考虑重力作用的情况下,若有一带电粒子通过空间某一区域时不偏转,能否肯定该区域中没有磁场？如果发生偏转能否肯定该区域中存在磁场？

题 7-3 图

7-5. 如题 7-5 图所示,一正电荷在磁场中运动到 A 点时,已知其速度 v 沿 x 轴方向,若它在磁场中所受的力为下列几种情况,试指出各种情况下磁感应强度 B 的方向:
(1) 电荷不受力;
(2) f 的方向沿 z 轴方向,且知此时力的数值为最大;
(3) f 的方向沿 $-z$ 轴方向,且知此时力的数值为最大值的一半。

7-6. 如题 7-6 图所示,两个电子同时由电子枪射出,它们初速度方向与匀强磁场垂直,速率分别为 v 和 $2v$,经磁场偏转后,哪个电子先回到出发点？并写出半径与速度的比例关系。

7-7. 如题 7-7 图所示,均匀磁场 B 与矩形通电线框的法线成 ϕ 角,问线框的四边受力的大小与 ϕ 角有无关系？线框所受的合力与 ϕ 角有无关系？线框所受的合力矩与 ϕ 角有无关系？

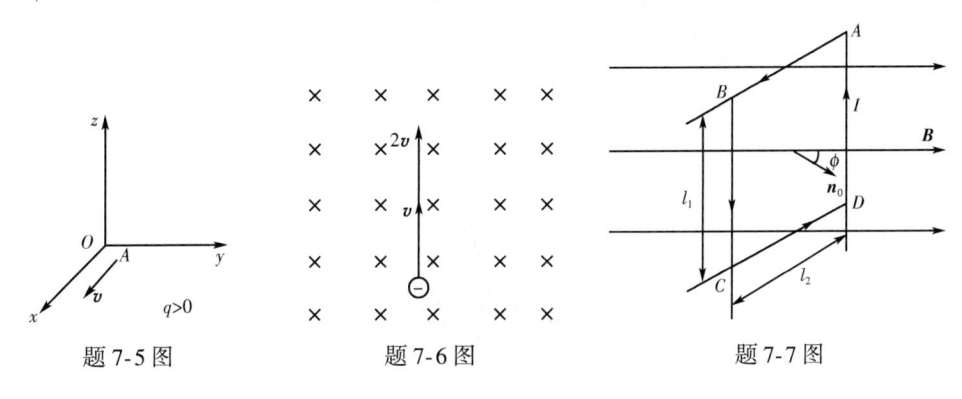

题 7-5 图　　题 7-6 图　　题 7-7 图

7-8. 在磁感应强度 $B=2.0\text{T}$,方向沿 x 轴正方向的空间放一个尺寸如题 7-8 图所示的棱镜型立体小盒 $ABCDFE$,求通过 $ABCD$ 面及整个闭合曲面的磁通量。

7-9. 在一通有电流 I 的无限长直载流导线侧面有边长为 b 的正方形,与导线距离为 a,如题 7-9 图所示,求通过该正方形面的磁通量。

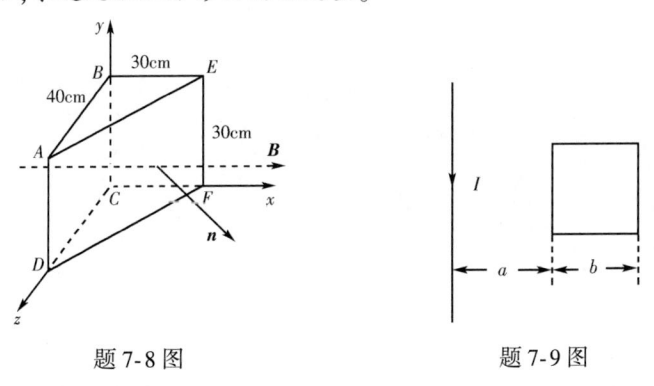

题 7-8 图　　题 7-9 图

7-10. 沿长直空金属薄管壁有电流流动,试求管内和管外的磁感应强度分布。

7-11. 有一无限长半径为 R_1 的导体柱,外套有一同轴导体圆筒,筒的内、外半径分别为 R_2 和 R_3,稳

恒电流 I 均匀地从导体柱流进,从外圆筒流出,如题 7-11 图所示,试求空间磁感应强度的分布。

7-12. 两平行无限长直导线,各通以电流强度为 I 和 $4I$,相距为 d,求电流同向流动时磁感应强度为零的位置。

7-13. 一"无限长"载流直导线与另一载流直导线 AB 互相垂直放置,如题 7-13 图所示,电流强度分别为 I_1 和 I_2,AB 长为 l,A 端和"无限长"直导线相距为 a,求证导线 AB 所受力为

$$F_{AB} = \frac{\mu_0}{2\pi} I_1 I_2 \ln\left(1 + \frac{l}{a}\right)$$

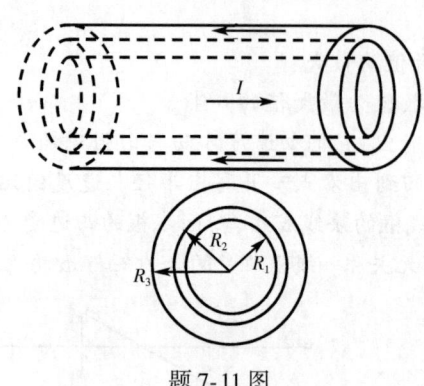

题 7-11 图 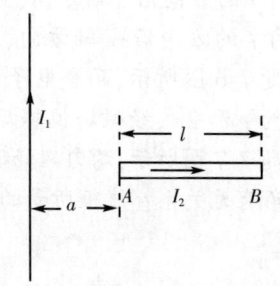 　　　　　　　题 7-13 图

第七章 PPT

第八章 机械振动与机械波

机械振动是指物体在一定位置附近来回往复的运动。机械振动现象广泛地存在于科学技术的许多领域和人们的日常生活之中,如气缸中活塞的往复运动、心脏的跳动、声带的振动、乐器上的弦的振动、机器开动时各部分的微小颤动等都是机械振动。

自然界中还有很多现象,如交变电流、交变的电磁场等,都属于广义的振动现象。这些运动的本质并不是机械运动,但其运动规律的数学描述与机械振动类似。

最简单的周期性直线振动是简谐振动。任何复杂的振动,都可以认为是由几个或很多个简谐振动合成的,因此简谐振动是振动学最基本的内容。

波动是振动的传播过程。激发波动的系统称为**波源**。波动可分为两大类:一类是机械振动在介质中的传播过程,称为**机械波**,如水波、声波等都是机械波;另一类是变化电场和变化磁场在空间的传播过程,称为**电磁波**,如无线电波、光波、伦琴射线等都是电磁波。这两种波动虽然本质不同,但是都具有波的共同特征和规律,如都具有一定的传播速度,都能产生反射、折射、衍射和干涉等现象。由于振动的传播同时伴随着能量的传播,因此波是能量传播的过程,是物质运动的一种重要形式,在许多物理现象中都能遇到波。

本章主要讨论简谐振动和简谐波的基本性质及其运动规律,其次介绍关于声波、超声波的一些物理性质及其在医药领域的应用。

第一节 简谐振动

一、简谐振动 谐振方程

在周期性直线振动中,最基本和最重要的是**简谐振动**。

下面以弹簧振子的振动为例,研究简谐振动的基本规律。

如图 8-1 所示,把一轻质弹簧左端固定,右端系一质量为 m 的物体,将其放置在光滑的水平面上。如将物体稍作移动,它就在弹性力的作用下来回振动,这整个系统称为**弹簧振子**。

当物体在位置 O 时,弹簧是原长,既未伸长也未缩短[图 8-1(a)],物体在水平方向不受力,在竖直方向所受的重力和支持力互相平衡。这样,物体在位置 O 时,所受的合外力为零,位置 O 点称为平衡位置。

我们取平衡位置为坐标原点,物体的振动方向为 y 轴,并规定自由平衡位置向右的方向为 y 轴的正方向。当物体在振动过程中离开平衡位置时,作用在物体上的合力是沿 y 方向上弹簧的弹性力。当物体离开平衡位置的位移为 y 时,这个弹性力与弹簧的伸长量(或压缩量) y 成正比[图 8-1(b)和(c)],即

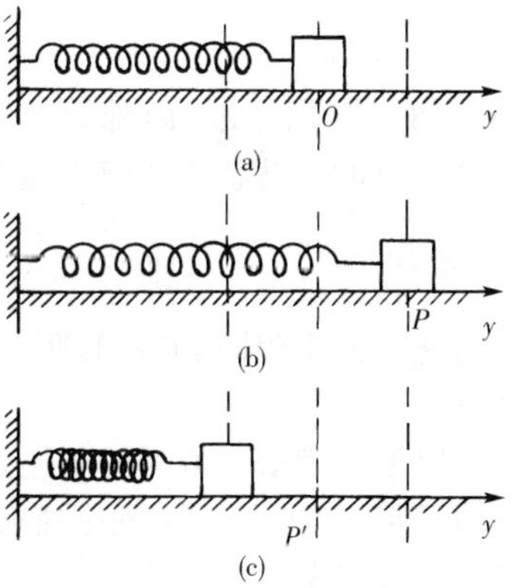

$$F = -ky \tag{8-1}$$

图 8-1 弹簧振子

负号表示力的作用方向与物体位移的方向始终相反,k 为弹簧的倔强系数。根据牛顿第二定律,物体的运动方程为

$$m\frac{d^2 y}{dt^2} = -ky \tag{8-2}$$

这是一个二阶常系数线性齐次微分方程。(8-2)式说明弹簧振子的加速度与位移成正比,方向与位移相反。具有此特征的振动称为**简谐振动**,又称**谐振动**。这样我们就知道,物体仅在弹性力作用下的运动是谐振动。也就是说,物体仅在线性回复力(线性是指力的大小与位移成正比)作用下的运动是谐振动。

令(8-2)式中的 $k/m = \omega^2$,则(8-2)式的解为

$$y = A\cos(\omega t + \phi) \tag{8-3}$$

或

$$y = A\sin\left(\omega t + \phi + \frac{\pi}{2}\right)$$

式中,A 和 ϕ 为常量。由此可见,做简谐振动的质点的位移 y 是时间 t 的余弦(或正弦)函数,(8-3)式称为**简谐运动方程**,也称谐振方程。

二、谐振动的三要素

1. 振幅

分析一下(8-3)式可知,随着时间的推移,物体 m 的位移 y 在数值 $+A$ 和 $-A$ 之间做往复周期性变化,即 A 是振动物体离开平衡位置最大位移的绝对值。我们把 A 称为谐振动的**振幅**。

2. 周期、频率

振动点完成一个完全振动(来回一次)所需要的时间,称为振动的**周期**,用 T 表示,单位为秒(s)。周期的倒数称为**频率**,它表示单位时间内振动的次数,用 ν 表示,单位为赫兹(Hz)。(8-3)式中的 ω 称为**角频率**或**圆频率**,它表示振动点在 2π 秒时间内振动的次数,单位为弧度/秒(rad/s),即

$$T = \frac{1}{\nu} = \frac{2\pi}{\omega} \tag{8-4}$$

对于弹簧振子,因为 $\omega^2 = \dfrac{k}{m}$,所以,它的周期为

$$T = 2\pi\sqrt{\frac{m}{k}} \tag{8-5}$$

3. 相位

(8-3)式中($\omega t + \phi$)称为振动的**相位**,或简称**相**。相位是一个极为重要的物理量,它可以决定振动质点的运动状态。因为振动质点在振动一周之内所经历的状态没有一个是相同的。例如,当($\omega t + \phi$) $= \dfrac{\pi}{2}$ 和($\omega t + \phi$) $= \dfrac{3\pi}{2}$ 时,质点都是在平衡位置,但并不是相同的运动状态,因为和它们对应的速度并不相同,前者的速度方向与后者正好相反。因此,相位是决定振动质点运动状态的物理量。

恒量 ϕ 表示 $t = 0$ 时的相位,称为**初相位**。初相位决定着 $t = 0$ 时刻的位移。当比较两个谐振动步调是否一致时或研究两个谐振动叠加结果时,起决定作用的是两者的相位差。设两个同频率的简谐运动方程为

$$y_1 = A_1\cos(\omega t + \phi_1)$$
$$y_2 = A_2\cos(\omega t + \phi_2)$$

它们之间的**相位差**用 $\Delta\phi$ 表示,故

$$\Delta\phi = (\omega t + \phi_2) - (\omega t + \phi_1) = \phi_2 - \phi_1$$

有了振幅、频率(或周期)和初相位这3个物理量,就可以描述简谐振动系统在任一时刻的运动状态,所以称这三个物理量为谐振动的"三要素"。

三、简谐振动的速度、加速度

由 $y=A\cos(\omega t+\phi)$ 可知简谐振动的位移与时间的关系,由此可知物体运动的速度为

$$v=\frac{\mathrm{d}y}{\mathrm{d}t}=-A\omega\sin(\omega t+\phi) \tag{8-6}$$

加速度为

$$a=\frac{\mathrm{d}v}{\mathrm{d}t}=\frac{\mathrm{d}}{\mathrm{d}t}\left[-A\omega\sin(\omega t+\phi)\right]$$

即

$$a=-\omega^2 A\cos(\omega t+\phi) \tag{8-7}$$

式中,$A\cos(\omega t+\phi)=y$。又由于 $a=\frac{\mathrm{d}^2 y}{\mathrm{d}t^2}$,所以(8-7)式可以写成

$$\frac{\mathrm{d}^2 y}{\mathrm{d}t^2}=-\omega^2 y$$

把(8-2)式变形后写为

$$\frac{\mathrm{d}^2 y}{\mathrm{d}t^2}=-\frac{k}{m}y$$

而 $\frac{k}{m}=\omega^2$,两方程同形。这表明 $y=A\cos(\omega t+\phi)$ 的确是微分方程(8-2)的解。

例 8-1 某一弹簧振子的位移与时间的关系为 $y=5\cos(10\pi t+0.5\pi)$ cm,试求振动的振幅、频率、周期和初相位,并求 $t=1$ s 时的位移、速度及加速度。

解 将 $y=5\cos(10\pi t+0.5\pi)$ cm 与(8-3)式比较,可得

振幅

$$A=5\text{cm}$$

角频率

$$\omega=10\pi\text{s}^{-1}$$

由(8-4)式可得

周期

$$T=\frac{2\pi}{\omega}=0.2\text{s}$$

频率

$$\nu=\frac{1}{T}=5\text{Hz}$$

初相位

$$\phi=0.5\pi$$

将 $t=1$ 代入位移表达式得 $t=1$ s 时

位移

$$y|_{t=1}=5\cos(10\pi+0.5\pi)=0\text{cm}$$

速度

$$v=\frac{\mathrm{d}y}{\mathrm{d}t}=-5\times10\pi\sin(10\pi t+0.5\pi)$$

$$v|_{t=1}=-50\pi\sin 0.5\pi=-50\pi \text{ cm/s}$$

加速度

$$a=\frac{\mathrm{d}v}{\mathrm{d}t}=-5\times(10\pi)^2\cos(10\pi t+0.5\pi)$$

$$a|_{t=1}=0 \text{ cm/s}^2$$

四、谐振动的能量

我们仍以图 8-1 所示的弹簧振子为例，讨论谐振子的能量问题。

质量为 m 的弹簧振子在弹性力的作用下做简谐振动，由于质点具有速度，因此也具有动能，其动能为

$$E_k = \frac{1}{2}mv^2 \tag{8-8a}$$

此外还具有弹性势能，这个弹性势能就是外力克服弹性力所做的功。取质点的平衡位置为势能零点，则弹性势能为

$$E_p = \frac{1}{2}ky^2 \tag{8-9a}$$

将(8-6)式及(8-3)式分别代入[8-8(a)]式和[8-9(a)]式可得

$$E_k = \frac{1}{2}m\omega^2 A^2 \sin^2(\omega t + \phi) \tag{8-8b}$$

$$E_p = \frac{1}{2}kA^2 \cos^2(\omega t + \phi) \tag{8-9b}$$

因做简谐振动的质点，它的速度和位移都随时间周期性变化，因而它的动能和势能也随时间周期性变化。当位移最大时，势能达最大值，但动能为零；当位移为零时，势能为零，而动能达最大值。对于弹簧振子，它的总能量应为动能与势能之和，用 E 表示，即

$$E = E_k + E_p = \frac{1}{2}m\omega^2 A^2 \sin^2(\omega t + \phi) + \frac{1}{2}kA^2 \cos^2(\omega t + \phi)$$

由于弹簧振子满足 $m\omega^2 = k$，所以上式可写成

$$E = \frac{1}{2}kA^2 \tag{8-10}$$

或

$$E = \frac{1}{2}m\omega^2 A^2 \tag{8-11}$$

从上面的讨论可知弹簧振子的动能和势能都是随时间而周期性变化的。但弹簧振子的总能量（机械能）不随时间变化，即在振动过程中，动能与势能相互转化，机械能在振动过程中始终保持不变，并且弹簧振子的机械能与振幅的平方成正比。

五、两个同方向、同频率的简谐振动的合成

设一物体在一条直线上同时参与两个同方向、同频率的谐振动，如果取这一条直线为 y 轴，质点的平衡位置为原点，在任何时刻 t，这两个振动的方程分别为

$$y_1 = A_1 \cos(\omega t + \phi_1)$$
$$y_2 = A_2 \cos(\omega t + \phi_2)$$

式中，A_1, A_2 和 ϕ_1, ϕ_2 分别表示这两个振动的振幅和初相位。按所设条件，y_1 和 y_2 分别表示在同一直线方向上，距同一平衡位置的位移。由运动的叠加原理，合位移也必在同一直线上，且为两个分振动位移的代数和，即

$$y = y_1 + y_2 = A_1 \cos(\omega t + \phi_1) + A_2 \cos(\omega t + \phi_2)$$

利用三角函数公式，可化简上式为

$$y = A\cos(\omega t + \phi)$$

其中，A 和 ϕ 的值分别为

$$A = \sqrt{A_1^2 + A_2^2 + 2A_1 A_2 \cos(\phi_2 - \phi_1)} \tag{8-12}$$

$$\tan\phi = \frac{A_1\sin\phi_1 + A_2\sin\phi_2}{A_1\cos\phi_1 + A_2\cos\phi_2} \tag{8-13}$$

A 和 ϕ 分别表示合振动的振幅和初相位。从上面的结果可以看出，两个同方向、同频率的谐振动的合成结果仍然是简谐振动，且合振动与两个分振动同方向、同频率。合振动的振幅和初相位由两个分振动的振幅和初相位决定。

由(8-12)式可以看出，合振幅 A 除了与分振幅 A_1,A_2 有关外，还取决于两个分振动的相位差 $\Delta\phi = \phi_2 - \phi_1$。下面我们讨论两种特殊情况。

1. 两分振动同相位（或简称同相）

当 $\Delta\phi = \phi_2 - \phi_1 = \pm 2k\pi$（其中，$k = 0,1,2,\cdots$）时，即两个分振动的相位差 $\Delta\phi$ 是 2π 的整数倍，此时 $\cos(\phi_2 - \phi_1) = 1$，则

$$A = \sqrt{A_1^2 + A_2^2 + 2A_1A_2} = A_1 + A_2$$

此时合振幅最大，两个分振动合成的效果是使振动加强，如图 8-2(a) 表示。图中两条细线分别表示两个分振动的曲线，粗线表示的是合振动的振动曲线。

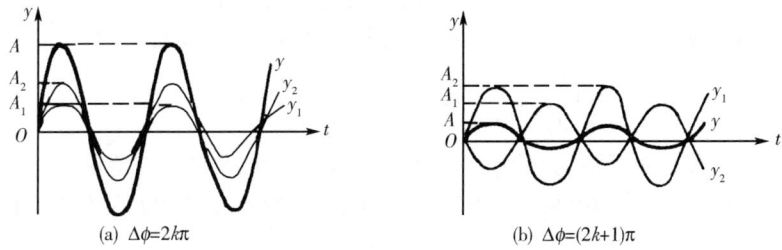

图 8-2 合振幅的加强与减弱情况

2. 两分振动相相位反（简称反相）

当 $\Delta\phi = \phi_2 - \phi_1 = \pm(2k+1)\pi$（其中，$k = 0,1,2,\cdots$）时，即两个分振动的相位差 $\Delta\phi$ 是 π 的奇数倍，此时，$\cos(\phi_2 - \phi_1) = -1$，则

$$A = \sqrt{A_1^2 + A_2^2 - 2A_1A_2} = |A_1 - A_2|$$

此时合振幅为最小（因振幅是正值，故上式右端取绝对值），即两个分振动合成的结果使振幅减弱。图 8-2(b) 表示的就是这种情况。如果 $A_1 = A_2$，则合成的结果将使物体处于静止状态（$A = 0$）。

3. 一般情况下（除同相、反相以外）

当 $\Delta\phi = \phi_2 - \phi_1$ 不是 π 的整数倍时，合振动的振幅 A 就介于 $(A_1 + A_2)$ 与 $|A_1 - A_2|$ 之间。

例 8-2 一质点同时参与两个在同一直线上的简谐振动，$y_1 = 4\cos\left(2t + \dfrac{\pi}{6}\right)$，$y_2 = 3\cos\left(2t - \dfrac{5}{6}\pi\right)$，试求其合振动的振幅、初相位及振动方程（式中 y 以 cm 计，t 以 s 计）。

解 这是同频率同方向两振动的合成问题，其中，振幅 $A_1 = 4\text{cm}, A_2 = 3\text{cm}$，初相位分别为 $\phi_1 = \dfrac{\pi}{6}, \phi_2 = -\dfrac{5\pi}{6}$，则

$$\Delta\phi = \phi_2 - \phi_1 = -\frac{5\pi}{6} - \frac{\pi}{6} = -\pi$$

由(8-12)式,(8-13)式可得

(1) 合振动的振幅 $A = \sqrt{A_1^2 + A_2^2 + 2A_1A_2\cos(\phi_2 - \phi_1)} = \sqrt{4^2 + 3^2 + 2\times 4\times 3\times\cos(-\pi)} = 1\text{cm}$

$$\tan\phi = \frac{A_1\sin\phi_1 + A_2\sin\phi_2}{A_1\cos\phi_1 + A_2\cos\phi_2} = \frac{4\times\dfrac{1}{2} + 3\times\left(-\dfrac{1}{2}\right)}{4\times\dfrac{\sqrt{3}}{2} + 3\times\left(-\dfrac{\sqrt{3}}{2}\right)} = \frac{\sqrt{3}}{3}$$

(2) 合振动的初相位 $\phi = \dfrac{\pi}{6}$

(3) 振动的方程为 $y = \cos\left(2t + \dfrac{\pi}{6}\right)$ (cm)

六、两个方向相互垂直、同频率的简谐振动的合成 *

上面讨论了同方向、同频率的两个谐振动的合成问题。另外,也存在相互垂直的两个谐振动合成的问题,这一类问题,特别是两振动同频率的情况,在电学、光学中有重要应用。

设某质点同时参与两个振动方向相互垂直的谐振动,一个谐振动沿 x 轴,另一个沿 y 轴,并且频率相同(角频率都是 ω)。

设两个分振动的振动方程分别为

$$x = A_1 \cos(\omega t + \phi_1)$$
$$y = A_2 \cos(\omega t + \phi_2)$$

在任何时刻 t,质点的位置是 (x,y)。t 改变时,(x,y) 也改变,所以上面两方程就是由参量 t 表示的质点运动轨道的参数方程,如果把参量 t 消去,就得到轨道的直角坐标方程

$$\dfrac{x^2}{A_1^2} + \dfrac{y^2}{A_2^2} - 2\dfrac{xy}{A_1 A_2}\cos(\phi_2 - \phi_1) = \sin^2(\phi_2 - \phi_1) \tag{8-14}$$

(8-14)式是一椭圆方程。对于不同的相位差 $\Delta\phi = \phi_2 - \phi_1$ 也对应几种特殊情形。

(1) 两分振动同相位:当 $\Delta\phi = \phi_2 - \phi_1 = 0$ 时,即两分振动的相位差为 0 或同相位。化简(8-14)式为

$$\left(\dfrac{x}{A_1} - \dfrac{y}{A_2}\right)^2 = 0$$

亦即

$$\dfrac{x}{A_1} = \dfrac{y}{A_2} \quad 或 \quad y = \dfrac{A_2}{A_1}x \tag{8-15}$$

此时,质点的轨迹是一条直线,这条直线过坐标原点且在一、三象限,斜率为这两个振动的振幅之比 $\dfrac{A_2}{A_1}$,如图 8-3(a)所示。

在任一时刻 t,质点离开平衡位置的位移为

$$s = \sqrt{x^2 + y^2} = \sqrt{A_1^2 + A_2^2}\ \cos(\omega t + \phi)$$

由上式可知,合振动是沿着这条直线的简谐振动,其频率与分振动频率相同,振幅为 $\sqrt{A_1^2 + A_2^2}$。

(2) 两分振动相位反相:当 $\Delta\phi = \phi_2 - \phi_1 = \pi$,化简(8-14)式为

$$\dfrac{x^2}{A_1^2} + \dfrac{y^2}{A_2^2} + 2\dfrac{xy}{A_1 A_2} = 0, \quad \left(\dfrac{x}{A_1} + \dfrac{y}{A_2}\right)^2 = 0$$

得

$$y = -\dfrac{A_2}{A_1}x \tag{8-16}$$

那么,质点是在另一条直线 $y = -\dfrac{A_2}{A_1}x$ 上振动,这条直线过原点,在二、四象限内。

与上述情形相似,如图 8-3(b)所示。

(3) 当 $\Delta\phi = \phi_2 - \phi_1 = \dfrac{\pi}{2}$,化简(8-14)式为

$$\dfrac{x^2}{A_1^2} + \dfrac{y^2}{A_2^2} = 1$$

即质点的运动轨道是以坐标轴为主轴的椭圆,如图 8-3(c)所示。椭圆上的箭头表示质点的运动方向。

(4) 当 $\Delta\phi=\phi_2-\phi_1=-\dfrac{\pi}{2}$，这时仍有

$$\dfrac{x^2}{A_1^2}+\dfrac{y^2}{A_2^2}=1$$

这时质点的运动轨道仍为(3)中的椭圆，但质点的运动方向与图 8-3(c)的相反，其运动轨迹如图 8-3(d)所示。

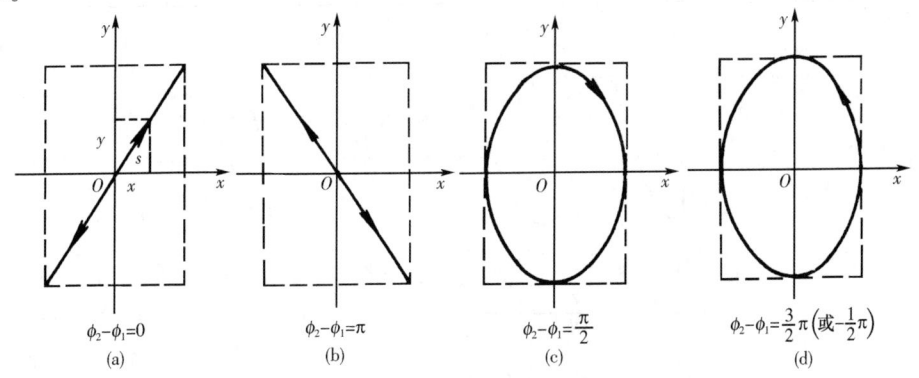

图 8-3 两个相互垂直同周期简谐振动的合成

当相位差 $\Delta\phi=\phi_2-\phi_1=\pm\dfrac{\pi}{2}$ 时，若两分振动的振幅($A_1=A_2$)时，那么椭圆将变成圆(图 8-4)。

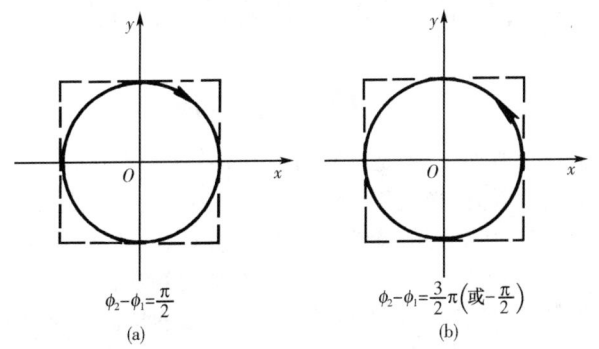

图 8-4 两个等幅的、相位差为 $\pm\dfrac{\pi}{2}$ 的相互垂直同周期简谐振动的合成

总之，两个相互垂直的同周期简谐振动合成时，合振动的轨道是椭圆。椭圆的性质视两分振动的相位差 $\Delta\phi$ 而定，如图 8-5 表示了两个相互垂直、频率相等，不同振幅不同相差时的简谐振动的合成图形。

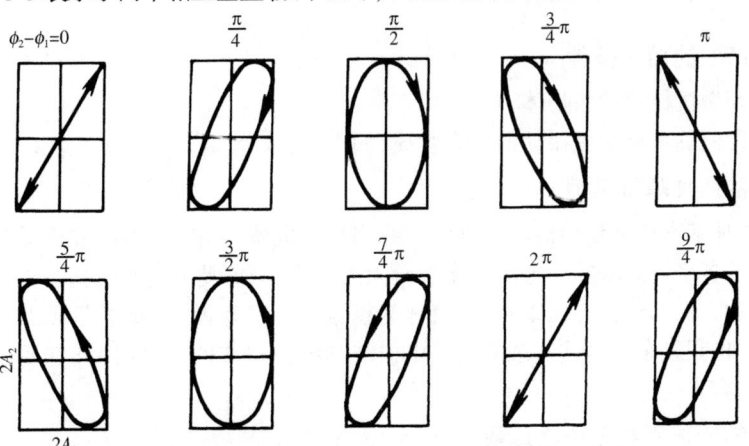

图 8-5 两个相互垂直的周期相同、不同振幅的简谐振动的合成

以上讨论也说明:任何一个直线简谐振动、椭圆运动或匀速圆周运动,都可以分解成为两个相互垂直的简谐振动。

如果两振动的频率之间成整数比,那么它们的合振动是有一定规律的稳定闭合曲线,如表8-1所示。分别画出频率比为1∶2、2∶3时合振动的图形,这样的图形称为**李萨如图形**。

表 8-1 李萨如图形

相位差 频率比	$\varphi_y-\varphi_x=0$	$\varphi_y-\varphi_x=\pi/4$	$\varphi_y-\varphi_x=\pi/2$	$\varphi_y-\varphi_x=3/4\pi$	$\varphi_y-\varphi_x=\pi$
$\omega_x:\omega_y=1:2$					
$\omega_x:\omega_y=2:3$					

第二节 波动学基础

一、机 械 波

振动在介质中的传播称为**波动**,波动是物质的一种特殊运动形式。声波、水面波、抖动绳子一端在绳子上产生的波、脉搏波、地震波、光波和电磁波等都是波。各类波的本质不同,各有其特殊的性质和规律,但形式上它们具有许多共同的特性和规律,即都具有一定的传播速度,都伴随着能量的传播,都能产生反射、折射、干涉和衍射等现象,并且具有相似的数学表达形式。

本章主要讨论机械波及其最简单最基本的波——简谐波的特征和规律,以及在医学研究中有较多应用的特定波动形式——声波和超声波。

当空间介质中的微粒彼此以弹性力相互联系着时,这种介质称为**弹性介质**。弹性介质中某一质点的振动,由于弹性力的联系将引起邻近质点的振动,邻近质点的振动又会引起下一邻近质点的振动,这样振动就以一定速度由近及远地向各个方向传播出去。机械振动在介质中的传播过程称为**机械波**。

1. 机械波产生的两个条件

(1)**波源**,即做机械振动的物体。

(2)**介质**,即能够传播机械振动的媒介物质,如空气、水等。

2. 机械波的两种基本类型

机械波的两种基本类型包括横波和纵波。我们知道机械波是机械振动在介质中的传播,振动在传播时,介质中的各个质点都在一定的平衡位置附近振动,当振动方向与传播方向平行时,这种波就称为**纵波**,当振动方向与传播方向垂直时,就称为**横波**。一般地说,介质中各质点振动情况很复杂,由此产生的波动也很复杂。这些复杂的波是由横波和纵波组成的,这两种波都属于简谐波,它是我们讨论的重点内容。

3. 机械波的描述需要三个物理量

描述机械波的物理量用波长、频率(或周期)、波速来描述。这3个物理量分别用λ,ν(或T),c

表示。它们之间的关系为

$$c = \frac{\lambda}{T} \text{ 或 } c = \lambda\nu$$

二、简谐波的波动方程

如果波源做简谐振动,它将带动介质中与其相邻的周围质点做同频率的简谐振动,这样简谐振动便在弹性介质中传播,形成**简谐波**,它是最基本、最简单的波,因此研究简谐波的规律具有重要的意义。如图 8-6 所示,设一平面余弦简谐波沿 x 方向传播,波源设在坐标原点 O 处,波速为 c,用 x 表示各质点距波源的距离,y 表示质点在振动方向上的振动位移(或质点离开平衡位置的距离)。设波源初相为 0,A 为振幅,ω 为角频率,则波源的振动方程为

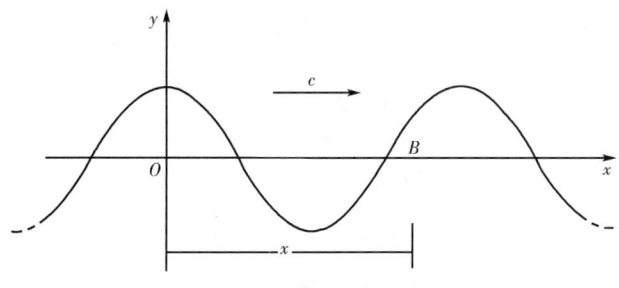

$$y = A\cos\omega t \tag{8-17}$$

图 8-6 推导波动方程用图

假设在波传播方向上距离波源为 x 处的一质点 B,由于 B 点的振动是由 O 点传过来的,所以 B 点的振动落后于 O 点的振动,这段落后的时间也就是振动从 O 传到 B 所需要的时间 $\frac{x}{c}$,所以 B 处质点在 t 时刻的位移等于 O 点处质点在时刻 $\left(t - \frac{x}{c}\right)$ 位移,由此 B 点的振动可以写成

$$y = A\cos\omega\left(t - \frac{x}{c}\right) \tag{8-18}$$

由于 B 点是任意选取的,所以(8-18)式表示了波在传播途径上,任一点在任一时刻的位移,我们把(8-18)式称为**平面简谐波的波动方程**,简称**波动方程**。

由于

$$\omega = \frac{2\pi}{T} = 2\pi\nu$$

且 $cT = \lambda$,因此(8-18)式可以写成

$$y = A\cos 2\pi\left(\nu t - \frac{x}{\lambda}\right) \tag{8-19}$$

或者可以写成

$$y = A\cos 2\pi\left(\frac{t}{T} - \frac{x}{\lambda}\right) \tag{8-20}$$

下面我们讨论上述波动方程的意义:波动方程含有两个自变量 x 和 t,现分别讨论 3 种情况:

(1) 若 x 给定(即考虑该定点处的质点),那么 y 只是 t 的函数。这时波动方程表示距原点(或波源)x 处的质点在不同时刻 t 时的位移,也就表示这个质点在做简谐振动的情形。

(2) 若 t 给定(即在某给定时刻统观波线上所有质点),那么位移 y 将只是 x 的函数,此时,波动方程表示在给定时刻波线上各个质点的位移大小的分布,即表示了给定时刻 t 的波形。

(3) 如果 x 和 t 都在变化,那么波动方程表示波线上各个不同质点在不同时刻的位移,或更形

象地说,这个波动方程中包括了不同时刻的波形,亦即反映了波形的传播,如图8-7所示。

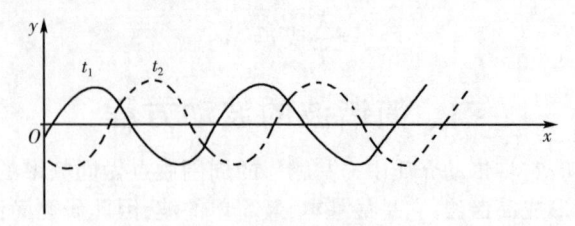

图 8-7 波形的传播

例 8-3 已知一列简谐波的波长 $\lambda = 1.0\text{m}$,振幅 $A = 0.4\text{m}$,周期 $T = 2.0\text{s}$。(1)试写出波动方程;(2)求距离波源为 $\dfrac{\lambda}{2}$ 处质点的振动方程。

解 (1)将 $\lambda = 1.0\text{m}, A = 0.4\text{m}, T = 2.0\text{s}$ 代入波动方程 $y = A\cos 2\pi\left(\dfrac{t}{T} - \dfrac{x}{\lambda}\right)$ 得

$$y = 0.4\cos 2\pi\left(\dfrac{t}{2} - x\right)\ (\text{m})$$

(2)已知 $x = \dfrac{\lambda}{2}$,则该点处的振动方程为

$$y = 0.4\cos\pi(t - 1)\ (\text{m})$$

三、波 的 能 量

当波传播到介质中的某处时,该处原来不动的质点开始振动,因而具有动能,同时该处的介质也将产生形变,因而也具有势能。波动传播时,介质由近及远一层接着一层地振动,由此可见,能量是逐层地传播出去的,这也是波动的重要特征之一。

下面我们来研究平面简谐波的能量传播规律。设波在密度为 ρ 的介质中传播,在介质中取一体积元 $\text{d}V$,它的质量为 $\text{d}m = \rho\text{d}V$,当波动传到此体积元时,使这个体积元获得动能 $\text{d}E_\text{K}$,因形变而同时具有弹性势能 $\text{d}E_\text{P}$。

振动的动能

$$\text{d}E_\text{k} = \dfrac{1}{2}v^2\text{d}m = \dfrac{1}{2}\rho v^2\text{d}V$$

由振动方程(8-18)可以求得速度

$$v = \dfrac{\partial y}{\partial t} = -A\omega\sin\omega\left(t - \dfrac{x}{c}\right) \tag{8-21}$$

把(8-21)式代入动能表达式可得

$$\text{d}E_\text{k} = \dfrac{1}{2}\rho A^2\omega^2\sin^2\omega\left(t - \dfrac{x}{c}\right)\text{d}V$$

在此我们略去证明 $\text{d}E_\text{K} = \text{d}E_\text{P}$,直接利用结论可得

$$\text{d}E_\text{p} = \dfrac{1}{2}\rho A^2\omega^2\sin^2\omega\left(t - \dfrac{x}{c}\right)\text{d}V$$

则总能量

$$\text{d}E = \text{d}E_\text{k} + \text{d}E_\text{p} = 2\text{d}E_\text{k}$$

所以

$$\text{d}E = \rho A^2\omega^2\sin^2\omega\left(t - \dfrac{x}{c}\right)\text{d}V \tag{8-22}$$

我们由(8-22)式变形可得

$$w = \frac{dE}{dV} = \rho A^2 \omega^2 \sin^2 \omega \left(t - \frac{x}{c} \right) \tag{8-23}$$

我们称 w 为波的**能量密度**，表示介质中单位体积的波动能量。由(8-23)式可知波的能量密度是随时间而变化的，通常取其在一个周期内的平均值。因为正弦的平方在一个周期内的平均值为 $\frac{1}{2}$，所以能量密度在一个周期内的平均值即**平均能量密度**为

$$\bar{w} = \frac{1}{2} \rho A^2 \omega^2 \tag{8-24}$$

(8-24)式适用于所有的平面简谐波。

由(8-24)式可知：机械波的平均能量密度与振幅的平方、频率的平方以及介质的密度成正比。

我们已经知道，能量是随着波的行进在介质中传播的。单位时间内通过介质中某个面积的能量称为通过该面积的**能流**。在介质中取垂直于波速 c 的一截面积 S，则在单位时间内通过 S 的能量等于体积 cS 中的能量，如图8-8所示。由于能量是周期性变化的，所以通常取其平均值，即得**平均能流**，用 $\bar{P}$ 表示，其单位为瓦(W)。

$$\bar{P} = \bar{w} cS$$

式中，$\bar{w}$ 是平均能量密度。

通过垂直于波的传播方向的单位面积的平均能流，称为**能流密度**或**波的强度**，用 I 表示，即

$$I = \bar{w} c = \frac{1}{2} \rho c A^2 \omega^2 \tag{8-25}$$

I 实际上是个矢量，能流密度的方向就是波速的方向，能流密度的大小反映了波的强弱，即波的强度，单位是瓦特/米^2(W/m^2)。

声学中的声波强度，简称**声强**，就是上述定义的一个实例。

(8-25)式中 $\rho c = Z$ 称为介质的**声阻抗**，它取决于介质的性质。A，ω 分别为振幅及角频率，取决于波源的性质。(8-25)式将产生波的两个充要条件包含在了一起，且 I 正比于 Z、A^2 和 ω^2。

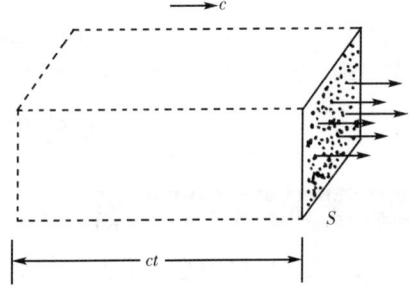

图8-8 单位时间内通过 S 面的能量

四、波的吸收

实际上，平面简谐波在均匀介质中传播时，介质总是要吸收波的一部分能量，因此波的强度和振幅都将逐渐减小，所吸收的波动能量将转换成其他形式的能量(如介质的内能)。这种现象称为**波的吸收**。有吸收时，平面波振幅的衰减规律可用下列方法求出。设通过极薄的厚度为 dx 的介质后振幅的减弱了 $-dA$(dA 本身为负值)，其振幅的减弱值 $-dA$ 正比于进入薄层时的振幅 A 和介质的厚度 dx，即

$$-dA = \alpha A dx$$

积分后得

$$A = A_0 e^{-\alpha x}$$

式中，A_0 和 A 分别为 $x=0$ 和 $x=x$ 处的振幅，α 为恒量，称为介质的**吸收系数**。上式表示的是平面波振幅的衰减规律。

由于波的强度 I 与振幅的平方成正比，我们可以得到平面波强度衰减的规律，即

$$I = \frac{1}{2} \rho c A^2 \omega^2 = \frac{1}{2} \rho c A_0^2 e^{-2\alpha x} \omega^2 = I_0 e^{-2\alpha x} \tag{8-26}$$

式中，$I_0 = \frac{1}{2} \rho c A_0^2 \omega^2$ 为 $x=0$ 处的波的强度，而 I 为 $x=x$ 处波的强度。

例 8-4 空气中声波的吸收系数为 $\alpha_1 = 2\times 10^{-11}\nu^2 \mathrm{m}^{-1}$，钢中的吸收系数为 $\alpha_2 = 4\times 10^{-7}\nu \mathrm{m}^{-1}$，式中 ν 代表声波的频率。问 5MHz 的超声波透过多少厚度的空气或钢时，其声强减为原来的 1%。

解 据题意，空气和钢的吸收系数分别为

$$\alpha_1 = 2\times 10^{-11}\times (5\times 10^6)^2 = 500\mathrm{m}^{-1}$$

$$\alpha_2 = 4\times 10^{-7}\times (5\times 10^6) = 2\mathrm{m}^{-1}$$

把 α_1, α_2 分别代入 $I = I_0 \mathrm{e}^{-2\alpha x}$ 中，

$$x = \frac{1}{2\alpha}\ln\frac{I_0}{I}$$

由题意中 $\frac{I_0}{I} = 100$，可得空气的厚度

$$x_1 = \frac{1}{1000}\ln 100 = 0.046\mathrm{m}$$

也可得钢的厚度

$$x_2 = \frac{1}{4}\ln 100 = 1.15\mathrm{m}$$

可见高频超声波很难透过气体，但极易透过固体。

第三节 波的干涉

凡是波动，无论是机械波还是电磁波，都具有波动的特性，即具有一定的传播速度，都伴随着能量的传播，都能产生反射、折射、干涉和衍射等现象，都遵守波的传播规律。

一、机械波的几何描述与惠更斯原理

(一) 机械波的几何描述

机械波几何描述的物理量，即波线、波面、波前。图 8-9 描画了各个质点相对于各自的平衡位置的偏移，并描画了各个质点的偏移随时间的变化情况。对于二维和三维的波，这样描画是有困难的，通常的方法是利用波面、波前和波射线来描述。我们把处于波峰各点连成一个曲面，也可把处于波谷各点连成一个曲面，也就是说，把振动相位相同的各点连成曲面，这些曲面就称为**波面**，如图 8-9 中的实线所示。把领先的波面称为**波前**，又称**波阵面**，如图 8-9 中的粗实线所示。在图 8-9 中还有一些虚线，这些虚线上任一点的切线方向代表该处的波的传播方向，这些虚线称为**波射线**，也称**波线**。波的能量是沿着波射线方向流动，在各向同性的介质中，波射线垂直于波面。

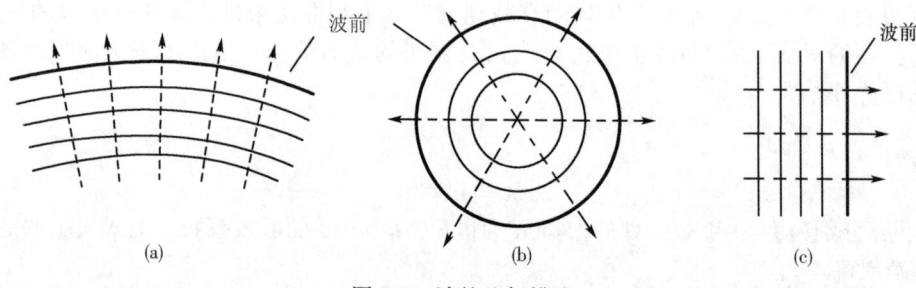

图 8-9 波的几何描述

波面为球形的波称为**球面波**，球面波是点状波源在各向同性介质中发出的波，波面是以波源为中心的球面。

波面为平面的波称为**平面波**，我们可以把从很远处的波源传来的波假设为平面波。在研究平面

波时,只需沿波射线方向加以研究,相当于一维波。

我们用波面、波前和波射线可以描画出波的传播图景。

(二) 惠更斯原理

惠更斯原理告诉我们有关波动的传播方向的规律。

前面我们已经知道波的产生是由于波源的振动,然后经介质中质点的相互作用把振动传播出去。对于连续分布的介质,其中,任何一点的振动将直接引起它邻近各点的振动。因此介质中振动着的任一点都可看成新的波源。如图 8-10 所示,水面上有任意形状的波动传播,只要没有遇到障碍物,波前的形状在传播过程中不变。若波前进时,遇到一个直径为 a 的小孔的障碍物 AB,只要小孔直径与波长相比很小时,我们将会看到,无论原来的波前是什么形状,通过小孔的波前都将变成以小孔为中心的圆形波,而与原来的波形无关。说明小孔可以看成新的波源,这一新的波源我们称为**子波**。

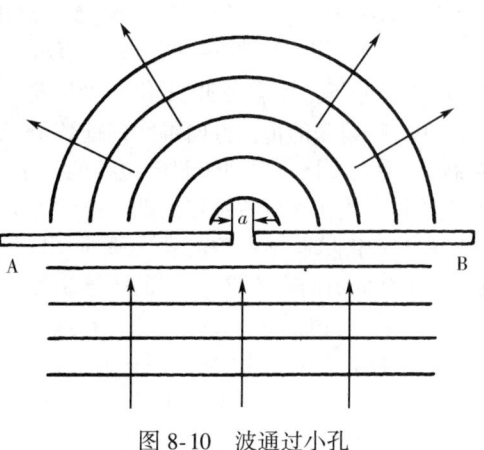

图 8-10 波通过小孔

惠更斯总结了上述现象,于 1690 年提出如下原理:波所达到的每一点都可看成是发射次级子波的波源;在其后的任一时刻,这些子波的包迹(公切面)就是新的波前,这就是**惠更斯(Huygens)原理**。图 8-11(a),(b) 分别是惠更斯原理应用于球面波和平面波的例子。

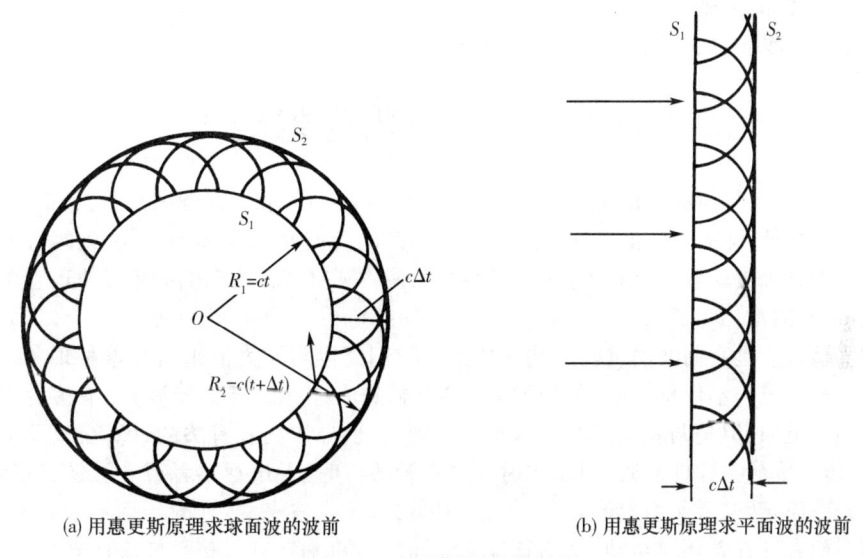

(a) 用惠更斯原理求球面波的波前   (b) 用惠更斯原理求平面波的波前

图 8-11 惠更斯原理的运用

设有波动从波源 O 点以速度 c(在各向同性介质中)向周围传播。已知 S_1 表示在 t 时刻的波前,半径为 $R_1=ct$,可根据惠更斯原理求出在时刻 $(t+\Delta t)$ 的波前。我们知道,S_1 面上的每一点都可看成是发射次级子波的波源,因此以 S_1 面上各点为中心,以 $r=c\Delta t$ 为半径,画出一系列半球面形的子波,再作公切于各子波的包迹面,就得到时刻 $(t+\Delta t)$ 的波前 S_2,如图 8-11(a) 所示。因为我们讨论的是在各向同性的均匀介质中的情况,显然 S_2 就是以 O 为中心,以 $R_2=R_1+c\Delta t$ 为半径的球面。同理,如果已知平面波在某时刻的波前 S_1,用惠更斯原理也可求出在后一时刻的波前 S_2,如图 8-11(b) 所示。

惠更斯原理对任何波动过程都是适用的,不论是机械波或电磁波,不论这些波动经过的介质是

二、波的干涉和衍射

干涉现象是波动形式所独具的重要特征之一。因为只有波动的合成,才能产生干涉现象。干涉现象不但对于光学、声学等非常重要,而且对于近代物理学的发展也有重大的作用。

在日常生活中,人们听乐队演奏时,能够辨别出每种乐器发出的声音,几个人同时说话也能够把他们的声音分辨开。这表明:①每一种波都有保持各自原有的特征(频率、波长、振动方向)不变的性质,各自按原来的传播方向继续向前传播,不受其他波的影响;②在相遇区域,介质中各质点的位移为每一种波在该点单独引起的位移的矢量和,我们称为**波的叠加原理**。两个频率相同、振动方向相同、同相位或初相位差恒定的两个波源称为**相干波源**,由相干波源发出的波称为**相干波**。两列相干波在空间相遇时,根据波的叠加原理,出现空间某些地方振动始终加强,而另一些地方的振动始终减弱或完全抵消的现象,称为波的**干涉现象**。

波的干涉加强和减弱的条件我们将以光波为例,见第九章的波动光学。

当波在行进时遇到障碍物,将会绕过障碍物而改变其传播方向,这种现象称为波的**衍射**(或**绕射**)。如图8-11所示,就是波通过小孔时的一种衍射现象。由于小孔孔径 $a \ll \lambda$,小孔成了发射球面波的中心,即波将沿以小孔为中心的球面的径向向外传播。

隔墙站在室外,仍能听到室内讲话的声音,这就是声波通过门、窗的衍射造成的。实验证明,小孔越小,波长越长,衍射现象就越显著。

声波的波长有几米左右,因此衍射现象比较明显。无线电波的中波波长有几百米,因此衍射现象更显著,即使电台与接收机中间隔着大山,也能接收到无线电波。超声波的波长很短,衍射现象不明显,因而能实现定向传播。

在波动光学中我们将更详细地讨论衍射现象。

第四节 多普勒效应

在日常生活中,当鸣笛的救护车向你驶来时,你会感觉到音调高,即频率高;当救护车远离你时,你会感觉到音调变低,即频率变低。实际上救护车鸣笛的音调并未变,但人耳听到的音调却发生了变化。这种由于波源或观察者相对传播介质运动,而使得观察者接收到的频率发生改变的现象称为**多普勒(Doppler)效应**。

产生多普勒效应是一切波动过程的共同特征。我们仅以声波为例来研究这种现象。波可以分为机械波和电磁波等。不仅机械波(如声波)有多普勒效应,电磁波(如光波)也有多普勒效应。两者的形成原理相类似,但是两者又存在着本质的区别,这也导致两者有关的计算公式不同。我们知道,机械波的传播依赖于弹性介质,因而在讨论多普勒效应时,无论观察者或者波源,其运动速度都是指相对于介质而言,二者所引起的效果不同。但是,对于光波来说,它的传播不依赖于弹性介质,只要光源与观察者存在着相对运动(相对速度 v 已知),就可确定其多普勒效应的频率变化关系,即无须区别光源、观察者究竟哪个在运动,只要知道二者的相对速度即可。

多普勒效应有着重要应用,如观测人造卫星发射的电磁波的频率变化,以判断卫星运行情况,是多普勒效应在近代科学技术中的应用之一。另外,多普勒效应还可用来报警、检查车速。在日常生活和科学观测(如天文观测)中,经常会遇到波源或观察者,尤其是这两者都相对于介质而运动的现象。因此,研究多普勒效应的规律并设法加以利用是有其重要意义的。

下面来分析这一现象。

为简单起见,设想波源 S 与观察者的相对运动发生在两者连线上,设波源相对于介质的运动速度为 v_S。观察者相对于介质的运动速度为 v_B,仍以 c 表示波在介质中传播的速度,并规定①若波源趋近观察者，v_S取正值；反之，若波源背离观察者，v_S取负值。②若观察者趋近波源，v_B取正值；反之，若观察者背离波源，v_B取负值。③波速c恒取正值。下面我们进行讨论：

一、波源和观察者相对于介质静止（$v_S=0, v_B=0$）

波源在单位时间内完全振动的次数（振动频率）就是波源所发出的波的频率，而观察者所感觉到的频率则是观察者（通过仪器或人耳）在单位时间内所接收到的完整波形的数目。设在某时刻，波阵面恰过观察者[图8-12(a)Ⅰ]，1s后，原来位于观察者处的波阵面向前推进的距离即是波速c的数值。因波长为λ，所以，在单位时间内观察者所接收到的完整波形的数目为

$$\nu' = \frac{c}{\lambda} = \frac{c}{cT} = \frac{1}{T} = \nu$$

即观察者接收到的频率与波源的振动频率相同。

二、波源不动，观察者以速度v_B相对于介质运动（$v_S=0, v_B \neq 0$）

1. 观察者向着波源运动

这时$v_B>0$，此时，原来处于观察者处的波阵面，在单位时间内向右传播了c距离，另外观察者自己向左运动了v_B的距离，这就相当于该波阵面通过观察者向前推进的总距离为$c+v_B$[图8-12(b)Ⅱ]。而在单位时间内观察者接收到的波的数目为

$$\nu' = \frac{c+v_B}{\lambda} = \frac{c+v_B}{cT} = \left(\frac{c+v_B}{c}\right)\nu \tag{8-27}$$

这表明，观察者迎波而行时所接收到的频率为波源的$\left(\frac{c+v_B}{c}\right)$倍。

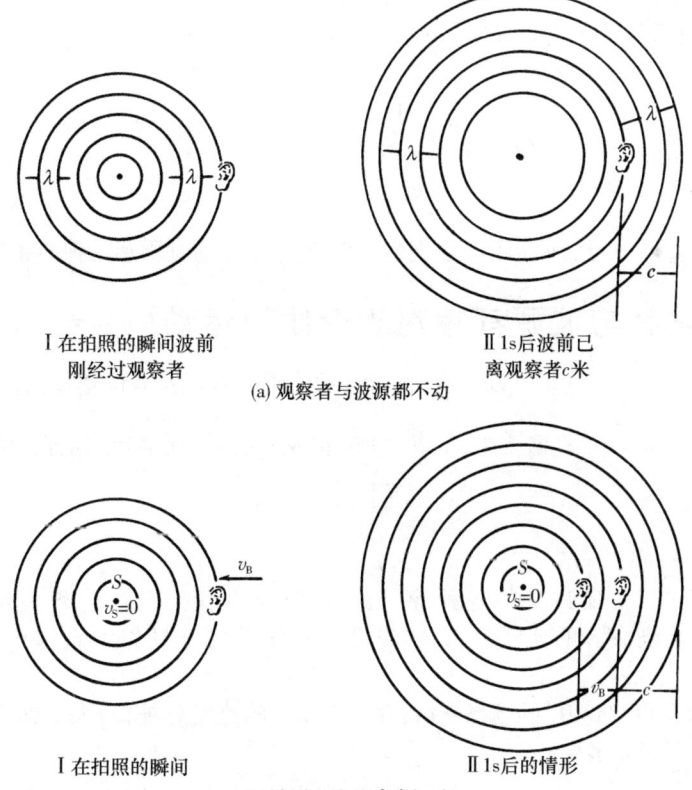

Ⅰ 在拍照的瞬间波前刚经过观察者

Ⅱ 1s后波前已离观察者c米

(a) 观察者与波源都不动

Ⅰ 在拍照的瞬间

Ⅱ 1s后的情形

(b) 波源不动，观察者运动

图8-12 多普勒效应

2. 波源背离观察者运动

上式仍可应用,但此时 v_B 取负值,因此观察者所接收的频率要减小。当 $v_B = -c$ 时,$\nu' = 0$。这相当于观察者与原来的波阵面一起运动,这当然接收不到振动了。

三、观察者不动,波源以速度 v_S 相对于介质运动($v_S \neq 0, v_B = 0$)

1. 波源向着观察者运动

这种情形下,$v_S > 0$,先假定 $v_S < c$,波速仅取决于介质的性质,与波源的运动与否无关,如图8-13所示。设波源在 B 点时开始发出一列波,一个周期后,"波头"达到 C 点。若波源不动,波形则如虚线所示。事实上,一个周期后当波源发出"波尾"时,波源本身已进到 B' 点,$BB' = v_S T$,整个波被挤在 B'C 之间,波形如实线所示。由于波源是匀速运动,所以挤压均匀,波形并无畸变,只是波长变短,其值为

$$\lambda' = \overline{B'C} = \lambda - v_S T = cT - v_S T = (c - v_S)\frac{1}{\nu}$$

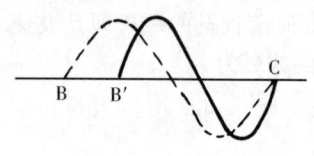

图8-13 波源运动时的多普勒效应

根据波速、频率和波长的基本关系式,应有

$$\nu' = \frac{c}{\lambda'} = \frac{c}{c - v_S}\nu \tag{8-28}$$

这表明,当波源向着观察者运动时,观察者感觉到的频率是波源频率的 $\frac{c}{c - v_S}$ 倍。

2. 波源背离观察者运动

上式仍可应用,只是 v_S 取负值,此时 $\nu' < \nu$,即观察者感觉到的频率比波源的频率低。

由上面的 2 及 3 的结论可知,当波源或观察者单独运动时,即使是 $v_B = v_S$,它们引起频率的改变数值也是不同的。当波源以速度 v_S 相对于介质运动时,

$$\nu' = \frac{c}{(c - v_S)}\nu = \frac{1}{1 - \frac{v_S}{c}}\nu = \frac{1 + \frac{v_S}{c}}{1 - \frac{v_S^2}{c^2}}\nu = \frac{\frac{c + v_S}{c}}{1 - \frac{v_S^2}{c^2}}\nu$$

当上式中的 v_S 等于 v_B 时,显然,ν' 也不等于观察者以速度 v_B 运动时所感觉到的频率 $\frac{c + v_B}{c}\nu$。

四、观察者与波源都相对于介质而运动($v_B \neq 0, v_S \neq 0$)

综合 2 与 3 的结果,由于观察者以速度 v_B 运动,相当于波对观察者的速度为 $c + v_B$。由于波源以速度 v_S 运动,波长缩短为 $\frac{c - v_S}{\nu}$,根据波速、频率和波长的基本关系,观察者感觉到的频率为

$$\nu' = \frac{c + v_B}{\frac{c - v_S}{\nu}} = \frac{c + v_B}{c - v_S}\nu \tag{8-29}$$

(8-29)式包括了以上所讨论的各种情况,使用时应注意我们对 v_B 和 v_S 取值正负的规定。若 v_B 和 v_S 不在波源与观察者的连线上,则将速度在连线上的分量作为 v_S 和 v_B 的值代入上式就可以了。

例 8-5 一列火车以 2000Hz 的频率鸣笛,并以 25m/s 的速度行驶,当火车朝你开来和离你而去时,你所接收到的频率各是多少?

解 (1) 当火车朝你开来时,$v_S = 25$m/s,声速 $c = 340$m/s,代入 $\nu' = \frac{c}{c - v_S}\nu$,则

$$\nu' = \frac{340 \times 2000}{340 - 25} = 2159 \text{Hz}$$

（2）当火车离你而去时，$v_s = -25\text{m/s}$，代入 $\nu' = \dfrac{c}{c - v_s} \nu$，则

$$\nu' = \frac{340 \times 2000}{340 - (-25)} = 1863 \text{Hz}$$

第五节 声波基础

一、声　　波

声波是机械波。机械波的一般规律已在前面讲过，我们在此只讨论声学的某些特殊问题。

当机械波传播进入人耳时，将使耳膜做受迫振动，从而刺激人的听觉神经，引起声音感觉，我们称这种波为**可闻声波**，简称**声波**。实际上，只有频率大约在 20~20 000Hz 范围的机械波才能引起人类的声音感觉，这个频率范围称为**声频**（或**音频**）。频率高于 20 000Hz 的机械波称为**超声波**，频率低于 20Hz 的机械波称为**次声波**（其频率可低达 10^{-4}Hz），地震与海啸都是次声的实例。在声频范围内的振动称为**声振动**，声波是声振动的传播。

从声波的特性和作用来看，所谓 20Hz 和 20 000Hz 并不是明确的分界线，如频率较高的可闻声波，已具有超声波的某些特征和作用，因此在超声技术的研究领域中，也常包括高频可闻声波的特性和作用的研究。

声振动在空气中的传播比较重要，因此，我们所说的声速主要是指声波在空气中的传播速度。声波的速度取决于介质的性质和温度，与声波的频率无关。在标准大气压下，空气中的声速为 331m/s，温度高则声速大，温度低则声速小。常温下，声速为 340m/s，声波同其他波动一样，在传播过程中具有反射、折射和衍射等特性。

二、声压　声强　声强级

1. 声压与声强

以空气中传播的声波为例，当无声波时，空气中各点的静止压强为大气压强 P_0，当有声波传播时，空气中各点的压强就会改变，有的地方密度变大，有的地方密度减小，即稠密的地方压强大于 P_0，稀疏的地方压强小于 P_0，我们把在某一时刻，介质中某一点的压强与无声波通过时的压强之差，即压强的变化量称为该点的**瞬时声压**，用 P 表示。

设声波的波动方程为

$$y = A\sin\omega\left(t - \frac{x}{c}\right)$$

可以证明介质中各点的声压 P 为

$$P = \rho c \omega A \cos\omega\left(t - \frac{x}{c}\right) \tag{8-30}$$

(8-30)式称为声压方程，其中，ρ 是介质的密度，c 是声速，ω 是角频率，A 是声振动的振幅。令

$$P_m = \rho c A \omega \tag{8-31}$$

则声压可写成

$$P = P_m \cos\omega\left(t - \frac{x}{c}\right)$$

P_m 称为**声压振幅**，简称**声幅**。一般所说的声压往往指声压的有效值 P_e，如声压按谐振规律变化，则

$P_e = P_m/\sqrt{2}$。声压的大小反映声波的强弱。

声阻抗 我们知道,电能在电路输送过程中,存在着电阻,也就是存在着能量损耗。同样,在声波传播的过程中也存在着声阻。我们把声压振幅 $P_m = \rho c A \omega$ 与速度振幅 $v_m = A\omega$ 之比称为**声阻抗**,用 Z 表示。

$$Z = \frac{P_m}{v_m} = \frac{\rho c A \omega}{A \omega} = \rho c \tag{8-32}$$

声阻抗的单位是千克/(米²·秒),即 $kg/(m^2 \cdot s)$。声阻抗是表征介质特性的一个物理量,它对声波的传播有很大影响,表 8-2 列出了几种介质的声速和声阻抗。

表 8-2 几种介质的声速和声阻抗

媒质	声速 c(m/s)	密度 ρ(kg/m³)	声阻抗 ρc[kg/(m²·s)]
空气	3.32×10^2(0℃)	1.29	4.28×10^2
	3.44×10^2(20℃)	1.21	4.16×10^2
水	14.8×10^2	988.2	1.48×10^6
脂肪	14.0×10^2	970	1.36×10^6
脑	15.3×10^2	1020	1.56×10^6
肌肉	15.7×10^2	1040	1.63×10^6
密质骨	36.0×10^2	1700	6.12×10^6
钢	50.5×10^2	7800	39.4×10^6

声强就是声波的能流密度,即单位时间内通过垂直于声波传播方向的单位面积的声波能量。由(8-25)式可知声强为

$$I = \frac{1}{2}\rho c A^2 \omega^2 \tag{8-33}$$

由(8-30)式,(8-33)式可知,频率越高就越容易获得较大的声压和声强。

2. 声强级

引起听觉的声波,不仅在频率上有一定范围,而且在声强上也有一定范围,有上下两个极值。低于下限的声强不能引起听觉,高于上限的声强只能引起痛觉,也不能引起听觉。

从图 8-14 中可以看出,在声波频率为 1000Hz 时,一般正常人听觉的最高声强为 $1W/m^2$,最低声强为 $10^{-12}W/m^2$。通常把这一最低声强作为测量声强的标准,用 I_0 表示。由于声强的数量级相差悬殊,所以常用对数标度,即当某声波的声强为 I 时,用 I 与 I_0 之比的对数值 L 来量度声波的强弱,即

$$L = \lg \frac{I}{I_0} \tag{8-34}$$

上式中 L 称为**声强级**,单位为**贝尔**。实际应用时贝尔这个单位太大,通常采用它的 1/10 作为单位,即称为**分贝**(dB)。用分贝作单位时上式可以写成

$$L = 10\lg \frac{I}{I_0} \quad (dB) \tag{8-35}$$

常见几种声音的声强及声强级的数值见表 8-3。

表 8-3　几种声音的声强及声强级

声音种类	声强 $I(\text{W/m}^2)$	声强级数 $L(\text{dB})$
正常呼吸声	10^{-11}	10
钟表声	10^{-10}	20
轻微谈话声	10^{-8}	40
大声叫喊声	10^{-4}	80
5m 处飞机发动声	10^{0}	120
导致耳聋声	10^{4}	160

3. 响度级与等响曲线

急救车的鸣笛声听起来很响,而人们在交谈时的谈话声就不太响,这种主观上感觉到的响与不响,不仅与声波的强度有关,而且还与声波的频率有关。对于相同频率的声波,如果声强不同,则听起来响的程度也不同。例如,同样频率的声音,人耳感觉到的 30dB 的声音比 10dB 的声音响。对于相同声强的声波,如果频率不同则听起来响度也不同。例如,声强相同,频率为 1000Hz 的声音听起来比频率为 400Hz 的要响,所以响度与声波的声强及频率都有关。为了确定某一声音响的程度,就把该声音与一标准声音相比较(通常以 1000Hz 的纯音作为标准),调节 1000Hz 纯音的声强级,使它听起来和所要研究的声音一样响时,就把 1000Hz 纯音的声强级定义为该声音的**响度级**。响度级的单位为"昉"(phon)。例如,100Hz 49dB 的声音听起来与 1000Hz 20dB 的声音一样响,于是我们把 100Hz 49dB 的声音的响度级定义为 20 昉。

由响度级的定义可知,对于 1000Hz 的声音,它的声强级(以分贝为单位)数值与响度级的数值是一样的。对于非 1000Hz 的声音,它的声强级与响度级的数值是不相同的。我们把不同频率的声音但响度级相同的各点连成曲线,如图 8-14 所示,这些曲线就称为**等响曲线**。

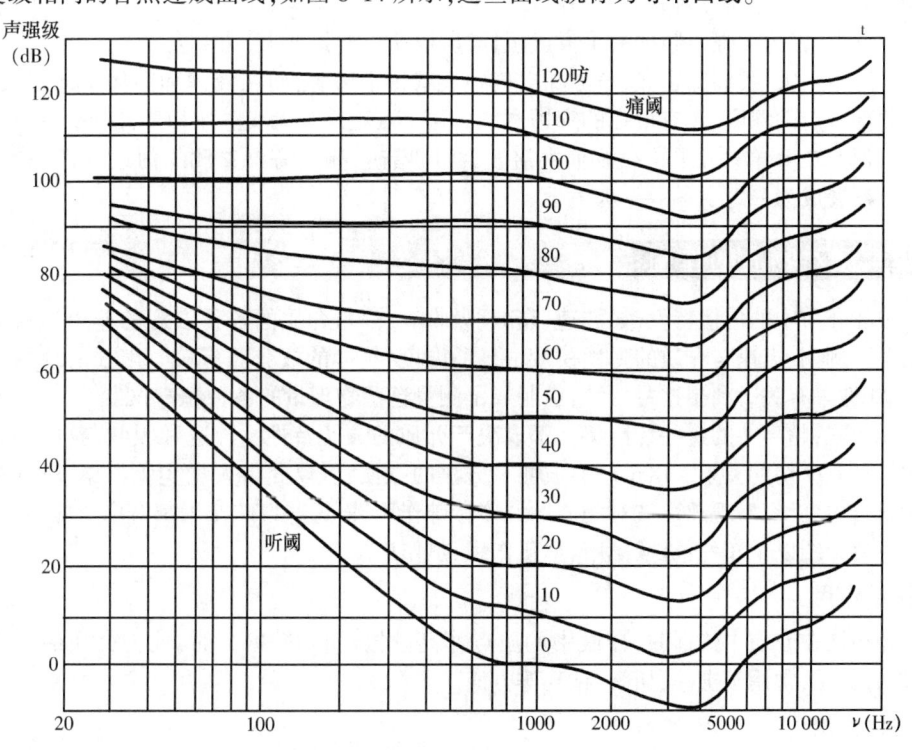

图 8-14　等响曲线

对于某一频率的声音,它的声强必须达到某一数值时,才能被人耳所听到,这个能产生听觉的最小声强称为**听觉阈**。不同频率的声音有不同的听觉阈,各听觉阈对应的响度级为零吩。不同频率零响度级的各点连成的曲线称为零响度级曲线或听觉阈曲线。一般地说,低于此曲线的声音,人耳就听不到了。

对于某一频率的声音,随着声强的增大,人耳感觉到的声音的响度也越来越大,当声强大到一定数值时,会引起人耳的疼痛,这一数值称为**痛觉阈**。不同频率各痛觉阈点的连线称为**痛觉阈曲线**。

例 8-6 某种马达开动时产生的噪声声强为 10^{-7}W/m^2,求(1)开动一台马达,其噪声的声强级是多少分贝?(2)同时开动两台马达,其噪声的声强级为多少分贝?

解 由(8-35)式可知:$L = 10\lg\dfrac{I}{I_0}$,$I_0 = 10^{-12}\text{W/m}^2$

(1) $L_1 = 10\lg\dfrac{I}{I_0} = 10\lg\dfrac{10^{-7}}{10^{-12}} = 50\text{dB}$

(2) $L_2 = 10\lg\dfrac{2I}{I_0} = 10\lg 2 + 10\lg\dfrac{10^{-7}}{10^{-12}} = 53\text{dB}$

由计算可知,声强增大到 2 倍时,声强级的增大约为 3dB。

三、超 声 波

(一) 超声波的性质

频率高于 20 000Hz 时,人耳就听不到了,这种声波称为**超声波**。超声波除了具有波的一般性质外,还有一些特有的性质。

(1) 方向性好:由于其波长短,衍射现象不显著,所以其传播方向性好,近似直线传播,与光束类似,易于聚焦,可用作定向发射。

(2) 强度大:因为声强与频率的平方成正比,所以超声波强度大,功率大。

(3) 穿透本领大:我们知道,超声波在空气中衰减得很厉害,而在液体和固体中却衰减很小,能穿透介质内部一定的深度,具有很强的穿透本领。这一点正好与无线电波相反,因此,海洋中应用超声波最为方便。在海洋中可用超声波侦察潜艇、海底暗礁,测定海深并测绘海底地形图,寻找鱼群等。这些已发展成为一门学科——水声学。

(二) 超声波对物质的作用

超声波在介质中的传播特性,如波速、衰减、吸收等,都与介质的各种宏观的非声学的物理量有着紧密联系。例如,声速与介质的弹性模量、密度、温度、气体的成分等有关。声强的衰减与材料的空隙率、黏滞性等有关。利用这些特性,已制成了测量这些物理量的各种超声仪器。

从本质上看,超声波的这些传播特性都取决于介质的分子特性。声速和吸收与分子的能量、分子的结构等都有密切的关系。由于超声波测量方法的方便,可以获得大量实验数据,所以在生产实践和科学研究中,已经发现超声波对物质的许多特殊作用,而这些特殊作用都有广泛应用。

我们主要介绍以下 3 种:机械作用、空化作用、热作用。

1. 机械作用

高频超声波在介质中传播时,介质中的质点作高频振动,当功率大时,能把介质的力学结构破坏,具有击碎作用,常用于击碎、切割、钻孔等方面。

2. 空化作用

高频大功率的超声波通过液体介质时,将引起液体产生疏密的变化,稠密区介质受压,稀疏区介质受拉,因为液体介质的受拉的能力很弱,特别是液体中含有杂质和气泡的地方,此时液体将被拉断形成空腔;接踵而来的正声压会使空腔在迅速闭合的瞬间产生局部高压、高温和放电现象,这种作用称为空化作用。超声波的空化作用常用于清洗、雾化、乳化以及促进化学反应等方面。例如,在常温常压下不能发生的化学反应,在空化的作用下往往能够发生。又如,在空化作用下,能把水银捣碎成小粒子,使其和水均匀地混合在一起成为乳浊液;在医药上可用以捣碎药物制成各种药剂;在食品工业上可用以制成许许多多的调味汁;在建筑业上可用以制成水泥乳浊液等。

3. 热作用

热作用是指超声波作用于物质时,它的能量被物质所吸收,因而使物质本身温度升高的现象。

介质对超声的吸收会引起温度上升。一方面,频率越高,这种热效应就越显著;另一方面,在不同介质的分界面上,特别是在流体与固体介质的分界面上,或流体介质与其中悬浮粒子的分界面上,超声能量将大量地转换成热能,往往造成分界面处的局部高温,甚至产生电离效应。这种作用也有很多重要的应用。

以上3种作用是超声波最基本的作用。此外,超声波还有很多其他作用(如化学作用、生物作用等)。

(三) 超声波的产生

超声波的频率(高于20 000Hz)比通常的声音(声波频率为20~20 000Hz)高得多,因此超声波的产生方法与音频振动不同。获得超声波的办法很多,医学诊断用的超声波发生器,目前都是根据压电效应原理制造的。压电效应包括正压电效应及逆压电效应。正压电效应,即在某些晶体的一定方向上施加压力,发生压缩形变,则上面产生正电荷,下面产生负电荷,如图8-15(a)所示。如果拉伸它使晶体发生拉伸形变,则上面产生负电荷,下面是正电荷,如图8-15(b)所示。这就是说,在晶体的一定方向上施加压力和拉力时,在晶体的某些面上出现异号电荷,这种现象在物理学上称为**压电效应**。具有压电效应的晶体,称为**压电晶体**。如果在压电晶体的两面给予异号电荷,它就会沿一定方向发生压缩和拉伸形变,这称为**逆压电效应**。这种性质的晶体,两面若通以高频的交流电,它也就做高频的振动而发射出超声波来。

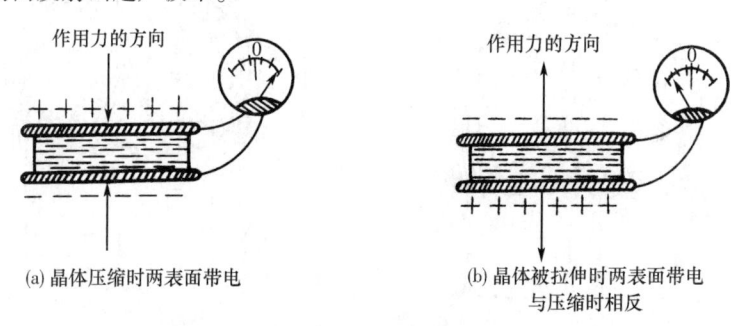

(a) 晶体压缩时两表面带电

(b) 晶体被拉伸时两表面带电与压缩时相反

图8-15 压电效应原理

在超声波诊断仪的探头上,主要元件就是压电晶体片,用逆压电效应使晶体片产生超声振动,即把电能转换为机械能。从人体反射回来的超声振动作用到晶体片上,由于正压电效应,在晶体上产生高频交变电压,即把机械能转换成电能。因此,超声探头也称为换能器。目前常用于换能器的晶体片有锆酸铅、钛酸钡、石英、硫酸锂等人工或天然晶体。

📖 知识拓展　　　　超声波在医学上的应用

超声波在医学治疗与诊断中的应用面比较广泛,如近年来新报道了用超声波治疗偏瘫、面神经麻痹、小儿麻痹后遗症、乳腺炎、乳腺增生症、血肿等疾病。而超声诊断是一种无创伤、非侵入的诊断方式,被广泛应用于临床,这里我们将讲述A型、B型、M型、D型4种超声诊断仪。它们主要是应用反射原理,即依照物理学规律,采用各种扫描方法,将超声波发射到体内,在组织内传播,当正常组织和病理组织的声阻抗有一定差异时,它们组成的界面就发生反射和散射,再将此回波信号接收并加以处理后,就显示为波形、曲线或图像等,根据回波的特性,再结合生理、病理、解剖等知识进行临床分析,便可对患者的部位、性质作出判断。

1. A型超声诊断仪

在探头和体表之间涂上一层液状石蜡之类的导声耦合剂,以防产生空隙,影响透入机体的超声强度。由于体内不同组织和脏器的声阻抗不同,因而在界面上就形成不同的反射波,称为回波,图8-16是A型超声诊断仪(简称A超)的工作原理图。在超声波发生器U工作的时候,便有超声振动向体内发射,每遇到一个界面都产生反射。反射波经同一探头T输回到诊断仪屏幕上显示回波脉冲。显示器的横轴代表不同组织界面距体表的深度,纵轴代表回波脉冲的强度。

如图8-16(a)的回波脉冲图代表正常组织的情况;图8-16(b)代表病患组织情况,其中,脉冲i代表进入病患部位的回波,脉冲o代表透出病患部位的回波。依据图8-16(b)的波形,可判断脏器发生病变或有异物的组织的部位、大小及性质。图8-17(a)、(b)两图是A超对脑瘤诊断的回波示意图。

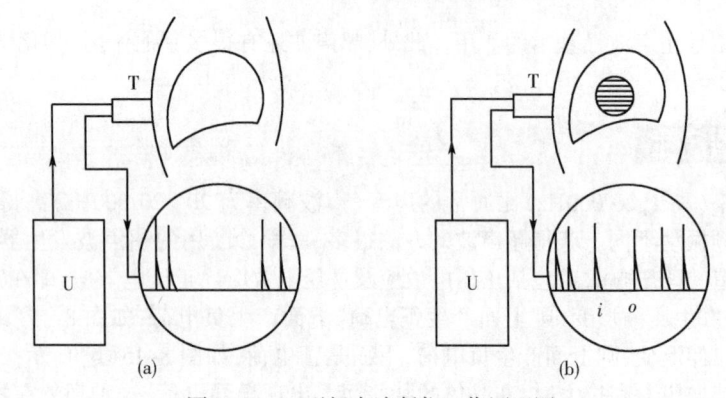

图 8-16 A型超声诊断仪工作原理图

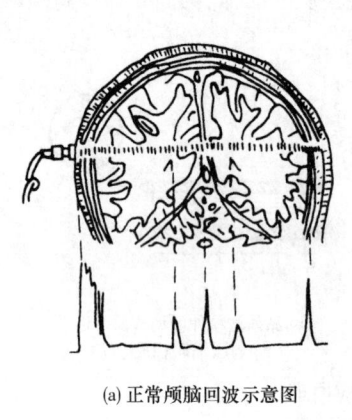

(a) 正常颅脑回波示意图　　(b) 脑肿瘤回波示意图

图 8-17 脑回波脉冲

2. B型超声诊断仪

B型超声诊断仪(简称B超)的工作原理与A型超声仪的基本相同。只是B超将A超的幅度调制式改进为辉度调制显示,回波强,光点亮;回波弱,光点淡;无回波则呈暗区。可以通过回波的情况观察各个器官界面和组织及器官的情况。B超图像是被探测部位的二维图像,宜于检查人体不同部位的病变。由于B超能在一定范围内选择探测部位,并且具有连续显示运动脏器的功能,B超所显示的声像图比较近于肉眼所见的实体切面图像,因此B超比其他类型的超声仪易于普及。图8-18所示的是B型超声诊断仪的原理图。

3. M型超声诊断仪(或超声心动仪)

M型超声诊断仪多用于心血管病的诊断,因此常称它为超声心动仪。

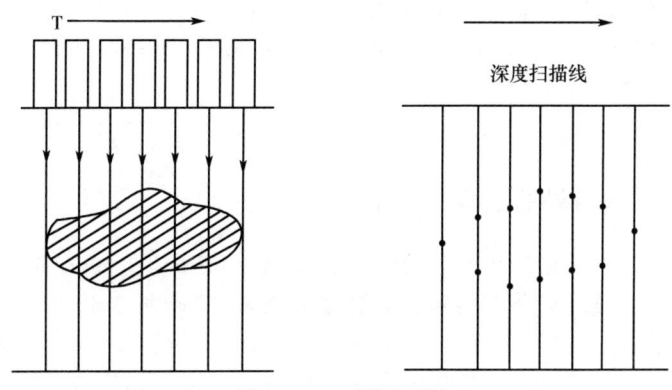

图 8-18　B 超原理图

它的工作原理如图 8-19 所示。它既有 A 超的特点，即探头 T 固定不动，又有 B 超的特点，即用辉度显示回波。它的工作过程是当探头固定对着心脏的某个部位，由于心脏有规律的跳动，屏上就呈现出随心脏跳动而上下移动的一系列光点。扫描线从左向右移动时，这些光点便横向展开，显示出心动周期中心脏各层组织结构的活动情况曲线，即超声心动图。特别适用于心功能检查。

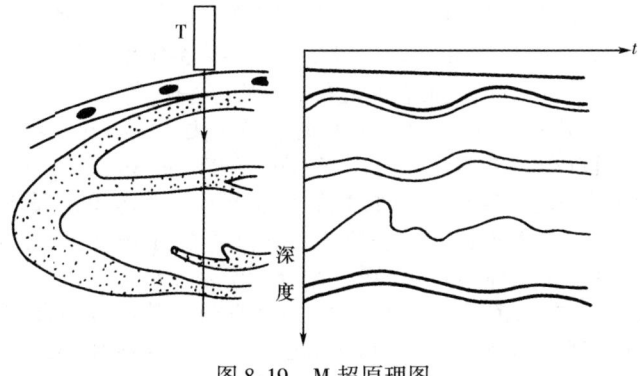

图 8-19　M 超原理图

4. D 型超声成像仪

多普勒超声血流计是利用多普勒效应制成的。多普勒超声血流计在临床上被广泛应用，它主要用来测量体内运动着的物体或流体的速度。图 8-20 表示多普勒超声血流计的原理图。简称 D 超。

当探头向血管发射的超声波被血管中的红细胞反射时，按多普勒效应来说，超声发生器相当于声源，红细胞相当于观察者，由于红细胞以速度 v 运动，所以红细胞所接收到的频率不同于超声发生器所发生的频率 ν，当被红细胞反射回来的超声波被超声接收器接收时，红细胞相当于声源，是运动的，超声接收器相当于观察者，是不动的，这时超声接收器所接收到的频率又一次发生改变。计算结果表明，接收器所接收到的频率与发射器所发射的频率之差 $\Delta\nu$ 与血流速 v 有如下关系：

$$v = \frac{c}{2\nu\cos\theta}\Delta\nu \tag{8-36}$$

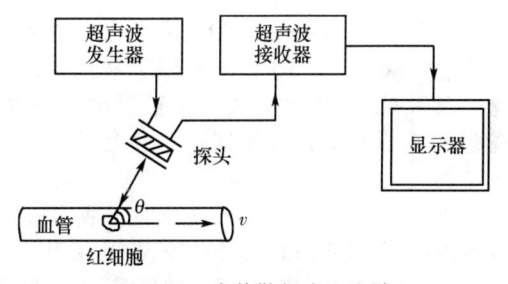

图 8-20　多普勒超声血流计

其中，c 是超声波在组织中的传播速度，θ 是声源方向与血流方向之间的夹角，ν 是超声波发生器发射出超声波的频率。

彩色多普勒血流成像仪简称"彩超"，其原理是采用一高速相控阵扫描探头进行平面扫描，属于实时二维血流成像技术，可同时显示解剖形态大小结构和血液流动状态，为医学临床提供了一种先进的诊断仪器。

超声波既可用于诊断，又可用于治疗。当超声波透入人体组织内部时，声能转换为热能，即超声能量被组织所吸收，引起组织温度上升。同时超声波引起的高频振动对组织产生了一种特殊的按摩作用，它被利用来治疗某些疾病，如关节炎、神经痛等均有一定疗效。

科学之光　多普勒的故事

克里斯琴·约翰·多普勒

克里斯琴·约翰·多普勒（Christian Johann Doppler，1803—1853），奥地利物理学家，他因"多普勒效应"而闻名于世。

1822年他开始在维也纳工学院学习，在数学方面显示出超常的水平，1825年他以各科优异的成绩毕业。在这之后他回到萨尔茨堡教授哲学，然后去维也纳大学学习高等数学、力学和天文学。1829年在维也纳大学学习结束后，他被任命为高等数学和力学教授助理，他在四年期间发表了四篇数学论文。之后又当过工厂的会计员，然后到了布拉格一所技术中学任教，同时任布拉格理工学院的兼职讲师。到了1841年，他才正式成为理工学院的数学教授。多普勒是一位严谨的老师。他曾经被学生投诉考试过于严厉而被学校调查，繁重的教务和沉重的压力使多普勒的健康每况愈下，但他的科学成就使他闻名于世。1850年，他被委任为维也纳大学物理学院的第一任院长，可是三年后的1853年3月17日，他在意大利的威尼斯去世，年仅49岁。

著名的多普勒效应首次出现在1842年发表的一篇论文上。多普勒推导出当波源和观察者有相对运动时，观察者接收到的频率会改变。有人从1845年开始，利用声波来进行实验。他们让一些乐手在火车上奏出乐音，请另一些乐手在月台上写下火车逐渐接近和离开时听到的音高，实验结果支持多普勒效应的存在。多普勒效应有很多应用，例如天文学家观察到遥远星体光谱的红移现象，可以计算出星体与地球的相对速度；警方可用雷达侦测车速等。

声波的多普勒效应也可以用于医学的诊断。超声频移诊断法即D超，就是应用多普勒效应原理。当声源与接收体（即探头和反射体）之间有相对运动时，回声的频率有所改变，此种频率的变化称之为频移。D超包括脉冲多普勒、连续多普勒和彩色多普勒血流图像。彩色多普勒是在频谱多普勒技术基础上发展起来的利用多普勒原理进行血流显像的技术，1986年开始用于周围血管血流成像。它可以无创、实时地提供病变区域的血流信号信息，这是X射线、核医学、CT、MRI以及PET所做不到的。彩色多普勒超声一般是用自相关技术进行多普勒信号处理，把自相关技术获得的血流信号经彩色编码后实时地叠加在二维图像上，即形成彩色多普勒超声血流图像。彩色多普勒具有：①高性能。彩色多普勒血流显像，准确反映血流动力学信息，对各类复杂型先心病、风湿病、心脏病、冠心病、高心病、肺心病、各类心肌病等做出准确诊断。②高清晰度。高清晰度的腹部B超，诊断肝、胆、胰、肺、肾等腹腔脏器的各类疾病，如肿瘤、结石、外伤等，各类妇科病、胎儿监护等准确可靠。③高分辨率。高频探头分辨率高，对眼球疾病、甲亢、甲状腺肿瘤、乳腺肿瘤、乳腺增生、浅表软组织色块、浅隐睾等做出明确诊断。由此可见，彩色多普勒超声（即彩超）既具有二维超声结构图像的优点，又同时提供了血流动力学的丰富信息，实际应用受到了广泛的重视和欢迎，在临床上被誉为"非创伤性血管造影"。

小　结

(1) 简谐振动的定义：
1) 在弹性力或准弹性力作用下的运动，即满足：$F=-ky$
2) 或满足微分方程：$m\dfrac{d^2y}{dt^2}=-ky$

3) 或满足简谐运动方程: $y = A\cos(\omega t + \phi)$

(2) 简谐振动的三要素: 振幅 A、周期 T(频率 ν、圆频率 ω) 和相位 $\omega t + \varphi$:

1) 圆频率、频率和周期之间的关系是

$$\omega = 2\pi\nu = \frac{2\pi}{T}$$

2) 对于弹簧振子, 其圆频率为

$$\omega = \sqrt{\frac{k}{m}}$$

3) 相位 $\omega t + \varphi$ 决定振动物体在 t 时刻的运动状态, 初相 φ 决定振动物体在初始时刻的运动状态。

(3) 简谐振动系统的总能量为动能和势能之和, 即

$$E = E_k + E_p = \frac{1}{2}kA^2$$

(4) 两个同方向、同频率的谐振动的合振动仍为谐振动, 合振动的频率与分振动的频率相同, 合振动的振幅和初相分别为

$$A = \sqrt{A_1^2 + A_2^2 + 2A_1A_2\cos(\varphi_2 - \varphi_1)}$$

$$\varphi = \arctan\frac{A_1\sin\varphi_1 A_2\sin\varphi_2}{A_1\cos\varphi_1 A_2\cos\varphi_2}$$

当相位差 $\varphi_2 - \varphi_1 = 2k\pi, k = 0, \pm 1, \pm 2, \cdots$, 合成振幅最大, $A_{max} = A_1 + A_2$;

当相位差 $\varphi_2 - \varphi_1 = (2k+1)\pi, k = 0, \pm 1, \pm 2, \cdots$, 合成振幅最小, $A_{min} = |A_1 - A_2|$;

(5) 描述波的几个物理量: 波长 λ、周期 T、频率 ν 和波速 c, 它们之间的关系是

$$\lambda = cT = \frac{c}{\nu}$$

(6) 平面简谐波的表达式, 即波动方程为

$$y = A\cos\omega\left(t - \frac{x}{c}\right) 或 y = A\cos 2\pi\left(\nu t - \frac{x}{\lambda}\right) = A\cos 2\pi\left(\frac{t}{T} - \frac{x}{\lambda}\right)$$

式中位移 y 是坐标 x 和时间 t 的二元函数, 表达式表示波线上任意 x 处的质点在任意 t 时刻的位移, 即表示波形的传播。

(7) 波的平均能量密度:

$$\bar{w} = \frac{1}{2}\rho\omega^2 A^2$$

(8) 波和声波的强度为:

$$I = \frac{1}{2}\rho c\omega^2 A^2$$

(9) 多普勒效应: 当波源或观察者相对于介质运动时, 观察者接收到的频率将发生改变, 这种现象即为多普勒效应。

(10) 声强级: $L = 10\lg\frac{I}{I_0}$(dB), 式中 $I_0 = 10^{-12}$ W/m²

习 题 八

8-1. 简谐振动的振幅是 A, 问振动质点在一周期内走过的路程有多远?

8-2. 一物体做简谐振动, 其振动方程是 $y = 0.12\cos\left(\pi t - \frac{\pi}{3}\right)$ (m), 求

(1) 振动的振幅、频率、周期和初相位；

(2) $t=0.5$s 时，物体的位置、速度和加速度。

8-3. 一弹簧振子其质量 $m=0.64$kg，$k=100$N/m，当 $t=0$ 时，$y_0=0.10$m，$v_0=-1.25\sqrt{3}$m/s。试求

(1) 角频率 ω 及周期 T；

(2) 振幅 A 及初相位，并写出振动方程；

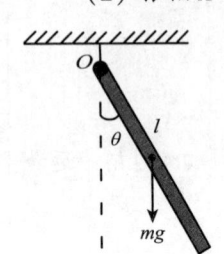

(3) $t=\dfrac{6}{25}\pi$(s) 时的位移、速度、加速度以及所受弹力 F 的大小。

8-4. 一物体沿如正文图 8-1 所示的 y 轴做简谐振动，振幅为 0.12m，周期为 2s，当 $t=0$ 时，物体的位移为 0.06m 且向 y 轴正方向运动，求简谐振动的初相。

8-5. 如题 8-5 图所示，长为 l，质量为 m 的匀质杆一端悬挂在水平轴 O 上，杆可在竖直面内自由摆动。当摆幅很小时，证明杆的运动为简谐振动，并求其周期。

题 8-5 图

8-6. 已知两个同方向、同频率的简谐振动方程分别为 $y_1=3.0\cos(\omega t+\pi)$(cm)，$y_2=4.0\cos(\omega t+\dfrac{3}{2}\pi)$(cm)，求其合振动的振幅、初相及振动方程。

8-7. 某波的波动方程为 $y=0.05\cos\pi(5x-100t)$(m)，求

(1) 波的振幅、频率、周期、波速及波长；

(2) $x=2$m 处的质点的振动方程及初相；

(3) $x_1=0.2$m 及 $x_2=0.35$m 处两质点振动的相位差。

8-8. 频率为 $\nu=12.5$kHz 的平面简谐波在金属棒中传播，传播速度为 $c=5.0\times10^3$m/s，已知波源的振幅 $A=0.1$mm，试求

(1) 波源的振动方程；

(2) 波动方程；

(3) 离波源 10cm 处质点的振动方程；

(4) 离波源 20cm 和 30cm 两点处质点振动相位差；

(5) 在波源振动了 0.0021s 后该时刻的波形方程。

8-9. 用聚焦超声波的方法，可以在液体中产生声强达 120kW/cm² 的大振幅超声波，设频率为 500kHz，液体密度为 1g/cm³，声速为 1500m/s，求这时液体质点声振动的振幅。

8-10. 沿直线行驶的汽车通过某观察站时，观察到汽车发出的频率由 1200Hz 下降为 1000Hz，已知空气中声速为 340m/s，求车速。

8-11. 火车以 10m/s 的速度离开某人向山洞开去，当火车用 2000Hz 的频率鸣笛时，

(1) 此人听到鸣笛的频率是多少？

(2) 从山反射的鸣笛被此人接收时，其频率又是多少(空气中声速为 340m/s)？

8-12. 频率 500kHz，声强为 12×10^7W/m²，声速为 1500m/s 的超声波，在水(水的密度为 1000kg/m³) 中传播时。问其声压振幅为多少大气压？位移振幅为多少？

8-13. 人耳能感觉到声音的强度范围是 10^{-12}W/m² ~ 10^0W/m²，试用声强级表示它们的范围。

第九章 波动光学

光学分为几何光学与物理光学。几何光学主要研究光的直线传播规律,光的直线传播是在特殊情况下才表现出来的性质,其理论迄今为止仍然是设计和制造光学成像仪器的主要依据。物理光学又包括波动光学和量子光学。在波动光学的理论里,光是以波的形式传播的,它的本质是电磁波。在量子光学里,光则呈现明显的粒子性,因此,光既具有波动性,又具有粒子性。

本章我们研究波动光学,即研究光在传播过程中的各种现象、规律及其应用的科学。波动光学的内容,主要包括光的干涉、光的衍射、光的偏振以及光的吸收等。

第一节 光

一、可见光 单色光 白光

光是电磁波的一种,它与普通无线电波、微波、X射线、γ射线等其他电磁波的区别只是波长不同。

可见光波是指人眼能看得见的那部分电磁波。可见光在真空中的波长范围在350~770nm。可见光的颜色与光的频率(或波长)有关,它们的对应关系如图9-1所示。

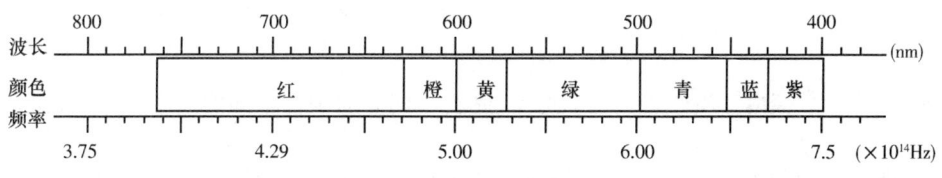

图9-1 可见光的颜色与频率

人眼对不同色光的视觉灵敏度是不同的,图9-2表示人眼对不同色光的相对灵敏度曲线。由图9-2可知,人眼对波长约为550nm的黄绿光最灵敏,对紫光和红光则灵敏度较低。可见光波长范围的两边并无严格的界线,不同的人略有差别,即使同一人也随光强而变。波长大于可见光区域长波极限的光称为**红外光**;波长小于可见光区域短波极限的光称为**紫外光**。红外光和紫外光都是人眼看不见的光波。

单色光是只包含一种波长的光。严格的单色光在自然界是不存在的,任何光源所发出的光实际上包含了许多不同的波长成分。如果光中只包含波长范围很窄的成分,则这种光称为**准单色光**,波长范围愈窄,其单色性愈好。实践中只能得到准单色光。例如,用普通红色玻璃从白光中获得的红光,其波长范围可大到数百埃。在实验室中,通常用激光光源来获得近似的单色光。另外,用钠灯可获得波长成分为589.0nm的黄光。

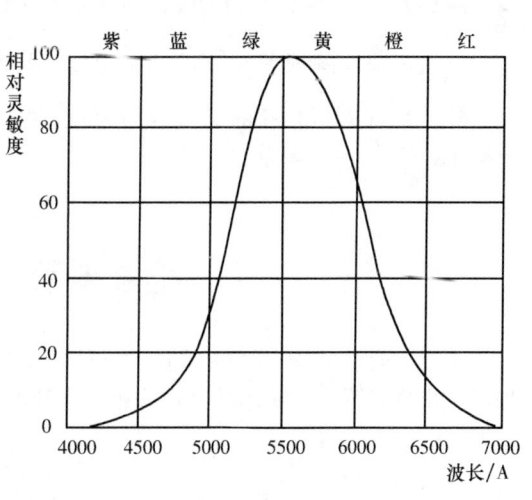

图9-2 视觉相对灵敏度与波长的关系

图 9-3 互补色

白光是各种色光的混合体。常见的热光源(如太阳、白炽灯)发出的光含有一系列的波长成分,各种波长成分的光的光强在很大范围内连续分布。如果某两种色光混合后组成白光,则该两种色光称为互补色光。图 9-3 中相对的两种色光构成**互补色光**,如红对绿、蓝对黄、橙对青等。若设法滤去白光中的某种色光,则剩下的是该种色光的互补色光,如在白光中滤去红光就得绿光,滤去紫光就得黄绿光,反之亦然。必须注意,属于互补色的两种色光并不是单色光。

二、介质中的光速 波长

按照麦克斯韦电磁理论,不同波长的电磁波或光波在真空中均有相同的速率。实验测得的数值为 $c = 299\ 792\ 458$ m/s。

光波在介质中的速率为

$$v = \frac{1}{\sqrt{\varepsilon_0 \varepsilon_r \mu_0 \mu_r}} \tag{9-1}$$

式中 ε_0 和 μ_0 是真空的介电常量和磁导率,ε_r 和 μ_r 是介质的相对介电常量和相对磁导率。在真空中 $\varepsilon_r = 1$,$\mu_r = 1$,所以电磁波在真空中的传播速率为

$$c = \frac{1}{\sqrt{\varepsilon_0 \mu_0}} \tag{9-2}$$

把已知的数据代入后,发现电磁波的速率就等于光速!这一事实暗示着光的现象与磁现象有着密切关系。后来的理论和实践证明了光波就是电磁波的一种,只是其波长比普通无线电波短得多。

根据(9-1)式和(9-2)式,光波在介质中的速率为

$$v = \frac{c}{\sqrt{\varepsilon_r \mu_r}}$$

式中,$\varepsilon_r > 1$,$\mu_r \approx 1$,数值由介质性质决定。可见,光在不同介质中有不同的速率,而且总比真空中的光速要小。

光波的频率由波源频率决定,所以同一光波在不同介质中均有相同的频率。由波速、波长和频率三者之间的关系,即 $\lambda = \frac{v}{\nu}$。既然同一光波在不同介质中有不同的速率 v,同一光波在不同介质中就有不同的波长 λ,且在介质中的波长要比真空中的波长短。

例 9-1 某光波在水中的波长为 440nm,问在空气中的波长是多少?已知水的折射率 $n = 1.33$ 且 $n = \frac{\lambda}{\lambda'}$($\lambda'$ 与 λ 分别表示介质、真空中光的波长)。

解 空气的折射率接近于 1,光在空气中的波长与真空中的波长近似相等,则空气中的波长 $\lambda = n\lambda'$

$$\lambda = 1.33 \times 440 = 588 \text{nm}$$

第二节 光的干涉

光是电磁波,干涉现象是光的波动性的重要特征之一。满足一定条件的两列光波重叠时,在叠加区域出现光强度或明暗的稳定分布。这种现象称为**光的干涉**。

一、相 干 光

若两列光波满足频率相同,振动方向相同且相位差恒定,这两列光波就称为**相干光**(该条件为

相干条件),就能产生干涉现象。

普通光源(包括热光源和气体放电光源)发出的光波,是光源中各个原子(或分子)的运动状态自发地发生变化时(如原子中的电子由外壳层跃迁到某一内壳层)所辐射的电磁波。这是一种随机的、不连续的自发辐射过程,而且每个原子每次辐射所持续的时间极短,为 $10^{-10} \sim 10^{-8}$ s。相应地辐射出一列频率一定、振动方向一定的谐波,称为**波列**。这种波列的长度很短,实际远不到米的数量级。每个原子先后辐射的不同波列,以及不同原子辐射的各个波列,其振动方向和初相位都是随机的,彼此之间毫无联系,因此,当这类断续的波列通过空间任一点 P 而发生相互叠加时,其相位差及振动方向关系是瞬息万变的,在观察的时间内不可能全面满足相干条件,故不能产生光的干涉现象。

怎样才能获得相干光呢?

常见的方法是将光源上同一点发出的光波用分束的办法分成两束(或两束以上),经不同的路径后相遇。由于这两束光波是从同一原子集团辐射出来的,具有相同的波列结构——对应,所以各对应波列在分束处都有相同的振动方向及初相位,因此各对应波列在相遇时的相位差都只取决于从分束开始到相遇这段过程中的几何及物理因素,这些因素一旦给定,则各波列在相遇点的相位差都具有同一的恒定值。也就是说,由分束所产生的两束光波能满足相干条件而成为相干光。分束的方法大致可分为两类:分波阵面法和分振幅法,后面分别介绍。

二、光程　光程差

光程不同于几何路程,几何路程是光传播过程中所通过路径的长度,而光程不仅取决于几何路程,还取决于媒质的折射率。我们把光波在某一介质中通过的几何路程与该介质的折射率 n 的乘积称为**光程**,写为

$$\delta = nr \tag{9-3}$$

一般说来,光程大于光所走的几何路程,仅当媒质折射率 $n=1$(真空或空气)时,光程才等于几何路程。

当光从真空中传播进入媒质后,光在媒质中的波长 $\lambda' = \dfrac{\lambda}{n}$ 将缩短,即在相同的几何路程 r 中,传过的波数增多了,如图 9-4 所示,与真空时相比,光在介质中传播到达同一点 P 所引起的相位落后的值也变了,所以就不能只根据几何程差来计算相位差,这就是在讨论光的干涉时必须要引入光程概念的原因。也就是说,对相同的相位变化而言,光在媒质中所通过的几何路程 r,相当于光在真空中通过了 nr 的几何路程,而相位变化为

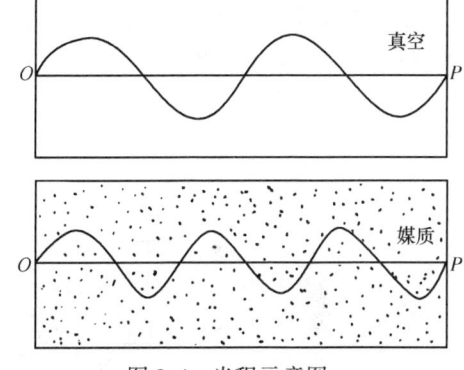

图 9-4　光程示意图

$$\Delta\varphi = 2\pi \cdot \frac{r}{\lambda'} = 2\pi \cdot \frac{nr}{\lambda} \tag{9-4}$$

因而相位差与光程差的关系为

$$\Delta\varphi = \frac{2\pi}{\lambda}\delta \tag{9-5}$$

引入光程概念以后,就可以把单色光在不同介质中的传播折算成在真空中的传播,这在讨论光的干涉时显得方便些。例如,当两列光波都在同一媒质(如真空)传播时,光的波长 λ 恒定,依相位差与光程差之间的关系 $\Delta\varphi = \dfrac{2\pi}{\lambda}\delta$,就可用两列波的几何路程差来确定相位差,从而确定干涉强弱的条件。

三、分波阵面干涉

将点光源发出的波阵面分割为两部分,使它们分别通过某些光学装置,经反射、折射或衍射后,在一定的区域里叠加而产生干涉,这种方法称为**分波阵面法**(division of wavefront)。用分波阵面方法产生的干涉称为**分波阵面干涉**。

1. 杨氏双缝干涉

在 1801 年,托马斯·杨(Thomas Young,1773~1829)实现了光的干涉实验。杨氏双缝干涉实验是利用双缝来实现的,如图 9-5 所示。在单色光后放一狭缝 S,S 后有一遮光屏 P_2,上面有相距很近的两条平行狭缝 S_1 和 S_2,S_1 和 S_2 到 S 的距离相等,经过 S_1 和 S_2 发出的两列波是从同一光源 S 发出的光波的波阵面分割出极小的两部分。根据惠更斯原理,小孔 S_1 和 S_2 可视为两个新的波源,它们发出的球面波满足相干条件,我们称为相干点光源。两列波在重合区域内会产生干涉,在观察屏 P_3 上可以看到稳定的干涉条纹。

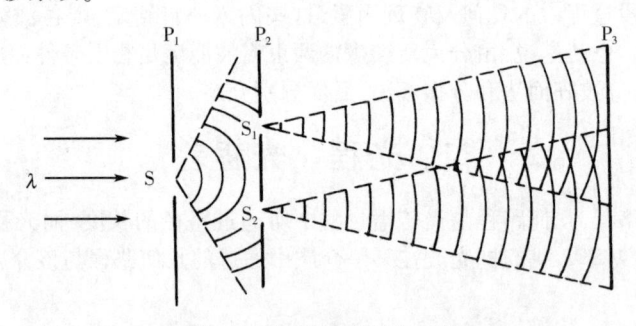

图 9-5 杨氏双缝干涉实验

为了定量确定产生明、暗条纹的条件,如图 9-6 所示,设两缝到屏幕的垂直距离为 D,在屏上任取一点 P,P 与 S_1 和 S_2 的距离分别为 r_1 和 r_2,所以两束光的光程差 $\delta = r_2 - r_1$。

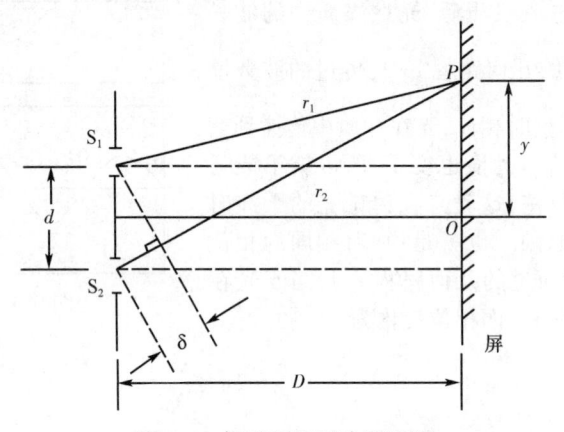

图 9-6 杨氏双缝干涉原理图

由勾股定理可知

$$r_1^2 = D^2 + \left(y - \frac{d}{2}\right)^2$$

$$r_2^2 = D^2 + \left(y + \frac{d}{2}\right)^2$$

两式相减得

$$r_2^2 - r_1^2 = (r_2 - r_1)(r_2 + r_1) = \delta(r_1 + r_2) = 2yd$$

因为 $D \gg d$，所以 $(r_1+r_2) \approx 2D$，则有

$$\delta = \frac{yd}{D} \quad (9\text{-}6)$$

如果光程差 δ 等于入射光波长 λ 的整数倍时，P 点为一亮点，则产生明纹的条件为

或
$$\left. \begin{array}{l} \delta = \dfrac{yd}{D} = \pm k\lambda \\[6pt] y = \pm k\dfrac{D}{d}\lambda, \quad k=0,1,2,\cdots \end{array} \right\} 明纹 \quad (9\text{-}7)$$

如果光程差等于半波长的奇数倍时，P 点为暗条纹，则产生暗纹的条件为

或
$$\left. \begin{array}{l} \delta = \dfrac{yd}{D} = \pm(2k+1)\dfrac{\lambda}{2} \\[6pt] y = \pm(2k+1)\dfrac{D}{d} \cdot \dfrac{\lambda}{2}, \quad k=0,1,2,\cdots \end{array} \right\} 暗纹 \quad (9\text{-}8)$$

如果光程差 δ 既不满足明纹条件，也不满足暗纹条件，则 P 点将既不最亮也不最暗，而是介于两者之间。

实验表明，明、暗条纹上下对称分布，相临明条纹或暗条纹之间的间隔为

$$\Delta y = \frac{\lambda}{d} D \quad (9\text{-}9)$$

由(9-9)式知

(1) Δy 与 λ 成正比，即波长愈短则条纹间距愈小，用白光做实验，只有中央的明纹是白色的，其他各级都是由紫到红的彩色条纹，对称分布于中央明纹两侧。

(2) 若已知 d 和 D，测出第 k 级条纹相应的 y，则可算出单色光的波长 λ。

(3) 由于光波波长 λ 很小，两缝间的距离 d 必须足够小，从两缝到屏的距离 D 必须足够大，才能使条纹间隔 Δy 大到可以用眼分辨清楚。

2. 劳埃镜实验

劳埃(Lloyd)镜实验是利用反射装置分割波阵面的光干涉实验，其装置如图 9-7 所示。

由光源 S 发出的波阵面 W，一部分直接到达观察屏 PP′，另一部分被平面镜 MB 反射并与①产生干涉，在屏上形成干涉条纹。与杨氏实验对比，这里的相干光源是 S 及其在 MB 中的虚像 S′，因此有关杨氏双缝干涉实验的分析在这里同样适用。

由劳埃镜实验可观察到一个重要的物理现象：当将观察屏 PP′移到靠近平面镜 MB 的 B 端(图 9-7 中 BB′位置)时，在屏与镜面接触点处恒为暗纹。据图 9-7 分析：该点的入射光和反射光的光程相等，光程差为零，B 处应该出现明纹。但实验却并非如此，为什么会出现这种情况呢？

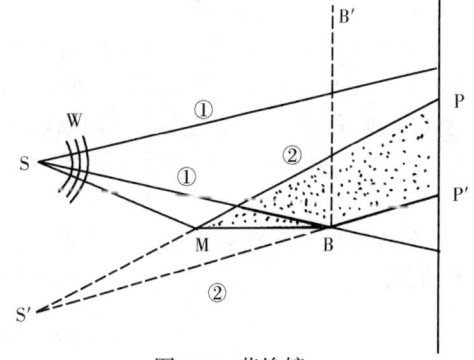

图 9-7 劳埃镜

研究结果表明，光从折射率较小的光疏媒质射向折射率较大的光密媒质表面而发生反射时，在入射角 $i=0°$ 或 $90°$ 的情况下，反射光会产生 π 的相位突变，从光程的角度来看，相当于差了半个波长。这一现象称为**半波损失**。劳埃镜实验总是在 $i=90°$ 的入射条件下进行的，而且是从空气(光疏媒质)到镜面(光密媒质)反射，因此，反射光附加了一个 π 的相位变化，使得反射点上反射光与直射光之间的相位差为 π，故干涉结果为暗纹。

四、分振幅干涉

把一束光投射到两种透明介质的分界面上时,在同一点上,光的能量一部分被反射,一部分被折射。这种将同一束光分解成两部分的方法称为**分振幅法**。用分振幅法产生的光干涉称为**分振幅干涉**(division of amplitude)。如果分振幅干涉是利用薄膜来实现的,这种干涉称为**薄膜干涉**(film interference)。肥皂泡和水面上的油膜在白光照射下呈现的斑斓色彩就是薄膜干涉的结果。

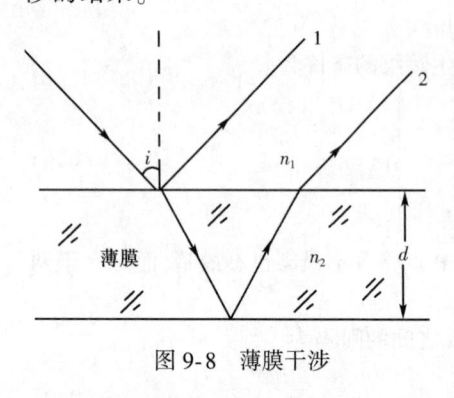

现在我们来研究薄膜上所见到的干涉现象。如图9-8所示,设薄膜的厚度为 d,折射率为 n。当光线到达薄膜的上表面时,一部分被反射,另一部分进入薄膜,进入薄膜的光线又有一部分在薄膜的下表面反射回来并穿出上表面。此穿越薄膜的反射光2比直接从上表面反射的光线1多走了一段光程,此段光程约为 $2nd$(假设光垂直照射在薄膜上)。由于光线1是光从光疏媒质射到光密媒质的反射光,故有半波损失,所以光线1与光线2的光程差应为 $\delta \approx 2nd - \dfrac{\lambda}{2}$,根据前面所讲的知识便可得出:

图9-8 薄膜干涉

1. 干涉的明纹条件

$$\delta = 2nd - \frac{\lambda}{2} = k\lambda \quad (k = 0, 1, 2, \cdots) \tag{9-10}$$

2. 干涉的暗纹条件

$$\delta = 2nd - \frac{\lambda}{2} = (2k-1)\frac{\lambda}{2} \quad (k = 1, 2, 3, \cdots) \tag{9-11}$$

上面我们讨论的是单色光的干涉情况。如果所用的光源是复色光源时,由于各色光波波长的不同,则所看到的图样是彩色的。例如,当汽油滴在潮湿马路上形成薄薄的汽油膜时,在阳光的照射下,我们能见到彩色的图样。

例 9-2 如图9-9所示,在一折射率为 n 的玻璃基片上均匀镀一层折射率为 n_t 的透明介质膜。现在让波长为 λ 的单色光由空气(折射率为 n_0)垂直入射到介质表面上。问若想使在介质膜上、下表面反射的光相消,介质膜的厚度至少应是多少(设 $n_0 < n_t < n$)。

解 如图9-9所示,l 表示介质膜的厚度,使两反射光干涉相消的条件是

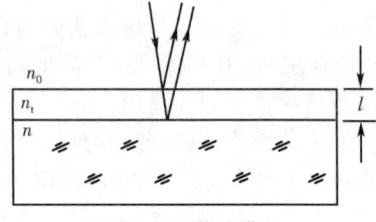

图9-9 增透膜

$$2n_t l = (2k-1)\frac{\lambda}{2} \quad (k = 1, 2, 3, \cdots)$$

因而介质膜的最小厚度应该是($k=1$)

$$l = \frac{\lambda}{4n_t}$$

这样的膜就称为**增透膜**,即使得反射光相消,透射光加强。增透膜在光学仪器中经常应用,如显微镜、照相机的镜头,眼镜的镜片都镀有增透膜,常用的镀膜材料是折射率为1.38的氟化镁。与此相反,有些器件要求减少透射光强,增加发射光强,这种膜称为**增反膜**,如宇航员的头盔就镀有对红外线具有高反射率的多层膜,以屏蔽宇宙空间中极强的红外线照射。

第三节 光的衍射

一、光的衍射现象

光能绕过障碍物继续向前传播的现象称为**光的衍射**。

衍射现象是波动的另一个重要特征,但由于光的波长较短,一般的障碍物相对比较大,通常观察不到光的衍射现象。只有当障碍物(如小孔、狭缝等)的线度与光的波长相差不多时,才能观察到较为明显的光的衍射现象。

光的衍射现象按照光源、狭缝、屏幕之间距离的大小来分,主要有两种情况:一是光源和屏幕相对于狭缝(统称为障碍物)为有限远,这种衍射称为**菲涅耳衍射**,如图9-10(a)所示,由光源S射到狭缝的光线不是平行光线,波面也就不是平面,观察起来方便,但定量讨论起来比较复杂;二是光源和屏幕与狭缝的距离为"无限远",如图9-10(b)所示,入射光线和衍射光线都是平行光,在这种条件下产生的衍射现象称为**夫琅禾费衍射**。

实际上,平行光的衍射是利用两个会聚透镜来实现的,如图9-10(c)所示,光源S放在透镜L_1的焦平面上,于是入射到狭缝上的光是平行光,光屏P放置在透镜L_2的焦平面上,经狭缝衍射后具有相同倾角的平行光束,将会聚在屏上产生衍射现象。

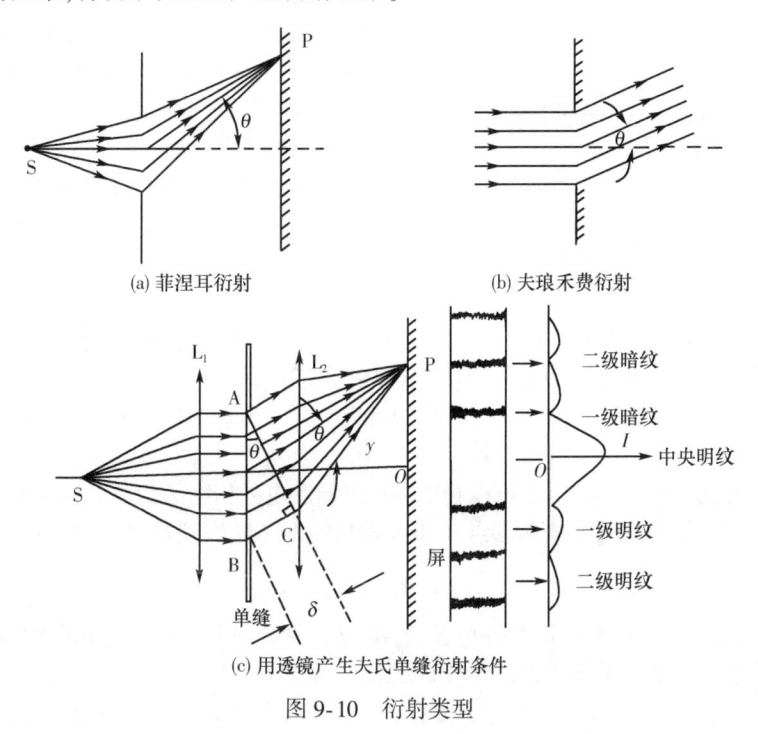

(a) 菲涅耳衍射

(b) 夫琅禾费衍射

(c) 用透镜产生夫氏单缝衍射条件

图9-10 衍射类型

二、惠更斯-菲涅耳原理

惠更斯原理说,波前上的每个点都可看成是发出球面子波的新波源,这些球面子波的包络面构成了下一时刻的新波前。但由于惠更斯原理的子波假设不涉及波的时空周期特性(如波长、相位等),因而无法解释衍射后光的强度分布,所以不能用惠更斯原理定量地解释和研究各种具体的衍射现象。菲涅耳利用"子波相干叠加"的思想发展了惠更斯原理,得出了反映光的衍射规律的基本原理——**惠更斯-菲涅耳(Huygens Fresnel)原理**:波面上的任一点均可视为能向外发射子波的子波源,波面前方空间某一点的振动就是到达该点的所有子波的相干叠加。

惠更斯-菲涅耳原理是研究衍射问题的理论基础,也使光的波动说更加完善。

三、单缝衍射

夫琅禾费单缝衍射实验装置如图9-11所示,当一束平行光垂直地入射到单缝上后,它们便通过透镜 L_2 会聚到 L_2 的焦平面的屏幕上,于是便可以从屏上观察到一组平行于狭缝、明暗相间的衍射花样,其中,中央条纹是亮纹,且最宽、最亮,称为中央明纹;其他条纹则对称地分布于中央明纹的两侧,如图9-11所示。

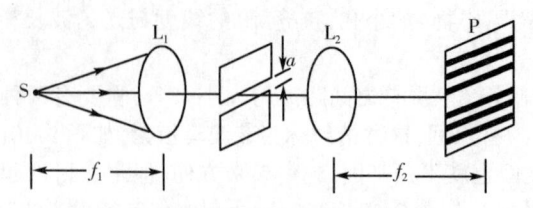

图 9-11 夫琅禾费单缝衍射

图9-12表示图9-11的截面,其中,AB 为缝宽为 a 的狭缝截面。为了便于研究,我们放大缝 a 的尺寸。实际上,单缝的宽度比透镜的直径和焦距都要小得多。

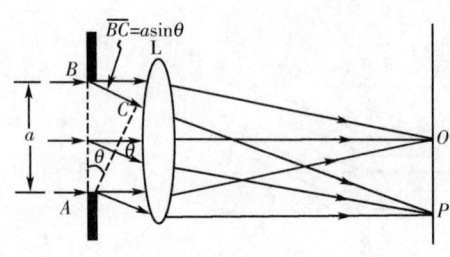

图 9-12 单缝衍射实验截面图

用单色光源垂直照射单缝时,由惠更斯-菲涅耳原理,AB 面上的各点都可看成能够向外发射子波的子波源,这些子波只能向前传播,当被透镜 L 会聚到屏上时,就会相互叠加,产生干涉,从而形成衍射条纹。图9-12中 θ 角为衍射光线与狭缝法线的夹角,称为衍射角。屏上任一点的干涉效应是相互加强还是相互减弱,要通过分析到达该点的各衍射光线的光程差来确定。

我们采用简单实用的菲涅耳半波带法来讨论这一问题。

如图9-12所示,O 为单缝 AB 的垂直平分线与屏的交点。由于波面 AB 为等相面(因为是平行光垂直入射),而透镜又不会产生附加程差,故来自单缝各不相同部位的光线经透镜会聚到屏上 O 点时,其光程差为零,即相位相同。因此,O 点的干涉相互加强,出现明纹。即中央明纹,其中心对应的衍射角 θ 为零。

设 P 为屏上的任一点,从图9-12可以看出,AB 面上发出的衍射角为 θ 的一束平行光线,经 L 会聚到 P 点时的光程不等,其中,狭缝两端点 A 和 B 发出的两条光线到达 P 点的光程差

$$\delta = \overline{BC} = a\sin\theta \tag{9-12}$$

它是会聚于 P 点的各光线间最大的光程差,决定着 P 点光强的分布,亦即明、暗条纹的情况。用菲涅耳半波带法能简单地得出光程差 δ 与 P 点条纹明暗的关系。

用平行于 BC 的一系列平面将 AB 划分成若干个面积相等的部分,如图9-13所示,若每一部分最边缘的两条光线到达屏上会聚点的光程差恰好为 $\dfrac{\lambda}{2}$,这样的部分就称为一个半波带。在缝宽 a,入射光的波长 λ 给定的情况下,波面 AB 能分成多少个半波带由衍射角 θ 确定。由平面几何知识可知,参考图9-12,若 AB 到达 P 点的光程差 δ 是半波长的 m 倍,则波面 AB 就可分成 m 个半波带。它们的关系为

$$a\sin\theta = \frac{\lambda}{2} \cdot m$$

θ 越大,AB 面上可分成的半波带数目 m 值就越大。由于每个半波带的面积相等,因此它们所发出的子波在 P 点所引起的光振动的强度相同。

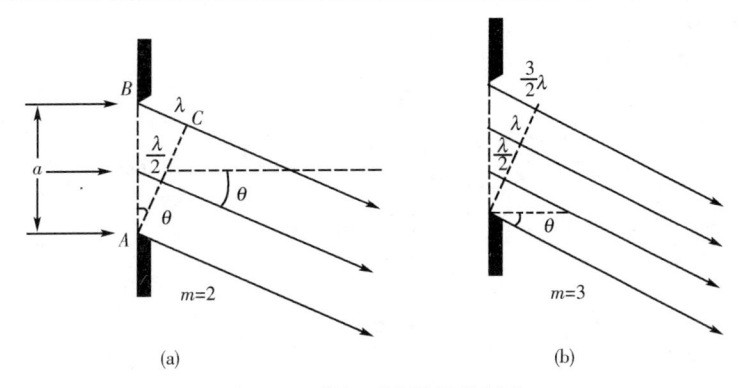

图 9-13 菲涅耳半波带的划分

如图 9-13(a)所示,如果 AB 恰好被分成偶数个半波带(即 $\overline{BC}$ 恰好等于半波长的偶数倍),则每两个相邻半波带所发出的对应光线会聚于屏上时,光程差均为 $\dfrac{\lambda}{2}$,两两干涉相消,从而使屏上对应的会聚点出现暗纹。从上面的分析可以看出,当衍射角 θ 满足

$$a\sin\theta = \pm 2k \cdot \frac{\lambda}{2} = \pm k\lambda \quad (k=1,2,\cdots) \tag{9-13}$$

则出现暗纹。(9-13)式为单缝衍射的暗纹公式,且 k 表示暗纹的级数,±表示各级暗纹对称分布于中央明纹的两侧。

如图 9-13(b)所示,如果 AB 恰好被划分成奇数个半波带($\overline{BC}$ 等于半波长的奇数倍),则必定会有一个半波带所发出的光会聚于透镜后不能相互抵消,因而使 P 点出现明纹。这就是说,当衍射角 θ 满足

$$a\sin\theta = \pm(2k+1) \cdot \frac{\lambda}{2} \quad (k=0,1,2,\cdots) \tag{9-14}$$

时屏上出现明纹。(9-14)式称为明纹公式,k 为明纹的级数,±表示各级明纹对称地分布在中央明纹的两侧。

如果 θ 不满足上述明、暗纹条件,即 AB 不能被分成整数个半波带,则或多或少总有一部分的振动不能被抵消,此时会聚在屏上的点的亮度处于明、暗之间。

中央明纹的宽度定义为其两旁对称的第一级暗纹之间的距离。在衍射角很小时,$\sin\theta \approx \theta$,则第一级暗纹距中央明纹中心的距离 x_1 为

$$x_1 = \theta f = \frac{\lambda}{a} f \tag{9-15}$$

f 为透镜 L 的焦距。所以中央明纹的宽度为

$$\Delta x_0 = 2x_1 = 2\frac{\lambda}{a} f \tag{9-16}$$

第 k 级明纹的宽度定义为第 $k+1$ 级暗纹与第 k 级暗纹之间的距离

$$\Delta x = x_{k+1} - x_k$$

$$\Delta x = \frac{\lambda}{a} f \tag{9-17}$$

显然,除中央明纹外,其他各级明纹的宽度相等,而中央明纹的宽度是其他各级明纹宽度的 2 倍。若测出 $\Delta x, a, f$,可由(9-17)式求出波长 λ。

例 9-3 水银灯发出的波长为 5460Å 的绿色平行光垂直入射宽 0.437mm 的单缝,缝后放置一焦距为 40cm 的透镜,求在透镜焦面上出现的中央明条纹的宽度。

解 由(9-16)式知

$$\Delta x_0 = 2\frac{\lambda}{a}f$$

$$\Delta x_0 = \frac{2\times 5.46\times 10^{-7}\times 0.40}{0.437\times 10^{-3}} = 1.0\times 10^{-3}\text{m} = 1.0\text{mm}$$

例 9-4 在例 9-3 的条件下求第二、三级暗纹间的距离。

解 由(9-17)式知

$$\Delta x = \frac{\lambda}{a}f$$

可知

$$\Delta x = \frac{\Delta x_0}{2} = \frac{\lambda}{a}f = 0.5\text{mm}$$

由计算知当 θ 很小时,中央明纹两侧的明纹宽度与级次无关,其数值为 $\frac{\lambda}{a}f$,且仅与 λ,a,f 三者有关。

四、圆孔衍射

将单缝衍射实验装置中的单缝改为圆孔,光通过小圆孔时也会产生衍射现象,称为**圆孔衍射**,则在光屏上将会得到一圆孔衍射图像,如图 9-14 所示。中央亮圆斑的亮度最强,周围是明暗相间的圆环且亮度依次减弱。

由理论分析可知,圆孔衍射图样中的第一级暗环的衍射角 ϕ 满足

$$\sin\phi = 1.22\frac{\lambda}{D} \tag{9-18}$$

图 9-14 圆孔衍射图样

其中,λ 为单色光的波长,D 为圆孔的直径。

圆孔衍射的研究有很大的实际意义。因为绝大部分光学仪器中所用的透镜或光栏都可以认为是圆孔,光通过它们都将产生衍射现象,所以在光学仪器的制造中,要考虑圆孔的衍射问题。

光学仪器通常是由一些透镜组成的光学系统,它们可以用一个透镜 L 来代替,就相当于一个小圆孔。由于光的衍射,一个物点通过仪器成像时,像点已不再是一个几何点,而是一个有着一定大小的**艾里斑**(Airy disk)。如果两个物点相距很近,则相应的两个爱里斑就会因为重合而无法分辨,我们将两个物点靠近到恰可分辨时,两物点对透镜的张角称为光学仪器的**最小分辨角**,其倒数称为光学仪器的**分辨本领**。

五、光栅衍射

1. 光栅衍射

衍射光栅是由许多彼此平行、等距排列在一起的宽度相同的狭缝所构成的。光栅常用于测定谱线波长并用以研究谱线的结构和强度。常用的光栅是透射光栅,是用一块玻璃片制成的,在玻璃片上刻有大量的宽度相等且彼此距离很小的平行刻痕,在 1cm 内刻痕可以多达一万条以上。每一刻痕相当于毛玻璃而不易透光,所以当光照射到光栅的表面上时,只能从两刻痕之间的光滑部分通过,这光滑部分就相当于一条狭缝,设 a 为狭缝的宽度,b 为刻痕的宽度,我们把 $a+b$ 称为**光栅常数**,并用 d 表示,即 $d=a+b$,如图 9-15 所示。

光栅常数 d 的数量级为 $10^{-5}\sim 10^{-6}$m。光栅有两类:一类是上述的透射光栅,另一类是反射光栅。

下面我们研究透射光栅的规律。

图 9-16 是透射光栅成像的原理图。MN 为光栅,当光波通过每一狭缝时都要产生衍射,通过不

同狭缝的光波彼此又发生干涉,所以在屏上呈现的条纹是衍射干涉的总效果。在衍射角为 θ 的方向上,相邻两缝相应点发出的光波,其光程差为 $d\sin\theta$。当相邻两缝相应点发出的光线的光程差等于整数波长时,经透镜汇聚在屏上才能彼此加强,形成明纹,即满足

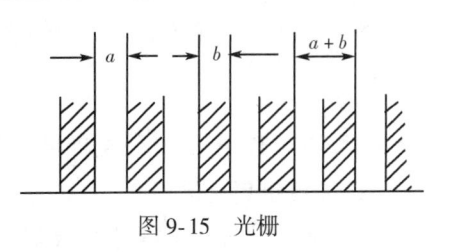

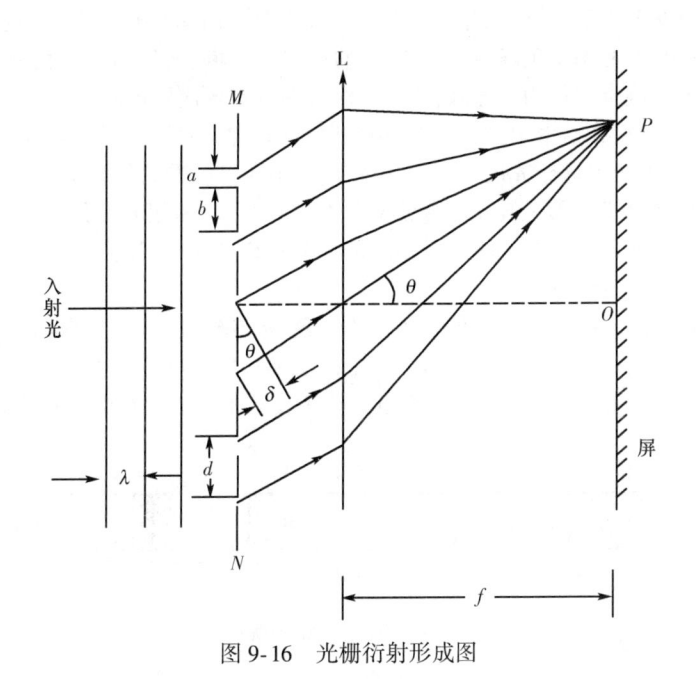

$$\delta = d\sin\theta = \pm k\lambda \quad (k = 0, 1, 2, \cdots) \quad (9\text{-}19)$$

图 9-15 光栅

图 9-16 光栅衍射形成图

(9-19)式称为**光栅公式**。由光栅公式知与 k 相应的明纹称为第 k 级明纹。可见 d 越小,θ 越大,即明纹分得越开。当 d 为定值,θ 与光波波长成正比,所以复色光经光栅后,同级彩色明纹分别从紫到红依次分开(除零级外)而不相互重叠,此现象称为**光栅色散**。若某一方向虽然符合(9-19)式条件,但又恰好满足单缝衍射暗纹条件(9-13)式,则光栅的这一级像就不会出现,称为**光栅缺级现象**,即同时满足上述两式,则联立(9-13)式和(9-19)式消去 $\sin\theta$,即

$$a\sin\theta = \pm k'\lambda$$
$$(a+b)\sin\theta = \pm k\lambda$$
$$k = \frac{a+b}{a}k' \quad (9\text{-}20)$$

所以当 $\dfrac{a+b}{a}$ 是整数时,对应 k 为该数整数倍的那些级明条纹将发生**缺级现象**。

由光栅公式可见,当入射光波的波长一定时,如果光栅常数越小,则各明纹分开的角度就越大,明纹也越亮,所以利用光栅公式可以精确测定光波波长。

另外在级次较高的光谱中,有一部分要彼此重叠在一起,即对应不同波长光的不同级次的明条纹,在屏幕上占据同一位置,则对同一衍射角 θ 所对应的光程差,同时满足两种波长的加强条件,即

$$d\sin\theta = k_1\lambda_1 = k_2\lambda_2 \quad (9\text{-}21)$$

所以重叠现象只发生在不同波长光的不同级次中。至于不同波长的同一级或同一波长的不同级次中的衍射光,将不发生重叠现象,只有条纹的疏密变化。

例 9-5 用钠光($\lambda = 590\text{nm}$)垂直照射在光栅常数为 $1/5000\text{cm}$ 的衍射光栅上,问最多能看到第几级明纹。

解 由光栅公式 $d\sin\theta=k\lambda$ 可知,当 $\sin\theta$ 取极大值时,k 对应着最大值,即

$$k=\frac{d}{\lambda}=\frac{10^{-2}}{5000\times590\times10^{-9}}=3.4$$

因 k 只能取整数,所以取 $k=3$,即最多能看到第三级明纹。

2. 光栅衍射光谱

从光栅公式可知,当光栅常数 $a+b$ 和明纹级数一定时,衍射角的大小与光波波长有关。当衍射角 θ 较小时,可看成 θ 正比于波长 λ,当入射光波长较大时衍射角也较大,波长较小时衍射角较小。所以在同一级明纹中,紫光的衍射角将小于红光的衍射角。例如,用白光照射时,形成的衍射条纹中,除中央明纹是各色混合的仍为白光外,其他各级的明纹都形成彩色的光谱带,这些光谱带就称为**衍射光谱**。在每一个彩色光谱带中,紫光靠近中央明纹的一侧,而红光则在远离中央明纹一侧,如图 9-17(a)所示,所以光栅也能起分光的作用。从图 9-17 中还可以看到各级光谱带的宽度随着级数的加大而扩大,第二级光谱带和第三级光谱带就部分地重叠起来,因而光栅衍射光谱中除第一级光谱外,其他各级光谱的长波部分与高一级光谱的短波部分重叠。因此,若要得到一完整连续光谱,就只能取光栅衍射光谱的第一级光谱。

棱镜对白光有色散作用,形成的彩色光谱带称为**色散光谱**。这是由于玻璃的折射率的大小和光的波长有关,而光通过棱镜后的偏向角与折射率之间也不是成简单的正比关系。棱镜使红光的偏向最小,紫光的偏向最大,如图 9-17(b)所示,而且光谱带在紫端附近比在红光附近展开得大些。

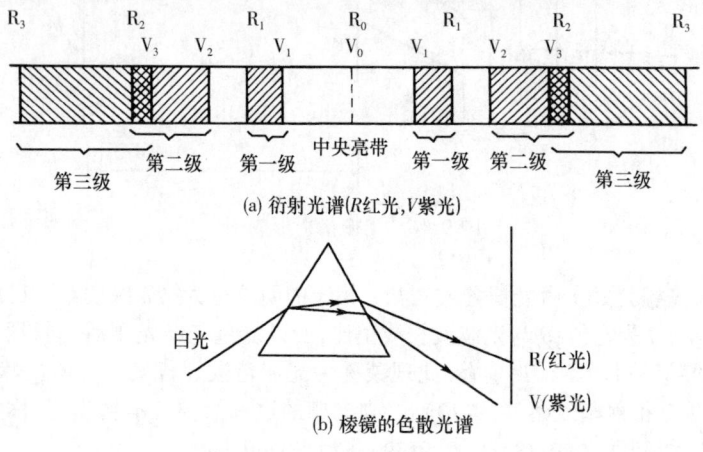

图 9-17 衍射光谱与棱镜的色散光谱

光栅的衍射光谱和棱镜的色散光谱有以下主要区别:

(1) 光栅的衍射光谱中不同波长光的衍射角与波长成正比,在屏上光谱中各色光谱线到中央的距离也与波长成正比,所以称衍射光谱是一匀排光谱。而在棱镜的色散光谱中,波长越短,偏向越大,色散越显著,故紫光附近的光谱比红光附近的展开得大些,因此色散光谱是一非匀排光谱。

(2) 在光栅的衍射光谱中各谱线的排列次序按衍射角由小到大排列是由紫到红,在棱镜的色散光谱中按偏向角由小到大排列是由红到紫,正好相反。

各种光源发出的光,经过光栅后形成的光谱是各不相同的。炽热的物体发射的光,在整个光谱区内形成连续的光谱带,称为**连续光谱**,它包括可见光中所有波长的光谱线。在火焰中加热或通过放电管中通电激发形成的原子发光,只发出某几种波长的光,它们的谱线就是由一些对应的明线组成,称为**明线光谱**。每一种元素有它特定的光谱线,说明原子所发出的特征光谱是与原子内部结构存在一定的关系。让炽热物体所发出的连续光谱的光,通过一定的物质后,再经过光栅,则在形成的光谱带中出现一系列暗线,这种光谱称为**吸收光谱**。一定的物质具有特定的吸收光谱,某种物质的吸收光谱即上述的暗线对应的波长就是该物质的明线光谱所对应的波长。利用某种物质的明线光谱或吸收光谱的谱线情况,可以定性地分析出该物质所含的元素或化合物。由谱线的强度可以定量

地分析出所含元素的多少。这种分析方法称为**光谱分析**。在药物研究中也被广泛地应用着。

第四节 光 的 偏 振

一、自然光 偏振光

光的干涉与衍射现象说明光具有波动性。光的偏振现象则进一步说明光波是横波。因为只有横波才能产生偏振现象，纵波则不能。

1. 自然光

普通光源(如太阳、白炽灯等)所发出的光是大量分子和原子所辐射的波长和光振动方向都不相同的电磁波，所以它包含有各个方向的光矢量 E，且振动在所有可能方向上出现的概率相等，且各个方向上光振动的时间平均值也相等，这类光称为**自然光**。

自然光的表示方法如图 9-18 所示，自然光的光矢量 E，在所有可能的方向上振幅都可以看成完全相等，如图 9-18(a)所示。采用分解的办法，可以把自然光分解成图 9-18(b)所示的两个独立的、互相垂直且振幅相等的振动，而且各具有自然光能量的一半，z 为传播方向。也可用黑点表示垂直于纸面的光振动，用带箭头的竖线表示纸面内的光振动，黑点和短线成均等分布，图 9-18(c)和(d)都可以用来表示自然光。

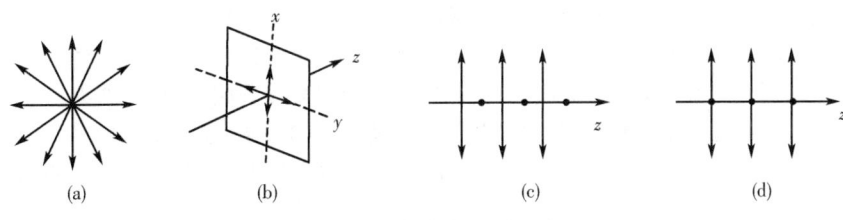

图 9-18 自然光的图示法

2. 偏振光

某一光束，如果它只含有单一方向的光振动，就称为**线偏振光**。通常把线偏振光 E 的振动方向和传播方向所组成的平面称为**振动面**，也就是 E 振动始终处于这一平面内，于是线偏振光又称为**平面偏振光**。

图 9-19 是线偏振光的示意简图。图 9-19(a)表示光矢量振动方向在纸面内的线偏振光，图 9-19(b)表示光矢量振动方向垂直纸面的线偏振光。

在光学实验中，常采用某些装置移去自然光中某一方向的振动而获得线偏振光。例如，我们将自然光分为两个互相垂直而振幅相等的独立光振动，如果能部分地移去这两个相互垂直的分振动之一，就获得所谓部分偏振光；如果能完全地移去这两个相互垂直的分振动之一，就获得我们

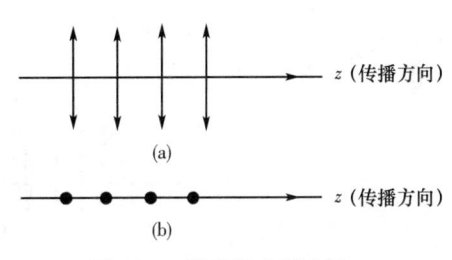

图 9-19 线偏振光示意图

所说的完全偏振光，也就是线偏振光。人眼不能区别自然光和线偏振光，要借助于仪器才能加以区分。

二、起偏器 检偏器

1. 起偏器

凡能使入射的自然光变为偏振光的器件都称为**起偏器**。

起偏器有多种形式，但它们的作用都是只让某一振动方向的光通过。起偏器存在一个特殊的方

向,这一特定的方向称为"偏振化方向",也称为"透光轴",如图 9-20 所示的 PP′方向。常用的起偏器是偏振片。

实际中使用的偏振片是由一种具有二向色性的小晶体(如高碘硫酸奎宁)按同一取向排列在聚乙烯醇的透明薄膜上制成的。

2. 检偏器

用来检验偏振光的偏振片(或其他相应器件),常称为**检偏器**。

偏振片既可用作起偏器,也可用作检偏器。起偏器和检偏器的划分是根据它们的作用而命名的。图 9-20 表示了偏振片分别用作起偏器和检偏器。

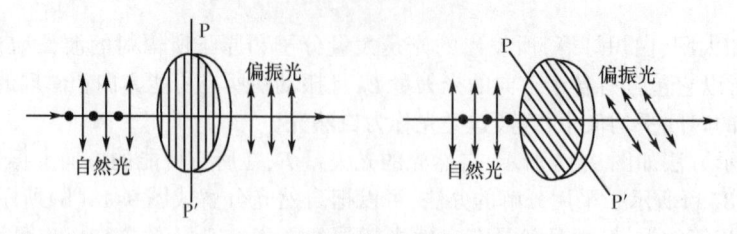

图 9-20 起偏器

当一束光通过两偏振片 PP′和 AA′时,如图 9-21 所示。当两偏振片的偏振化方向一致时,则从 PP′出射的偏振光可全部通过 AA′(不考虑 AA′的吸收和其他效应),如图 9-21(a)所示,这时从 AA′透出的光最强,即此时为亮场,起偏器与检偏器的偏振化方向相同,或者说这两个偏振化方向的夹角为 $\theta = 0°$。

如图 9-21(b)所示,当起偏器的偏振化方向与检偏器的偏振化方向垂直时,即夹角 $\theta = 90°$,则光线不能透过 AA′,出现无光区,即视场最暗。所以当 AA′旋转一周时,从 AA′透出的光经历两次最亮和两次最暗的变化。因此,检偏器不仅可以辨别自然光与偏振光,而且还可以确定偏振光的振动方向。

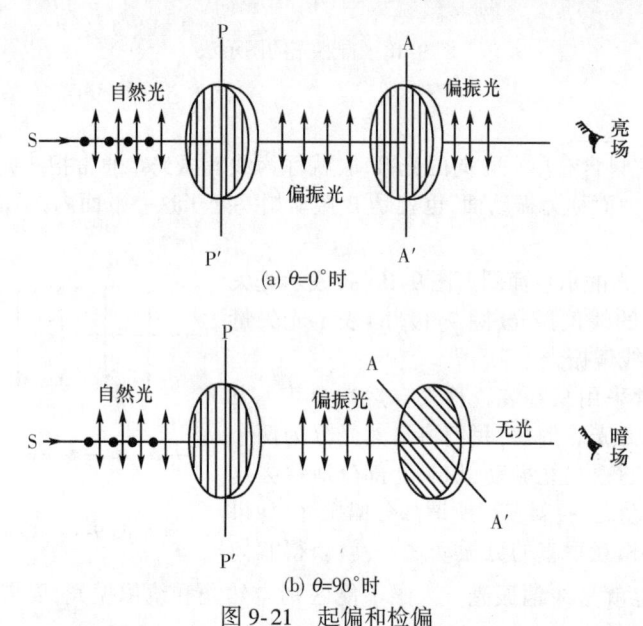

(a) $\theta = 0°$ 时

(b) $\theta = 90°$ 时

图 9-21 起偏和检偏

三、马吕斯定律

如图 9-22 所示,PP′与 AA′分别表示起偏器和检偏器,θ 表示 PP′与 AA′偏振化方向之间的夹角。若设透过 PP′后的偏振光的强度为 I_0,振幅为 E_0,将 E_0 分解为两个相互垂直的分量,其中,E_1 分量与 AA′的偏振化方向一致,则

$$E_1 = E_0\cos\theta$$
$$E_2 = E_0\sin\theta$$

由检偏器的功能可知,只有平行于检偏器偏振化方向的分量 E_1 可以通过 AA',而 E_2 不能通过。

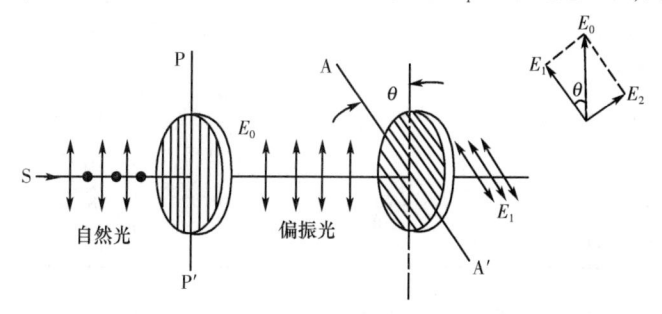

图 9-22 马吕斯定律

因为光强正比于振幅的平方,即 $E_1^2 = E_0^2\cos^2\theta$,所以透过 AA' 的光强 I 为

$$I = I_0\cos^2\theta \tag{9-22}$$

(9-22)式称为**马吕斯(Malus)定律**。定律表明:通过检偏器的偏振光强度与检偏器的偏振化方向有关,即强度为 I_0 的偏振光,通过检偏器后,出射光的强度为 $I_0\cos^2\theta$(θ 为两个偏振片的偏振化方向的夹角)。

例 9-6 通过两偏振片分别观察两强度不等的光源。两偏振光的透光轴夹 30°角时观察一光源,夹 60°角时观察位于同一地方的另一光源,发现两次所观察到的光强相等,求两光源的强度之比。

解 设两光源的强度之比为 $I_1 : I_2$,由题意知 $I'_1 = I'_2$。根据马吕斯定律

$$I'_1 = \frac{I_1}{2}\cos^2\theta_1 \quad \theta_1 = 30°$$

$$I'_2 = \frac{I_2}{2}\cos^2\theta_2 \quad \theta_2 = 60°$$

则

$$\frac{I_1}{I_2} = \frac{\cos^2\theta_2}{\cos^2\theta_1} = \frac{\cos^2 60°}{\cos^2 30°} = \frac{1}{3}$$

四、旋 光 性

当偏振光透过某些透明物体时,偏振光的振动面将旋转一定的角度,这种特性称为**旋光性**。像石英、松节油、各种糖溶液等物质都是旋光性较强的物质,这些物质称为**旋光性物质**。我们把这种现象,即偏振光通过某些物质后,振动面发生旋转的现象称为**旋光现象**,如图 9-23 所示。

旋光现象有右旋和左旋之分。当迎着光束看去时,若振动面的旋转方向是顺时针转的,则称为**右旋**;逆时针转的,则称为**左旋**。天然石英有右旋和左旋两种;糖溶液亦有右旋和左旋两种,葡萄糖是右旋的,果糖是左旋的。

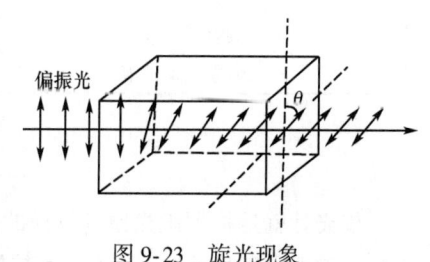

图 9-23 旋光现象

由实验知道,对于一定波长的单色偏振光,经过旋光物质后,振动面旋转的角度 θ 与物质的厚度 l 成正比,即用公式表示为

$$\theta = \alpha l \tag{9-23}$$

上式称为旋光规律,比例系数 α 称为**旋光率**,不同的物质具有不同的旋光率。另外,旋光率还与光的波长有关。表 9-1 给出了石英的旋光率随光波波长而改变的情况。

表 9-1　石英的旋光率

λ (Å)	α (°/mm)
4046.56	48.945
4358.34	41.548
5085.82	29.728
5460.72	25.535
5892.90	21.724
6438.47	18.023
7281.35	13.924

在溶液中,振动面旋转的角度除与溶液的厚度 l 成正比外,还与溶液的浓度 C 成正比,即

$$\theta = \alpha' C l \tag{9-24}$$

式中,α' 为**比旋光率**,α' 的单位为度·厘米³/(分米·克)与入射光的波长有关,另外还与溶液的温度有关。(9-24)式常用于测定旋光性溶液的浓度,所用的仪器称为**旋光计**,它的基本原理如图 9-24 所示。由单色光源(如钠光灯)发出的光波经起偏器 A 后变为平面偏振光,待测溶液放在玻璃管 T 内,偏振光经过溶液后偏振面的旋转角 θ 可以利用检偏器 B 来测定。一般 θ 的单位用度表示,浓度 C 的单位用 g/cm³ 表示,厚度的单位用 dm 表示。一些药物的旋光率也称为比旋度,如表 9-2 所示。在药物分析中,用旋光计测出旋转角度,查出所测溶液的旋光率,即可利用(9-24)式可靠地测定溶液的浓度,因此被广泛采用。

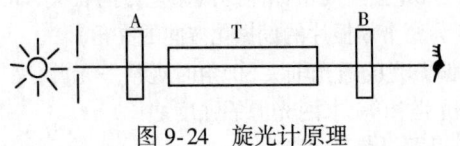

图 9-24　旋光计原理

表 9-2　一些药物的比旋光率

药名	$\alpha'[(°)\cdot cm^3/(dm\cdot g)]$
乳糖	+52.2~+52.6
葡萄糖	+52.2~+53
蔗糖	+65.9
桂皮油	-1~+1
蓖麻油	+50 以上
薄荷脑	-49~+50
樟脑(醇溶液)	+41~+43
山道年(醇溶液)	-170~-175

五、旋　光　计

旋光计就是根据旋光原理设计的测量仪器。糖量计的结构原理如图 9-25 所示。起偏器 P_1 产生的线偏振光经过糖溶液后振动面旋转了 θ 角,借助于检偏器 P_2 可测得 θ 角,根据(9-24)式就可求得浓度 C。这种方法既迅速又可靠。

例 9-7　一块表面垂直于光轴的右旋石英晶片,恰好能抵消长 20cm,浓度为 10% 的果糖(左旋)溶液对钠黄光(波长为 5892.90Å)所造成的振动面旋转,问石英片厚度是多少?已知该种果糖溶液的比旋光率为 88.16°·cm³/(dm·g)。

解　设石英晶片的厚度 l,根据(9-23)式和(9-24)式,并按题意有

$$\alpha l = \alpha' C l'$$

由表 9-1 知 $\alpha = 21.724°$/mm,l' 为果糖溶液液柱的长度,所以

$$l = \frac{\alpha' C l'}{\alpha} = \frac{88.16 \times 0.10 \times 2.0}{21.724} = 0.81 \text{mm}$$

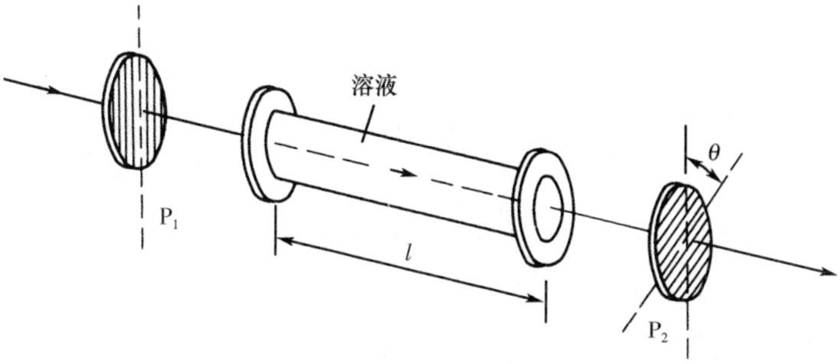

图 9-25 旋光计结构示意图

自然界中存在着这样的物质，同一种物质的化学成分相同，但化学结构不同，即它们的分子式相同，但内部分子的排列顺序不同，分为左旋和右旋物质两种，称为**旋光异构体**。例如，糖溶液，天然的糖都是右旋物质，而人工合成的糖总是左旋和右旋物质参半。生物体总是选择右旋糖消化吸收，而对左旋糖不感兴趣。又如，蛋白质是由不同的氨基酸组成的，一共有二十多种氨基酸，除了最简单的甘氨酸之外，生物体中的其他氨基酸都是左旋的，这就是说，把一个蛋白质分子分裂开来，不管这个蛋白质分子是从鸡蛋里取出来的，还是从人体中取出来的，组成的氨基酸都是左旋物质，但人工合成的氨基酸却都是含有等量的左旋和右旋物质。

许多有机药物、生物碱、生物体中的各种糖类、氨基酸等都具有旋光性，并常有右旋和左旋两种旋光异构物。区别右旋和左旋对了解分子结构和有关性质是重要的。某些药物的右旋和左旋异构物虽然有相同的分子式，但疗效却迥然不同，如氯霉素只有左旋异构物才有疗效，人工合成的合霉素是右旋和左旋两种氯霉素的混合，其疗效就只有纯左旋氯霉素的一半。研究旋光物质的左、右旋性质一般也是利用糖量计进行的。

第五节 光 的 吸 收

一、光的吸收定义

光通过任何介质时，都会或多或少地被介质所吸收，所以光的强度随穿进介质的深度而减弱（注意这里所说的吸收是指真正的吸收，不包括由于散射等因素引起的光强减弱）。

介质对光的吸收作用本质是光与组成介质的分子或原子的相互作用的结果。光的一部分能量转变为分子或原子的能量，从而使通过的光能减弱，宏观表现为物质对光的吸收。

在通常情况下，吸收是有选择的，即不同波长的光被吸收的程度不同。例如，石英对可见光的吸收甚微，而对波长为 3.5~5.0μm 的红外光却有强烈的吸收。前者我们称为一般吸收，它的特点是吸收很少，并且在某一给定波段内几乎是不变的；后者称为选择吸收，它的特点是吸收很多，并且随波长而剧烈地变化。任一物质对光的吸收都由这两种吸收组成。或者说，任一物质对某些范围内的光是透明的，而对另一些范围内的光却是不透明的。石英对所有可见光几乎都是透明的，对红外光却是不透明的。

二、吸 收 定 律

设强度为 I_0 的单色光，垂直射到一厚度为 l 的均匀物质上，如图 9-26 所示。在距离表面为 x 处，有一厚度为 $\mathrm{d}x$ 的薄层，设光到达 x 处时，光的强度为 I_x，通过薄层后光的强度减少了 $\mathrm{d}I_x$，此减少量与光到达该薄层时的强度 I_x 及薄层的厚度 $\mathrm{d}x$ 成正比，即

$$-\mathrm{d}I_x = k I_x \mathrm{d}x$$

考虑到 dI_x 本身为负,式中加上负号,比例系数 k 称为**吸收系数**,它是由物质的特性及入射光的波长决定的。我们可将上式改写为

$$\frac{dI_x}{I_x} = -k dx$$

将上式在 $0 \sim l$ 的范围内积分,并设 I_0 和 I 分别表示光波入射物质前和透过物质后的光的强度。于是将上式写成

$$\int_{I_0}^{I} \frac{dI_x}{I_x} = -k \int_0^l dx$$

积分后得

$$\ln I - \ln I_0 = -kl$$

即

$$I = I_0 e^{-kl} \tag{9-25}$$

(9-25)式称为**朗伯定律**。由此式可知,光的强度随物质的厚度的增加而按指数递减,即吸收随厚度的增加而迅速增强。

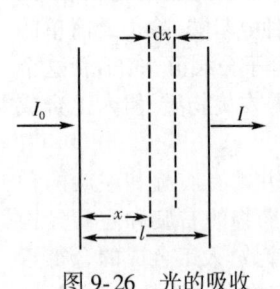

图 9-26 光的吸收

实验表明,当光被溶解在透明溶剂中的物质吸收时,吸收系数 k 与溶液的浓度 C 成正比,即 $k = \chi C$,式中 χ 与溶液浓度无关,只决定于吸收物质的分子特性,称为**摩尔吸收系数**,则(9-25)式可表示为

$$I = I_0 e^{-\chi Cl} \tag{9-26}$$

上式称为**朗伯-比尔(Lambert Beer)定律**。它表明:被吸收的光能与光路中吸收光的分子数成正比,这只有在每个分子的吸收本领不受周围分子影响时才成立,即该定律适用于浓度不大的溶液。

在上述定律成立的情况下,通过测定光在溶液中吸收的比例,由(9-26)式可求出溶液的浓度。

朗伯-比尔定律的重要应用是测定溶液浓度。同样强度的单色光,分别通过同样厚度的某种标准浓度溶液和同种类的未知浓度溶液,由于溶液浓度不同,对光的吸收也就不同,从而透射光的强度不同,据此可以测出待测溶液的浓度,这种方法称为**比色法**,是药物分析中常用的方法。

在生物学、化学中,通常把(9-26)式改写成

$$I = I_0 e^{-\chi Cl}$$

I 与 I_0 仍然是入射光和透射光的强度,C 和 l 分别是溶液的浓度和厚度,

令

$$T = \frac{I}{I_0}$$

则 $T = e^{-\chi Cl}$,由此式可得

$$\lg T = -\chi Cl \lg e$$

又令 $A = -\lg T$ 和 $\varepsilon = \chi \lg e$,则

$$A = \varepsilon Cl \tag{9-27}$$

上式中 ε 称为**消光常数**,其数值与吸光物质的种类有关,单位为米²/摩尔,即 (m^2/mol);A 称为**吸收度**(或**吸光度**),它反映了光通过溶液时被吸收的程度,A 的数值越大,表明物质对光的吸收就越强;把 $T = \frac{I}{I_0}$ 称为**透射率**。

由(9-27)式可见,对同一种溶液,吸收度的大小与光通过溶液的厚度及溶液浓度的乘积成正比。

例 9-8 玻璃的吸收系数为 $k_1 = 10^{-4} m^{-1}$,空气的吸收系数为 $k_2 = 10^{-7} m^{-1}$,问厚度 $l_1 = 1 cm$ 的玻璃所吸收的光相当于多厚的空气层所吸收的光?

解 根据朗伯定律,物质所吸收的光强度为
$$I_0 - I = I_0(1 - e^{-kl})$$
同样强度的光通过厚度分别为 l_1 和 l_2 的玻璃和空气层,若要产生相同的吸收则必须满足条件
$$1 - e^{-k_1 l_1} = 1 - e^{-k_2 l_2}$$
即
$$k_1 l_1 = k_2 l_2$$
$$l_2 = \frac{k_1 l_1}{k_2} = \frac{10^{-4} \times 10^{-2}}{10^{-7}} = 10 \text{m}$$
即厚度为 1cm 的玻璃所吸收的光相当于厚度为 10m 的空气层所吸收的光。

知识拓展　　紫外可见分光光度计

药物分析是保证药品安全有效的重要手段,而紫外可见分光光度计具有准确度高、测定极限低、设备简便、易于操作等优点,现已成为药品检测中的必备仪器。

一、检测原理

紫外可见分光光度计的原理是分光光度法,即利用不同物质分子对紫外可见光谱区的辐射吸收差异来进行分析。各种物质具有不同的分子、原子以及不同的分子空间结构,对入射光能量的吸收也有所区别,因此每种物质都有其特定的吸收光谱。物质的吸收光谱为带状光谱,可以根据吸收光谱上的某些特征波长处吸光度的高、低来测定该物质的含量。若进一步结合标准光谱图及其他手段,可对物质组成、含量和结构进行分析、测定和推断。这就是分光光度法定性和定量分析的基础。

根据朗伯-比尔定律:当一束平行单色光通过含有吸光物质的溶液时,溶液的吸光度与吸光物质浓度、液层厚度乘积成正比,即
$$A = \varepsilon C l$$
式中比例常数 ε 为消光常数,与吸光物质的种类有关。C 为吸光物质溶液的浓度,l 为透光液层厚度。紫外可见分光光度计由光源发出连续辐射光,经单色器按波长大小色散为单色光,单色光照射到样品吸收池,一部分被样品溶液吸收,而未被吸收的光经检测器的光电管将光强度信号变化为电信号,再经信号处理,显示或打印出吸光度,完成测试。

二、仪器结构

紫外可见分光光度计一般由五个部分组成,即光源、单色器、狭缝、吸收池、检测器系统,具体介绍如下。

1. 光源

光源提供检测所需波长范围的连续光谱,要求输出稳定且具有足够强度。常用光源包括白炽灯(如钨灯、卤钨灯等)、气体放电灯(如氘灯等)、金属弧灯(如汞灯)等多种。钨灯和卤钨灯发射 320~2000nm 连续光谱,最适宜工作范围为 360~1000nm,可作为可见光区域分光光度计的光源。氘灯能发射 150~400nm 的紫外光,可作为紫外区域分光光度计的光源。汞灯发射的是不连续光谱,一般用作波长校正。

2. 单色器

单色器用于从连续光谱中分解出检测所需的单一波长光的装置,由棱镜或光栅构成。棱镜的特点是波长越短,色散程度越好。玻璃棱镜的色散能力强,但只能工作在可见光区,而石英棱镜的工作波长范围为 185~4000nm,在紫外区也有较好的分辨率,而且也适用于可见光区和近红外区。有的分光系统是衍射光栅,即在石英或玻璃的表面上刻划许多平行线,刻线处不透光,于是通过光的干涉和衍射现象,波长较长的光偏折角度大,波长较短的光偏折角度小,因而形成光谱。

3. 狭缝

狭缝是指由一对隔板在光通路上形成缝隙,用来调节入射单色光的纯度和强度,也直接影响分辨率。狭缝可在 0~2mm 宽度内调节,从而得到最佳检测效果。

4. 比色杯

比色杯也称样品池或比色皿，用来放置样品溶液。玻璃比色杯只适用于可见光区，在紫外区测定时，则需要使用石英比色杯。

5. 检测器系统

一些金属在入射光照射下能产生电流，光愈强则电流愈大，即为光电效应。因光照射而产生的电流称为光电流。常用检测器有光电池以及光电管。光电池组成种类繁多，硒光电池最为常用，然而其连续照射一段时间会产生疲劳现象从而导致光电流下降，需要在暗环境中放置一段时间才能恢复，因此使用时不宜长时间照射，以防光电池因疲劳而产生误差。光电管具有阴极和阳极，阴极是用对光敏感的金属构成（多为碱土金属的氧化物）。照射光愈强，电子放出愈多，电子带负电，被吸引到阳极上而产生电流。光电管产生的电流很小，故需进一步放大。分光光度计中常用电子倍增光电管，在光照射下所产生的电流比其他光电管要大得多，从而有效提高测定灵敏度。检测器产生的光电流可通过一定方式转换后进行输出，如电压表、电流表、显示器、示波器及与计算机联用等。

三、检测特点

紫外可见分光光度法具有以下主要特点。

1. 灵敏度高

随着各类显色剂的大量研发及合成，对元素测定的灵敏度显著提高，特别是紫外可见分光光度法在有关多元络合物和各种表面活性剂方面的应用，许多元素的摩尔吸光系数由原来的几万提高到数十万。

2. 选择性好

目前许多元素只要利用适当的显色条件就可直接进行光度法测定，如钴、铀、镍、铜、银、铁等元素的测定，已有较成熟的方法。由于各种无机物和有机物在紫外可见区都有吸收，因此均可借助此法加以测定。到目前为止，化学元素周期表上几乎所有元素的检测（除少数放射性元素和惰性元素之外）均可采用此法。

另外，紫外可见分光光度法还具有准确度高、测量浓度范围广、分析成本低、操作简便、应用范围广等特点。

科学之光　托马斯·杨的故事

托马斯·杨(Thomas Young, 1773—1829)，英国医生兼物理学家，光的波动说的奠基人之一。

1773年6月13日，托马斯·杨出生于英国萨默塞特郡米尔弗顿一个富裕的贵格会教徒家庭，是10个孩子中的老大，他从小受到良好教育，幼年时期就显露他的天才禀赋，是个不折不扣的神童。杨2岁时学会阅读，对书籍表现出强烈的兴趣；4岁能将英国诗人的佳作和拉丁文诗歌背得滚瓜烂熟；不到6岁已经把圣经从头到尾看过两遍，还学会用拉丁文造句；9岁掌握车工工艺，能自己动手制作一些物理仪器；几年后他学会微积分和制作显微镜与望远镜；14岁之前，他已经掌握10多门语言，包括希腊语、意大利语、法语等等，不仅能够熟练阅读，还能用这些语言做读书笔记；之后，他又把学习扩大到了东方语言——希伯来语、波斯语、阿拉伯语等；他不仅阅读了大量的古典书籍，在中学时期就已经读完了牛顿(Isaac Newton)的《自然哲学的数学原理》、拉瓦锡(Antoine-Laurent de Lavoisier)的《化学纲要》以及其他一些科学著作。

托马斯·杨天资聪颖，他没有因专业领域束缚自己，而是一生孜孜不倦地追求科学真理。托马斯·杨科学研究方面最大的成就在物理光学领域，其贡献是多方面的。他被誉为生理光学的创始人,在1793年就发现了人眼球里的晶状体会自动调节以辨认所见物体的远近。他也是第一个研究散光的医生。他首次测量七种光的波长,并最先建立了三原色理论:指出一切色彩都可以由红、绿、蓝这三种原色叠加得到。1801年,托马斯·杨在皇家学院作了题为"光和色的理论"的讲演,首次提出了声波的叠加原理。杨对弹性学说也很有研究,后人为了纪念他的贡献,把纵向弹性模量称为杨氏模量。

托马斯·杨在光学领域最伟大的贡献,当数其光波理论和双缝干涉实验。牛顿曾在其《光学》的论著中提出光是由微粒组成的,在之后的近百年时间,人们对光学的认识几乎停滞不前,直到托马斯·杨的诞生,他成为开启光学真理的一把钥匙,为后来的研究者指明了方向。托马斯·杨做了著名的双缝干涉实验,为光的波动说奠定了基础。这个经典实验虽然并不复杂,但在物理学史上的意义却十分重大,被评选为"物理学史上最美的十个实验"之一。然而,这个理论在当时并没有受到应有的重视,这个自牛顿以来在物理光学上最重要的研究成果,被压制了近20年。但是杨并没有向权威低头,而是为此撰写了一篇论文,杨在论文中勇敢地反击:"尽管我仰慕牛顿的大名,但是我并不因此而认为他是万无一失的。我遗憾地看到,他也会弄错,而他的权威有时甚至阻碍了科学的进步。"

托马斯·杨的一生研究领域甚广:光学、生理光学、语言学、声学、船舶工程、潮汐理论、象形文字,被后人誉为"最后一个知道一切的人"。托马斯·杨对科学真理的敏锐思考,敢于发表自己的见解,向权威挑战,这种精神值得我们学习。

小 结

(1) 光的干涉:
1) 相干光的条件:频率相同,振动方向相同且相位差恒定的两列光波。
2) 获得相干光的方法:分波阵面法和分振幅法。
(2) 光程:是指把光波在某一介质中通过的几何路程与该介质的折射率 n 的乘积,写为
$$\delta = nr$$
(3) 相位差与光程差的关系:$\Delta\varphi = \dfrac{2\pi}{\lambda}\delta$
(4) 杨氏双缝干涉:
1) 产生明纹的条件:$\delta = \dfrac{yd}{D} = \pm k\lambda$ 或 $y = \pm k\dfrac{D}{d}\lambda$ ($k = 0,1,2,\cdots$)
2) 产生暗纹的条件:$\delta = \dfrac{yd}{D} = \pm(2k+1)\dfrac{\lambda}{2}$ 或 $y = \pm(2k+1)\dfrac{D}{d}\cdot\dfrac{\lambda}{2}$ ($k = 0,1,2,\cdots$)

式中 D 为双缝到屏幕的垂直距离,d 为双缝之间的距离。
(5) 薄膜干涉:
1) 干涉的明纹条件:$\delta = 2nd - \dfrac{\lambda}{2} = k\lambda$ ($k = 0,1,2,\cdots$)
2) 干涉的暗纹条件:$\delta = 2nd - \dfrac{\lambda}{2} = (2k-1)\dfrac{\lambda}{2}$ ($k = 1,2,3,\cdots$)
(6) 单缝衍射:
1) 当衍射角 θ 满足 $a\sin\theta = \pm 2k\cdot\dfrac{\lambda}{2} = \pm k\lambda$ 时,则出现暗纹。
2) 当衍射角 θ 满足 $a\sin\theta = \pm(2k+1)\cdot\dfrac{\lambda}{2}$ 时,则出现明纹。

(7) 光栅衍射:
1) 光栅常数:$d=a+b$ （a 为狭缝的宽度,b 为刻痕的宽度）
2) 光栅公式:$\delta=d\sin\theta=\pm k\lambda$ （$k=0,1,2,\cdots$），满足此公式时即产生明纹。
(8) 马吕斯定律:强度为 I_0 的偏振光,通过检偏器后,出射光的强度为 $I_0\cos^2\theta$。（θ 为两个偏振片的偏振化方向的夹角）
(9) 朗伯-比尔定律:$I=I_0 e^{-\chi Cl}$

习 题 九

9-1. 在杨氏双缝干涉实验中,双缝的距离是 0.2mm,在双缝后 80cm 处的屏上,第一级明纹与第三级明纹的距离为 5mm,求所用单色光的波长是多少?

9-2. 杨氏双缝实验中,波长为 500nm 的第三级明纹与某光波的第三级暗纹恰好重合,求此光波波长是多少?

9-3. 用波长为 500nm 的平行光照射宽度为 0.1mm 的单缝,在缝后放一焦距为 $f=500$cm 的凸透镜,在透镜的焦平面上放一光屏,观察衍射条纹,求中央明纹及其他明纹的宽度。

9-4. 用一单色光垂直照射每毫米有 1000 条刻痕的光栅上,发现第一级明纹与原入射光的方向成 30°角,求该光波波长。

9-5. 用波长为 600nm 的单色光垂直照射光栅,测得第一级明纹与原入射光的方向成 28.7°角,求该光栅每毫米有多少条刻痕。

9-6. 一束光线垂直照射在一透明薄膜上,若薄膜的折射率 $n>1$。欲使反射光线加强,则膜的厚度最薄应为多少?

9-7. 用偏振化方向互成 45°的两偏振片看一光源,再用偏振化方向互成 60°的两偏振片看另一光源,观察到的光强相同,那么此两光源的发光强度之比为多少?

9-8. 光线经过一定厚度的溶液,测得透射率为 1/2,若改变溶液的浓度,测得的透射率为 1/8,问两溶液的浓度之比是多少?

9-9. 某蔗糖溶液,在 20℃ 时对钠光的比旋光率为 66.4°cm³/(g·dm),现将其装满在长为 20cm 的旋光管内,测得旋光度为 8.3°,求此糖溶液的浓度。

9-10. 玻璃的吸收系数为 10^{-2}cm^{-1},空气的吸收系数为 10^{-5}cm^{-1},问 2cm 厚的玻璃所吸收的光相当于多厚的空气层所吸收的光?

第九章PPT

第十章 几何光学

光在传播过程中遇到障碍物,若波长远小于障碍物的线度,衍射现象不明显,我们就可以忽略光的波动性质,认为光是沿直线传播的。在几何光学中,把光源发光看成是光源向空间发出无数条沿光能量传播方向的几何线,这些几何线称为光线。几何光学用几何作图的方法来研究光在透明介质中的传播规律,并讨论物体的成像问题,其理论基础是光的直线传播定律、光的独立传播定律及光的反射和折射定律。

几何光学理论在光学仪器的初级设计中得到了广泛的应用。本章主要介绍几何光学的基本原理和成像规律,并以此为基础研究眼屈光、光学显微镜、光纤的成像原理。

第一节 球面折射

一、单球面折射

当光线从一种介质射向另一种介质时,会发生折射现象。如果两种介质的分界面是球面的一部分,在此折射面上所产生的折射现象称作单球面折射。

1. 单球面折射系统

图 10-1 所示为一个单球面折射系统,其中 MN 是球状折射面,C 为曲率中心,球面的曲率半径为 r,通过曲率中心 C 的直线 OCI 称为**主光轴**,P 点为球面 MN 与主光轴的交点,称为**折射面的顶点**。n_1 和 n_2 是左、右两侧透明介质的折射率,假设 $n_1 < n_2$。主光轴上一点光源 O 所发的近轴光线,经单球面折射后在主光轴上的 I 点成像。物点 O 到球面顶点 P 的距离称为**物距**,用 u 表示;像点 I 到球面顶点 P 的距离称为**像距**,用 v 表示。

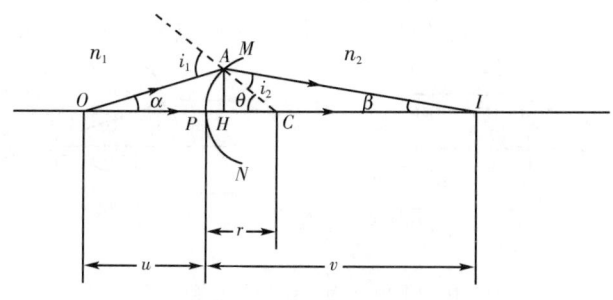

图 10-1 单球面折射系统

2. 单球面折射公式

首先,我们来研究由物点 O 发出的近轴光线经折射面折射后的成像规律。取两条入射光线作为研究对象,一条是沿主光轴入射到折射面顶点的光线 OP,经折射其方向不改变;另一条是沿靠近光轴的任一方向入射的光线 OA,它经折射后与主光轴交于 I 点,I 点就是物点 O 的像,过 A 点作法线 AC,i_1 和 i_2 为入射角和折射角。

由折射定律有

$$n_1 \sin i_1 = n_2 \sin i_2$$

由于 OA 是近轴光线,因此角 i_1 和 i_2 都很小,可取 $\sin i_1 \approx i_1$,$\sin i_2 \approx i_2$,于是折射定律可以写为
$$n_1 i_1 = n_2 i_2$$
在 △OAC 中有 $i_1 = \alpha + \theta$,在 △IAC 中有 $i_2 = \theta - \beta$,代入上式,整理得
$$n_1 \alpha + n_2 \beta = (n_2 - n_1)\theta$$
过 A 点向光轴引垂线交于 H 点,α、β、θ 均很小,故其角度的弧度值近似等于其正切值,即
$$\alpha = \frac{\overline{AH}}{u}, \quad \beta = \frac{\overline{AH}}{v}, \quad \theta = \frac{\overline{AH}}{r}$$
代入前式,并消去 $\overline{AH}$,可得
$$\frac{n_1}{u} + \frac{n_2}{v} = \frac{n_2 - n_1}{r} \tag{10-1}$$

(10-1)式称为近轴光线的**单球面折射公式**,它适用于一切近轴条件下凸、凹球面的成像。

应用(10-1)式时,u、v、r 的取值必须遵守一个统一的符号规则:若从物点到折射面的方向与入射光的方向相同,则物距为正,反之为负;若从折射面到像点的方向与折射光的方向相同,则像距为正,反之为负;若实际入射光线对着凸球面,则 r 取正值,反之,若实际入射光线对着凹球面,则 r 取负值;n_1、n_2 的顺序以实际光线的行进为准定义。

3. 焦度、焦点和焦距

单球面折射公式(10-1)中,右端的 $\frac{n_2 - n_1}{r}$ 只与球面两侧介质的折射率和球面的曲率有关,即对于给定的介质和球面,此式是一个恒量,它表示球面的折射本领,称为单球面折射系统的**焦度**,用 Φ 表示
$$\Phi = \frac{n_2 - n_1}{r} \tag{10-2}$$

如果(10-2)式中 r 的单位是米(m),则 Φ 的单位为**屈光度**,以 D 表示。由(10-2)式可知,单球面折射系统的焦度与折射面的曲率半径成反比,与两侧介质折射率之差成正比,即 r 越大,Φ 越小,折射本领越小;n_1、n_2 之差越大,Φ 越大,折射本领越强。

如图 10-2(a)所示,当点光源位于主光轴上某点 F_1 时,其发出的光束经折射后变成平行光束(即成像于无穷远处),则点 F_1 称为折射系统的**第一焦点**,F_1 到折射面顶点 P 的距离称为此系统的**第一焦距**,以 f_1 表示。将 $v = \infty$ 代入(10-1)式得到单球面折射系统的第一焦距为

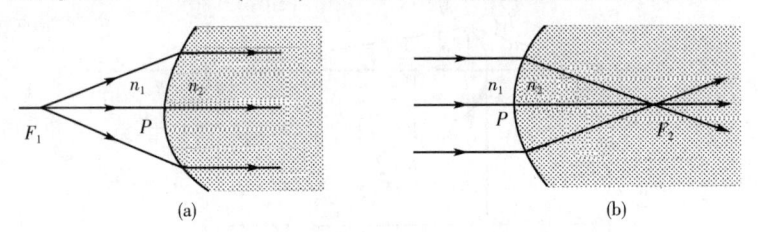

图 10-2 单球面系统的焦点和焦距

$$f_1 = \frac{n_1}{n_2 - n_1} r \tag{10-3}$$

如图 10-2(b)所示,平行于主轴的光线(即物在无穷远处)经单球面折射后会聚于主光轴上一点 F_2,点 F_2 称为折射系统的**第二焦点**,F_2 到折射面顶点 P 的距离称为折射系统的**第二焦距**,以 f_2 表示。将 $u = \infty$ 代入(10-1)式得单球面折射系统的第二焦距为

$$f_2 = \frac{n_2}{n_2 - n_1} r \tag{10-4}$$

从(10-3)式和(10-4)式可以看出,一般情况下,第一焦距 f_1 和第二焦距 f_2 是不等的,可为正值也

可为负值,主要取决于 n_2、n_1 的大小和 r 的正负。当 f_1 和 f_2 为正值时,F_1 和 F_2 为实焦点,折射系统有会聚光线的作用;当 f_1 和 f_2 为负值时,F_1 和 F_2 为虚焦点,折射系统起到发散光线的作用。

将(10-3)式和(10-4)式相比,可得

$$\frac{f_1}{f_2} = \frac{n_1}{n_2} \quad (10\text{-}5)$$

由(10-2)式~(10-4)式可得单球面折射系统的两焦距和焦度间的关系为

$$\Phi = \frac{n_2 - n_1}{r} = \frac{n_1}{f_1} = \frac{n_2}{f_2} \quad (10\text{-}6)$$

由式(10-6)可知,对于同一单球面折射系统,尽管其两焦距可以不等,但其焦度是相等的。

例 10-1 设有一半径为 3cm 的凹球面,球面两侧的折射率分别为 $n = 1$,$n' = 1.5$,一会聚光束入射到界面上,光束的顶点在球面右侧 3cm 处,求像的位置。

解 由题意可知 $n = 1$,$n' = 1.5$,$u = -3$cm,因实际入射光线对着凹球面,所以 $r = -3$cm,由单球面折射公式得

$$\frac{1}{-3} + \frac{1.50}{v} = \frac{1.50 - 1}{-3}$$

解得 $v = 9$ cm

因为像距为正值,是实像点,即成像位置在凹球面后 9cm 处,如图 10-3 所示。

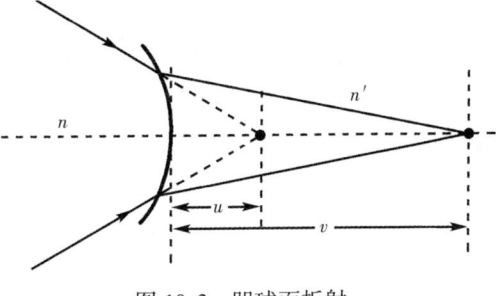

图 10-3 凹球面折射

二、共轴球面系统

若一系统由两个或两个以上的折射球面组成,且各球面的曲率中心在同一条直线上,此系统称为**共轴球面系统**,这条直线称为共轴球面系统的**主光轴**。例如,人眼可以简化成一个共轴球面系统。

对于近轴光线,在共轴球面系统中求物体所成的像时,可用单球面折射公式逐次成像:前一个折射面所成的像,为相邻的后一个折射面的物。即先求出物体通过第一折射面后所成的像,再以这个像作为第二折射面的物,求出通过第二折射面后所成的像,然后再以第二个像作为第三折射面的物,求出通过第三折射面所成的像,……,依次类推,直到求出最后一个折射面所成的像。

例 10-2 如图 10-4 所示,有一玻璃半球,折射率为 1.5,球面半径为 5.0cm,平面镀银,在球面顶点前方 10.0cm 处有一小物,用逐次成像法求这个系统最后的成像位置。

解 对第一折射面 $n_1 = 1.0$,$n_2 = 1.5$,$u_1 = 10$cm,$r = 5$cm,代入单球面折射公式,有

$$\frac{1.0}{10} + \frac{1.5}{v_1} = \frac{1.5 - 1.0}{5}$$

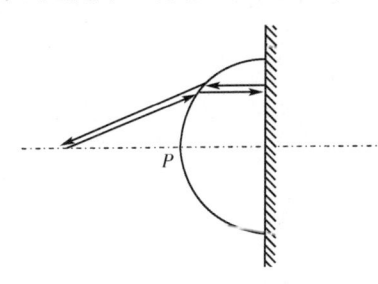

图 10-4 玻璃半球成像

解得 $v_1 = \infty$

即光线经第一折射面折射后,成为平行光束入射到镀银平面(平面镜),反射后仍为平行光束返回球面,球面成为第二个折射平面。对第二个折射球面,光线从右向左入射,右方无限远为凹面镜的虚物 $u_2 = \infty$,对第二球面应用单球面折射公式,有

$$\frac{1.5}{\infty} + \frac{1.0}{v_2} = \frac{1.0 - 1.5}{-5}$$

解得 $v_2 = 10$cm

最后所成的像在 P 点左侧 10cm 处,与原来的物正好重合,如图 10-4 所示。

第二节 透 镜

透镜是指共轴球面系统中仅有两个折射面,而其中至少有一个表面是曲面的系统,两个折射面之间是均匀的透明介质。常用透镜的两个折射面都是球面(或者一个是球面,另一个是平面),称**球面透镜**,但也有由柱面、椭球面等其他形式的折射面组成的透镜,在本书及一般书籍中,若没有特别说明,一般都是指球面透镜。

若透镜中央部分的厚度(两顶点间的距离)与物距、像距及两个球面的半径相比很小,在解决成像问题时可以忽略其厚度,这种透镜称为**薄透镜**。薄透镜按结构分,可分为**凸透镜**和**凹透镜**;按光学性质分,可分为**会聚透镜**和**发散透镜**。

一、薄透镜成像公式

如图 10-5 所示,折射率为 n 的薄透镜置于折射率为 n_0 的介质中。光轴上的物点 O 发出的光线经透镜折射后成像于 I 处,用 u_1、v_1、r_1 及 u_2、v_2、r_2 分别表示第一折射面和第二折射面的物距、像距和曲率半径;用 u、v 表示透镜的物距和像距。由于薄透镜的厚度可以忽略,所以这些量均可从光心也就是两顶点的中心算起,于是有 $u_1 = u, v_1 = -u_2, v_2 = v$。代入单球面折射公式(10-1)。

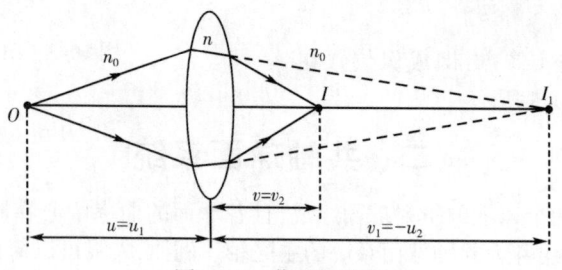

图 10-5 薄透镜成像

对两个折射面,分别有

$$\frac{n_0}{u} + \frac{n}{v_1} = \frac{n - n_0}{r_1}, \quad \frac{n}{-v_1} + \frac{n_0}{v} = \frac{n_0 - n}{r_2}$$

把以上两式相加并整理可得

$$\frac{1}{u} + \frac{1}{v} = \frac{n - n_0}{n_0}\left(\frac{1}{r_1} - \frac{1}{r_2}\right) \tag{10-7}$$

如果透镜两端的介质是空气,即 $n_0 = 1$,则

$$\frac{1}{u} + \frac{1}{v} = (n - 1)\left(\frac{1}{r_1} - \frac{1}{r_2}\right) \tag{10-8}$$

(10-7)式、(10-8)式称为**薄透镜成像公式**。公式既适用于凸透镜也适用于凹透镜,u、v、r_1、r_2 的正、负依照单球面折射的相关规定。

薄透镜作为折射系统也有两个焦点,当透镜前后的介质相同时,由(10-7)式可以证明薄透镜的两个焦距是相等的,即 $f_1 = f_2 = f$,其值为

$$f = \left[\frac{n - n_0}{n_0}\left(\frac{1}{r_1} - \frac{1}{r_2}\right)\right]^{-1} \tag{10-9}$$

若透镜处于空气中,$n_0 = 1$,(10-9)式变为

$$f = \left[(n - 1)\left(\frac{1}{r_1} - \frac{1}{r_2}\right)\right]^{-1} \tag{10-10}$$

可以看出,薄透镜的焦距与透镜材料的折射率、折射面的曲率半径及所处介质有关。把(10-10)式代入(10-8)式可得

$$\frac{1}{u} + \frac{1}{v} = \frac{1}{f} \tag{10-11}$$

(10-11)式即为常用的薄透镜成像公式的高斯形式,它适用于薄透镜两侧介质相同的情况,物距和像距的符号规则同前。透镜焦距越短,透镜对光线的会聚或发散的本领越强。因此,焦距的倒数表征了透镜折光能力的大小,称为**透镜的焦度**,用符号 Φ 表示,即

$$\Phi = \frac{1}{f} \tag{10-12}$$

会聚透镜的焦度为正,发散透镜的焦度为负。在眼镜业使用的焦度单位是度,它和屈光度关系是 1 屈光度=100 度。例如,某人戴的眼镜为 200 度,则该镜片的焦度为 $\Phi=2D$,焦距为 $f=0.5m$,是远视镜。

例 10-3 用折射率为 1.5 的玻璃制成的平凹透镜,凹面的曲率半径为 20cm,将其置于水中,令光线分别从两边入射,求两种情况下透镜的焦距(水的折射率取 1.33)。

解 假设凹面对着入射光,则 $r_1=-20\text{cm}, r_2=\infty$,代入(10-9)式得

$$f = \left[\left(\frac{1.5-1.33}{1.33}\right)\left(\frac{1}{-20}-\frac{1}{\infty}\right)\right]^{-1}$$

解得
$$f=-156.5\text{ cm}$$

若假设平面对着入射光,则 $r_1=\infty, r_2=20\text{cm}$,代入(10-9)式得

$$f = \left[\left(\frac{1.5-1.33}{1.33}\right)\left(\frac{1}{\infty}-\frac{1}{20}\right)\right]^{-1}$$

解得
$$f=-156.5\text{cm}$$

这表明,对于结构一定的薄透镜,无论光线从哪一方入射,只要透镜两侧介质相同,焦距都是一样的。

二、薄透镜的组合

在实际应用中,大多光学仪器都是由两个或更多的透镜组合而成。由两个或两个以上的透镜组成的共轴系统,称为**透镜组**。透镜组的成像规律也可用逐次成像法来解决,即先求物经过第一透镜折射后所成的像,然后将它作为第二个透镜的物,再求经第二个透镜折射后所成的像,……,依次成像,直到求出最后的像。

当薄透镜之间的距离小到一定程度特别是密切接触时,称为**透镜的密接组合**,如图 10-6 所示。其成像规律可以用一个类似于(10-11)式那样的简单公式来表示。

如图 10-6 所示,两个薄透镜 L_1、L_2 放在空气中,焦距分别为 f_1 和 f_2,其间距 d 与各自的物距、像距和焦距相比很小,可忽略。物点 O 位于主光轴上,经第一个薄透镜折射,成像于 I_1 点,物距和像距分别为 u_1 和 v_1,经第二个薄透镜折射,成像于 I 点,物距和像距分别为 u_2 和 v_2。根据薄透镜成像公式(10-11),对于 L_1 和 L_2,可以分别写出

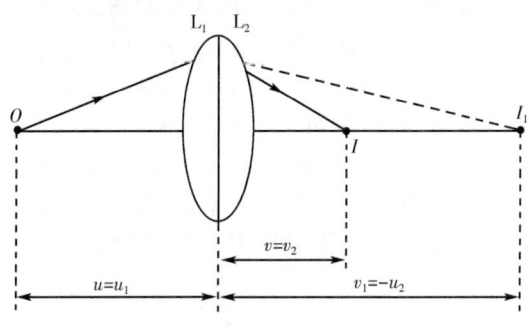

图 10-6 透镜的密接组合成像

$$\frac{1}{u_1} + \frac{1}{v_1} = \frac{1}{f_1}, \quad \frac{1}{u_2} + \frac{1}{v_2} = \frac{1}{f_2}$$

设透镜组的物距和像距分别为 u、v，则 $u = u_1, v = v_2$，又因 d 很小，$u_2 = d - v_1 \approx -v_1$，上面两式也可写为

$$\frac{1}{u} + \frac{1}{v_1} = \frac{1}{f_1}, \quad \frac{1}{-v_1} + \frac{1}{v} = \frac{1}{f_2}$$

将两式相加，整理后可得

$$\frac{1}{u} + \frac{1}{v} = \frac{1}{f_1} + \frac{1}{f_2} \tag{10-13}$$

可写成

$$\frac{1}{u} + \frac{1}{v} = \frac{1}{f} \tag{10-14}$$

式(10-14)中，f 为透镜组的等效焦距，与两个薄透镜焦距的关系为

$$\frac{1}{f} = \frac{1}{f_1} + \frac{1}{f_2} \tag{10-15}$$

若用 Φ_1 和 Φ_2 分别表示两个薄透镜的焦度，用 Φ 表示薄透镜组的焦度，则由(10-15)式得

$$\Phi = \Phi_1 + \Phi_2 \tag{10-16}$$

对于由 n 个薄透镜密接组成的透镜组，有

$$\Phi = \Phi_1 + \Phi_2 + \cdots + \Phi_n$$

由此可知，同类透镜密接时会聚或发散的本领加强，异类透镜密接时会聚或发散的本领减弱，如果光线经过两个密接的透镜后既不会聚也不发散，说明此透镜组的等效焦度为零，两透镜会聚和发散的本领相同，即

$$\Phi_1 + \Phi_2 = 0, \quad \Phi_1 = -\Phi_2$$

上式常被用来近似测定透镜的焦度，如将待测近视镜片与一凸透镜片密接，若组合焦度为零，即光线通过此系统既不会聚也不发散，则知此两透镜的焦度数值相等、符号相反。

由前面的讨论可知，对于薄透镜，只要知道了物方和像方的焦点与焦平面、光心的位置，就可用作图法方便解决成像的问题。对于复杂的共轴球面系统如厚透镜，也有类似的方法，这就是确定系统的三对基点。只要知道基点的位置，便可利用三条特殊光线中的任意两条，用作图法求解成像问题。

三、非对称折射系统与柱面透镜

在几何光学系统中，通过主光轴的平面称为**子午面**，子午面与折射面的交线称为**子午线**。球面透镜的折射面在各个子午平面上的截面都是半径相同的圆的一部分，即各子午线的曲率均相同，是对称性折射系统。若折射面在各个方向上的子午线的曲率半径不同，称为**非对称折射面**，由这种折射面组成的共轴系统称为**非对称折射系统**。

柱面透镜就是一种常用的非对称折射系统。两个折射面不是球面而是柱面的一部分。如图 10-7 所示。柱面透镜也有凸透镜和凹透镜两种。它在眼科临床和配镜工作中，用来矫正非正视眼中的规则散光，因此了解柱面透镜的成像特点是十分必要的。

柱面透镜某一子午面与球面透镜相似，光束在该截面方向将被会聚或发散，如图 10-8(a)所示。而与之垂直的另一方向的子午面又与一块平板玻璃相似，入射光通过它不改变方向，如图 10-8(b)所示。因此，点光源经会聚柱面透镜折射后，所成的像不是一个亮点，而是一条直线，如图 10-8(c)所示。

图 10-7　柱面透镜

(a)　　　　　　　　(b)　　　　　　　　(c)

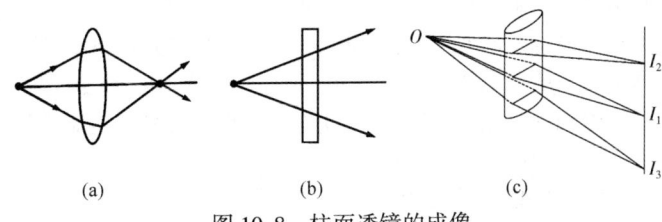

图 10-8　柱面透镜的成像

四、透镜的像差

实际应用中,物体经过透镜后所成的像常存在一些缺陷,实际像的形状和颜色与理论预期的像总有一定的偏差,这种差别叫做透镜的**像差**。产生像差的原因很多,下面我们介绍主要的两种:球面像差和色像差。

1. 球面像差

在研究球面折射问题时,我们限定入射光线是近轴光线,即从一个点光源发出的通过球面透镜中央部分的光线才能在光轴上会聚于一点。但在实际使用中,入射光线中常包含有远轴光线,图 10-9(a)所示,它们通过球面透镜的边缘部分折射时,比近轴光线经透镜后的折射角要大,因此,这两部分光线经过透镜折射后不能相交在同一点上。这样一个光点经透镜成像后在任一个面上得到的都不是一个亮点,而是一个边缘模糊的亮斑。这种现象是由于球面折射而产生的,称为**球面像差**。

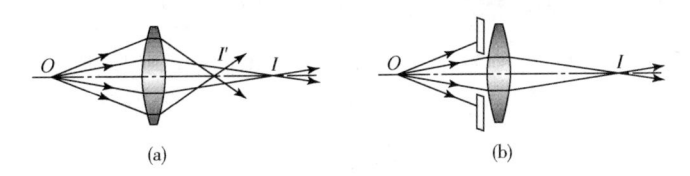

(a)　　　　　　　　(b)

图 10-9　球面像差及其矫正

矫正球面像差的方法有:

(1)如图 10-9(b)所示,在透镜的前面加上一个光阑,遮断远轴光线,只允许近轴光线通过,便可得到清晰的像。由于通过透镜的光能减少,加光阑使得像的亮度减弱;

(2)减小像差的另一种方法是在会聚透镜之后放置一发散透镜,因为二者具有相反的球面像差,可以互相抵消,这样组成的透镜组减小了球面像差,但降低了焦度;

(3)如图 10-10 所示,经过特殊设计制造的非球面透镜,中央部位与边缘部分的界面曲率半径不同,可以维持良好的像差修正,以获得所需要的性能,随着制造工艺的提高,非球面透镜有着越来越广泛的应用。

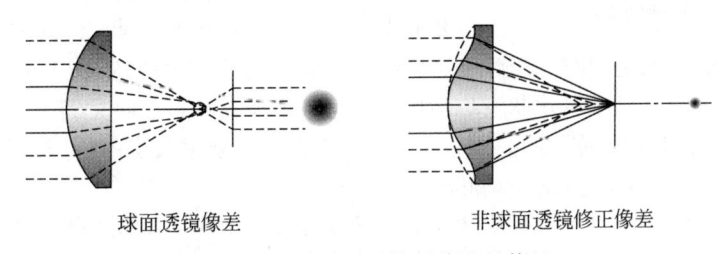

球面透镜像差　　　　　　非球面透镜修正像差

图 10-10　非球面透镜对像差的修正

2. 色像差

由式(10-9)可知,薄透镜的焦距与透镜材料的折射率 n、两折射面的曲率半径 r_1、r_2 及透镜所处的介质有关。当曲率半径和透镜所处介质确定后,透镜的光学特性就由透镜折射率来决定了。由于同种材料对不同波长的光折射率不同,因此不同颜色的光经过透镜后折射程度也不同,如图 10-11(a)所示,平行于主光轴的白光射向透镜,波长短的紫光偏折多,波长长的红光偏折少,这样不同波长的光经透镜折射后不能会聚在同一点。所以若以复色光入射,则在任一个面上得到的都不是一个亮点,而是一个边缘模糊的亮斑。这种现象是由于不同波长的光经过透镜折射后不能成像在同一点而产生的,称为**色像差**,透镜越厚,色像差越明显。

使用单色光作光源可以避免色像差的产生。

减少色像差的常用方法是把折射率不同的会聚透镜和发散透镜适当搭配,使得一个透镜产生的色像差被另一个透镜所产生的色像差所抵消,如图 10-11(b)所示。

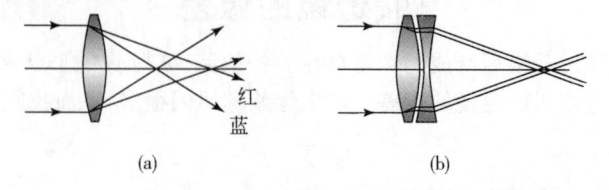

图 10-11 色像差及其矫正

在比较精密的光学仪器中,透镜系统都比较复杂,原因就是要利用各种透镜组合在最大限度内来消除各种像差。但是在讨论其工作原理时,我们又可以根据共轴球面系统的成像规律,用简化的透镜模型来代替复杂的系统。

第三节 眼 屈 光

人眼是人们接受外界信息的重要感官,它能够把远近不同的物体清晰地成像在视网膜上,可看成是一个复杂的光学系统,本节从几何光学的角度来研究人眼的成像原理和规律。

一、眼的结构

眼睛的主体是眼球,其外形呈球状,如图 10-12 所示。从光学角度来看,人眼是一个近似于球体的共轴球面系统,它能把远、近不同的物体清晰地成像于视网膜上。

眼球的前面是角膜,从侧面作切面看,其形状为一凸凹透镜,光线通过它进入眼内,角膜的屈光作用是使光线会聚。角膜的后面是虹膜,虹膜不透明,呈圆盘形,中央有一个圆孔,称为瞳孔。虹膜是一个可调节的隔膜,可根据外界光线的强弱调节瞳孔的大小以控制进光量,同时还有光阑的作用,可以减小像差。虹膜后面的晶状体是一个透明而又富有弹性的组织,两面凸出,其表面的曲率可以调节。视网膜是眼的感光部分,位于眼球壁的最内层,上面布满了视觉神经,是成像的地方。在角膜、虹膜和晶状体之间充满了透明的水状液称为房水。晶状体和视网膜之间充满了另一种无色透明的胶质体——玻璃体,占眼球总体积的 80%。房水与玻璃体的折射率与水的折射率相近,其主要作用是填充眼球,保持眼球的外形,并对眼球起减振作用。

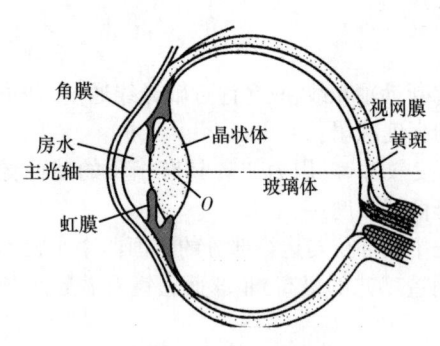

图 10-12 眼球剖面图

外界物体发出的光线,经角膜、虹膜和晶状体等折射后成像在人的视网膜上,刺激视神经细胞而产生视觉,角膜在整个屈光系统中起着重要的作用,其曲率稍有改变,眼的总焦度就会产生明显的变化。

二、眼的光学性质

从几何光学的角度看,眼睛是一个复杂的共轴球面折射系统。为了研究问题的方便,生理学上常把眼睛简化为一个单球面折射系统,称为**简约眼**,其光学结构如图 10-13 所示。凸球面(代表角膜)的曲率半径 $r=5$mm,像空间介质的折射率为 1.33,视网膜为系统的焦平面。由此可以得出 $f_1=15$mm, $f_2=20$mm。

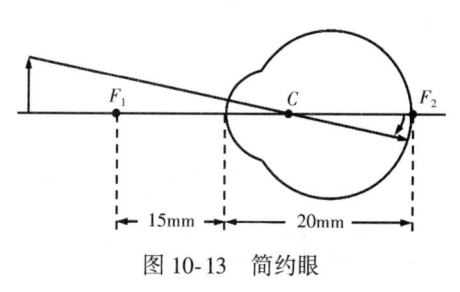

图 10-13 简约眼

三、眼的调节

人眼与任何光学系统相比,具有一个突出优点:在一定范围内自动调焦,使远近不同距离的物体都能清晰地成像在视网膜上。调节是通过睫状肌的收缩舒张从而改变晶状体的形状和表面的曲率来实现的。

当睫状肌处于松弛无张力状态时,晶状体扁平,其曲率半径最大,这种屈光状态称为**无调节**,此时眼的焦度最小,所能看清的物点称为**眼的远点**。视力正常的人远点在无穷远处,即平行光线进入人眼后刚好成像在视网膜上,近视眼的远点则在眼前一定距离处,所以近视眼看不清远处的物体。

当观察近处物体时,睫状肌收缩,晶状体变凸,其曲率半径减小,眼睛的焦度相应变大。当睫状肌处于最大张力状态时,晶状体的表面曲率最大(晶状体最凸),此时眼的焦度最大,这种屈光状态称为**最大调节**。眼睛的调节是有一定限度的,通过最大调节能够看清物体的最近距离,称为近点。视力正常的人的近点为 10~12cm,而远视眼的近点则远一些,所以远视眼看不清近处物体。

眼对不同距离的物体可以通过改变晶状体的形状来改变其焦度,使物体成像在视网膜上,眼的这种功能称为**眼的调节**。在日常工作中,不致引起眼睛过度疲劳的最适宜的距离约为 25cm,这个距离称为明视距离。

四、眼的分辨本领和视力

眼睛看得清物体的首要条件是物体成像于视网膜上,但要分清物体的细节,还必须使视角达到一定值。从物体的两端发出的光线对人眼曲率中心 C 所张的角度称为**视角**,如图 10-14 所示。视角的大小决定了物体在视网膜上所成像的大小,视角越大,所成像也越大,眼睛看到物体的细节就越清楚。例如,当远物的细节分辨不清时,减小物距,视角变大,往往可以达到分辨的目的。试验验证,一般的眼睛在看两个物点时,无论怎样挪动物体,如果视角小于 $1'$,人眼都不能分辨是两个物点,而感到是一个物点。与此对应,在明视距离处两个物点能被分辨的最小距离约为 0.1mm。不同的人,眼睛所能分辨的最小视角是不同的,能

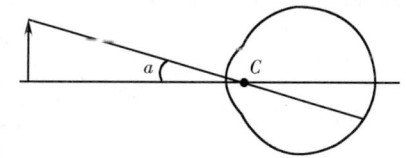

图 10-14 视角

分辨的最小视角越小,分辨能力就越高。辨别注视目标的能力,称为**视力**,视力有不同的表现方法,1990 年 5 月以前检查视力用的国际标准视力表,用 V_S 表示视力,它是眼睛能分辨的最小视角 α 的倒数,即

$$V_S = \frac{1}{能分辨的最小视角} = \frac{1}{\alpha}$$

式中,最小视角以分为单位。国内近年来常用国家标准对数视力表,即五分法视力表。五分法视力用 V_L 表示,它与 V_S 的关系为

$$V_L = 5 + \lg V_S$$

两种视力记录法的视力数值对照如表 10-1 所示。

表 10-1 两种视力记录法的视力数值及最小视角对照表

能分辨的最小视角(′)	国家标准对数视力	国际标准视力
10	4.0	0.1
5.012	4.3	0.2
1.0	5.0	1.0
0.794	5.1	1.2

五、眼的屈光不正及其矫正

如果眼睛不需调节，就能使平行入射的光线正好在视网膜上形成一清晰的像，如图 10-15（a）所示，这就是屈光正常的眼睛，称为**正常眼**，否则称为**非正常眼**，又称**屈光不正**。屈光不正常的眼睛包括近视、远视和散光三种。

1. 近视

若眼睛不调节时，平行入射的光线经眼系统折射后会聚于视网膜前，如图 10-15(b)所示，这种情况称为**近视**，近视是由于光线会聚后又散开投射到视网膜上，使视网膜上所成的像模糊不清，因而近视患者看不清远方的物体，但若把物体移近到眼前某一点时，眼睛不调节也能看清，这一点称为近视眼的远点，如图 10-16(a)所示，近视眼的远点和近点都比正常眼近，在近点和远点之间的物体，近视眼都可以通过调节看清。

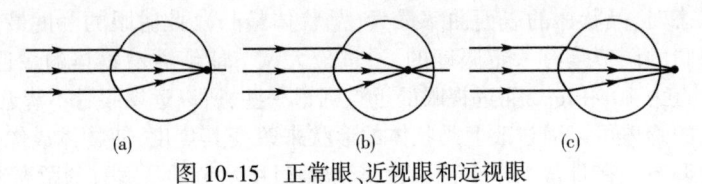

图 10-15 正常眼、近视眼和远视眼

近视的原因有的是由于角膜和晶状体的曲率过大，系统焦度过大，对光线的偏折太强（屈光性近视）；有的是眼球的前、后直径太长（轴性近视）。除少数高度近视与遗传有关外，多数近视的发生是由于不注意用眼卫生所致。

近视的矫正方法是配戴一副焦度合适的凹透镜，让光线经凹透镜适当发散，再经眼睛折射后恰好会聚在视网膜上形成清晰的像；也就是要使来自远处的平行光线经凹透镜后，成虚像于近视眼的远点处。这时，近视眼与正常眼一样，虽不调节也能看清，如图 10-16 所示。

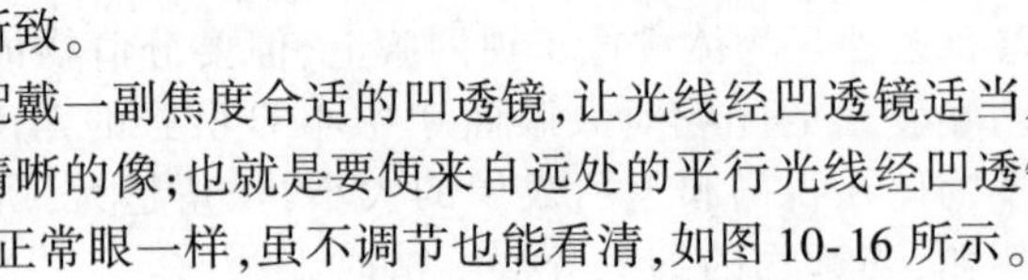

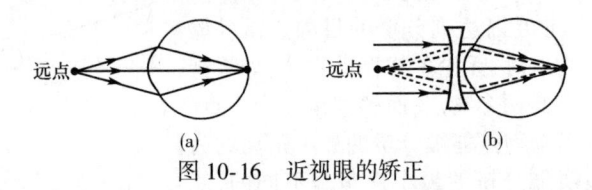

图 10-16 近视眼的矫正

例 10-4 一近视眼的远点在眼前 0.5m 处，欲使其能看清无穷远处的物体，问应配多少度的什么眼镜？

解 所配戴的眼镜应使无穷远处的物体通过它后在该患者的远点处成一虚像，该患者不必调节眼睛便可看清物体。设眼镜的焦距为 f，已知物距 $u = \infty$，像距 $v = -0.5$m，代入薄透镜公式，可得

$$\frac{1}{\infty} + \frac{1}{-0.5} = \frac{1}{f}$$

解得

$$\varPhi = \frac{1}{f} = \frac{1}{-0.5} = -2.0\text{D} = -200 \text{ 度}$$

即该患者应配戴 200 度的凹透镜。

2. 远视

若眼睛不调节时,平行入射的光线经眼的光学系统折射后会聚于视网膜的后边,如图 10-15(c)所示,这种情况称为远视。由于光线抵达视网膜时还未会聚于一点,因此物体在视网膜上所成的像也是模糊的。远视眼看远处物体时,必须进行调节才能看清楚,物体越近调节越甚。然而眼睛的调节能力是有限的,正常眼调节后能把明视距处的物体成像在视网膜上,如图 10-17(a)所示,远视眼即使调节到最大程度,仍不能成像在视网膜上,如图 10-17(b)所示,必须把近物放远些才能看清,如图 10-17(c)所示。故远视眼的近点比正常眼的远。

远视的原因是由于角膜或晶状体的曲率变小,焦度过小(屈光性远视),或是眼球的前、后直径太短(轴性远视)。远视也与遗传有关。此外,婴儿由于晶状体发育尚不完全,多为远视。

远视的矫正方法是戴一副焦度适当的凸透镜,以增补眼睛焦度的不足,使来自远处的平行光经透镜后会聚,再经眼睛折射后会聚于视网膜上,如图 10-17(d)所示。远视眼的近点较正常眼远,因此,远视眼为看清近处的物体所选择的凸透镜应使近处的物体经透镜折射后,在其近点或明视距离处成一虚像。

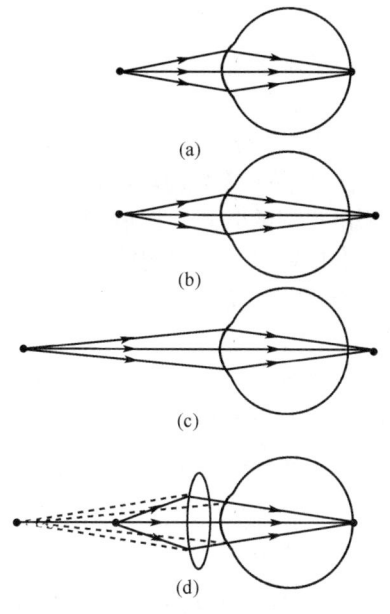

图 10-17 远视眼的矫正

例 10-5 一远视眼的近点在眼前 1.0m 处,欲使其能看清 0.25m 处的物体,问应配多少度的什么眼镜?

解 配镜的效果是使 0.25m 处的物体通过所配戴的眼镜后在该患者的近点即 1.0m 处成一虚像。设眼镜的焦距为 f,物距 $u = 0.25$m,像距 $v = -1.0$m,代入薄透镜公式,可得

$$\frac{1}{0.25} + \frac{1}{-1.0} = \frac{1}{f}$$

解得

$$\varPhi = \frac{1}{f} = 3\text{D} = 300 \text{ 度}$$

即该患者应配戴 300 度的凸透镜。

3. 散光

正常眼的角膜和晶状体的折射面是球面的一部分,是对称的球面系统,因此,物点经过眼睛折射后会成像于一点。即便是一般的远视眼和近视眼也是如此,只不过像点的位置不合适,不能落在视网膜上而已。散光的问题在于角膜不是理想的球面,眼球折射面在不同方向上的子午线曲率不完全相同,是非对称折射系统,因此散光眼把一个点物看成一条短线,看物体时当然会感到模糊不清。

散光的矫正方法是配戴适当焦度的柱面透镜以矫正不正常子午线的焦度,但测量和矫正起来比较困难,用框架眼镜很难达到比较好的视觉矫正效果。另一种矫正方法是戴硬性透氧性角膜接触镜,它的矫正原理是在镜片和眼球角膜之间产生泪液镜,以弥补角膜表面的不规则形态,从而达到矫正的目的。

老视也称老花眼,是人们步入老年后必然出现的生理现象。产生的原因是晶状体变硬,原有的可塑性变差,于是,眼睛的调节力变小,调节范围缩小,近点逐渐远移,因此出现视近困难等问题。一般是用适当的凸透镜来矫正。

第四节 医用光学仪器

一、放 大 镜

当眼睛观察微小物体时,常常移近物体以增大视角,使物体在视网膜上产生较大的像。但人眼的调节能力有限,观察时物距一般不能小于近点,因而仅仅依赖眼来观察微小物体往往受到限制,所以必须借助于光学仪器来观察物体。如图 10-18 所示,在眼睛前面配置一个适当的凸透镜便能解决这一问题,它可以有效地增强对光线的会聚作用,增加视角。用于这一目的的凸透镜称为放大镜,是帮助眼睛观察微小物体或细节的最简单的光学仪器。

在利用放大镜观察物体时,通常把物体放在它的焦点以内靠近焦点处,成一放大的、正立的虚像,像与物在透镜的同一侧,通过放大镜的光束在视网膜上得到清晰的像,这就是放大镜的成像原理。

描述透镜放大能力的一个重要物理量是**线放大率**。如图 10-19 所示,被观察物的长度为 AB,经放大镜放大后成像的长度为 $A'B'$,则像的长度与物的长度的比值称为线放大率,用 m 表示。

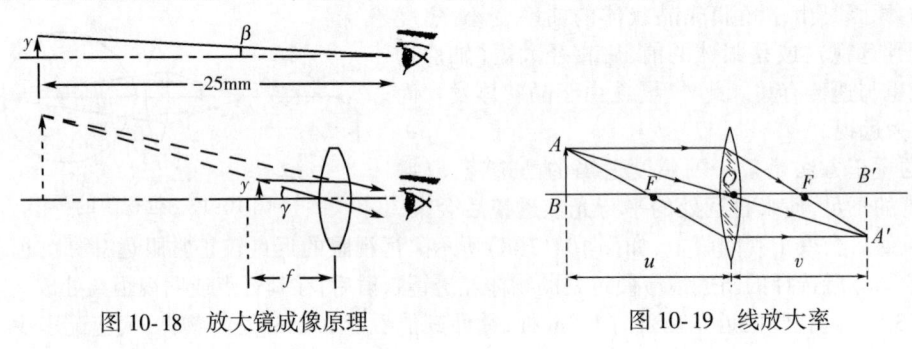

图 10-18 放大镜成像原理

图 10-19 线放大率

作通过焦点的两条光线和通过光心的光线,可得

$$m = \frac{\overline{A'B'}}{\overline{AB}} \tag{10-17}$$

描述光学仪器放大能力的一个重要物理量是**角放大率**。如图 10-18 所示,把物体放在明视距离 (25cm)处,用眼睛直接观察物体时的视角为 β,利用放大镜观察同一物体时的视角为 γ,这两个视角的比值 γ/β 表示放大镜的角放大率,用 α 表示,即

$$\alpha = \frac{\gamma}{\beta} \tag{10-18}$$

一般用放大镜观察的物体的线度 y 都很小,故 γ、β 均很小,因此有

$$\gamma \approx \tan\gamma = \frac{y}{f}, \quad \beta \approx \tan\beta = \frac{y}{25}$$

代入式(10-18)得

$$\alpha = \frac{y/f}{y/25} = \frac{25\text{cm}}{f} \tag{10-19}$$

式中,f 的单位为 cm。(10-19)式表明,角放大率 α 与放大镜的焦距 f 成反比,即焦距越小,角放大率越大。但焦距不能太小,一是因为焦距很短的透镜很难磨制,二是因为焦距太短的透镜会很凸、很厚,这样的透镜像差会比较大,所以单一放大镜的角放大率一般都小于 3 倍,由透镜组构成的放大镜,其角放大率可大到几十倍。

二、光学显微镜

1. 成像原理

显微镜是生物学和医学中必不可少的重要仪器，可以增大视角，帮助观察更细小的物体。普通光学显微镜由两组会聚透镜组成，其光路如图 10-20 所示，左边的一组透镜 L_1 焦距 f_1 较短，称为**物镜**；右边的一组透镜 L_2 焦距 f_2 较长，称为**目镜**。

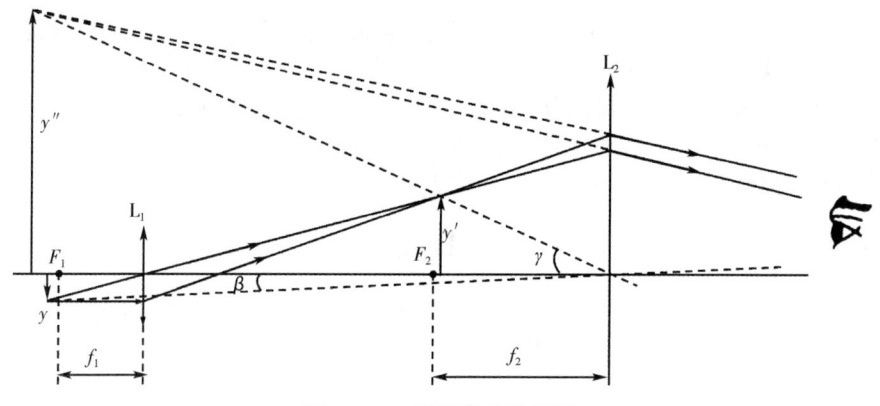

图 10-20 显微镜的光路图

被观察物体 y 置于物镜焦点以外靠近焦点处，则物体通过它成一个倒立放大的实像 y'，调节目镜与物镜间的距离，使 y' 位于目镜焦点以内靠近焦点处成像，经目镜再次放大成正立的虚像 y''。由图 10-20 可见，被观察物体经物镜、目镜两次放大，其放大倍数比放大镜大得多。实际使用的目镜和物镜都是由多片透镜组成的透镜组。

2. 显微镜的角放大率

依据角放大率的定义，设使用显微镜后所成虚像对眼所张视角为 γ，不用显微镜而把物体放在明视距离处时物体对眼所张视角为 β，则显微镜的放大率为

$$M = \frac{\gamma}{\beta} \approx \frac{\tan\gamma}{\tan\beta}$$

由图 10-16 可知，$\tan\gamma \approx \dfrac{y'}{f_2}$，其中 f_2 为目镜的焦距，$\tan\beta = \dfrac{y}{25\text{cm}}$，代入上式得

$$M = \frac{y'}{f_2} \cdot \frac{25}{y} = \frac{y'}{y} \cdot \frac{25\text{cm}}{f_2}$$

式中，y'/y 为物镜的线放大率，记为 m；$25/f_2$ 为目镜的角放大率，记为 α，则显微镜的角放大率也可写成

$$M = m \cdot \alpha \tag{10-20}$$

(10-20) 式表明，显微镜的角放大率等于物镜的线放大率与目镜的角放大率的乘积。显微镜常附有几个可供选择的物镜和目镜，适当配合可获得不同角放大率的显微镜。

3. 显微镜的分辨本领

从几何光学的角度来看，只要消除显微镜光学系统的各种像差，则被观察物体上的每一个物点都会有一个像点与之相对应，物上任何细节都可在像上详尽地反映出来。但实际情况并非如此，由于提高放大率的需要，物镜的焦距较短、尺寸较小，可看做一个小圆孔。根据光的衍射理论，点光源发出的光线经圆孔时产生圆孔衍射，在屏上得到的不再是一个像点，而是一个中央是亮斑（爱里斑）、周围有一些明暗相间条纹的环状衍射光斑。被观察的物体可看成是由许多不同亮度、不同位置的物点所组成，则每个物点在物镜的像平面上都产生自己的衍射光斑，如果物点靠得很近，它们所成的光斑也会靠得很近，彼此重叠，物体的细节就会变得模糊不清，因此，衍射现象限制了光学系统

分辨物体细节的能力。用显微镜观察物体时,只有在所观察的标本细节能分辨清楚的前提下放大才有意义。显微镜刚能分辨清楚的两个物点之间的最短距离称为显微镜的**最小分辨距离**,用 Z 表示,其倒数称为显微镜的**分辨本领**,它表示显微镜能分辨被观察物体细节的本领,显微镜的分辨本领由物镜决定。阿贝(Abbe)根据瑞利判据、圆孔衍射的定量描述和显微镜使用情况,得出像空间为空气情况下物镜所能分辨的两点之间的最小分辨距离为

$$Z = \frac{0.61\lambda}{n\sin\beta} \tag{10-21}$$

式中,n 为透镜前物空间介质的折射率;λ 为所用光波的波长;β 为物空间孔径角;$n\sin\beta$ 称为物镜的数值孔径,常用 N.A 表示。

由式(10-21)可知,提高显微镜的分辨本领,途径之一是利用短波长的光来照射标本,荧光显微镜、紫外线显微镜和电子显微镜都因此获得大的分辨本领。另一种途径是增加孔径数 N.A,即增大 n 与 β 的值,油浸物镜的使用就是利用了这一原理。

知识拓展　　　　　医用内窥镜

当光线传播到两种均匀介质分界面上时,满足两个条件会产生全反射现象:第一,入射光线必须由光密介质射向光疏介质,即 $n_1 > n_2$;第二,入射角必须大于临界角,即 $i_1 > i_c$。

折射角 $i_2 = 90°$ 时所对应的入射角 i_c 称为临界角,它可由下式求出:

$$i_c = \arcsin\left(\frac{n_2}{n_1}\right) \tag{10-22}$$

光导纤维简称**光纤**,是由透明度很好的玻璃或塑料抽拉成半径不超过 $10\mu m$ 的细丝,并将低折射率的外层材料包在高折射率的内层纤维芯线上,两层之间形成良好的光学界面。

如图 10-21 所示,光线从折射率为 n_0 的介质以入射角 φ 射入光纤芯内,折射角为 θ,折射光线又以入射角 i 投射到光纤的侧壁,由于光纤覆盖层的折射率 n_2 小于光纤芯的折射率 n_1,当 $i = i_c$ 时,光线在光纤的侧壁将发生全反射。

若将多根光学纤维有规则地排列在一起,使每根纤维都有良好的光学绝缘,能独立传光,并使纤维束各根纤维在两端的排列顺序完全相同,就构成了能传递图像的传像束,传像束中每根光纤分别传递图像的一个像元,整个图像就被这些光纤分解后传送到另一端面。在医学上,用柔软可弯曲且具有一定机械强度的光导纤维束制成的各种医用内镜有胃镜、食道镜、十二指肠镜、子宫镜、膀胱镜、胆道纤镜、关节纤镜、血管心脏纤镜等,得到了广泛的应用。

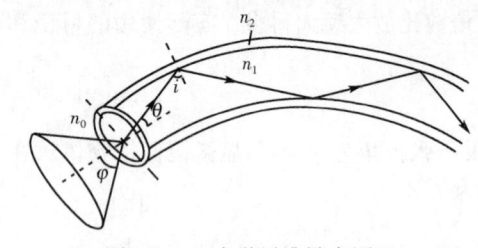

图 10-21 光学纤维导光原理

科学之光　　现代科学之父——伽利略

伽利略·伽利雷(Galileo Galilei,1564—1642),意大利物理学家、数学家、天文学家及哲学家,被誉为"现代物理学之父"及"现代科学之父"。

1583 年,正在读大学的 19 岁的伽利略在比萨教堂里注意到一盏悬灯的摆动,随后用线悬铜球作模拟实验,确证了微小摆动的等时性以及摆长对周期的影响,由此创制出脉搏计用来测量短时间间隔,并建议医生用以测量人的脉搏;1589~1591 年,伽利略对落体运动作了细致的观察,从实验和理论上否定了统治千余年的亚里士多德关于"落体运动法则",确立了正确的"自由落体定律",即在忽略空气阻力条件下,重量不同的球在下落时同时落地,下落的速度与重量无关。

伽利略·伽利雷

这些是我们现在耳熟能详的科学家故事。

伽利略对自然科学的贡献远远不仅是这些,伽利略是第一个把实验引进力学的科学家,他利用实验和数学相结合的方法确定了一些重要的力学定律。伽利略做实验证明,感受到引力的物体并不是呈匀速运动,而是呈加速度运动;物体只要不受到外力的作用,就会保持其原来的静止状态或匀速运动状态不变。伽利略对运动基本概念,包括重心、速度、加速度等都作了详尽研究并给出了严格的数学表达式,尤其是加速度概念的提出,在力学史上是一个里程碑。他的工作,为牛顿的理论体系的建立奠定了基础。

为了测量病人发烧时体温的升高,伽利略在1593年发明了第一支空气温度计。

1609年8月21日,伽利略展示了人类历史上第一架按照科学原理制造出来的光学望远镜,经过不断改进,放大率提高到30倍以上,能把实物放大1000倍。这是天文学研究中具有划时代意义的一次革命,有了这种有力的武器,几千年来天文学家单靠肉眼观察日月星辰的时代结束了,光学望远镜打开了近代天文学的大门。

伽利略是利用望远镜观测天体取得大量成果的第一位科学家。这些成果包括:发现月球表面凹凸不平,木星有四个卫星(现称伽利略卫星),太阳黑子和太阳的自转,金星、木星的盈亏现象以及银河由无数恒星组成等。他用实验证实了哥白尼的"地动说",彻底否定了统治千余年的亚里士多德和托勒密的"天动说",但这与基督教义是相违背的,他为此受到了教廷的警告、威胁、限制乃至监禁,伽利略因为支持日心说入狱后,被迫签字"放弃"了日心说,他说,"考虑到种种阻碍,两点之间最短的不一定是直线",正是因为他有这样的思想,暂时的放弃换得永远的支持,可以为科学继续贡献自己的力量。他一生坚持与唯心论和教会的经院哲学作斗争,主张用具体的实验来认识自然规律,认为实验是理论知识的源泉。他不承认世界上有绝对真理和掌握真理的绝对权威,反对盲目迷信。他承认物质的客观性、多样性和宇宙的无限性,这些观点对发展唯物主义的哲学具有重要的意义。在他离开人世的前夕,他还重复着这样一句话:"追求科学需要特殊的勇气。"

伽利略的科学发现,不仅在物理学史上而且在整个科学中上都占有极其重要的地位。他不仅纠正了统治欧洲近两千年的亚里士多德的错误观点,更创立了研究自然科学的新方法。伽利略在总结自己的科学研究方法时说过,"这是第一次为新的方法打开了大门,这种将带来大量奇妙成果的新方法,在未来的年代里,会博得许多人的重视。"

的确,伽利略留给后人的精神财富是宝贵的。爱因斯坦曾这样评价:"伽利略的发现,以及他所用的科学推理方法,是人类思想史上最伟大的成就之一,而且标志着物理学的真正的开端!"

小　　结

(1) 球面折射

1) 近轴光线的单球面折射公式

$$\frac{n_1}{u} + \frac{n_2}{v} = \frac{n_2 - n_1}{r}$$

符号规则:若从物点到折射面的方向与入射光的方向相同,则物距为正,反之为负;若从折射面到像点的方向与折射光的方向相同,则像距为正,反之为负(实物、实像的物距和像距为正,虚物、虚像的物距和像距为负);入射光线射向凸面,折射面的半径为正,入射光线射向凹面,折射面的半径为负。

2) 焦度

$$\Phi = \frac{n_2 - n_1}{r}$$

第一焦距：

$$f_1 = \frac{n_1}{n_2 - n_1}r$$

第二焦距：

$$f_2 = \frac{n_2}{n_2 - n_1}r$$

3) 共轴球面系统：对于近轴光线，在共轴球面系统中求物体所成的像时，可用单球面折射公式逐次成像来计算其成像位置。

(2) 透镜

1) 薄透镜成像公式

$$\frac{1}{u} + \frac{1}{v} = \frac{n - n_0}{n_0}\left(\frac{1}{r_1} - \frac{1}{r_2}\right)$$

若将透镜放在空气中则成像公式为

$$\frac{1}{u} + \frac{1}{v} = (n - 1)\left(\frac{1}{r_1} - \frac{1}{r_2}\right)$$

薄透镜的高斯形式

$$\frac{1}{u} + \frac{1}{v} = \frac{1}{f}$$

2) 透镜的焦度

$$\Phi = \frac{1}{f}$$

3) 密接透镜的等效焦距和焦度

$$\frac{1}{f} = \frac{1}{f_1} + \frac{1}{f_2}, \quad \Phi = \Phi_1 + \Phi_2$$

(3) 眼屈光

1) 简约眼：生理学上常把眼睛简化为一个单球面折射系统，称为简约眼。凸球面的曲率半径 $r = 5\text{mm}$，像空间介质的折射率为 1.33，视网膜为系统的焦平面。其第一焦距和第二焦距分别为 $f_1 = 15\text{mm}, f_2 = 20\text{mm}$。

2) 近视眼的矫正：配戴适当的凹透镜，使远处的平行光线经凹透镜后在其远点处成像。

3) 远视眼的矫正：配戴适当的凸透镜，使近处的物体经透镜折射后在其近点处成像。

4) 散光的矫正：配戴适当焦度的柱面透镜以矫正不正常子午面的焦度。

(4) 放大镜和显微镜

1) 放大镜的角放大率

$$\alpha = \frac{y/f}{y/25} = \frac{25\text{cm}}{f}$$

2) 显微镜的角放大率

$$M = m \cdot \alpha$$

3) 显微镜的最小分辨距离

$$Z = \frac{0.61\lambda}{n\sin\beta}$$

习 题 十

10-1. 在单球面折射成像中,物距、像距、曲率半径的正负号各是怎样规定的?

10-2. 一个透明的介质球半径为 R,位于空气中。若以平行光入射,当介质的折射率为何值时,会聚点恰好落在球的后表面上?

10-3. 某种液体($n_1=1.3$)和玻璃($n_2=1.5$)的分界面是球面。在液体中有一物体放在球面的轴线上离球面 40cm 处,它在球面前 32cm 处成一虚像。求球面的曲率半径,并指出哪一种媒质处于球面的凸侧。

10-4. 眼的角膜可看做是曲率半径为 7.8mm 的单球面,其后是 $n=4/3$ 的屈光介质,如果瞳孔看起来像在角膜后 3.6mm 处,试问瞳孔在眼中的实际位置。

10-5. 折射率为 1.5 的平凸透镜,在空气中的焦距为 50cm。求凸面的曲率半径。

10-6. 圆柱形玻璃棒($n=1.5$)的一端是半径为 2cm 的凸球面,在棒的轴线上距离棒端 8cm 处放一点状物,求其成像位置。如将此棒放入折射率 $n=1.6$ 的液体中,点物离棒端仍为 8cm,问像又在何处,是实像还是虚像?

10-7. 一个焦距为 15cm 的凸透镜与一个焦距为 10cm 的凹透镜相隔 5cm。物体发出的光线先通过凸透镜,再通过凹透镜,最后成像于凸透镜前 15cm 处。问该物体位于凸透镜前多远?

10-8. 折射率为 1.5 的玻璃做成的平凹透镜,一面是平面,另一面是半径为 0.2m 的凹球面,将此透镜水平放置,凹球面一方充满水(形成一个水做的平凸透镜),将其放在空气中,求整个系统的焦度及焦距(已知水的折射率为 4/3)。

10-9. 眼科医生对甲配+2.0 D 的眼镜,对乙配-4.0 D 的眼镜。问谁是近视,谁是远视,近视眼的远点和远视眼的近点距离各是多少?

10-10. 一近视眼的远点在眼前 0.5m 处,欲使其能看清远方物体,问应配多少度的什么眼镜?

10-11. 一远视眼的近点在眼前 0.5m 处,欲使其能看清 0.25m 处的物体,问应配多少度的什么眼镜?

第十章PPT

第十一章 量子物理基础

光的波动理论,圆满地解释了光的干涉、衍射、偏振等现象,成功地阐明了光的电磁波本质,但在研究热辐射、光电效应等实验规律时,光的波动理论遇到了困难。1900年,德国物理学家普朗克(Planck)提出了能量子的假设,成功地解释了热辐射的实验规律。在普朗克假设的启示下,爱因斯坦(Einstein)在1905年提出的光子假说,非常成功地解释了光电效应的实验规律。1923年康普顿(Compton)效应实验规律的光子解释,进一步证明了光子学说的正确性。1924年法国物理学家德布罗意(de Broglie)又提出了任何实物粒子都具有波粒二象性。在此基础上,薛定谔(Schrödinger)、海森伯(Heisenberg)等创立了量子力学的理论体系,使物理学的研究从宏观领域深入到了微观领域。随着物理学的发展,人们对原子和分子光谱的研究不断深入,这为人类明确认识物质的微观结构提供了强有力的工具。人们发现物质在各种条件下发射或吸收光的波长等情况与物质的结构特性有着本质的联系,这种关系可由光谱学揭示。光谱学在化学分析和药物分析中有着广泛的应用。

本章通过热辐射、光电效应等实验规律的解释,阐明光的粒子性,进而说明光具有波粒二象性;通过电子衍射实验阐述实物粒子具有波粒二象性,说明德布罗意关于物质波假说的正确性;重点介绍反映微观世界运动规律的不确定关系。另外,还要着重介绍氢原子光谱的规律和玻尔(Bohr)的氢原子理论;介绍四个量子数的物理意义;简要介绍原子光谱和分子光谱,并对激光的产生原理、特点及其应用等方面作概括讲述。

第一节 热 辐 射

一、辐射体的辐出度和吸收比

任何物体在绝对零度以上都以电磁波的形式向外界发出能量的现象称为**热辐射**,这是由于物体内部带电粒子的热运动引起的。物体单位时间内从其单位表面积上辐射出的总能量称为**辐出度**,以 M 表示,其单位为瓦/米^2(W/m^2)。物体的 M 值是温度 T 的函数,即 $M=M(T)$。

试验发现热辐射的光谱是连续光谱。在单位时间内,从物体单位表面积上辐射出的某一波长 λ 附近单位波长范围内的电磁波能量,称为**单色辐出度**。显然,单色辐出度是热力学温度 T 和波长 λ 的函数,用 $M(\lambda, T)$ 表示,其单位为瓦/米^3(W/m^3)。这样 $M(T)$ 值可由 $M(\lambda, T)$ 对所有波长的积分表示,即

$$M(T) = \int_0^\infty M(\lambda,T)\,d\lambda \tag{11-1}$$

物体一般都不是孤立存在的,在其辐射能量的同时,还不断地吸收周围物体的辐射能。当物体辐射和吸收的能量相等时,辐射达到动态平衡,此时物体的温度将保持不变。我们把物体对应某一波长 λ 吸收的能量和入射能量的比值称为**单色吸收比**,它也是物体温度 T 和入射波长 λ 的函数,以 $\alpha(\lambda, T)$ 表示。物体的吸收比小于1,因为它只能吸收一部分入射到其表面的辐射能,其余部分被表面反射或被透射出去。能够把入射到其表面上的任何波长的辐射能全部吸收,即对所有波长的单色吸收比 $\alpha(\lambda, T) = 1$ 的物体称为**绝对黑体**,或黑体。黑体是一种理想化的模型。

二、基尔霍夫辐射定律

假设在温度为 T 的真空恒温器 A 中,有若干个不同的物体 B_0,B_1,B_2,B_3,$\cdots$,B_i(图 11-1),在热平衡的状态下,各个物体都保持相同的温度 T。所以在同一时间内,各个物体所发射和吸收的能量一定相同,这种状态称为**平衡热辐射**。基尔霍夫(Kirchhoff)从理论上推出,在这种情况下,物体对同一波长电磁波的辐出度与吸收比的比值都相同,且等于在同一温度下黑体对该波长的电磁波的辐出度,即

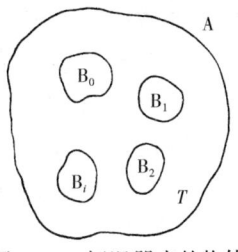

图 11-1 恒温器内的物体

$$\frac{M_1(\lambda,T)}{\alpha_1(\lambda,T)} = \frac{M_2(\lambda,T)}{\alpha_2(\lambda,T)} = \cdots = \frac{M_i(\lambda,T)}{\alpha_i(\lambda,T)} = \frac{M_0(\lambda,T)}{\alpha_0(\lambda,T)} \tag{11-2}$$

式中,$M_1(\lambda,T)$,$M_2(\lambda,T)$,$\cdots$,$M_i(\lambda,T)$ 和 $\alpha_1(\lambda,T)$,$\alpha_2(\lambda,T)$,$\cdots$,$\alpha_i(\lambda,T)$ 分别代表物体 B_1,B_2,$\cdots$,B_i 的单色辐出度和相应的吸收比。假定 B_0 为黑体,则 $\alpha_0(\lambda,T) = 1$,$M_0(\lambda,T)$ 最大,因此黑体又称为全辐射体。达到平衡热辐射时,虽然温度不变,但各物体之间仍进行着热交换,只是各个物体在单位时间内从单位面积辐射的能量和吸收的能量相同,单色辐出度大的物体,其吸收比也大。综上所述,在平衡热辐射状态下,任何物体的单色辐出度和单色吸收比的比值都相同,且都等于同一温度下黑体的单色辐出度 $M_0(\lambda,T)$,和物体的性质没有任何关系,这个结论称为**基尔霍夫辐射定律**。

三、黑体辐射定律

自然界中物体的吸收比都小于 1,所以黑体在自然界中并不存在。我们可以用下述模型近似代替黑体。我们在一个不透明材料制成的任意形状的空心腔体上开一非常小的孔,如图 11-2 所示,当电磁辐射通过小孔进入空腔时,经过内壁的多次反射,能量几乎被全部吸收,所以这个开有小孔的空腔就是一个理想的黑体。如果给这个黑体加热,使之保持一定的温度 T,那么从小孔出来的辐射,就是黑体在 T 温度时的辐射。对于从小孔辐射出的各种波长的电磁辐射,可以用分光计把它们分离,并分别测出在单位时间内不同波长的辐射能量。若改变黑体的温度重复上述试验,可得出黑体在不同温度下的单色辐出度按波长变化的分布曲线,如图 11-3 所示。从这些实验曲线可得出黑体辐射的两个定律。

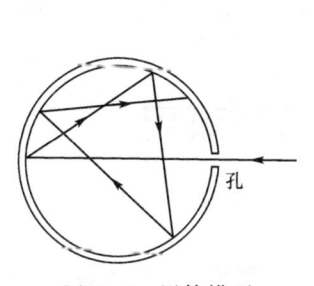

图 11-2 黑体模型

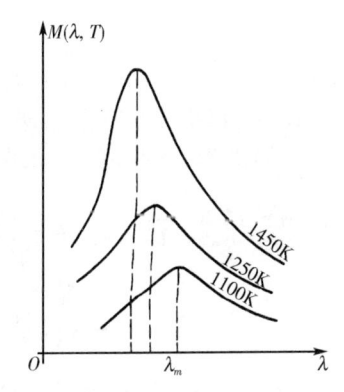

图 11-3 黑体的单色辐出度按波长的分布曲线

1. 斯特藩-玻尔兹曼定律

斯特藩(Stefan)根据试验总结得出,黑体的辐出度(图 11-3 分布曲线下的面积)与其热力学温度 T 的四次方成正比,即

$$M_0(T) = \int_0^\infty M_0(\lambda,T)\,d\lambda = \sigma T^4 \tag{11-3}$$

式中，$\sigma = 5.67 \times 10^{-8} \text{W}/(\text{m}^2 \cdot \text{K}^4)$ 称为**斯特藩常量**。玻尔兹曼(Boltzmann)根据热力学理论推导出同样的结论，故称这一结果为**斯特藩-玻尔兹曼定律**，这个定律只适合黑体辐射。

2. 维恩位移定律

从图 11-3 的一组试验曲线可得到，任一曲线都有一个最大的单色辐出度，与其相应有一个波长 λ_m，随着温度的升高 λ_m 向短波方向移动。维恩(Wien)指出，λ_m 与 T 成反比关系，即

$$\lambda_m T = b \tag{11-4}$$

式中，常数 $b = 2.897 \times 10^{-3} \text{m} \cdot \text{K}$ 称为**维恩常量**，这个关系称为**维恩位移定律**。

黑体辐射规律在现代科学技术和日常生活中有着广泛应用，如现代宇宙学、红外遥感、红外追踪、光测高温等。

四、普朗克量子假说

为了解释黑体辐射规律，许多科学家试图用经典物理学理论导出与图 11-3 所示的黑体单色辐出度按波长分布的试验曲线相应的函数关系，但都没有成功。直到 1900 年，普朗克提出了革命性的假说——能量量子化假说，成功地解释了黑体辐射规律。普朗克量子假说的内容是：

（1）设想辐射体是由许多带电线性谐振子组成，谐振子振动时向外辐射电磁波并可以与周围的电磁场交换能量，各谐振子振动的频率不同，每一谐振子只发出(或吸收)单一波长的辐射，全部谐振子则发出(或吸收)连续波长的辐射。

（2）每个线性谐振子只能处在某些分立的能量状态，在这些状态中，相应的能量只能取最小能量的整数倍，若设最小能量为 ε，那么谐振子的能量只能取 $\varepsilon, 2\varepsilon, 3\varepsilon, 4\varepsilon, \cdots, n\varepsilon$ 等分立的值。其中，n 为正整数，称为**量子数**；ε 为能量量子，简称**量子**。因此，谐振子的能量处在不连续的量子化状态，谐振子向外辐射电磁波或从外界吸收能量时，只能从这些状态之一跃迁到另一状态。

（3）能量子 ε 与线性谐振子的频率 ν 成正比，即

$$\varepsilon = h\nu \tag{11-5}$$

式中，h 称为普朗克常量，$h = 6.63 \times 10^{-34} \text{J} \cdot \text{s}$。

根据上述假说，普朗克导出了黑体辐射的经验公式

$$M_0(\lambda, T) = \frac{2\pi hc^2 \lambda^{-5}}{e^{\frac{hc}{k\lambda T}} - 1} \tag{11-6}$$

式中，c 为光速，$c = 3 \times 10^8 \text{m/s}$；$k$ 为玻尔兹曼常量，$k = 1.38 \times 10^{-23} \text{J/K}$。上式不但与黑体辐射试验完全吻合，而且根据此公式还可以推导出斯特藩-玻尔兹曼定律和维恩位移定律的结果。这些事实证明了普朗克量子假说的正确性，由此开始了近代物理学的新篇章——量子理论。

第二节 光电效应及康普顿效应

一、光电效应

用一定频率的光照射金属的表面时，金属表面有电子逸出的现象称为**光电效应**，所逸出的电子称为**光电子**。光电子逸出金属表面之外的现象称为外光电效应；另外，光还可以透入物体(如半导体、晶体)内部，使物体内部的原子释放出电子，这些电子仍留在物体内部，增加该物体的导电性，这种现象称为内光电效应。

1. 光电效应的试验规律

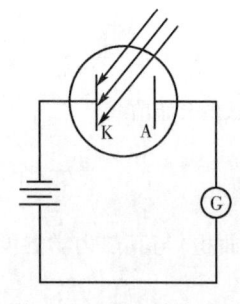

图 11-4 光电效应试验装置示意图

图 11-4 是研究外光电效应的示意图，在高真空玻璃容器中，装有阳极 A 和阴极 K，阴极是金属板，在两极上接通电源，当一定频率的光照射到阴

极上时，若有电子从阴极逸出，则光电子在电场的作用下向阳极运动，同时在电路中有电流通过，这种电流称为**光电流**，从电流计 G 可读出光电流的大小。通过对试验结果的分析，发现有如下规律：

（1）光电流的大小和入射光的强度成正比。

（2）从阴极 K 逸出的光电子向阳极 A 运动的初动能只与入射光的频率有关，与入射光的强度无关。

（3）对某种金属，入射光的频率必须超过某一特定值才能产生光电效应，这一频率称为**临界频率**，又称红限。频率小于红限的光照射金属阴极时，无论其强度多大，照射时间多长，都不会使金属放出光电子。

（4）只要入射光的频率超过红限，无论光的强弱如何，当光照金属时立刻就能观察到光电子，其延迟时间一般在 10^{-9}s 以下。

2. 爱因斯坦光电效应方程

（1）爱因斯坦光量子论：为了解释光电效应的试验规律，1905 年爱因斯坦在普朗克量子假说的基础上，提出了有关光的本性的光子假说。爱因斯坦认为：光是以光速运动的粒子流，这些粒子称为**光量子**，简称光子。若光的频率为 ν，每个光子的能量为 $\varepsilon = h\nu$，不同频率的光子具有不同的能量，而光的强度取决于单位时间内通过单位面积的光子数。根据相对论的质能关系，爱因斯坦还指出了光子的动量和光波长的如下关系：

$$p = \frac{h\nu}{c} = \frac{h}{\lambda} \qquad (11-7)$$

这就是**爱因斯坦光量子论**。显然，爱因斯坦光量子论揭示了光的粒子性特征。

（2）爱因斯坦光电效应方程：根据爱因斯坦光量子论，当频率为 ν（大于红限）的光照射到金属表面时，每一个光子只对金属中的一个电子作用，一个电子只能一次吸收一个光子的全部能量 $h\nu$，其中一部分作为电子从金属表面逸出的逸出功 A，其余能量转化为光电子做定向移动的初动能 $\frac{1}{2}mv^2$，即

$$h\nu = \frac{1}{2}mv^2 + A \qquad (11-8)$$

(11-8)式就是**爱因斯坦光电效应方程**。由 (11-8) 式可知，光电子的初动能与光的频率有关而与光强度无关。当入射光的强度增加时，光子数目增多，单位时间从金属表面逸出的光电子也增多了，那么单位时间做定向移动飞向阳极的光电子的数目就增多了，所以，光强度越大，光电流也越大。若照射光的频率较小，使得光子的能量小于金属逸出功 A 时，电子就不会从金属表面逸出，只有 $h\nu \geq A$ 时，才会产生光电效应，所以临界频率 $\nu_0 = A/h$。当光照射到金属表面时，一个电子能一次全部吸收一个光子能量，这个过程瞬间完成，不需要时间积累。这样，爱因斯坦光量子论成功地解释了光电效应的实验规律。

二、康普顿效应

1. 康普顿效应

1923 年康普顿在研究伦琴射线（X 射线）通过石蜡、石墨、金属等物质的散射现象时发现，散射线中除与入射线波长 λ_0 相同的射线外，还有波长 $\lambda > \lambda_0$ 的散射线，这种散射现象称为**康普顿效应**。我国物理学家吴有训在深入研究了康普顿效应试验后，于 1926 年指出：散射线波长的改变 $\Delta\lambda$ 仅与散射角 θ（入射线方向与散射线方向的夹角）的大小有关，而与入射线波长和散射物质无关。

康普顿效应试验装置如图 11-5 所示。波长为 λ_0 的 X 射线通过光阑 D 后，有一束射线被散射物 S 散射。不同方向散射线的波长可用 **X 射线摄谱仪** C 测定。

通过大量的实验分析,得到康普顿公式

$$\Delta\lambda = \lambda - \lambda_0 = 2K\sin^2\frac{\theta}{2} \quad (11-9)$$

式中,K 为**康普顿波长**,是散射角为直角时波长的改变量,$K = 2.43 \times 10^{-12}$ m。

康普顿应用爱因斯坦光子学说,成功地解释了康普顿效应。他认为,伦琴射线的光子能量较大,而原子特别是轻原子里,原子核对外层电子的束缚很弱,电子可

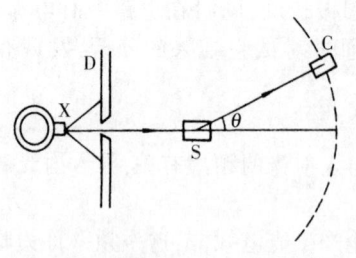

图 11-5 康普顿效应试验原理图

近似看成是自由电子。X 射线的散射可看成是光子与自由电子发生弹性碰撞的结果。由于碰撞,光子把部分能量传递给电子,散射线光子的能量减少,散射线的频率也就相应减少,对应的波长就变长了。

2. 康普顿公式的推导

根据爱因斯坦光子学说,光子具有能量 $E = h\nu$,由爱因斯坦质能关系 $E = mc^2$,可得出光子以速度 c 运动的质量为

$$m = \frac{h\nu}{c^2}$$

相对论指出,物体的静止质量 m_0 和以速度 v 运动的质量 m 之间的关系为

$$m = \frac{m_0}{\sqrt{1-\frac{v^2}{c^2}}} \quad (11-10)$$

由于光子永远以光速 c 运动,所以由(11-10)式可知,光子的静止质量必须为零。

既然光子具有以光速 c 运动的质量 m,那么光子的动量为

$$p = mc = \frac{h\nu}{c} = \frac{h}{\lambda}$$

上式结果与(11-7)式是吻合的。

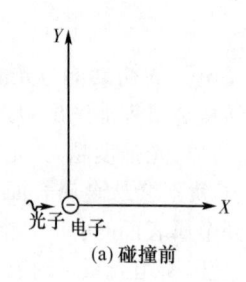

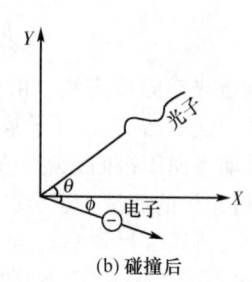

图 11-6 光子与电子的碰撞

如图 11-6 所示,我们讨论能量为 $h\nu$ 的光子与静止的自由电子发生弹性碰撞的情况。据能量转化与守恒定律,有

$$m_0 c^2 + h\nu_0 = mc^2 + h\nu$$

即

$$mc^2 = h(\nu_0 - \nu) + m_0 c^2 \quad (11-11)$$

式中,m_0、m 分别为电子的静止质量和运动质量;ν_0、ν 分别为光子与电子发生弹性碰撞前后的频率。

由动量守恒定律得

$$\frac{h\nu_0}{c} = mv\cos\phi + \frac{h\nu}{c}\cos\theta \quad (11-12)$$

和

$$0 = -mv\sin\phi + \frac{h\nu}{c}\sin\theta \tag{11-13}$$

(11-12)式和(11-13)式联立消去 ϕ,得到

$$m^2v^2c^2 = h^2\nu_0^2 + h^2\nu^2 - 2h^2\nu_0\nu\cos\theta \tag{11-14}$$

把(11-11)式平方后减去(11-14)式,整理后得

$$m^2c^4\left(1 - \frac{v^2}{c^2}\right) = m_0^2c^4 - 2h^2\nu_0\nu(1 - \cos\theta) + 2m_0c^2h(\nu_0 - \nu) \tag{11-15}$$

把(11-9)式平方后再乘以 c^4,得到

$$m^2c^4\left(1 - \frac{v^2}{c^2}\right) = m_0^2c^4$$

代入(11-15)式,整理得到

$$\frac{c}{\nu} - \frac{c}{\nu_0} = \frac{h}{m_0c}(1 - \cos\theta)$$

即

$$\Delta\lambda = \lambda - \lambda_0 = \frac{2h}{m_0c}\sin^2\frac{\theta}{2} \tag{11-16}$$

与实验公式(11-9)比较可得出 K 的理论值 $K = \frac{h}{m_0c}$,其中 m_0 为电子的静止质量。把已知常数值代入,可得 $K = 2.43 \times 10^{-12}$m,理论推导和实验结果完全一致,证明了光子学说的正确性,也进一步说明光具有**波粒二象性**。

第三节 波粒二象性

一、德布罗意波

光既具有波动性,也具有粒子性。所谓光的粒子性,只是表现在光子在交换动量、能量时的那种整体性。不能把光子理解为与经典力学中的质点具有相同的运动特征,如质点在任一时刻有确定的位置和动量,在整个运动过程中有确定的轨道等。在宏观上,波动性和粒子性是矛盾的,但在微观领域,光的波动性和粒子性是共存的,只是在不同的条件下光分别表现出波动和粒子的行为,也就是说,光具有波粒二象性。

受光具有波粒二象性这一认识过程的启示,1924 年德布罗意提出:波粒二象性不仅是光的特性,任何实物粒子也都具有波粒二象性。在光学中,用表达式 $\varepsilon = h\nu$ 和 $p = h/\lambda$ 把表示光波动性的物理量 ν、λ 和光粒子性的物理量 ε、p 定量地联系起来。于是,德布罗意假设:实物粒子的特征也应符合上述关系。当质量为 m 的实物粒子以速度 v 运动时,具有如下关系:

$$\lambda = \frac{h}{p} = \frac{h}{mv} \tag{11-17}$$

$$\nu = \frac{\varepsilon}{h} \tag{11-18}$$

这种与实物联系在一起的波称为**德布罗意波**或**物质波**。(11-17)式和(11-18)式称为德布罗意关系式。

二、电子衍射实验

物质波的假设和德布罗意关系式的正确性可通过戴维森(Davidson)和革末(Germer)所做的电子衍射实验来证实。图 11-7(a)是实验装置图。灯丝 K 发出的电子,在电压为 U 的电场的作用下,通过狭缝形成细电子束后,射到镍单晶体 A 上,掠射角为 ϕ,从晶体表面反射出来的电子进入集电器 B 后形成电流,电流值 I 由电流计 G 测出。试验时,保持掠射角不变,改变电压 U,测出相应的 I 值,

可绘制出 $I\text{-}\sqrt{U}$ 的关系曲线,如图 11-7(b)所示。

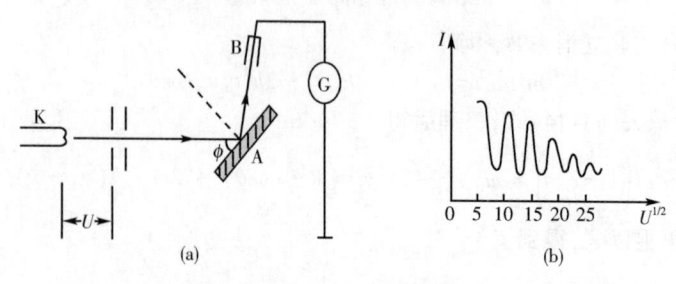

图 11-7 电子衍射实验示意图

实验表明:当加速电压 U 增加时,电流值 I 并不随之连续增加。只有当电压取某些特殊的值时,I 才出现极大值。从电子的粒子性角度,无法解释这种实验现象;因为电子在晶体 A 的表面反射时遵守反射定律,电子束中的电子将全部进入 B,改变加速电压值,只是改变电子的速度,不应该带来电流值的波动性变化。但从波动性的方面看,本实验中电子在晶体 A 表面的反射和伦琴射线被晶体表面散射时的情况类似,只有当电子的波长 λ、掠射角 ϕ 和镍单晶的晶格常数 d 满足布拉格公式(类似于薄膜干涉公式)

$$2d\sin\phi = k\lambda \quad (k=1,2,3,\cdots) \tag{11-19}$$

电子束才会按反射定律反射,否则,电子将向各个方向散射。改变电压,也就改变了电子的速度,由下式可求出相应的电子波的波长:

$$\lambda = \frac{h}{mv} \tag{11-20}$$

电场对电子所做的功 U_e 转变成电子的动能,即

$$\frac{1}{2}mv^2 = eU \tag{11-21}$$

代入(11-20)式,可得

$$\lambda = \frac{h}{mv} = \frac{h}{\sqrt{2meU}} = \frac{1.225}{\sqrt{U}} \times 10^{-9}\text{m} \tag{11-22}$$

再把(11-22)式代入(11-19)式,可得到

$$2d\sin\phi = k\frac{1.225}{\sqrt{U}} \times 10^{-9}$$

上式说明,在 ϕ、d 一定的情况下,改变电压,就改变了电子的德布罗意波长,若对某一电压值,恰好满足布拉格公式,就会产生电流的极大值。实验证明,由上式计算得出的电压值与实验结果相符,因此证明了德布罗意假说是正确的。

大量实验还证明,除了电子外,其他微观粒子如中子、原子、分子等都具有波动性。由此可见,德布罗意公式已成为揭示微观粒子波粒二象性的基本公式。

第四节 不确定关系

大量实验事实证明,一切微观粒子都具有波粒二象性。在经典力学中,宏观运动粒子都具有确定的轨道,运动粒子在任一时刻的运动状态可由在轨道上的位置和动量来描述。而对于具有波粒二象性的微观粒子,我们能否同时用确定的坐标和动量去描述它的运动呢?

下面就以电子单缝衍射为例进行说明。如图 11-8 所示。

设一束电子沿 y 轴匀速射向宽度为 d 的单缝,电子通过单缝时发生衍射,在观察屏上可拍摄到电子衍射图像。电子的物质波波长 λ 与缝宽 d、衍射角 φ 之间的衍射极小的条件满足方程

$$d\sin\varphi = k\lambda \quad (k = 1, 2, 3, \cdots)$$

对于第一级极小(暗条纹), $k = 1$, 则
$$d\sin\varphi = \lambda$$

在狭缝处,按照波动性,电子在 x 方向位置坐标的不确定量 $\Delta x = d$; 按照粒子性, 电子的动量 p 在 x 方向的分量将限制在一定的变化范围 Δp_x。

对于第一级暗纹
$$\Delta p_x = p\sin\varphi \tag{11-23}$$

再把 $\sin\varphi = \dfrac{\lambda}{d}$, $\Delta x = d$ 和德布罗意关系式 $p = \dfrac{h}{\lambda}$ 代入(11-23)式, 得出

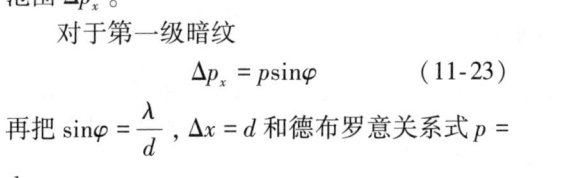

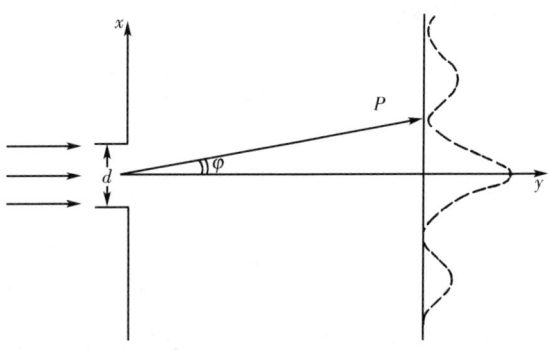

图 11-8 电子单缝衍射试验

$$\Delta p_x \cdot \Delta x = h$$

电子也可以出现在其他高次级衍射条纹中, Δp_x 还要大一些, 所以有
$$\Delta p_x \cdot \Delta x \geq h \tag{11-24}$$

把(11-24)式推广到所有坐标方向, 则有
$$\Delta x \cdot \Delta p_x \geq h, \quad \Delta y \cdot \Delta p_y \geq h, \quad \Delta z \cdot \Delta p_z \geq h \tag{11-25}$$

这些关系式称为**海森伯不确定关系**, 它表述为: **粒子在某方向上位置的不确定量与该方向上的动量分量的不确定量的乘积必不小于普朗克常量**。

不确定关系表明, 微观粒子的坐标和动量的不确定量成反比。狭缝越窄, 粒子坐标 x 的不确定量 Δx 越小, 则动量 p_x 的不确定量 Δp_x 就越大。坐标和动量不可能同时具有确定量。粒子的位置若测得极为准确, 就无法知道它的运动方向; 若动量测得极为准确, 就不可能确定此刻粒子的位置。这是微观粒子的波粒二象性带来的必然结果。所以对微观粒子来说, 轨道的概念是没有意义的。

在量子力学中, 由(11-25)式的不确定关系还可以演绎出能量与时间的不确定关系。以 ΔE 表示能量的不确定量, 以 Δt 表示时间的不确定量, 则有
$$\Delta E \cdot \Delta t \geq h$$

不确定关系是建立在波粒二象性基础上的一条基本客观规律, 是微观粒子本身固有特性的反映, 而不是仪器精度或测量方法的缺陷造成的。不确定关系更真实地揭示了微观世界的运动规律。

第五节 氢原子光谱及玻尔理论

一、氢原子光谱的规律性

随着物理学的发展, 人们认识到原子光谱是明线光谱。经过长期实验积累, 发现许多元素灼热后所发出的光谱都是明线光谱, 每条谱线的波长都是一定的, 并不连续, 且形成一个个谱线系。

用分光镜观察氢气在低气压放电管中放电时所发出的谱线时, 人们发现氢光谱是由若干分立的谱线组成的明线光谱, 并且这些谱线的波长满足一定的规律。1885 年巴耳末(Balmer)首先用一个简单的公式概括了这个谱线系中每条谱线的波长, 后被命名为**巴耳末公式**。

$$\frac{1}{\lambda} = R\left(\frac{1}{2^2} - \frac{1}{n^2}\right) \tag{11-26}$$

式中, $n = 3, 4, \cdots$。$\dfrac{1}{\lambda}$ 在光谱学中称为**波数**, 表示单位长度内所含完整波的数目。R 是里德伯(Rydberg)常量, 其实验值 $R = 1.097 \times 10^7 \text{m}^{-1}$。图 11-9 所示的是氢原子光谱的巴耳末谱线系。图中所标明的 H_α、H_β、H_γ 等谱线是通过光谱学测定的。其中, H_α 是明亮的红线, H_β、H_γ、H_δ 分别是青蓝线、蓝线和

紫线,其余谱线在紫外区。

图 11-9 巴耳末谱线系

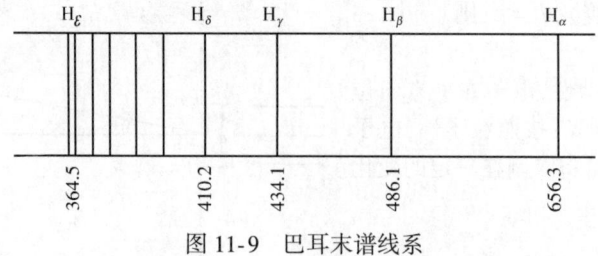

此后的 1915~1924 年,陆续由莱曼(Lyman)、帕邢(Paschen)、普丰德(Pfund)、布拉开(Brackett)等在紫外区和红外区发现了新的谱线系,并用这些人的名字对这些线系加以命名,这些谱线可用类似的公式计算出谱线的波长。

$$\frac{1}{\lambda} = R\left(\frac{1}{1^2} - \frac{1}{n^2}\right) \quad n = 2,3,\cdots(莱曼系)$$

$$\frac{1}{\lambda} = R\left(\frac{1}{3^2} - \frac{1}{n^2}\right) \quad n = 4,5,\cdots(帕邢系)$$

$$\frac{1}{\lambda} = R\left(\frac{1}{4^2} - \frac{1}{n^2}\right) \quad n = 5,6,\cdots(布拉开系)$$

$$\frac{1}{\lambda} = R\left(\frac{1}{5^2} - \frac{1}{n^2}\right) \quad n = 6,7,\cdots(普丰德系)$$

上述公式可以综合成一个广义的公式,即里德伯公式

$$\frac{1}{\lambda} = R\left(\frac{1}{k^2} - \frac{1}{n^2}\right) \quad (n = k+1, k+2, \cdots) \tag{11-27}$$

式(11-27)中 k 取正整数,当其分别取值 1,2,3,4,5 等值时,分别对应着莱曼系、巴耳末系、帕邢系、布拉开系、普丰德系的公式。所以(11-27)式也被称为**广义巴耳末公式**。

综上所述,氢原子的各条谱线波长可以用这样一个简单公式概括起来,而计算结果又与实验结果相符,说明公式反映了氢原子内部的某种规律性。这个公式表明:氢原子光谱的每条谱线的波数都可用两项之差表示出来,而每一项的值仅由一个整数决定。即

$$\frac{1}{\lambda} = T(k) - T(n)$$

对于每一线系,$T(k)$ 是固定的,$T(n)$ 是可变的,我们就把 $T(k)$ 和 $T(n)$ 称为光谱项。

当时的那个年代,这个规律不被人们所接受理解,此规律称为巴耳末公式之谜。随着科学技术的发展才逐渐从理论上得以解释。

二、玻尔的氢原子理论

卢瑟福(Rutherford)在 1911 年根据 α 粒子散射实验提出了原子的核式结构模型:原子是由原子核及核外若干绕核运动的电子组成的。这一模型虽然可以成功解释一些实验事实,但在解释原子光谱时却遇到了困难。根据经典的电磁理论,绕核运动的电子有加速度,应不断地向外辐射电磁波,因而电子的能量会逐渐减少,使得电子渐渐地接近原子核,最后电子将会落到原子核上而"湮没"。这样一来,原子应该是一个不稳定的系统,发射的光谱也应是连续光谱。但实验表明,原子是一个稳定系统,而且原子光谱是线光谱。

为了给出合理的解释,1913 年玻尔(Bohr)在原子核式结构基础上,摒弃了部分经典概念,把量子学说引入原子结构的理论中,提出了自己的假说,成功地解释了氢原子光谱的规律性,这就是玻尔的氢原子理论。玻尔的假设如下。

(1) 在原子中存在着一系列稳定的状态,在这些状态下,原子具有确定的能量,并且不向外辐射

电磁波，这些状态简称**定态**。在这些定态上，核外电子绕核运动的轨道角动量 L 是 $\frac{h}{2\pi}$ 的整数倍，即

$$L = mvr_n = n\frac{h}{2\pi} \quad (n = 1, 2, 3, \cdots) \tag{11-28}$$

式中，m、v、r_n 分别为电子的质量、速率、轨道半径；h 为普朗克常量；n 称为量子数。

(2) 当原子中的电子从一个能量为 E_n 的定态跃迁到另一个能量为 E_k 的定态时，原子才发射或吸收一定频率的电磁波。其辐射或吸收光子的频率由下式决定：

$$\nu = \frac{E_n - E_k}{h} \tag{11-29}$$

上式称为频率条件。玻尔在上述假设基础上，计算出氢原子的轨道半径和能级，较成功地解释了氢原子光谱的规律性。

为了同时考虑氢原子和类氢原子，假设原子核的电荷数为 Z，质量为 m，电量为 e 的电子在半径为 r_n 的圆形轨道上以速率 v 运动，所受到的向心力由核和电子间的静电库仑力提供，即

$$\frac{1}{4\pi\varepsilon_0} \cdot \frac{Ze^2}{r_n^2} = m\frac{v^2}{r_n} \tag{11-30}$$

由(11-28)式与(11-30)式联立消去 v，可得出

$$r_n = \frac{\varepsilon_0 n^2 h^2}{m\pi Z e^2} \quad (n = 1, 2, 3, \cdots) \tag{11-31}$$

在 $Z = 1$，$n = 1$ 时，可得到氢原子的最小轨道半径，称为**玻尔半径**，通常用 a_0 表示，即

$$a_0 = \frac{\varepsilon_0 h^2}{\pi e^2 m} = 5.29 \times 10^{-11} \text{m}$$

这样，(11-31)式也可写成

$$r_n = \frac{n^2}{Z} a_0 \quad (n = 1, 2, 3, \cdots) \tag{11-32}$$

a_0 值的数量级和实验测得的结果比较一致。

原子处在量子数为 n 的轨道上的总能量 E_n 应为电子动能和电子与原子核之间的电势能的代数和。若选无穷远（$r_n = \infty$）处的电势能为零，则

$$E_n = \frac{1}{2}mv^2 - \frac{Ze^2}{4\pi\varepsilon_0 r_n}$$

由(11-30)式可知

$$\frac{1}{2}mv^2 = \frac{Ze^2}{8\pi\varepsilon_0 r_n}$$

所以当量子数为 n 时，原子的总能量为

$$E_n = -\frac{Ze^2}{8\pi\varepsilon_0 r_n} = -\frac{mZ^2 e^4}{8\varepsilon_0^2 n^2 h^2} \quad (n = 1, 2, 3, \cdots) \tag{11-33}$$

由于选择电子和原子核相距为无穷远时的电势能为零，电子处于被束缚状态，因此整个原子的总能量一定是负值。当 $n = 1$ 时，能量最小，能量最小的状态称为**基态**，由(11-33)式可计算出氢原子的基态能量 E_1 为

$$E_1 = -2.18 \times 10^{-18} \text{J} = -13.6 \text{eV}$$

这个数值与实验得到的氢原子的电离能恰好相等。(11-33)式也可表示成

$$E_n = -13.6 \frac{Z^2}{n^2} (\text{eV}) \tag{11-34}$$

原子在基态的能量最低。电子处在外层轨道上（$n > 1$）时，对应原子的各态能量都比基态高，这些能量比基态高的状态称为**激发态**。当电子从量子数为 n 的轨道跃迁到量子数为 k 的轨道时，按照玻尔的第二条假设，可求出跃迁辐射出的光子的频率为

$$\nu = \frac{E_n - E_k}{h} = \frac{me^4 Z^2}{8\varepsilon_0^2 h^3}\left(\frac{1}{k^2} - \frac{1}{n^2}\right) \quad (n > k)$$

又可得出

$$\frac{1}{\lambda} = \frac{\nu}{c} = \frac{me^4 Z^2}{8\varepsilon_0^2 h^3 c}\left(\frac{1}{k^2} - \frac{1}{n^2}\right) = RZ^2\left(\frac{1}{k^2} - \frac{1}{n^2}\right) \tag{11-35}$$

式中

$$R = \frac{me^4}{8\varepsilon_0^2 h^3 c} = 1.097 \times 10^7 \mathrm{m}^{-1}$$

此值与实验中得到的 R 值相符,从而为里德伯常量找到了理论依据。这就从理论上解释了广义的巴耳末公式。

对于氢原子,其 $Z = 1$,由(11-35)式可得到

$$\frac{1}{\lambda} = R\left(\frac{1}{k^2} - \frac{1}{n^2}\right)$$

这样,玻尔理论就很好地解释了氢原子光谱的规律性。当电子从外层跃迁到最内的第一层轨道时,产生莱曼系($k = 1$);跃迁到第二层轨道时,产生巴耳末系($k = 2$);跃迁到第三层轨道时,产生帕邢系($k = 3$),依次类推。

电子在轨道间跃迁产生的这些谱线系,也可用图 11-10 所示的能级图来表示,图中每条矢线对应一条谱线,从每一条矢线首尾相应的能级可计算出对应谱线的频率。在某一瞬间,一个氢原子只能发出一条谱线,多个原子才能同时发出不同的谱线。由于原子受激的数目是很大的,所以我们能同时观测到全部谱线;从实验结果发现,各谱线的强度不同,说明在某一瞬间,发射各谱线的原子数目不同。

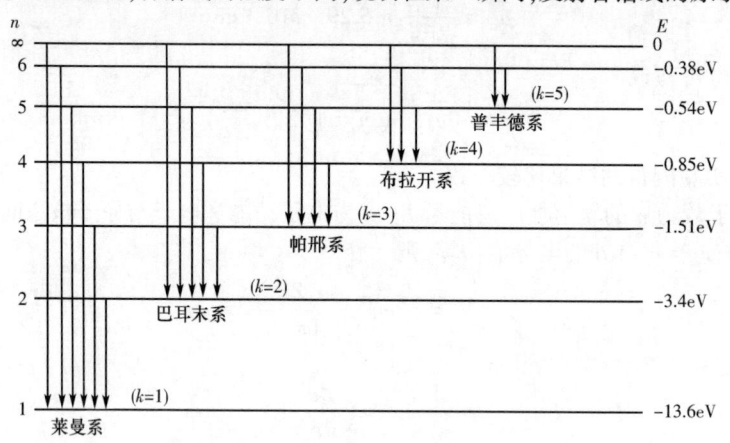

图 11-10 氢原子的能级和对应的谱线系

第六节 四个量子数

玻尔在经典物理学中引进量子假设,虽然可以较好地解释氢原子光谱的规律,但玻尔理论的结果只能推广到类氢离子中,这些离子中只有一个电子在核外运动,对其他一些较复杂的原子和分子,玻尔理论都不能成功应用,体现出其局限性。到了 1926 年薛定谔提出了研究微观粒子运动的力学体系——波动力学,为量子力学理论奠定了基础。在量子力学中,原子中电子的运动状态要由四个量子数来决定,现简述如下:

一、主量子数

量子力学推导出,氢原子的能量状态是由下式决定的一系列不连续的值:

$$E_n = -\frac{me^4}{8\varepsilon_0^2 h^2} \cdot \frac{1}{n^2} \quad (n = 1, 2, 3, \cdots) \tag{11-36}$$

式中，n 称为**主量子数**，这与玻尔理论所推得的公式完全一致。

通常把原子中电子的分布分成若干个壳层，主量子数 n 相同的电子属于同一壳层，n 分别取 1, 2, 3, 4, 5, 6 时，对应的壳层分别为 K, L, M, N, O, P。

二、角动量的量子化与角量子数

若 L 表示电子绕核运动的角动量，量子力学研究表明，它的值只能取一系列分立的确定值，而不能取任意值，这说明角动量是量子化的，这些分立的值是

$$L = \sqrt{l(l+1)}\,\frac{h}{2\pi} \quad [\,l = 0, 1, 2, 3, \cdots, (n-1)\,] \tag{11-37}$$

l 称为**角量子数**，它决定量子化了的角动量的大小。角动量不同的电子则处在不同的运动状态。n 相同时，处在同一壳层的电子可以有不同的角动量，即有不同的运动状态，通常称 $l = 0, 1, 2, 3, 4, 5, 6$ 的运动状态为 s, p, d, f, g, h, i 状态。

三、空间量子化与磁量子数

在经典力学中，角动量是矢量，它的空间取向是任意的。但按照量子力学的观点，电子绕核转动的角动量的空间取向只能取一系列特定的方向，也是量子化的，称为**空间量子化**。这样，角动量在空间某一特殊方向（沿 z 轴或外磁场方向）的分量 L_z，只能取一系列分立值，其值是

$$L_z = m\frac{h}{2\pi} \quad (m = 0, \pm 1, \pm 2, \cdots, \pm l) \tag{11-38}$$

m 称为**磁量子数**。L_z 不同，表明电子角动量的空间取向不同，电子处在不同的运动状态。角动量相同的电子，可以有 $2l+1$ 个不同的空间取向，对应着 $2l+1$ 种不同的运动状态。

四、电子自旋量子化与自旋磁量子数

理论和实验指出，原子中的电子除了绕核运动外，还有绕自身轴线的自旋运动。与电子绕核运动角动量相似，电子自旋角动量 L_s 也是量子化的，可由下式表达：

$$L_s = \sqrt{s(s+1)}\,\frac{h}{2\pi}, \quad s = \frac{1}{2} \tag{11-39}$$

s 称为**自旋量子数**。自旋角动量沿外磁场（z 轴）方向的分量为

$$L_{sz} = m_s\frac{h}{2\pi}, \quad m_s = \pm\frac{1}{2} \tag{11-40}$$

m_s 称为**自旋磁量子数**。

综上所述，原子中电子的运动状态由四个量子数来决定。在量子力学中，四个量子数是由解薛定谔方程确定的，不是人为地假设。同时，利用上述理论也可说明，原子中电子是按不同的量子状态分布在各个壳层中，进而证明了元素的周期规律，即电子在壳层中是周期性排列的，这就把周期规律提高到量子理论水平，且为原子光谱的研究奠定了基础。

第七节　原子光谱　分子光谱

一、原 子 光 谱

原子受到激发而发射光谱时，与光谱中某一谱线对应的光子是原子由较高能级跃迁到较低能级时发射的。大量原子发射的光子就形成若干明亮的谱线，称为**原子发射光谱**，又称**明线光谱**。原子

发射光谱是因价电子受激发而跃迁到外层空能级对应的轨道后,在外部各个空能级对应轨道间跃迁或回到原来状态时产生的光谱。与外层电子对应的不同能级之间的能量差较小,所以电子跃迁时产生的谱线的频率较小,光谱线的波长一般在可见光或邻近的红外或紫外区域。

原子吸收光谱是由一个价电子吸收一个光子被激发到高能级时形成的。当具有连续光谱的白炽灯光从某种蒸气或气体中通过时,其光子被大量吸收的波长处会形成一系列暗线,称为**原子吸收光谱**,又称**暗线光谱**。例如,太阳的暗线光谱就是由于从太阳发出的连续光谱被太阳外层炽热气体吸收而形成的。同一种元素的明线光谱的波长和暗线光谱的相同,因为它们是在同一种原子的相应两个能级之间跃迁形成的,但是暗线光谱中的谱线常常远少于明线光谱中的谱线,这是由于原子通常处在基态,产生跃迁时,暗线光谱中只有从基态跃迁到激发态的谱线,而没有在各个激发态之间跃迁的谱线。

因为每种元素都有自己特有的明线光谱和暗线光谱,所以从光谱线的分布状况就可以判定元素或吸收体中元素成分,这就是光谱分析方法的基本原理。当要鉴定某种元素时,并不需要测定它的所有谱线,只要找出其最明显、最具有代表性的几条谱线就可以确定这种元素的存在。利用原子吸收光谱也可以鉴定液态样品中存在的金属元素,如检查人体有无铅中毒时,可用受检者的尿或血作为吸收体,根据其吸收光谱来确定其中是否含有铅。医学上应用比较多的原子光谱分析法是把生物样品干燥、灰化、汽化成气态来进行的。光谱分析法比化学分析方法的灵敏度、精确度都高很多,可以鉴定到 10^{-9} g 微量的元素。

二、分 子 光 谱

比起原子光谱,分子光谱要复杂得多。就波长范围而言,分子光谱可分为远红外光谱、中红外光谱、近红外光谱、可见和紫外光谱。图 11-11 是分子光谱的示意图。由分开的各光谱线构成光谱带(Ⅰ),由若干个光谱带构成光谱带组(Ⅱ),由若干个光谱带组构成分子光谱(Ⅲ)。由于这些光谱线非常密集,以至于用一般的仪器不能分辨清楚,而被认为是连续的光谱带。所以又将分子光谱称为**带光谱**,这是与原子光谱在外形上的区别。

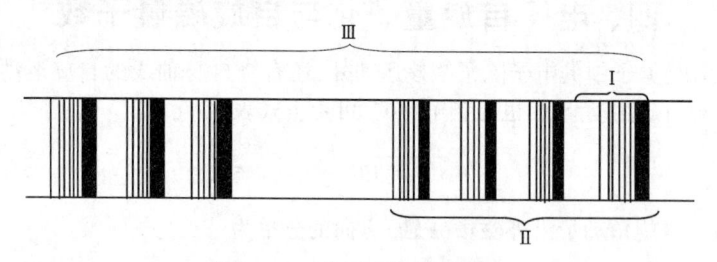

图 11-11 分子光谱的示意图

分子光谱的复杂性取决于分子内部存在着复杂的运动状态。为简单起见,以双原子分子为例讨论。分子内部的运动可认为由三个部分来描述:①分子绕某一轴线的转动;②组成分子的原子间的振动;③电子在各个定态能级之间的运动。这三部分运动的能量即为分子的总能量 E

$$E = E_r + E_v + E_e$$

式中,E_r、E_v、E_e 分别为分子转动的能量、原子振动的能量和电子定态的能量。然而,这些能量都是量子化的。

分子由高能态 E_2 跃迁到低能态 E_1 发射光子,分子从低能态 E_1 跃迁到高能态 E_2 吸收光子。发射或吸收光子的能量为

$$h\nu = E_2 - E_1 = \Delta E_r + \Delta E_v + \Delta E_e$$

式中,ΔE_r、ΔE_v、ΔE_e 分别为分子跃迁时转动能量、振动能量和电子能量的改变量。通常情况下,ΔE_e 在 1~20eV,ΔE_v 在 0.05~1eV,ΔE_r 在 0.0001~0.05eV。分子的能级还有相互重叠,分子中的电子在其定态能级之间发生跃迁时,振动和转动的状态也随着改变,这些都是造成分子光谱复杂性的因素。

电子定态能量的改变量 ΔE_e 最大,它决定了谱带组所在的区域;振动能量的改变量 ΔE_v 比 ΔE_e 要小得多,它的变化仅能引起谱带组中各谱带位置的改变;转动能量的改变量 ΔE_r 最小,它决定了谱带的精细结构,即谱带中各谱线的位置。由于 ΔE_r 极小,形成的谱线非常密集使之连成了谱带。综上所述,在分子的电子能级上叠加了振动能级和转动能级是造成分子光谱比原子光谱更为复杂的根本原因。

在分子光谱分析中,通常采用吸收光谱来进行。这是因为如果采用发射光谱的方法,在加热或放电过程中,好多分子尤其是结构复杂的分子将会发生分解,因而得不到相应的真实光谱。然而,吸收光谱分析的全过程是在常温下进行的,不会改变待测物质的分子结构。与原子的吸收光谱一样,分子吸收光谱的谱带要比分子发射光谱的少一些,这是因为在常温下分子多数处于基态。分子吸收光谱分析,尤其是紫外和红外吸收光谱分析和研究,在中草药有效成分的分析等相关科研中有着广泛的应用。

第八节 激 光

激光是受激辐射光放大的简称,又名莱塞,也称为镭射。激光是受激辐射使光不断放大而获得的一种强相干性光,激光的产生是以爱因斯坦 1916 年提出的受激辐射理论为基础的,产生激光的装置称为激光器。本节对激光产生的原理、激光的特殊特点、激光器及激光在医药上的应用作简单的介绍。

一、激光产生的原理

当光通过物质时,其中一部分光子会被原子吸收,使原子从低能级 E_k 跃迁到能量较高的激发态 E_n。处于激发态的原子,自发地从高能级跃迁回低能级,并把两能级的能量差以光子的形式向外辐射,这一过程称为**自发辐射**。自发辐射产生对应频率为 $\nu = \dfrac{E_n - E_k}{h}$ 的光子,其振动方向、传播方向、初相位都相互无关。因为光源中发光的大量原子和分子,各自互不相干地、独立地向各方向发射光子,这种光是通常的自然光。

若处于高能级的原子,受到某些频率满足上述条件的外来光子的诱发作用,使得原子从高能级跃迁到低能级,同时发射出与外来光子特征完全相同的光子,这种辐射称为**受激辐射**。其特点是,辐射出的光子与外来光子有相同的振动方向、振动频率、传播方向和相位。通过受激辐射,出射光的光子数量比入射光的光子数量大很多,所以我们说光被"放大"了,由此可知,**受激辐射是形成激光的重要基础**。

按照玻尔兹曼分布规律,在热平衡时,物质中的原子绝大多数处于低能级。要想实施受激辐射并使之占优势,首先必须使处于高能级上的原子数远远超过处于低能级上的原子数。这种状态与热平衡时原子的正常分布情况恰好相反,所以称其为**粒子数反转**,粒子数反转是实现受激辐射光放大的先决条件。

要产生粒子数反转,首先要从外界不断地供给工作物质能量,使工作物质中有尽可能多的原子吸收能量后,不断地从低能级被激发到高能级上,这一过程称为**激励**,又称**抽运**。当前激光器中主要用光激励和气体放电激励来激励工作物质;其次,还要使工作物质有适当的能级结构,以满足原子在高能级存在的平均寿命要足够长,这些平均寿命比较长的能级称为**亚稳态能级**。原子停留在高能级的平均寿命为 10^{-9}s,而停留在亚稳态的平均寿命却长得多,甚至长达 100 万倍以上,即其寿命可长达十分之几秒。这样,由于外界激励和具有亚稳态能级的工作物质的存在,使较多的工作物质的原子处在亚稳态能级上,形成粒子数的反转,构成了产生激光的条件。图 11-12 表示能实现粒子数反转的一种三能级结构。A 是基态,B 和 C 是激发态,其中 B 是亚稳态。通过吸收光子、放电或碰撞等方式把原子从 A 态激励到 C 态。在很短的时间内,原子就自发地从 C 态跃迁到 B 态。由于 B 态是

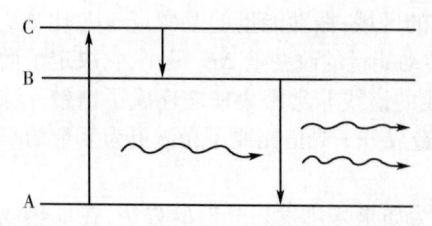

图 11-12 利用亚稳态实现粒子数反转

亚稳态，原子可以在 B 态停留很长时间而不会很快跃迁回 A 态。这样处在 B 态的粒子数目将大量增加，进而实现在 B 态和 A 态之间的粒子数反转。处在 B 态的原子产生自发辐射回 A 态时将辐射光子，这些光子遇到其他处在 B 态的原子时，就会引起受激辐射。

仅有上述条件还不能产生激光。引起受激辐射的最初光子来自自发辐射，但自发辐射产生的光子的发射方向、相位等都是无规则的。这些杂乱无章的光子引起受激辐射后所产生的强度放大了的光波仍是向各个方向传播的，且各有各的相位。为了能产生方向性好和相干性强的激光，需要选择传播方向和频率一定的光信号作最优先放大，抑制其他方向和频率的光信号。为此，在工作物质的两端分别放置两块相互平行且与工作物质的轴线垂直的全反射镜(如反射率在 99.9% 以上)和部分反射镜(如反射率在 90%)，工作物质就和这两块反射镜一起构成了光学谐振腔。凡是不沿谐振腔轴线方向运动的光子很快逸出腔外，不会接触到工作介质，沿轴线方向运动的光子可在腔内继续存在，并经两镜的反射不断地沿轴线方向往返运动。光子在腔内运行时，会不断遇到受激粒子而产生受激辐射。最终，谐振腔内沿轴线方向运动的光子不断增多，形成了传播方向和相位完全一致的强光束，让它们透过部分反射镜输出后即为激光。所以，光学谐振腔是产生激光的必要条件，用它来维持光振动和光放大，以获得单色性极好的光束。从波动的观点来看，只有腔长等于半波长整数倍时，相应特定波长的光往返一周才能同时相叠加，形成稳定的驻波。而镜面上所镀反射膜的材质和厚度，也应该满足使得薄膜对相应特定波长的光波为反射最大的增反膜条件。

二、激光器

激光器按工作物质材料的不同，大致可分为固体激光器、液体激光器、气体激光器和半导体激光器四大类型。在此以固体激光器中的红宝石激光器为例，简单地介绍一下激光器的结构。

红宝石激光器中的工作物质是由三氧化二铝晶体组成的红宝石棒，其中掺有少量铬离子，铬离子替换了晶体中的部分铝离子。棒的两个端面精密磨光，两面的平行度极高，一端镀较厚的银成为全反射镜；另一端镀较薄的银，透光率为 1%~10%，由此端输出激光，整个结构组成了谐振腔。腔外是脉冲氙灯，作为光激励，又称"泵浦"，它每次闪光数毫秒，发出强烈的紫蓝光和黄绿光可把铬离子激励到激发态上，形成粒子数的反转分布。红宝石激光器的结构示意图如图 11-13 所示。

图 11-14 是红宝石激光器的能级示意图。E_1 是基态，E_2 是亚稳态，当氙灯照射红宝石时，处于 E_1 能态的铬离子大量被激发到 E_3 能级上，铬离子在 E_3 上的平均寿命很短(约 10^{-9}s)，因此很快从 E_3 能级自发辐射到 E_2 上，在 E_2 上的平均寿命约为 3ms。于是在 E_2 和 E_1 之间形成了粒子数反转，再经过受激辐射就可以发出 694.3nm 波长的红色激光了。

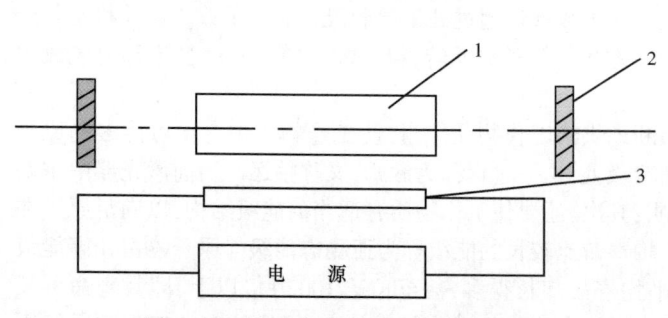

图 11-13 红宝石激光器的结构示意图
1. 红宝石；2. 部分反射镜；3. 氙灯

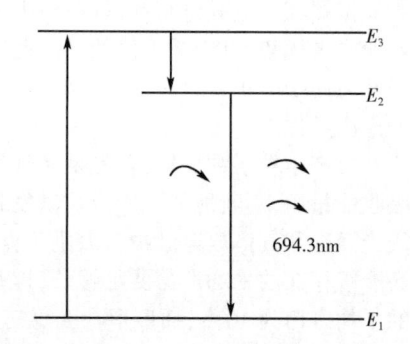

图 11-14 红宝石激光器的能级示意图

激光器的种类很多，能量或功率大小不一，输出方式有连续的，也有脉冲的。氦氖激光器是气体激光器,其工作物质是氖原子,氦原子只是传输能量帮助氖原子实现粒子数反转的辅助物质,其激光管的外壳用玻璃制成,中间有一毛细放电管,管两端的反射镜组成光学谐振腔,如图 11-15 所示。

前面介绍的红宝石激光器是利用三能级系统来实现粒子数反转,这要求外界激励的泵浦源要相当强,这也是三能级系统的显著缺点。而氦氖激光器是四能级系统的激光器。如图 11-16 所示的四能级系统示意图,在系统中粒子数反转是在 E_2 和 E_1 之间实现的。在常温下 E_1 能级上的原子数非常少,因而粒子数反转在四能级系统比在三能级系统更易实现。其他的还有如钕玻璃激光器、掺钕钇铝石榴石(Nd:YAG)玻璃激光器和二氧化碳激光器等都是四能级系统的激光器。

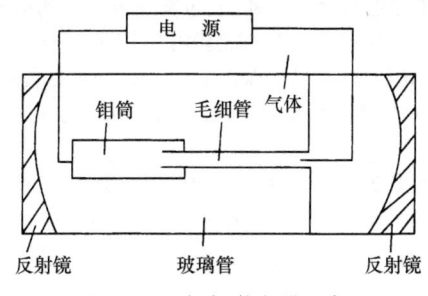

图 11-15 氦氖激光器示意图 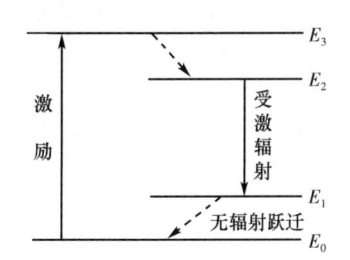　　图 11-16 四能级系统中粒子数反转示意图

表 11-1 列出医学上常用的几种激光器的简单情况和用途。

表 11-1 医学上常用的激光器

工作物质	工作方式	波长/μm	输出能量或功率	主要用途
红宝石	脉冲	0.6943	0.05~500J	眼科,临床研究
CO_2	连续	10.6	15~300W	皮肤科,外科,内科肿瘤照射或烧灼
He-Ne	连续	0.6328	1~70mW	针灸,外科,皮肤科,妇产科,照射
He-Cd	连续	0.4416	9~120mW	体表肿瘤,荧光诊断
N_2	脉冲	0.337	0.4~1mJ	五官科,皮肤科,基础研究

三、激光的特点

与普通光源相比,激光具有下列特点。

1. 方向性好

在光学谐振腔的作用下,输出的激光是平行传播的;一般激光器输出的激光束的发散角的数量级为 10^{-3} rad,所以,激光的方向性非常好。由于其方向性好,激光可用于雷达、定位、导向和通信等方面。

2. 强度高

由于激光的方向性好,使得激光的能量可集中在很窄的一束线内,所以其强度很高,可以对晶体进行切割、焊接和打孔,还可用于外科手术等。

3. 单色性好

所有单色光源发出的光的波长都有一个波长范围,用谱线宽度来表示。谱线宽度越窄,光的单色性越好。在激光出现以前,氪灯的单色性最好,其谱线宽度约为 10^{-4} nm,而氦氖激光器发生的激光的谱线宽度约为 10^{-8} nm,所以,激光的单色性很好,因此,激光还可作为长度测量标准。

4. 相干性好

由于激光是由同频率、同相位和同振动方向的光子组成的,所以激光是相干光。普通光源发出的单色性最好的光分成两束后只能在数十厘米的光程差内产生干涉,而激光产生干涉的光程差可达数十千米。因此，激光是非常理想的相干光源，可用于精密测量和全息照相。

知识拓展　　　　激光在医药学上的应用

激光可以被控制成很细的光束、激光脉冲周期短、激光便于定位等优点都很适合医学要求。激光首先应用于眼科，强度高度集中的激光可以透过眼球前部而到达眼底，但不会损伤眼球前部组织。因此，激光可以用来焊接视网膜脱离、封闭视网膜裂孔、虹膜切除等疾病的治疗。红宝石激光器在眼科应用得比较普遍，但 Ar^+ 激光器和 He-Cd 激光器的蓝绿色光易为血红蛋白吸收，治疗眼底疾病效果较好。

美国桑迪亚国家实验室科学家最近发明一种激光测量的血细胞形态的仪器，它可在几分钟内测出血细胞的多种数据。该仪器只有邮票大小，可产生上千条极细激光，激光发射器的下面放置内径只有头发丝 1/10 粗的血液试样的细管，上千条激光照射的血样管的周围遍布着激光传感器，采集血细胞反射和折射的激光，再经放大转变为电信号输入到一台便携式计算机中，计算机则根据这些信号显示出合成血细胞的图像，并测量出大量血细胞的精确数据。

在外科方面，大功率的激光器，可作为激光手术刀使用。切除脏器时，可以封闭血管，减少流血，在切除肿瘤方面显示了很大的优点。中小功率的激光器的激光有较好的抗炎和促进上皮生长的作用，在去除皮肤上的色斑、黑痣、疣等方面具有优势，成为美容的良好用具。高度聚焦的激光还可制成照射穴位的激光针，疗效明显，对患者无伤害，也无痛苦，是中医针灸工具改革的例子之一。

YAG 和 $1.06\mu m$ 钕玻璃激光器的激光可用于光纤传导，配合内窥镜治疗胃溃疡出血，切除胃内动脉瘤。除了用激光手术刀直接切除肿瘤外，还可以用激光动力学疗法。它是将病人先注入一种"血卟啉衍生物"光敏药物，它与癌细胞亲和力强，而与正常细胞亲和力弱，在药物附着在肿瘤上时，将由准分子激光器产生的激光，通过一根极细光纤进入肿瘤部位，当激光一遇到药物，即被吸收引起药物光化学反应，生出单态氧，使接触组织内的细胞产生强烈氧化反应，使生物分子链发生断裂，即切断肿瘤供血并将其分裂成碎片气化。用激光破坏细胞内特定部位，为细胞代谢和分裂机理的研究提供有力工具。

中药材中微量元素的组成、重金属元素的含量，对评价中药材质量、判别中药材真伪和来源有着重要意义。激光拉曼光谱是一种分子联合的光散射现象，能够提供样品分子的成分及结构，受到化学分析研究人员的关注。例如，青蒿素的复方制剂具有抗疟、抑菌和调节免疫功能等作用，然而含青蒿素的复方制剂没有可量化的统一质量标准，因此难以控制和评价这些复方制剂的质量。通过对青蒿素所获得的激光拉曼标准图谱，就可以为分析中药复方制剂中青蒿素的量化奠定基础。

随着激光器件和各类激光医疗设备的迅速发展，可以相信在人类对于激光医疗更大需求下，一个以治病救人的激光医学会更加蓬勃发展。但是，工作人员和患者在使用激光时，应注意对眼睛的保护。由于强度大的激光，能量又集中，反射光对人体也会有影响，所以对防护工作要十分注意。

科学之光　　玻尔

尼尔斯·亨利克·戴维·玻尔（Niels Henrik David Bohr，1885—1962），丹麦物理学家。

1885 年玻尔生于哥本哈根，1903 年 18 岁的玻尔进入哥本哈根大学数学和自然科学系主修物理学，之后获得哥本哈根大学的科学硕士和哲学博士学位。1912 年，玻尔考察了金属中的电子运动，并明确意识到经典理论在阐明微观现象方面的严重缺陷，创造性地把普朗克（Max Planck）的量子说和卢瑟福（Ernest Rutherford）的原子核概念结合了起来。1913 年初，玻尔提出了量子不连续性，成功地解释了氢原子和类氢原子的结构和性质，提出了原子结构的玻尔模型。1916 年玻尔任哥本哈根大学物理学教授，第二年当选为丹麦皇家科学院院士，并于 1920 年创建哥本哈根理论

尼尔斯·亨利克·戴维·玻尔

物理研究所并任所长,在此后的四十年他一直担任这一职务。1922年,玻尔因对研究原子结构和原子辐射所做的重大贡献而获得诺贝尔物理学奖。他所在的理论物理研究所也成为当时物理学研究的中心。

当时玻尔认识到自己的理论并不是一个完整的理论体系,还只是经典理论和量子理论的混合。他的目标是建立一个能够描述微观尺度的量子过程的基本力学。为此,玻尔提出了著名的"互补原理",即宏观与微观理论,以及不同领域相似问题之间的对应关系。互补原理指出经典理论是量子理论的极限近似,而且按照互补原理指出的方向,可以由旧理论推导出新理论。这在后来量子力学的建立发展过程中得到了充分的验证。玻尔的学生海森伯(Werner Karl Heisenberg)在互补原理的指导下,寻求与经典力学相对应的量子力学的各种具体对应关系和对应量,由此建立了矩阵力学。

1939年,玻尔任丹麦皇家科学院院长。第二次世界大战开始,丹麦被德国法西斯占领。1943年玻尔为躲避纳粹的迫害逃往瑞典。1944年,玻尔由于担心德国率先造出原子弹,给世界造成更大的威胁,所以也和爱因斯坦一样,以科学顾问的身份积极推动了原子弹的研制工作。但他坚决反对在对日战争中使用原子弹,也坚决反对在今后的战争中使用原子弹,始终坚持和平利用原子能的观点。1945年,玻尔回到丹麦,此后致力于推动原子能的和平利用。丹麦政府为了表彰玻尔的功绩,1947年封他为"骑象勋爵"。1952年,玻尔倡议建立欧洲原子核研究中心,并且自任主席。1955年,玻尔参加创建北欧理论原子物理学研究所,担任管委会主任。同年,丹麦成立原子能委员会,玻尔被任命为主席。1962年11月18日,玻尔因心脏病突发在丹麦的卡尔斯堡寓所逝世,享年77岁。玻尔去世三周年时,哥本哈根大学物理研究所被命名为尼尔斯·玻尔研究所。1997年第107号元素被命名为Bohrium,以纪念玻尔。

小　结

(1) 辐射体的辐出度 $M = M(T)$、单色辐出度 $M(\lambda, T)$ 的定义以及两者的积分关系。

$$M(T) = \int_0^\infty M(\lambda, T) d\lambda$$

(2) 黑体辐射的两个实验定律:
斯特藩-玻尔兹曼定律

$$M_0(T) = \int_0^\infty M_0(\lambda, T) d\lambda = \sigma T^4$$

维恩位移定律

$$\lambda_m T = b$$

(3) 普朗克能量量子化假说首先提出了能量子的概念 $\varepsilon = h\nu$,奠定了量子物理的基础。

(4) 爱因斯坦光量子论的内容和爱因斯坦光电效应方程

$$h\nu = \frac{1}{2}mv^2 + A$$

(5) 微观粒子的波粒二象性,实物粒子波满足德布罗意关系式

$$\lambda = \frac{h}{p} = \frac{h}{mv}, \quad \nu = \frac{\varepsilon}{h}$$

(6) 不确定关系

$$\Delta x \cdot \Delta p_x \geq h, \quad \Delta y \cdot \Delta p_y \geq h, \quad \Delta z \cdot \Delta p_z \geq h, \quad \Delta E \cdot \Delta t \geq h$$

(7) 氢原子光谱的规律性。

氢原子光谱是分在几个谱线系中的线光谱,满足里德堡公式

$$\frac{1}{\lambda} = R\left(\frac{1}{k^2} - \frac{1}{n^2}\right) \quad (k=1,2,3\cdots; n=k+1, k+2,\cdots)$$

k 决定谱线系,n 决定谱线系中的各谱线。

(8) 玻尔氢原子理论的假设,即稳定态假设、轨道角动量量子化假设和跃迁的假设,由此可以导出玻尔半径

$$a_0 = \frac{\varepsilon_0 h^2}{\pi e^2 m} = 5.29 \times 10^{-11} \text{m}$$

(9) 四个量子数:按量子力学理论决定原子中电子的运动状态,它们是主量子数 n、角量子数 l、磁量子数 m 和自旋磁量子数 m_s。

(10) 原子光谱与分子光谱都包含发射光谱和吸收光谱,原子光谱为线光谱,而分子光谱为复杂的带光谱。

(11) 激光的产生:受激辐射是形成激光的重要基础,粒子数反转是实现受激辐射光放大的先决条件,而光学谐振腔是产生激光的必要条件。

(12) 激光的特点是"一高三好",即激光的强度高、方向性好、单色性好、相干性好。

习题十一

11-1. 求氢原子的电离能。

11-2. 试计算氢原子在基态的能量。

11-3. 求动能为 500eV 的电子的德布罗意波的波长。

11-4. 试求氢原子光谱中巴耳末线系的最长和最短波长。

11-5. 试求氢原子中布拉开系光谱的最高频率和最低频率谱线对应的频率。

11-6. 如果用能量为 12.5eV 的电子去轰击基态氢原子,将可能产生哪些谱线?

11-7. 某黑体单位表面上辐射的功率为 5.67W/cm^2,那么黑体表面的温度是多少?

11-8. 氢原子中电子从 $n=5$ 状态中跃迁到 $n=2$ 状态中,辐射光子的波长为多少?

11-9. 某黑体辐射光谱中最大辐出度的波长为 400nm 时,该黑体表面的温度大约是多少?

11-10. 氢原子中,当电子从 $n=4$ 的状态跃迁到基态,可发射不同种类的光谱数目是多少?

11-11. 当 $l=3$ 时,氢原子磁量子数的可能取值是什么,与之相应的角动量在外磁场方向上的分量是多少?

11-12. 氢原子中电子在 $n=3$ 的状态,与此相应的角量子数的可能取值是什么,相应的角动量是多少?

11-13. 测得一个电子的速率为 200m/s,精确度为 0.1%,问确定此电子位置的不确定量是多少?

11-14. 电子的自旋量子数 $s=1/2$,问电子的自旋角动量等于多少?在外磁场中,自旋角动量沿外磁场方向的是哪几个可能值?

11-15. 一质量为 10g 的子弹以 1000m/s 的速度飞行,求:
(1) 它的德布罗意波的波长;
(2) 若测量子弹位置的不确定量为 0.10cm,则速率的不确定量是多少?

11-16. 按照玻尔理论,在氢原子 $n=2$ 状态中,电子绕核运动的轨道半径、线速度、角动量和总能量各是多少?

11-17. 若把太阳等星体看成黑体,今测得太阳 $\lambda_m = 0.55\mu m$,北极星 $\lambda_m = 0.35\mu m$,天狼星 $\lambda_m = 0.29\mu m$。试求它们的表面温度。

11-18. 人的红细胞直径为 8μm，厚为 2~3μm，质量为 10^{-13}kg。设测量红细胞位置的不确定量为 0.1μm，试计算其速率的不确定量。

11-19. 在入射光波长 $\lambda_0 = 400$nm，$\lambda_0 = 0.05$nm 两种情况下分别计算散射角 $\theta = \pi$ 时康普顿效应波长偏移 $\Delta\lambda$ 和 $\Delta\lambda/\lambda$。

11-20. 电视显像管中加速电压为 9kV，电子枪的枪口直径为 0.1mm，求电子射出电子枪时横向速度的不确定量，能否将这些电子视为经典粒子？

11-21. α 粒子在磁感应强度 $B = 0.025$T 的均匀磁场中，沿半径 $R = 0.83$cm 的圆形轨道运动。求
(1) α 粒子的德布罗意波波长；
(2) 质量 $m = 0.1$kg 的小球以与 α 粒子相同的速率运动的德布罗意波波长。

11-22. 按照玻尔理论，氢原子基态的电子轨道直径约 10^{-10}m，电子速率约为 2.18×10^6m/s。设电子在氢原子内坐标的不确定量为 10^{-10}m，试求电子速率的不确定量。

11-23. 波长 $\lambda = 0.2$nm 的光子受到石墨中电子的散射，在与入射方向呈 90° 的方向上观察，求：
(1) 散射线波长的偏移 $\Delta\lambda$；
(2) 反冲电子的动能。假设散射前电子可看做静止不动。

11-24. 与原子光谱相比，分子光谱有哪些特点，产生这些特点的原因是什么？

11-25. 在激光器工作时粒子数反转是实现受激辐射光放大的先决条件。试问：在红宝石激光器中是怎样实现粒子数反转的？

第十一章PPT

第十二章 X 射线

1895 年，德国物理学家伦琴（Wilhelm Röntgen）在做稀薄气体放电实验时，发现了一种人眼看不见但穿透力很强的射线。由于当时还不清楚这种射线的本质，伦琴将其称为 X 射线。X 射线被发现后仅三个月就被应用于医学。如今，X 射线在医学诊断和治疗方面又有了新的发展，且已成为医学领域检测、治疗等重要的手段之一。

本章将介绍 X 射线的性质和产生原理、X 射线谱、物质对 X 射线的吸收规律及 X 射线在医学上的应用。

第一节 X 射线的基本性质

关于 X 射线的本质，1912 年劳厄（M. von Laue）用晶体衍射方法证明 X 射线具有波动性，并测定它的波长。X 射线和从原子核中发射出来的 γ 射线都是波长很短的电磁波，也是能量很大的光子流，除具有一系列电磁波共同特性外，还有以下特性。

一、电离作用

X 射线能使物质的原子或分子电离，可造成气体导电，对生物则可诱发各种生物效应。利用这一电离作用可测量 X 射线的强度和治疗某些疾病。

二、荧光作用

X 射线能使物质的原子或分子处于激发态，当它们跃迁回到基态时释放多余的能量而发出荧光。有些激发态是亚稳态，在停止照射后，能在一段时间内继续发出荧光。医疗上的 X 射线透视，就是利用这种荧光作用来显示透过人体后所成的影像。

三、贯穿作用

X 射线对各种物质具有不同的贯穿作用。研究表明，物质对 X 射线的吸收程度与 X 射线的波长有关，也与物质的原子序数或密度有关。X 射线波长越短，物质对它吸收越小，它的贯穿本领越大。医学上利用 X 射线贯穿作用和不同物质对它的吸收程度不同进行 X 射线透视和照相。

四、光化学作用

X 射线能使多种物质发生光化学反应，例如使照相底片感光。医学上常用照相底片来记录感光效果的图像。

五、生物效应

生物效应的原理是 X 射线在生物体内产生电离和激发，使组织细胞受到损伤、抑制、死亡等。不同组织细胞对 X 射线的敏感性不同，所受的损伤程度也不同。一方面可以利用 X 射线来杀死分裂活动旺盛的癌细胞；另一方面 X 射线对正常组织有一定的损害，从事 X 射线的工作人员要注意防护。

第二节　X射线的发生装置

X射线发生装置如图12-1所示,主要由X射线管、高压电源等部分组成。X射线发生的两个基本条件是:①有高速运动的电子流;②有适当的障碍物——靶,用其来阻止电子的运动,把电子的动能转变为X射线的能量。

X射线管是在一个抽成高度真空的硬质玻璃管内,封装入阴、阳两个电极。管的一端是由金属钨或钼制成的圆柱形的**阳极A**(或称为板极),作为接受高速电子流冲击的靶;另一端是用螺旋状的灯丝作为**阴极K**,通常是钨丝制成的。从图12-1看出,在灯丝两端由电源E_1供给10V左右的低电压,电流流过灯丝,使其炽热而发射电子,这个电流称为灯丝电流,一般约数安培,其大小可由电阻器R调节。阴阳两极之间,是由高压电源E_2供给$10^3 \sim 10^6$V的直流高压,调节旋钮S的位置,可以改变直流高压的大小,我们称这个电压为**管电压**。阴极发射的热电子,在阴阳两极间的电场作用下,高速冲向阳极,形成**管电流**。这些高速电子突然受到钨靶(阳极靶)阻止时,就有X射线向四周辐射。

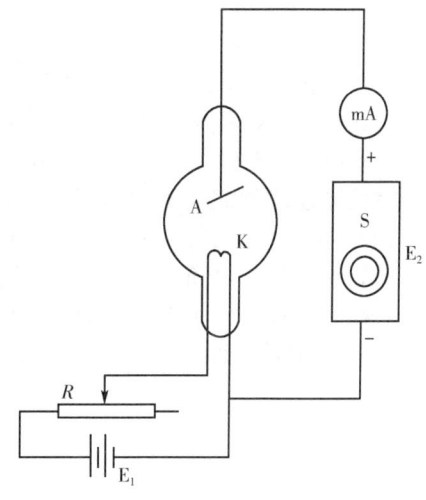

图12-1　X射线机的示意图

第三节　X射线的硬度和强度

X射线的**硬度**是指它的贯穿本领,决定于波长。波长越短的X射线,光子的能量越大,贯穿本领越强,它的硬度就越大,常用于深部治疗。反之,波长较长的射线,光子的能量较小,贯穿本领较弱,X射线较软,适用于透视及体表治疗。

X射线的硬度由管电压控制,管电压越高,轰击阳极的电子动能就越大,发射光子的能量也越大,X射线越硬。因此,在医学上通常用管电压来衡量X射线管发出的X射线的硬度。表12-1列出了医学上按X射线硬度的分类、各类的相应管电压、最短波长及其主要用途。

表12-1　X射线硬度的分类

名称	管电压(kV)	最短波长(nm)	主要用途
极软X射线	5~20	0.25~0.062	软组织摄影、表皮治疗
软X射线	20~100	0.062~0.012	透视和摄影
硬X射线	100~250	0.012~0.005	较深组织治疗
极硬X射线	250以上	0.005以下	深部组织治疗

X射线的**强度**是指单位时间通过与射线方向垂直的单位面积的辐射能量。设用I表示强度,则有

$$I = \sum_{i=1}^{n} N_i h\nu_i = N_1 h\nu_1 + N_2 h\nu_2 + \cdots + N_n h\nu_n$$

式中,$N_1, N_2, \cdots, N_n$分别表示单位时间通过垂直于射线方向单位面积上具有相对应的$h\nu_1, h\nu_2, \cdots, h\nu_n$的能量的光子数。增加管电流,使轰击阳极靶的高速电子数目增加,所以产生光子的数目也增加,自然X射线的强度也增加。增加管电压,可使每个光子的能量增加。在使用时,首先按照用途来确定管电压,以便获得适合于需要的硬度;当管电压一定的条件下,X射线的强度由管电流决定。因此在医学上常用管电流的毫安数来表示X射线的强度。

第四节　X射线衍射

一、X射线的波动性

X射线是电磁波,它的波长范围是0.001~10nm,比可见光的波长短得多。既然它是电磁波,就应该能观察到它的干涉、衍射现象。但是,用普通光学光栅,是观察不到X射线的衍射现象的。这是因为普通光学光栅的光栅常数为$10^{-6} \sim 10^{-5}$m,比X射线的波长大得多。只有当光栅常数与X射线的波长接近时,才能观察到X射线的衍射现象。

1912年,劳厄根据晶体中原子周期性排列的性质,将它作为X射线的天然三维衍射光栅。劳厄的实验装置如图12-2所示。一束X射线透过晶体后,照射到感光底片上。除了底片的中心是X射线沿直线前进直接击中形成黑斑外,在其周围还有对称分布的若干斑点,称为**劳厄斑点**（Laue spot）。这是X射线通过晶体时所产生的衍射现象,因而证明了X射线具有波动性。

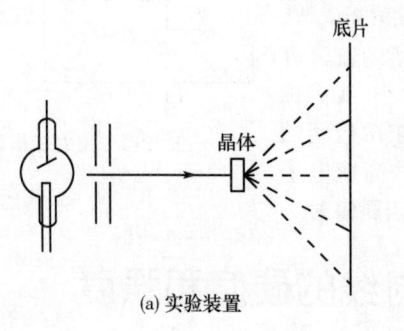

(a) 实验装置 　　(b) 劳厄斑点

图 12-2　X 射线衍射

二、布拉格方程

由于晶体是由一组有规律的整齐排列的粒子(原子、离子、分子)所组成,是一种天然的衍射光栅。当X射线照射到的晶体的每一个粒子,相当于发射子波的中心,向各个方向发出子波,称为**散射**。来自晶体散射中心的X射线会相互干涉而使得某些方向的光束加强。图12-3是X射线在晶体上的衍射。图中黑点代表晶体中的粒子,它们之间的距离为d,X射线以θ角掠射到晶体上,将被各层粒子所散射,在这些散射线中,只有按反射定律反射的射线强度最大。由图可见,相邻的上下两层发出的反射线1和2的光程差为

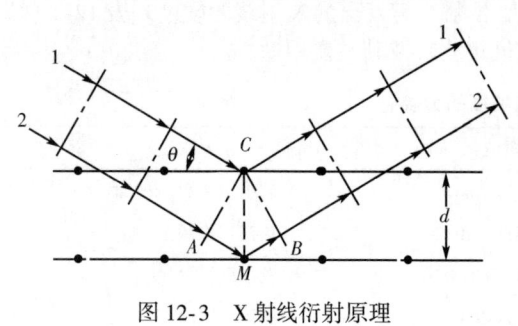

图 12-3　X 射线衍射原理

$$\overline{AM} + \overline{BM} = 2\overline{AM} = 2d\sin\theta$$

因此相干加强的条件是

$$2d\sin\theta = k\lambda, \quad (k = 1, 2, 3, \cdots) \tag{12-1}$$

(12-1)式称为**布拉格方程**。θ角可以用实验方法测出。我们把它称为**掠射角**。d是微粒间的距离,又称为**晶格常数**。如果晶格常数d和X射线的波长两个量有一个已知,就可以求出另一个量,用这种方法可以进行X射线光谱分析和晶体结构分析,也可在生物医学中研究有机体如细胞和蛋白质等的精细结构。现在这种研究已经发展成一门独立的学科,称为X射线结构分析。

三、X 射线摄谱仪

图 12-4 是 X 射线摄谱仪原理图,通过铅屏狭缝 B 的 X 射线束照射到晶体光栅上,由于晶体 C 的转动,改变 θ 角,就可以使不同波长的 X 射线在不同的方向上得到加强。当 θ 角满足布拉格方程 (12-1) 时,晶体散射出的 X 射线最强,使底片 DE 上的相应处感光也最强。由于 X 射线中含有不同波长的射线,因而对应的 θ 角也不同。这样就形成了按波长排列的感光条纹,即 X 射线的光谱。

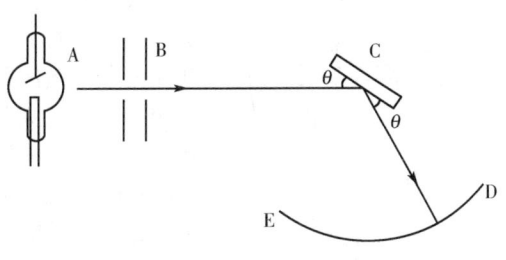

图 12-4　X 射线摄谱仪原理

第五节　X 射 线 谱

从 X 射线管产生的 X 射线并不是单色的,而是在含有各种不同波长的连续谱线上叠加了若干条具有特定波长的谱线,如图 12-5 所示;前者称为**连续 X 射线谱**;后者称为**标识 X 射线**。

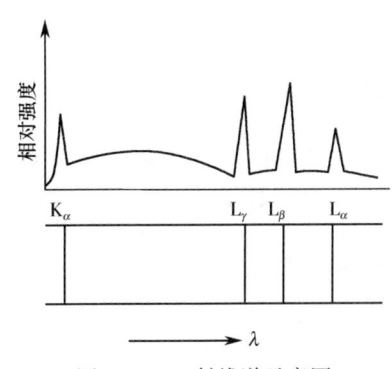

图 12-5　X 射线谱示意图

一、连续 X 射线谱

当高速电子受靶(阳极靶)物质的阻滞而急剧减速时,电子失去的动能的一部分可转化为 X 射线光子的能量而发射出来。通常把这种辐射称为**轫致辐射**。轫致辐射一词来自德语**制动辐射**,它是对这种过程的最好描述。当高速电子流撞击在阳极靶上受到制动时,电子在原子核的强电场作用下,速度的大小和方向都产生急剧变化,电子的一部分动能 ΔE_k 转化为光子的能量 $h\nu$ 而发射出来。因为各个电子运动的状态以及各个电子与原子核的距离不同,速度变化也不一致,所以动能 ΔE_k 有不同的数值,光子能量也不一致,这样就产生了连续谱。假定管电压为 U,电子的电量为 e,则电子到达阳极时具有的动能等于电场力所做的功,即 $eU=mv^2/2$。一个电子与阳极物质相互作用时,往往要经过多次碰撞才能静止下来。在每一次碰撞过程中电子损失的动能有多有少,可以在 $0\sim eU$ 取任意值。这样,当许多电子碰撞时,就可以射出各种不同能量的 X 光子,即各种不同波长的 X 射线,形成了连续 X 射线谱。在短波方向,连续光谱的波长有极限值,称为**最短波长**或称为短波极限,用 λ_0 表示。与 λ_0 相应的 X 光子的能量 hc/λ_0 为最大。显然,这个最大能量是电子在一次碰撞中将它的全部动能转变为 X 光子的能量,即

$$\frac{1}{2}mv^2=eU=\frac{hc}{\lambda_0}$$

$$\lambda_0=\frac{hc}{e}\cdot\frac{1}{U} \tag{12-2}$$

式中,h 为普朗克常量,c 为真空中的光速。由 (12-2) 式可知,连续 X 射线的最短波长 λ_0 与管电压 U 成反比。U 越高,λ_0 越短,X 光子的能量越大,穿透本领越强。

二、标识 X 射线谱

如果高速电子轰击靶子时,将原子中一个内壳层电子击出,使原子处于激发状态。这时,内壳层中的空位将由外层的电子跃迁填补而发射光子。辐射光子的能量等于电子在两个壳层的能级差。由于外层的能量比内层大得多,这种跃迁所辐射光子的能量较大,波长较短,属 X 射线部分。如果

击出的是 K(或 L)层电子,则产生的 X 射线称为 K(或 L)系标识辐射。图 12-6 标出的 K_α, K_β, K_γ 等标识辐射,表示由不同外壳层的电子分别跃迁到 K 壳层的空位时发射的谱线。这些谱线的波长与靶子(阳极)元素的性质有关,它标志了靶子元素的特征,故称为标识 X 射线。近年来发展的微区分析技术就是用很细的电子束打在样品上,根据样品发出的标识 X 射线可以鉴定各个微区中的元素成分,这种技术已经开始在医学研究中应用。例如,钨的 K_α 和 K_β 的波长分别为 0.021nm 和 0.018nm,而钼的则为 0.071nm 和 0.069nm。不同原子相应的各个内壳层的电子的能量是随着原子序数增加的,因此,原子序数愈高的元素,它的各条标识 X 射线系波长也愈短。

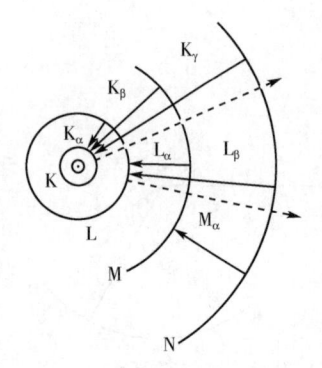

图 12-6 原子壳层与标识辐射示意图

应当指出,医用 X 射线管中发出的 X 射线,主要是连续 X 射线,标识 X 射线在全部 X 射线中所占的分量很少。但是,像研究光学光谱可以了解原子外壳层的结构一样,研究各种元素的标识 X 射线谱也可以了解原子内壳层的结构。标识 X 射线的研究,对于认识原子的壳层结构是很有帮助的,对于化学元素的分析也是非常有用的。

第六节 X 射线的衰减规律

当 X 射线通过物质时,由于与原子的相互作用,沿原方向出射的 X 射线的强度减弱了,称为 X 射线衰减。X 射线的衰减有两种不同的情况:一种是 X 光子的能量被物质吸收而转化为其他形式的能量;另一种是 X 光子被物质原子散射而偏离了原方向。在后一种情况下,X 光子虽然没有被吸收,但在原方向上 X 光子的数目减少了。X 射线的吸收和散射是物质使 X 射线衰减的两种不同的原因。

设有一束 X 射线垂直入射到某一物质层时,其强度为 I_0,穿过厚度为 d 的物质层后,强度减弱为 I,实验和理论都证明 I 与 d 服从下列指数衰减规律:

$$I = I_0 e^{-\mu d} \qquad (12\text{-}3)$$

μ 称为线衰减系数,它由光子的能量和物质的种类而定。如果厚度 d 的单位为 m,则 μ 的单位为 m^{-1},表 12-2 给出了骨和肌肉的部分线衰减系数。

表 12-2 骨和肌肉的线衰减系数

X 光子能量(keV)	μ(骨)(m^{-1})	μ(肌肉)(m^{-1})	X 光子能量(keV)	μ(骨)(m^{-1})	μ(肌肉)(m^{-1})
20	496	73.0	60	47.7	19.6
30	168	34.2	100	32.3	16.7
40	88.4	24.9	150	27.0	14.7
50	60.3	21.4	200	24.4	13.5

人体肌肉组织的主要成分是 H,O,C 等,而骨的主要成分是 $Ca_3(PO_4)_2$,其中,Ca 和 P 的原子序数比肌肉组织中任何主要成分的原子序数都高。因此骨骼的线衰减系数比肌肉组织的大,在 X 射线摄片或透视荧光屏上显示出明显的阴影。使射线强度减弱一半所需的物质厚度,称为**半值厚度**,又称半值层,用 $d_{1/2}$ 表示。利用(12-3)式可以得出 $d_{1/2}$ 与 μ 之间的关系。当厚度为 $d_{1/2}$ 时,透射的强度为 $I = \dfrac{I_0}{2}$,代入(12-3)式,可得出半值厚度

$$d_{1/2} = \frac{\ln 2}{\mu} = \frac{0.693}{\mu} \qquad (12\text{-}4)$$

与线衰减系数成反比。半值厚度的值随物质层的性质与光子的能量而异。例如,对于 50keV 的 X 光子,铝的半值厚度为 7mm;而铅的半值厚度为 0.1mm。对于 150keV 的 X 光子,铝的半值厚度增为 18.6mm;而铅的半值厚度增为 0.3mm。可见铅对 X 射线的衰减本领很强,这就是通常用铅来做防护

材料的原因。

第七节 X射线在医药学上的应用*

X射线在医药学上的应用非常广泛,概括起来可分为治疗、药物分析和诊断等方面。

一、治疗方面的应用

X射线主要用于癌症的治疗。它的机制是X射线对人体组织的电离作用,然后由此可诱发出一系列生物效应,阻止细胞内的代谢,对生物组织有破坏作用,尤其是对于分裂活动旺盛或正在分裂的细胞,其破坏力更强。目前,X射线对一些皮肤病和某些类型的癌症有一定的疗效。20世纪80年代研制成的X射线立体定向放射治疗系统,高剂量定点照射,在病灶边缘有类似于刀切的效果,被形象地称为X刀。它是以患者肿瘤为圆心的弧线上旋转,再加上病床的旋转或平移,构成了X射线立体定向的效果。一般说来,对于癌细胞,X射线的破坏作用特别强。不过不同癌细胞对X射线的敏感度是不同的,对于不敏感的肿瘤,一般不宜采用X射线治疗。在治疗过程中,X射线的硬度和强度要根据患病部位的深浅程度以及其他因素来决定。特别是照射量要恰当,过少则达不到治疗目的,过多会使正常组织受到不可恢复的损害,引起严重的并发症。X射线对正常人体组织也有破坏作用,甚至有诱发癌症的可能性。因此,要注意防护,避免一切不必要的照射。

二、药物分析方面的应用

中草药研究工作中,利用X射线衍射来分析中草药的有效成分的结构,寻求代用品,在保护自然环境方面,发挥了重大作用,其中有两个很重要的方法:

(1) X射线衍射分析法(XRD):是研究物质的物相和晶体结构的主要方法。当对某一物质进行衍射分析时,该物质被X射线照射而产生不同程度的衍射现象,物质的组成、晶型、分子内成键方式、分子的构型、构象等将决定物质产生特有的衍射光谱,如果该物质是一混合物,则所得衍射图是各组成成分衍射效应的叠加。由于衍射法获得的图谱信息量大,稳定可靠且可以记录,因此我们便可以此作为该物质定性鉴别的可靠依据,用此法对天麻及其伪品、何首乌及其易混品、巴戟天及其易混以及部分中成药进行了分析,获得较好的鉴别效果。

(2) X射线荧光光谱法(XRF):是经X射线荧光光谱仪定性扫描,对样品进行无损伤性分析。方法是将样品放入X射线荧光光谱仪中,作定性扫描常规测试,从定性扫描图上可观察到含有元素的种类,然后根据元素含量和定性扫描图所示各种元素分析线的强度,作定性、定量分析。用本法可对龙骨、石膏、牡蛎、芒硝、滑石等矿物性中药进行元素分析研究。

三、诊断方面的应用

1. 透视和摄影

利用体内各种不同组织对X射线衰减的不同,来检查身体内部的情况。例如,骨和肌肉对于X射线的线衰减系数差别较大,不同部位透出人体的X射线强度有明显差别。在荧光屏上或照相底片上留下灰度不同的影像以供观察。前者称为荧光透视,后者称为X射线摄影。在X射线摄影中有以下两种特殊X射线摄影:

(1) 软X射线摄影:软X射线通常是指管电压40kV以下的低能量X射线,它在体内主要是通过光电效应的方式被吸收。软X射线摄影是利用人体各种组织对不同物质的软X射线的吸收有显著差别的原理,使密度相差不大的脂肪、肌肉和腺体等软组织在感光胶片上形成对比良好的影像。它多用于女性乳房的疾病检查,对于乳房的腺体组织、结缔组织、脂肪、血管等细微组织结构,以及乳腺结构的其他疾病甚至肿瘤的边缘,都有较清晰的显示。

(2) 高千伏X射线摄影:高千伏X射线摄影是指使用高于120kV的管电压所产生的X射线进

行的摄影检查。当电压高于 120kV 以上时,组织吸收一般以散射效应(康普顿散射)为主,从而使与骨骼相重叠的软组织或骨骼本身的细小结构及含气的管腔等变得易于观察。它较常用于胸部,应用 140~150kV 管电压的 X 射线做胸部摄影,肺纹理或炎变可以透过肋骨阴影见到,纵隔阴影、气管和支气管阴影尽管与胸骨、脊柱重叠也易于被观察到。

X 射线透视或照相可以清楚地观察骨折的程度、肺结核病灶、体内肿瘤的位置和大小、脏器形状以及断定体内异物的位置等。X 射线透视观察的时间较长,可以观察脏器的运动情况。X 射线照相的位置分辨能力和对比度分辨能力都较好,而且可以永久保存。如果需要检查的组织与其周围组织的线衰减系统相差较少时,则可利用造影剂来提高对比度,使获得的影像更加清晰。例如,在检查肠胃时,可让患者服用硫酸钡($BaSO_4$),它附着在肠胃的内壁上。这样,在 X 射线照射下就可以显示出肠胃的影像。X 射线对生物组织有破坏作用,人体受过量 X 射线照射后会引起某些疾病,如白血病、角化病及毛发脱落等。因此,经常从事 X 射线工作的人员要注意防护,定期做健康检查。常用的防护物品有铅板、含铅玻璃、含铅胶皮裙和手套等。

2. 数字 X 射线摄影和数字减影血管技术

(1) 数字 X 射线摄影:将 X 射线的成像数字化处理,再转变成能显示的模拟图像。其优点是改善图像质量,降低对患者的照射剂量,图像便于储存和传输等。

(2) 数字减影血管技术:数字减影血管技术是数字信号处理技术与常规 X 射线血管造影相结合的一种诊断方法,它是在模拟影像减影的基础上发展起来的,其工作原理是:

1) 时间减影:将同一部位的两张不同的数字图像进行相减处理,消去相同部位,获得造影剂充盈的血管图像。首先采集一张包含血管的骨骼图像,在静脉中注入造影剂后,得到又一张图像,然后运用图像处理技术,将前后两张图像相"减",最终得到血管的图像。由于前后两张图像是在不同的时刻获得,故称时间减影。

2) 能量减影:能量减影是先用两种不同能量的 X 射线照射同一部位得到两张图像,经过数字处理再"相减",得到一张消除骨骼或软组织的血管造影图像。

> **知识拓展**
>
> **X—CT**

X—CT 是运用物理技术,以测定 X 射线在人体内的衰减系数为基础,采用数学方法,经计算机处理,求解出衰减系数值在人体某剖面上的二维分布矩阵,转变为图像画面上的灰度分布,从而实现重新建立断面图像的现代医学成像技术。

自从 1895 年伦琴发现 X 射线以来,X 射线就已被用于进行医学治疗及诊断。利用 X 射线诊断的基本原理是 X 射线透过人体并用照相记录影像,从照片来获得体内的情况。普遍的 X 射线照相是用一个平面(二维)底片来显示人体内的立体(三维)结构。因此,不可避免要产生混乱和重叠。由于 X 射线穿透物质时要被吸收,其吸收大小是由穿透物质的密度所决定,因此密度小的器官将隐藏在密度大的器官后面难于找到,而密度相近的器官不易区分,且分辨率只有 5%。CT 在显示屏上(二维)显示的是横断层(二维)的图像,为此解决了重叠问题。CT 利用电子计算机将器官的相对吸收率转换成显示屏上的图像灰度。由于电子计算机有很强的区分能力,在显示屏上能显示出密度相差很小的不同器官。因此,CT 的出现从根本上改变了 X 射线的诊断技术,使医学影像技术发生了重大的变革。X-CT 技术是由英国工程师亨斯菲尔德(Godfrey N. Hounsfield)于 1972 年发明的,这一发明引起发射医学领域的一场深刻的技术革命,是医学发射诊断学的重要成就之一,获得了 1979 年诺贝尔生理学或医学奖。

X 射线电子计算机断层摄影的原理是利用物质对 X 射线的衰减这一特性。例如,将某一层组织分 4 个小方块,每一方块称为**像素**。设每一像素的边长为 d,它们的线衰减系数分别为 μ_1、μ_2、μ_3 和 μ_4。让某一波长的 X 射线先从一个方向照射,然后从另一个方向照射,假定入射的强度为 I_0,透射出的强度分别为 I_1、I_2、I_3 和 I_4,如图 12-7 所示。应用衰减公式(12-3),强度为 I_0 的 X 射线通过线衰减系数为 μ_1 的像素后,透射出的射线强度为

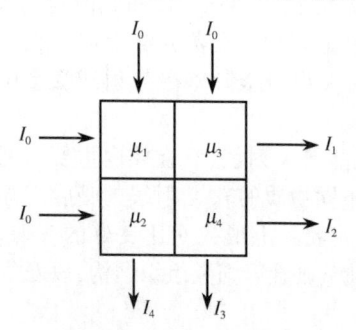

图 12-7 CT 原理示意图

再经过线衰减系数为 μ_3 的像素衰减后,透射的强度为

$$I_1 = I_0 e^{-\mu_1 d} \cdot e^{-\mu_3 d} = I_0 e^{-(\mu_1+\mu_3)d}$$

即

$$\mu_1 + \mu_3 = \frac{1}{d}\ln\frac{I_0}{I_1}$$

同理,可得

$$\mu_2 + \mu_4 = \frac{1}{d}\ln\frac{I_0}{I_2}$$

$$\mu_3 + \mu_4 = \frac{1}{d}\ln\frac{I_0}{I_3}$$

$$\mu_1 + \mu_2 = \frac{1}{d}\ln\frac{I_0}{I_4}$$

在这组方程中,可以解出各个像素物质的线衰减系数 μ_1、μ_2、μ_3 和 μ_4。从像素 μ 的变化和对比可以判断有无病变发生。

显然像素越小,测量的精度越高。通常把每一层组织断面分为 160×160=25600 个像素。每个像素的边长为 1.5mm,厚度为 8mm。从 X 射线管发出的窄束 X 射线通过滤板,滤去其长波部分,使透出滤板的 X 射线波长范围变窄。X 射线通过吸收体后的强度由探测器 D 记录下来。如图 12-8 所示,将 X 射线源平移,沿直线扫描,探测器 D 与 X 射线源一起同步移动。在每次扫描中,探测器可连续记录几百个数据(如 240 个数据),每一个数据表示 X 射线通过吸收体后的强度。然后将 X 射线源和探测器旋转 1°角,再作第二次扫描,探测器又记录了 240 个数据,直到旋转 180°为止。这样总共得 180×240=43200 个透射出来的强度值。换句话说,我们可列出 43200 个线性方程。电子计算机收集了探测器传来的全部信息后,迅速地解出像素的衰减系数。利用这组数据,通过电子计算机还可以在荧光屏上建立该断面的图像,以供观察和摄影。由于测量的准确度很高,因此可以发现很小体积内衰减系数的微小差别。

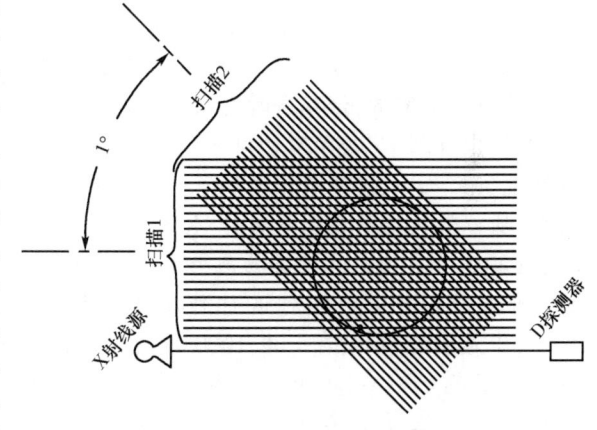

图 12-8 CT 扫描示意图

CT 技术从 1972 年开始,发展非常迅速。迄今已经历了五代。所用 X 射线源从第一代的单束、多束发展到扇形束直至第五代的电子束;扫描方式则从源与探测器平移和转动发展到单纯源转动至目前的源与探测器都不动;检测器从单个发展到第五代多探测器阵列收集扫描数据;每次扫描时间从 4~5min 缩短到 50ms。并由开始时只能用于静态头部检查,而逐步发展到目前的动态检查和全身各部位无创伤检查,而且可成多种三维像如多层面重建、CT 血管造影等。

近年来,CT 的一个重要发展是螺旋 CT 的普及和多层螺旋 CT 的推出。目前 CT 设备中,包括低档设备,已全部采用滑环式设计、螺旋扫描方式,探测器也全部改用固态的、低余辉、高检测率的材料。这标志着常规 CT 扫描机已完成从层面扫描到螺旋扫描的换代。

下面介绍几种新型的 CT 技术。

(1)康普顿散射 CT:康普顿散射 CT(CST)技术已成功地用于检测金属表面缺陷,铝铸件及非金属结构的检验。它的检测对象主要是一些大而重的物体或伸展系统,如机场跑道、房屋构件等混凝土建筑物。

(2)磁共振 CT:磁共振 CT(NMR CT)由于射频电磁波对人体无害,可获得内脏器官的功能状态,使医学诊断和生命科学研究发生了革命性的变革。

(3)正电子发射 CT:正电子发射 CT(PET CT)是利用某些放射性核素(如 ^{11}C、^{13}N、^{15}O、^{18}F 等)并不直接发射 γ 射线,而发射正电子的原理制成。PET 技术的断层图像上显示的核素分布及其变化,具有监测生物体

内糖分、酸类和蛋白质等分布，模拟新陈代谢过程的能力，以及特殊病理的诊断。

（4）微波CT：微波CT对软组织中的肌肉、脂肪之类电导率明显不同的组织更具识别能力。因为人体组织的电学常数与温度有关，利用微波CT可将体内的温度变化转换为图像。微波CT与X射线CT相比更容易分辨出癌组织，且相对安全。

（5）超声CT：超声CT（UCT）已经应用在乳腺等软组织的超声成像中，成为乳腺癌等疾病检测的重要手段。此外还用于工业材料的无损检测、航空航天、军事工业及钢铁企业等高科技领域或部门。

科学之光 伦琴的故事——X射线的发现

伦琴（Wilhelm Röntgen，1847—1923）在1895年11月一天傍晚，他走进实验室，进一步进行阴极射线实验，为阻止紫外线、可见光的影响，并且又不使管内的可见光泄漏出管外，伦琴用一块黑色的硬纸板，把一个梨子形状的真空放电管包裹得严严实实，当他在暗室里接通高压电源时，意外发现1m以外的涂有氰亚铂酸钡的荧光屏发出了绿色荧光；然而一断开电源，荧光就立即消失。他把荧光屏逐渐移远，发现移到2m左右，屏上仍有荧光出现。这一奇特现象使他很惊讶，因为他明白阴极射线只能穿透几厘米空气，而绝不能使一二米外的荧光屏发光，而且阴极射线是不能透过玻璃管的，那么透过玻璃管使荧光屏发光的究竟是什么射线呢？

伦琴

作为科学研究者，伦琴当时感兴趣的是新的、尚未经历过的东西。为了对这现象作出全面检验，并从中得到"完美无瑕的结果"。他废寝忘食、夜以继日，在实验室里连续工作了6周，在经过反复实验之后，伦琴确信发现了一种尚未为人所知的新射线。由于当时新射线的本质还不太清楚，所以他把这种新射线称为"X射线"。为了检验这种射线的穿透本领，伦琴选用多种不同种类物质，逐个放在放电管和荧光屏之间进行实验。他发现"一切物体对这种作用都是透明的，只是程度极为不同……，纸是最透明的，在一本1000页的带封面的书的后面，我仍然清楚地看到了荧光……，在两副纸牌的后面荧光可以看见……，厚的木块也是透明的，二三厘米厚的松木（对射线的）吸收很少，15cm厚的铝条使效应大为减弱，但并不能使荧光完全消失。"当伦琴进行铅的吸收能力试验时，无意中看到了自己拿铅片的手的骨骼轮廓，12月22日，在实验室里，伦琴请他的夫人把手放在用黑纸包严的照相底片上，然后用X射线照射，显影后得到一张清晰的人手骨骼像。

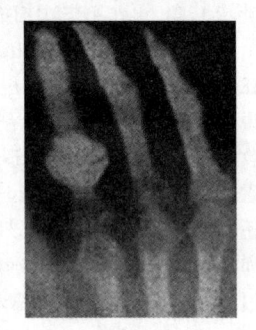

人手骨骼像

这种发现立即引起很大的轰动，不仅为伦琴带来了十分巨大的荣誉，还为人类利用X射线诊断与治疗疾病开辟了新途径，开创了医疗影像技术的先河，1896年X射线便应用于临床医学。1901年诺贝尔奖第一次颁发，伦琴就由于这一发现而获得了这一年的诺贝尔奖物理学奖。

X射线发现是伦琴在一次偶然事件中发现的，但被伦琴抓住的这一偶然机会却绝非偶然，是同他一贯严谨的科学态度、敏锐的观察力、扎扎实实的工作作风分不开的，是偶然之中的必然，是科学给予伦琴的必然回报。法国科学家巴斯德说过："在观察的领域里，机遇只偏爱那种有准备的头脑。"确实如此，他想到过为了找到看不见的谱线，使用涂有氰亚铂酸钡的荧光屏，他明白阴极射线只能穿过几厘米的空气，而实验却使一二米外的荧光屏发光，伦琴确信这是本质上与阴极射线不同的，他敏锐的观察能力，使他能迅速地高瞻远瞩地揭示出前人未予重视的现象。正如柏林科学院致伦琴的贺词中所说的那样："科学史告诉我们，功劳和幸运独特地结合在一起；在这种情况下，许多外行人也许认为幸运是主要的因素，但是了解您的创作个性特点的人将会懂得,正是您,一位摆脱了一切成见的,把完善的实验艺术同最高的科学诚意和注意力结合起来的研究者,应当得到作出这一伟大发现的幸福。"

小　结

(1) X 射线的强度:单位时间通过与射线方向垂直的单位面积的辐射能量,用 I 表示,

$$I = \sum_{i=1}^{n} N_i h\nu_i = N_1 h\nu_1 + N_2 h\nu_2 + \cdots + N_n h\nu_n$$

式中 $N_1, N_2, \cdots, N_n$ 分别表示时间通过垂直于射线方向单位面积上具有相对应的 $h\nu_1, h\nu_2, \cdots, h\nu_n$ 的光子数。

(2) 布拉格方程: $2d\sin\theta = k\lambda (k=1,2,3,\cdots)$, θ 为掠射角。

(3) X 射线的衰减规律:设有一束 X 射线垂直入射到某一物质层时,其强度为 I_0,穿过厚度为 d 的物质层后,强度减弱为 I,实验和理论都证明 I 与 d 服从 $I=I_0 e^{-\mu d}$, μ 称为线衰减系数,它随光子的能量和物质的种类而定。如果厚度 d 的单位为 m,则 μ 的单位为 m^{-1}。

(4) 半值厚度(半值层): $d_{1/2} = \dfrac{\ln 2}{\mu} = \dfrac{0.693}{\mu}$

习 题 十 二

12-1. 管电压为 100kV 的 X 射线光子的最大能量和最短波长是多少?

12-2. 两种物质对某种 X 射线吸收的半值层之比为 $1:\sqrt{2}$,则它们的线衰减系数之比为多少?

12-3. 某波长的 X 射线透过 1mm 厚的脂肪后,其强度减弱了 10%,问透过 3mm 厚时,其强度将是原来值的百分之几?

12-4. 如果某种波长的 X 射线的半值层是 3.00mm 厚的铝板,求铝的线衰减系数是多少?

12-5. 对某一波长的 X 射线,铅的线衰减系数为 $1.32 \times 10^4 m^{-1}$,铝的线衰减系数为 $2.6 \times 10^{-5} m^{-1}$。要和 1mm 厚的铅层得到相同的防护效果,铝板的厚度应为多少?

12-6. 一厚度为 4.0mm 的铜片能使某种波长的单色 X 射线减至原来的 1/10,试求铜的线衰减系数及半值层。

12-7. X 射线被衰减时,要经过几个半值层强度才能减少到原来的 1%?

12-8. 铅对波长为 15.4Å 的 X 射线的线衰减系数为 $2610cm^{-1}$,欲使透过铅的 X 射线强度为入射 X 射线强度的 10%,需要铅板的厚度为多少?

第十三章 原子核物理学基础

原子核物理学是研究原子核的结构、性质和相互转化的科学。原子核物理学的研究成果,在医学上获得了广泛的应用,原子核技术与医学相结合,形成了核医学。本章主要介绍原子核的基本性质、原子核的放射性衰变规律和核磁共振的基本原理。

第一节 原子核的组成

原子核是由**质子**和**中子**组成的,它们统称为**核子**。它们的质量可用**原子质量单位** u 表示,1u 是原子 ^{12}C 质量的 1/12,即

$$1u = \frac{0.012}{N_A} \times \frac{1}{12} = 1.660565 \times 10^{-27} \text{kg}$$

式中 $N_A = 6.022 \times 10^{23}$ 是**阿伏伽德罗**(Avogadro)**常量**。如果用原子质量单位 u 表示微观粒子的质量,则质子质量 $m_p = 1.007276u$,中子质量 $m_n = 1.008665u$。原子核内质子数和中子数的总和,称为**原子核的质量数**,即核子总数。各种不同种类的原子核统称为**核素**。质子数为 Z 和质量数为 A 的某一核素 X,常用符号 $^A_Z X$ 来表示,如 ^1_1H、$^{16}_8O$ 等。

质子带有相当于一个电子电量的正电荷,中子不带电。在原子核中有一种很强的吸引力,将核子吸引在一起,称这种引力为**核力**。核力是短程力,它的作用距离在 $10^{-15}m$ 的数量级。不同元素原子核所包含的质子数和中子数是不相同的。由于中子不带电,所以一个原子核所带的正电荷数就是组成该原子核的质子个数,也等于该元素的原子序数。

第二节 原子核的放射性衰变规律

在目前人们已经知道的 2600 多种原子核中,大约有 90% 是不稳定的,这些不稳定的原子核称为**放射性核素**。它们能自发地放出射线,同时由一种核素变成另一种核素,这种现象称为**核衰变**或**放射性衰变**。

一、核衰变规律

实验和理论证明,在 t 到 $t+dt$ 时间内,衰变掉的原子核数 $-dN$ 不仅与时间间隔 dt 成正比,还与在 t 时刻的未衰变的原子核数 N 成正比,即

$$-dN = \lambda N dt \tag{13-1}$$

比例系数 λ 称为**衰变常数**。它表示原子核在单位时间内的衰变率。λ 与核素的性质有关,对于同一种核素,λ 为常数。这说明同种核素的每个原子核在单位时间内衰变掉的机会是均等的。对于不同的核素,λ 值不同。设 $t=0$ 时刻原子核的数目为 N_0,t 时刻原子核的数目为 N,经过 dt 时间后,其中有 dN 个核衰变了,对(13-1)式积分后可得到

$$N = N_0 e^{-\lambda t} \tag{13-2}$$

这就是**放射性衰变规律**,它表示放射性物质是按负指数规律衰减的。如果一种核素能够进行几种类型的衰变,则对应于每种衰变类型,各自都有一定的衰变常数 $\lambda_1, \lambda_2, \cdots, \lambda_n$,而总的衰变常数则是各个衰变常数之和,即 $\lambda = \lambda_1 + \lambda_2 + \lambda_3 + \cdots + \lambda_n$。

二、平均寿命

一个单独的放射性核素的实际寿命有长有短,各自不同。但是,对于数量确定的放射性样品来讲,全部衰变完毕平均生存的时间,称为**平均寿命**,用符号 τ 表示。设 $t=0$ 时放射性样品的核数为 N_0,时间为 t 时样品中放射性核数为 N,在 t 至 $t+dt$ 时间内衰变掉的核数 $-dN=\lambda Ndt$,它们的寿命为 t,因此平均寿命为

$$\tau = \frac{1}{N_0}\int_{N_0}^{0} -dN \cdot t = \frac{1}{N_0}\int_{0}^{\infty} \lambda N dt \cdot t = \frac{\lambda}{N_0}\int_{0}^{\infty} N_0 e^{-\lambda t} \cdot t dt = \frac{1}{\lambda} \tag{13-3}$$

即平均寿命是衰变常数的倒数,衰变常数越大,核素衰变得越快,平均寿命就越短。

三、半衰期

半衰期也是用来描述放射性核素衰变快慢的物理量。放射性核素衰变一半所需要的时间称为**半衰期**,通常用 $T_{1/2}$ 来表示。当 $t=T_{1/2}$ 时,$N=N_0/2$,所以

$$\frac{N_0}{2} = N_0 e^{-\lambda T_{1/2}}$$

$$T_{1/2} = \frac{\ln 2}{\lambda} = \frac{0.693}{\lambda} \tag{13-4}$$

由此式可得 $\lambda = \ln 2/T_{1/2}$,将其代入(13-2)式可得到

$$N = N_0 \left(\frac{1}{2}\right)^{t/T_{1/2}}$$

这是衰变规律的另一形式。表 13-1 列出了一些放射性核素的半衰期和衰变类型,半衰期的单位为年(a)、天(d)、小时(h)、分(min)和秒(s)等。

表 13-1 一些放射性核素的半衰期和衰变类型

核素	半衰期	衰变类型	核素	半衰期	衰变类型
$^{3}_{1}H$	12.33a	β^-	$^{125}_{53}I$	60d	EC,γ
$^{11}_{6}C$	20.4min	$\beta^+(99.75\%)$ $EC(0.24\%)$	$^{131}_{53}I$	8.04d	β^-,γ
$^{14}_{6}C$	5730a	β^-	$^{222}_{86}Rn$	3.8d	α,γ
$^{32}_{15}P$	14.3d	β^-	$^{226}_{88}Ra$	1600a	α,γ
$^{60}_{27}Co$	5.27a	β^-,γ	$^{238}_{92}U$	$4.5\times10^{-9}a$	α,γ

四、放射性活度

放射性核素只有在衰变时才放出射线来,在单位时间内衰变的核数越多,放射性核素发出的射线也越多。因此,我们可以用单位时间内衰变的原子核数来表示放射性的强弱。

单位时间内衰变的核数称为**放射性活度**,简称**活度**,通常用 A 表示。

$$A = -\frac{dN}{dt} = \lambda N$$

将(13-2)式代入上式,可得到

$$A = \lambda N_0 e^{-\lambda t} = A_0 e^{-\lambda t} = A_0 \left(\frac{1}{2}\right)^{t/T_{1/2}} \tag{13-5}$$

式中,A_0 是 $t=0$ 时的放射性活度。由此可见,放射性活度也是随时间按指数规律衰减的。

放射性活度的单位称为**贝可**,记作 Bq(Becquerel),1Bq = 1 个核衰变/秒。它的旧单位是**居里**(Curie),用 Ci 表示,1Ci = 3.7×10^{10} Bq。居里是一个很大的单位,在核医学中常用 mCi(毫居里)和

μCi(微居里)来计算。

例 13-1 利用^{131}I 的溶液作甲状腺扫描,在注射液出厂时,只需注射 0.5ml。它的半衰期为 8 天,若出厂后储存了 16 天,做同样的扫描需注射溶液量是多少?

解 根据

$$A = A_0 \left(\frac{1}{2}\right)^{t/T_{1/2}}$$

可知其溶液浓度 C 的关系式为

$$C = C_0 \left(\frac{1}{2}\right)^{t/T_{1/2}}$$

当 $t = 16$ 天时,其活度

$$A = A_0 \left(\frac{1}{2}\right)^{t/T_{1/2}} = A_0 \left(\frac{1}{2}\right)^2 = \frac{A_0}{4}$$

说明溶液的浓度降低了。由于浓度的比与其溶液的体积成反比,为了满足医学上的要求,与出厂时的活度相同,则需要增加注射液的体积量,即

$$\frac{V}{V_0} = \frac{C_0}{C} = (2)^{t/T_{1/2}} = 4$$

$$V = 4 V_0 = 0.5 \times 4 = 2\text{mL}$$

说明做同样的扫描需注射溶液量为 2mL。

第三节 辐射剂量与辐射防护

一、辐 射 剂 量

1. 照射量

我们常用 X 射线或 γ 射线在空气中因电离作用产生的电荷量的多少来量度辐射剂量。照射量的定义可用下式表示:

$$X = \frac{dQ}{dm} \tag{13-6}$$

式中,dQ 是当辐射线在质量为 dm 的干燥空气中形成的任何一种(正或负)离子总电量的绝对值。照射量的单位为 C/kg,没有专门的名称,暂时用的旧单位为**伦琴**(Röntgen),用 R 表示,1R = 2.58×10^{-4}C/kg。

2. 吸收剂量

各种电离辐射照射物体所引起的效应,虽然很复杂,但归根结底是由于物质吸收了辐射能量引起的,因此效应的强弱与吸收能量的多少密切相关。单位质量的被照射物质所吸收的辐射能量称为**吸收剂量**,用 D 表示,

$$D = \frac{dE}{dm} \tag{13-7}$$

单位为**戈瑞**(Gy),1Gy = 1J/kg。

3. 剂量当量

生物体内单位质量的组织从各种射线中吸取同样多的能量,所产生的生物效应有很大差别。为了反映各种射线生物效应的强弱程度,使用**剂量当量**这一概念,用 H 表示,

$$H = Q \cdot D \tag{13-8}$$

式中,Q 是一个修正因子,称为**品质因数**,如表 13-2 所示。Q 越大,生物效应越强。剂量当量的单位为**希沃特**,用符号 S$_V$ 表示。

表13-2 核辐射的品质因数

辐射种类	品质因数 Q	辐射种类	品质因数 Q
X、β^+、β^-、γ射线	1	快中子、快质子射线	10
慢中子射线	1~5	反冲核、α射线	20

二、辐射防护

放射性核素在医药学和其他领域都得到了广泛的应用,同时与放射性核素接触的人也日益增多,因此对射线的防护问题也是十分重要的。以下介绍几个防护上经常使用的概念。

1. 最大容许剂量

人们在自然条件下也会受到各种射线的照射,这些射线有的来自宇宙,有的来自地球上的放射性物质。国际上规定经过长期的积累或一次照射后对机体既无损害又不发生遗传危害的最大剂量称为**最大容许剂量**。

我国现行规定的最大容许剂量为每周10^{-3}Sv,每年不超过5×10^{-2}Sv。

2. 外照射防护

放射源在体外对人体进行照射称为**外照射**。

人体受外照射的剂量与离放射源的距离和停留在放射源附近的时间有关。因此,与放射源接触的工作人员应尽可能利用远距离的操作工具,减少在放射源周围停留的时间。此外应在放射源和工作人员之间应设置屏蔽,以减弱照射到工作人员身上的放射性辐射。对α射线,因其贯穿本领低、射程短,工作时只要戴上手套就可达到防护的目的。β射线除利用距离防护和时间防护外,屏蔽物质不宜采用原子序数高的物质,因为原子序数高的物质虽然衰减系数大,但易发生韧致辐射,故一般采用有机玻璃、铝等原子序数中等的物质作屏蔽材料。X射线和γ射线因穿透能力大,多采用重原子序数的物质,如铅、混凝土等作为屏蔽材料。对于中子的屏蔽原则上是使快中子速度减慢,一般用铁、铅等材料,并用含硼或锂的材料吸收这些中子。

3. 内照射防护

放射性核素进入体内对人体进行照射称为**内照射**。由于α射线的电离作用很大,在体内造成的伤害比β、γ都要严重。因此,除了出于介入法和诊断的需要外,任何射线的内照射都应尽量避免,为此,与放射性核素接触的人员要严格防止放射性物质从呼吸道、食管或外伤部位进入体内。

第四节 放射性核素在医学上的应用

一、治疗方面

治疗方面主要是利用射线的生物效应,即通过射线抑制和破坏病变组织,达到临床治疗目的。放射治疗方法常用内照射治疗、外照射治疗、敷贴治疗等。

(1) 特异性内照射治疗是利用有的组织对某些特定元素的选择性摄取和聚集作用的特点。给病人口服或注射某种放射性核素制剂,通过身体本身的选择性摄取和聚集,从而杀灭癌细胞、破坏或抑制病变组织的生长。常见的是用^{131}I治疗甲状腺功能亢进和部分甲状腺癌等。

(2) 外照射治疗利用快速分裂的细胞对辐射损伤特别敏感的特点,通过辐照肿瘤生长区来杀灭肿瘤细胞或抑制其生长。外辐照可利用^{60}Co治疗机、医用电子感应加速器和医用电子直线加速器等仪器,使发生的γ射线或X射线从体外照射病灶,对癌细胞有巨大杀伤力。常用的^{60}Co治疗机俗称钴炮,发出的γ光子能量较大,主要用于治疗深部肿瘤,如颅脑内、纵隔及鼻咽部肿瘤的治疗。

(3) 敷贴治疗利用放射性核素制成敷贴剂作为外照射源,直接敷贴在病灶的皮肤、黏膜或角膜上,以治疗表面肿瘤和顽固的炎症等。常见的是用^{32}P和^{90}Sr的β敷贴器治疗一些皮肤病和眼部疾患。

二、诊 断 方 面

1.示踪应用

放射性核素在衰变时发出的各种射线很容易被探测,显示出它的踪迹。放射性核素与稳定的同位素混在一起时,能够显示出这种核素在各种过程中的动态变化,因此称此放射性核素为示踪原子或标记原子。示踪原子方法灵敏度很高,能检查出 $10^{-18} \sim 10^{-14}$ g 的放射性物质。

在临床上应用 ^{131}I 标记的马尿酸作为示踪剂,静脉注射后通过肾图仪描记肾区的放射性活度随时间变化的情况,可以反映肾动脉血流、肾小管分泌功能和尿路的排泄情况。又如,把胶体 ^{198}Au 注射到体内后,将通过血液而集积在肝脏内的肿瘤组织附近,但不能进入肝肿瘤中。从体外探测 ^{198}Au 发出的 γ 射线,可了解胶体金在肝脏内的分布情况,为肝癌的诊断提供了有力的依据,并且可以确定病变的位置和大小。

2.γ 相机

γ 相机是一种比较成熟的核素成像设备,人体在引入能辐射 γ 射线的放射药物后,从体外探测、记录体内发出的 γ 射线的辐射强度与空间分布的仪器,即可探测获得放射药物在人体内的分布、转移和代谢情况。医生根据图像,把形态和功能结合起来进行观察并作出诊断。

由于 γ 照相技术和电子计算机的广泛结合,放射性核素在心血管疾病的造影技术方面得到了迅速发展。例如,采用放射性核素做心肌血流灌注示踪剂,以观察该示踪剂在心肌的分布情况。由于它发射 γ 射线,体外使用 γ 照相机连续拍照,就可以获得该示踪剂通过心肌大血管的动态影像。检查时仅需将微小剂量的放射性核素注入静脉,通过 γ 照相技术和计算机图像分析,就可以提供心脏血流动力学的诊断信息。多用于诊断早期冠心病、心肌梗死以及对心功能的评价。

3.单光子发射型计算机断层扫描(SPECT)

SPECT 成像原理是用探测器绕着人体外部分别把各个方向放射性核素所放射出的 γ 射线记录下来,将每一角度的直线投影数据集合成一个断层面,从而得到一张体内某一断层面上放射性核素分布的层面图像。SPECT 所产生的图像是人体内组织和脏器断层中放射性核素浓度的分布,并不是有关断层的解剖学形态。SPECT 与 γ 相机的主要不同点在于,γ 相机只能产生投影图像,在深度方向没有空间分辨能力,而 SPECT 有一个 180°或 360°的转动扫描装置,并且配置多个等角间距投影数据采集和断层图像重建的图像处理系统,正好弥补了这个缺点。

4.正电子发射型计算机断层扫描(PETCT)

PETCT 的基本原理是将放射性核素注入人体,在体外探测其发射出的正电子与体内负电子产生湮没时发射出的光子,从而确定放射性核素在体内的位置和分布情况,并实现断层成像。PETCT 的成像清晰度优于 SPECT,主要用于生物体内生理过程的研究和分析,显示生物体中各脏器的新陈代谢。

目前,PETCT 诊断技术在心血管疾病、肿瘤疾病以及神经疾病等方面具有广泛应用。利用构成人体组织的基本元素(C、N、O、F)的同位素,如用 ^{11}C、^{13}N、^{15}O 或 ^{18}F 标记的化合物做显像剂,可在不影响环境平衡的生理条件下,研究和诊断人体内早期的病理、生理和代谢异常疾病。PET 采用正电子直接进行探测,大大提高了探测灵敏度,其影像技术可为疾病的早期定位、定性、定量、定期诊断提供可靠信息。

知识拓展

核 磁 共 振

一、核磁共振的基本原理

1. 量子力学的理论

原子核除了质量、电荷等属性外,还具有自旋的特性。原子核的自旋角动量

$$L_I = \sqrt{I(I+1)}\frac{h}{2\pi} \tag{13-9}$$

式中，I 称为**核自旋量子数**。表 13-3 列出了几种原子核的自旋量子数的数值。从表 13-3 可以看出，核自旋量子数的数值总是整数或半整数，这些值是由实验测定的。按照空间量子化的规律，核自旋角动量在磁场方向上的分量

$$L_{IZ} = m_I \frac{h}{2\pi} \tag{13-10}$$

式中，m_I 称为**核自旋磁量子数**，它的取值为 $0, \pm 1, \cdots, \pm I$，共有 $2I+1$ 个可能的值。这说明，在外磁场中，核自旋量子数为 I 的原子核，其核自旋角动量 L_I 可能有 $2I+1$ 个不同的取向。

表 13-3 原子核的自旋量子数

核素	自旋量子数 I	朗德因子 g	核素	自旋量子数 I	朗德因子 g
$^{1}_{1}H$	1/2	5.5854	$^{16}_{8}O$	0	—
$^{13}_{6}C$	1/2	1.4048	$^{23}_{11}Na$	3/2	1.4783
$^{14}_{7}N$	1	0.4036	$^{127}_{53}I$	5/2	1.1238

原子核既带电，又有自旋运动，必有**自旋磁矩**。设用 μ_I 来表示自旋磁矩的大小，它与核自旋角动量的比值

$$\gamma = \frac{\mu_I}{L_I} = g \frac{e}{2m_P} \tag{13-11}$$

称为**旋磁比**（gyromagnetic ratio）。式中，g 为原子核的**朗德（Lande）因子**，其值由实验测定，详见表 13-3 所示。m_P 为质子的质量，e 为质子的电荷量。由(13-11)式可得出

$$\mu_I = L_I \gamma = \sqrt{I(I+1)} \, g \frac{eh}{4\pi m_P} = \sqrt{I(I+1)} \, g \mu_N \tag{13-12}$$

式中，$\mu_N = \frac{eh}{4\pi m_P} = 5.050824 \times 10^{-27} \, A \cdot m^2$，称为**核磁子**，是核磁矩的基本单位。

同理，也可得出核磁矩的空间分量为

$$\mu_{IZ} = \gamma L_{IZ} = g \frac{e}{2m_P} \cdot m_I \frac{h}{2\pi} = m_I g \mu_N \tag{13-13}$$

前面讨论过，磁矩在稳恒外磁场 $\boldsymbol{B}$ 中的能量可用下式求出：

$$E = -\boldsymbol{\mu}_I \cdot \boldsymbol{B} = -\mu_I B \cos\theta$$

式中，θ 是 $\boldsymbol{\mu}_I$ 与 $\boldsymbol{B}$ 方向的夹角，$\mu_I \cos\theta = \mu_{IZ}$，所以

$$E = -m_I g \mu_N B \tag{13-14}$$

(13-14)式表明，对于自旋量子数为 I 的原子核，能量 E 可有 $2I+1$ 个不同的数值。这说明无外磁场存在时的每一个核磁能级，在外磁场中要分裂成 $2I+1$ 个子能级。根据量子力学的研究表明，跃迁的选择定则为 $\Delta m_I = \pm 1$，即跃迁只能发生在相邻的两个能级之间，其能量差为

$$\Delta E = -g \mu_N B [m_I - (m_I + 1)] = g \mu_N B \tag{13-15}$$

这说明，在外磁场中，两个相邻的核磁能级的能量之差 ΔE，不仅取决于原子核本身的特性（核的 g 因子），而且与外磁场 $\boldsymbol{B}$ 的大小有关，这是核磁能级的特征。

对于某些核，它的自旋磁量子数 $m_I = \pm \frac{1}{2}$ 时，$E = \pm \frac{1}{2} g \mu_N B$，两个相邻能级的能量之差为

$$\Delta E = g \mu_N B$$

ΔE 将随着 B 的增加而增大，如图 13-1 所示。

当热平衡时，低能级上的原子核数高于高能级上的原子核的个数。如果在垂直于稳恒磁场 $\boldsymbol{B}$ 的方向上，再另加一个较弱的高频交变磁场，且频率又满足下列关系式：

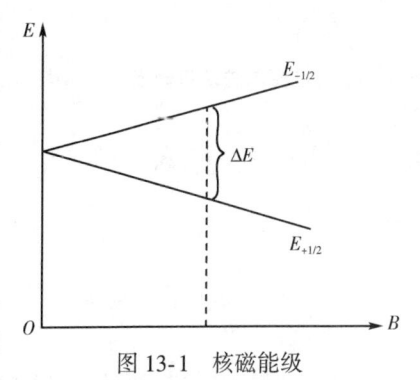

图 13-1 核磁能级

即
$$h\nu = \Delta E = g\mu_N B$$

$$\nu = \frac{1}{h}g\mu_N B \tag{13-16}$$

则处于此稳恒磁场中的原子核就会吸收高频交变磁场的能量，原子核从低能级跃迁到高能级，结果显示出宏观的能量吸收现象，这就是**核磁共振**。处于低能级的原子核数比处于高能级的原子核数越多，吸收现象就越强烈，共振信号也越强。

当高频磁场开始加进样品时，吸收跃迁占优势，使得高、低能级上原子核数的差值减少，最后不再发生吸收跃迁，形成所谓饱和状态。但是实际上又发生另外一个过程：一是自旋的核与邻近自旋的核相互交换能量；二是自旋的核又与周围其他质点相互作用而交换能量，使得处于高能级上的原子核丢失能量，而返回低能级，这一过程称为**弛豫过程**。可见，一方面原子核吸收高频磁场的能量从低能级跃迁到高能级，另一方面弛豫过程又使整个系统回到低能级状态，两种过程同时进行，系统达到动态平衡，使核磁共振维持下去。

2. 经典的理论

具有自旋角动量 L 的原子核，同时具有磁矩 μ_I，在外磁场中，原子核受到磁力矩 $\boldsymbol{M}$ 的作用，就像高速旋转的陀螺在重力场中受到重力矩作用时将产生进动一样，原子核将产生绕磁场 $\boldsymbol{B}$ 方向的进动，称为**拉莫尔进动**，如图 13-2 所示。

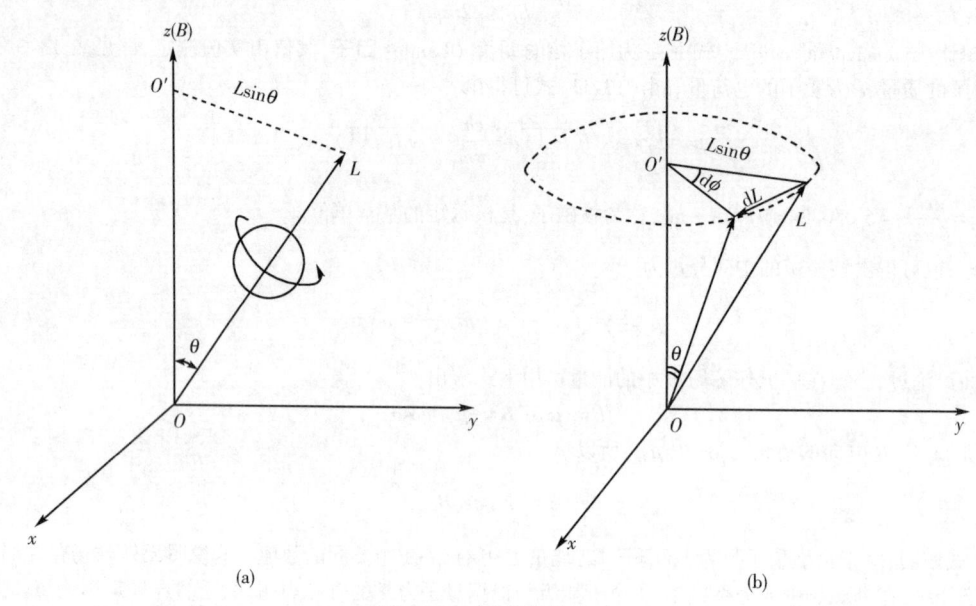

图 13-2 原子核的进动

由图 13-2(b) 可以看出，dL 与进动角 $d\phi$ 之间有 $dL = L\sin\theta d\phi$ 的关系，所以

$$\frac{dL}{dt} = L\sin\theta \frac{d\phi}{dt} = L\sin\theta \omega_p$$

式中，ω_p 为**拉莫尔进动角速度**。又由角动量原理可知

$$dL = Mdt$$

原子核所受的磁力矩 $\boldsymbol{M} = \boldsymbol{\mu}_I \times \boldsymbol{B}$，即

$$M = \mu_I B\sin\theta = L\sin\theta \omega_p$$

$$\omega_p = \frac{\mu_I}{L}B = \gamma B$$

$$\gamma = \frac{\mu_I}{L} = g\frac{e}{2m_p}$$

由以上式子，我们可以求出拉莫尔进动的频率为

$$\nu = \frac{\omega_p}{2\pi} = \frac{\gamma}{2\pi}B = \frac{1}{h}g\mu_N B$$

此结果与由量子力学理论推出的结果(13-16)式完全一致。

自旋原子核绕外磁场方向进动时,其自旋轴线与外磁场方向的夹角不变,核磁矩在外磁场中的附加势能 $E = -\mu_I B\cos\theta$ 也不变。如果在垂直于稳恒的外磁场 B 的方向施加另一高频交变磁场,且其频率又与原子核的自旋轴的拉莫尔进动频率相等时,此高频交变磁场的能量将被原子核强烈地吸收,使核的自旋轴线与外磁场方向的夹角为 θ,以及核磁矩的附加势能都相应地增大,从而发生核磁共振现象。这就是经典理论对核磁共振的解释。

二、核磁共振在医药学上的应用

1. 核磁共振仪的结构和原理

核磁共振仪的结构如图13-3所示。直流电通过电磁铁的线圈,产生稳恒磁场,调节直流电的强度,可获得 0.5~2.5T 的磁感应强度。样品放在旋转的试管中,这种转动可使样品受到的外磁场作用比较均匀。试管上还有两个小线圈,它们的轴线方向和稳恒磁场的方向三者互相垂直,以减少相互影响。由振荡器产生的交变电流通过小线圈时,就把交变磁场加在样品上。当满足 $h\nu = g\mu_N B$ 的关系时,交变磁场的能量强烈地被样品所吸收。原子核吸收了磁场能量后从低能级跃迁到高能级。同时,在检测小线圈内产生的感应信号,立即被记录器记录下来。

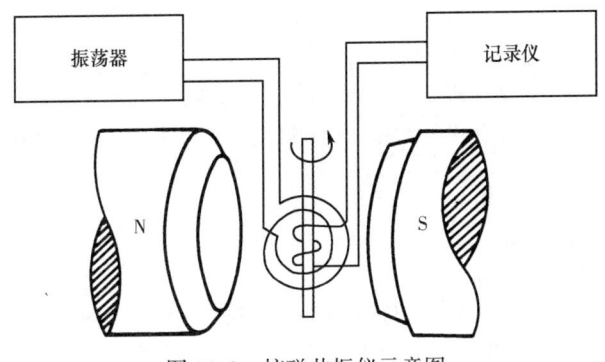

图 13-3 核磁共振仪示意图

2. 核磁共振的应用

核磁共振法应用最多的是分析有机化合物的成分和结构。现在人类已经制定了几万种化合物的核磁共振标准图谱。要分析一个未知样品,只要测出其核磁共振图谱,将它与标准图谱对照,就可以推知该样品的结构和成分。这为中草药成分结构研究提供了重要的手段,如束花石斛、金钗石斛的 SCE-B 和铁皮石斛的 SCEA 特征提取物的 ^{1}HNMR 特征图谱在鉴别中药石斛上具有指导意义。

核磁共振在药学方面的应用除了用于分析药物的成分和化学结构外,也是一种药物定量分析的重要手段。^{1}HNMR 用于定量分析的基础是化学环境不同的氢原子吸收峰面积只与所含的氢原子数目有关,在不需引入任何校正因子的情况下,可根据共振峰的面积求出所代表的氢原子的数目,故曲线下面积的积分值是定量分析的主要依据。在测定药品替米考星含量的实验结果表明,^{1}HNMR 作为药物定量的一种方法,具有简单准确的特点。

核磁共振在医学领域的应用主要是核磁共振成像技术。它可以直接作出横断面、矢状面、冠状面和各种斜面的体层图像,不会产生CT检测中的伪影、不需注射造影剂、无电离辐射、对机体不良影响较小。由于恶性肿瘤组织与相应的正常组织的核磁共振谱有所不同,所以国内外研究将这一技术使用于癌症的诊断。另外,核磁共振对检测脑内外血肿、动静脉血管畸形、脑缺血、脊髓空洞症和脊髓积水等颅脑常见疾病非常有效,同时也可用于脊椎等疾病的诊断。此外相对于其他成像技术,核磁共振成像不仅能够显示有形的实体病变,而且还能对脑、心、肝等功能性反应进行精确的判定,如:帕金森症、阿尔茨海默症等。

三、顺磁共振

原子核中电子的绕核运动与自旋运动都会产生磁矩。原子的磁矩就是由原子内所有电子的轨道磁矩和自旋磁矩合成的。如果合成后原子的总磁矩等于零,则这种原子就称为**逆磁性**原子。例如,惰性气体的原子就是逆磁性原子。相对应的,另有一些原子的合成磁矩不等于零,则这种原子称为**顺磁性**原子。也就是说,顺磁性原子具有固有磁矩。如果把顺磁性原子放在外磁场中,随着固有磁矩的不同取向,原子将具有不同的附加势能。这样,和原子核能级在磁场中分裂的情况一样,原子的能级在外磁场中也会分裂。分裂后,两能级的能量差可用与式(13-15)相似的形式表示,即

$$\Delta E = g_e \mu_B B$$

式中 g_e 是原子的朗德因子,它的值在 1~2 之间;$\mu_B = \dfrac{eh}{4\pi m_e} = 9.274078 \times 10^{-24} \text{A} \cdot \text{m}^2$,称为**波尔磁子**,是原子磁矩的基本单位。由于电子质量 m_e 是质子质量 m_p 的 1/1836,所以波尔磁子的数值是核磁子的 1836 倍。可见核磁矩要比原子中电子的磁矩小三个数量级,因此,在计算原子磁矩时,可以把核磁矩忽略不计。

如果在与稳恒磁场相垂直的方向上,加一交变磁场,其频率 ν 又符合下列关系时,

$$h\nu = g_e \mu_B B \tag{13-17}$$

则顺磁性原子将大量吸收交变磁场的能量,发生共振吸收,称为顺磁共振。这个频率 ν 通常也称为拉莫尔频率。

从式(13-17)中可以估算产生顺磁共振所需交变磁场的频率。设稳恒磁场 $B = 1.5\text{T}$,$g_e = 2$,则交变磁场的频率为

$$\nu = \frac{g_e \mu_B B}{h} = \frac{2 \times 9.27 \times 10^{-24} \times 1.5}{6.63 \times 10^{-34}} = 4.2 \times 10^{10} \text{Hz}$$

与核磁共振频率相比,要高三个数量级,属微波范围,因而实验技术、仪器设备也和核磁共振不尽相同。

和核磁共振一样,顺磁共振也是一种研究物质结构的有效方法。通过对顺磁共振波谱的研究,可得到有关分子、原子或离子中未偶电子的状态及其周围环境方面的信息,从而得到有关物质结构和化学键方面的知识。

科学之光 居里夫人

居里夫人

玛丽·居里(Marie Curie,1867—1934),波兰裔法国籍物理学家、化学家,全名玛丽亚·斯克沃多夫斯卡·居里,世称"居里夫人"。由于对放射性的深入研究和杰出贡献,与丈夫皮埃尔·居里(Pierre Curie)和贝克勒尔(Becquerel)共同获得了 1903 年诺贝尔物理学奖;1911 年,因发现元素钋和镭再次获得诺贝尔化学奖,成为世界上第一个两获诺贝尔奖的人。

1867 年 11 月 7 日,玛丽·居里出生于波兰王国华沙市一个中学教师的家庭,1891 年 9 月,赴巴黎求学,11 月进入索尔本大(即巴黎大学)理学院物理系。1897 年底,玛丽·居里决定考博士学位,她必须选一个能充分发挥的新颖的研究题目。为此,玛丽细读物理学方面最新的著作,她翻阅最近的实验研究报告,注意到贝克勒尔前一年发表的一些著作。贝克勒尔发现的铀的放射性引起了她极大的兴趣。铀化合物不断以辐射形式发出来的极小能量,是从哪里来的?这种辐射的性质是什么?这是极好的研究题目,玛丽·居里决定以此为研究出发点,进入一个未知的领域。这体现了玛丽·居里不畏艰险、勇于探索的科学精神。经过皮埃尔·居里向理化学校校长的多次请求,玛丽·居里获准使用一间在学校大楼底层装有玻璃的工作室,条件非常艰苦,但玛丽·居里并不气馁。经过几个月的辛勤工作,居里夫妇在沥青铀矿中探测到放射性。他们发现,它的辐射比纯铀的辐射更强。1898 年 7 月,居里夫妇向科学院提出《论沥青铀矿中一种放射性新物质》,说明发现新的放射性元素 84 号,居里夫人建议以她的祖国波兰的名字构造新元素的名称钋(polonium)。1898 年 12 月,居里夫妇和同事贝蒙特向科学院提出《论沥青铀矿中含有一种放射性很强的新物质》,说明又发现新元素 88 号,命名为镭(radium)。1902 年,居里夫妇从数吨沥青铀矿残渣中分离出微量(1dg)氯化镭,测得镭原子量为 225。1903 年,居里夫妇和

贝克勒尔因为对放射性的研究共同荣获诺贝尔物理学奖。1911 年,玛丽·居里因分离出纯的金属镭而获诺贝尔化学奖。出乎意外的是,在居里夫人获得诺贝尔奖之后,她并没有为提炼纯净镭的方法申请专利,而将之公布于众,这种作法有效地推动了放射化学的发展。居里夫人这种淡泊名利、无私奉献的精神,值得我们每一个人敬佩。在第一次世界大战时期,居里夫人倡导用放射学救护伤员,推动了放射学在医学领域里的运用。

居里夫人一生取得了很多伟大的成就,包括开创了放射性理论、发明分离放射性同位素技术、发现两种新元素钋和镭。利用镭的强大放射性,能进一步查明放射线的许多新性质,以使许多元素得到进一步的实际应用。在她的指导下,人们第一次将放射性同位素用于治疗癌症。这种新的治疗方法很快在世界各国发展起来。镭的发现从根本上改变了物理学的基本原理,对于促进科学理论的发展和在实际中的应用,都有十分重要的意义。

小　　结

(1) 原子核放射性的衰变规律:放射性核素自发地放出射线,同时由一种核素变成另一种核素,这种现象称为核衰变。

1) 核衰变定律:$N=N_0 e^{-\lambda t}$(式中 λ 为衰变常数)

2) 平均寿命、衰变常数和半衰期的关系:$\tau=\dfrac{1}{\lambda}=\dfrac{T_{1/2}}{\ln 2}$

3) 单位时间内衰变的核数称为放射性活度:

$$A=-\dfrac{\mathrm{d}N}{\mathrm{d}t}=A_0 \mathrm{e}^{-\lambda t}=A_0\left(\dfrac{1}{2}\right)^{t/T_{1/2}}$$

(2) 辐射剂量与辐射防护:

1) 照射量(用 X 表示):$X=\dfrac{\mathrm{d}Q}{\mathrm{d}m}$,式中 d$Q$ 是当辐射线在质量为 dm 的干燥空气中形成的任何一种(正或负)离子总电量的绝对值。

2) 单位质量的被照射物质所吸收的辐射能量称为吸收剂量(用 D 表示):$D=\dfrac{\mathrm{d}E}{\mathrm{d}m}$

3) 剂量当量反映各种射线生物效应的强弱程度(用 H 表示):$H=Q \cdot D$

4) 辐射防护分外照射防护和内照射防护。

(3) 核磁共振:

1) 原子核的自旋角动量:$L_I=\sqrt{I(I+1)}\dfrac{h}{2\pi}$

2) 核自旋角动量在磁场方向上的分量:$L_{IZ}=m_I \dfrac{h}{2\pi}$

3) 原子核自旋磁矩:$\mu_I=\sqrt{I(I+1)}g\mu_N$

4) 核磁矩的空间分量:$\mu_{IZ}=m_I g\mu_N$

5) 磁矩在外磁场 B 中的能量:$E=-m_I g\mu_N B$

习 题 十 三

13-1. 医疗中用 ^{60}Co 照射,它的半衰期为 5.27a,那么 ^{60}Co 的平均寿命是多少?

13-2. 胶体金 ^{198}Au 可用来作肝扫描检查用,它的半衰期为 2.7d,样品存放 10d 后,金核素的数量 N

为 10d 前的多少倍？

13-3. 一种放射性核素，经过 24h 后，所剩的核数为开始时的 1/8，它的半衰期是多少？

13-4. 已知某放射性核素在 5min 内衰变掉 25%，求它的衰变常数及半衰期。

13-5. 某放射性核素的半衰期为 30a，放射性活度减为原来的 12.5%所需的时间是多少？

13-6. 在医学治疗中常用 ^{226}Ra(镭)针，镭的半衰期为 1590 年，那么 10mg 镭针的放射性活度是多少？

13-7. 在某月 10 日上午 8 时测得一个含 ^{131}I 的样品的活度为 10Ci，到同月 22 日上午 8 时使用时，样品的活度应是多少？设 ^{131}I 的半衰期为 8d。

13-8. 人体内含钾约占体重的 0.20%，在天然钾中，放射性核素 ^{40}K 的含量为 0.012%。求在体重为 75kg 的人体内，^{40}K 的活度是多少？已知 ^{40}K 的半衰期为 1.3×10^9 a。

13-9. 将少量含有放射性 ^{24}Na 的溶液注入患者静脉，当时测得计数率为 12000 核衰变/分，30h 后抽出血液 1cm^3，测得的计数率为 0.5 核衰变/分。已知 ^{24}Na 的半衰期为 15h，试估算该患者全身的血液量。

13-10. 原子核 ^{6}Li 的核自旋 $I=1$，问它的自旋角动量是多少？它在外磁场 Z 方向的分量有哪些可能的取值？设实验测得核磁矩在磁场方向的最大分量等于 $0.8220\mu_N$，试求它的 g 因子、核磁矩以及核磁矩在磁场方向的分量。

13-11. 两种放射性核素的半衰期分别为 8d 和 6h，设含这两种放射性药物的放射性活度相同，问其中放射性物质的摩尔数相差多少倍？

参考文献

埃尔温·薛定谔. 生命是什么. 南京:江苏凤凰科学技术出版社,2019.
艾芙·居里. 居里夫人传. 北京:商务印书馆,2014.
程守洙,江之永. 普通物理学. 北京:高等教育出版社,2016.
胡新珉. 医学物理学. 第7版. 北京:人民卫生出版社,2008.
刘玉鑫. 热学. 北京:北京大学出版社,2002.
莫文玲,魏环. 大学物理. 北京:高等教育出版社,2017.
吴百诗. 大学物理学(上、中、下册). 北京:科学出版社,2001.
张三慧. 大学基础物理学(上). 第2版. 北京:清华大学出版社,2007.
章新友,侯俊玲. 物理学. 北京:中国中医药出版社,2019.
周世勋. 量子力学基础. 北京:高等教育出版社,1984.

附　录

附录一　单位换算

量的名称	单位名称	单位符号	换算关系
长度	千米	km	
	埃	Å	$1Å=10^{-10}m$
力	牛[顿]	N	
力矩	牛[顿]米	N·m	$1kgf·m=9.80665N·m$
压强　压力	巴	bar	$1bar=10^5Pa$
	标准大气压	atm	$1atm=101325Pa$
	帕[斯卡]	Pa	
[动力]黏度	帕[斯卡]秒	Pa·s	$1P=0.1Pa·s$
能　功　热	焦[耳]	J(N·m)	$1cal=4.18J$
	电子伏	eV	
	千瓦[小]时	kW·h	
功率	瓦[特]	W	$1cal/s=4.18W$
比热容	焦[耳]每千克开[尔文]	J/(kg·K)	$1kcal/(kg·K)=4186.8J/(kg·K)$
磁场强度	奥斯特	Oe	$1Oe=(1000/4\pi)A/m$
磁感应强度	特[斯拉]	T	$1Gs=10^{-4}T$
磁通量	韦[伯]	Wb	$1Mx=10^{-8}Wb$
放射性活度	居[里]	Ci	$1Ci=3.7×10^{10}Bq$
照射量	伦[琴]	R	$1R=2.58×10^{-4}C/kg$
照射量率	伦[琴]每秒	R/s	$1R/s=2.58×10^{-4}(kg·s)$
吸收剂量	拉德	rad	$1rad=10^{-2}Gy$
剂量当量	雷姆	rem	$1rem=10^{-2}Sv$

附录二　倍数或分数的词头名称及符号

倍数或分数	词头名称	词头符号	倍数或分数	词头名称	词头符号
10^{18}	艾[可萨]	E	10^{-1}	分	d
10^{15}	拍[它]	P	10^{-2}	厘	c
10^{12}	太[拉]	T	10^{-3}	毫	m
10^{9}	吉[咖]	G	10^{-6}	微	μ
10^{6}	兆	M	10^{-9}	纳[诺]	n
10^{3}	千	k	10^{-12}	皮[可]	p
10^{2}	百	h	10^{-15}	飞[母托]	f
10	十	da	10^{-18}	阿[托]	a

附录三　常用希腊字母的符号及汉语译音

大写	小写	英文	汉语译音	大写	小写	英文	汉语译音
A	α	Alpha	阿尔法	N	ν	Nu	纽
B	β	Beta	贝塔	Ξ	ξ	Xi	克西
Γ	γ	Gamma	伽马	O	o	Omicron	奥米克龙
Δ	δ	Delta	德耳他	Π	π	Pi	派
E	ε	Epsilon	艾普西隆	P	ρ	Rho	洛
Z	ζ	Zeta	截塔	Σ	σ	Sigma	西格马
H	η	Eta	艾塔	T	τ	Tau	套乌
Θ	θ	Theta	西塔	Υ	υ	Upsilon	宇普西隆
I	ι	Iota	约塔	Φ	φ	Phi	斐
K	κ	Kappa	卡帕	X	χ	Chi	喜
Λ	λ	Lambda	兰姆达	Ψ	ψ	Psi	普西
M	μ	Mu	米尤	Ω	ω	Omega	奥米伽

附录四　常用物理常数

量的名称	符号	量值	量的名称	符号	量值
标准重力加速度	g_n	9.80665m/s^2	真空磁导率	μ_0	$12.5663706144\times10^{-7}$ H/m
标准大气压	P	101325Pa			
万有引力常量	G	6.672041×10^{-11} $\text{N}\cdot\text{m}^2/\text{kg}^2$	真空光速	c	$2.99792458\times10^8 \text{m/s}$
			斯特藩-玻尔兹曼常量	σ	5.67032×10^{-8} $\text{W}/(\text{m}^2\cdot\text{K}^4)$
阿伏伽德罗常量	N_A	$6.02214076\times10^{23}\text{mol}^{-1}$			
摩尔气体常量	R	$8.31441\text{J}/(\text{mol}\cdot\text{K})$	里德伯常量	R	$1.097373177\times10^7\text{m}^{-1}$
理想气体的摩尔体积	V_m	$0.02241383\text{m}^3/\text{mol}$	维恩位移常量	b	$2.8978\times10^{-3}\text{m}\cdot\text{K}$
玻尔兹曼常量	k	$1.380649\times10^{-23}\text{J/K}$	普朗克常量	h	$6.62607015\times10^{-34}\text{J}\cdot\text{s}$
基本电荷	e	$1.602176634\times10^{-19}\text{C}$	玻尔半径	a_0	$0.52917706\times10^{-10}\text{m}$
电子静止质量	m_e	$9.109534\times10^{-31}\text{kg}$	玻尔磁子	μ_B	$9.274078\times10^{-24}\text{A}\cdot\text{m}^2$
质子静止质量	m_p	$1.6726485\times10^{-27}\text{kg}$	核磁子	μ_N	$5.050824\times10^{-27}\text{A}\cdot\text{m}^2$
中子静止质量	m_n	$1.6749543\times10^{-27}\text{kg}$	质子磁矩	μ_P	$1.4106171\times10^{-26}\text{A}\cdot\text{m}$ $=2.7928456\mu_N$
原子质量常量	m_u	$1.6605655\times10^{-27}\text{kg}$			
真空介电常量	ε_0	$8.854187818\times10^{-12}\text{F/m}$	电子的康普顿波长	λ_c	$2.4263089\times10^{-12}\text{m}$

附录五 微积分

这里简要地介绍一下微积分的基本概念和计算公式，目的是使学生能灵活运用数学手段，解决物理学中的实际问题。

一、导 数

(一) 极限

1. 极限的定义

当自变量 x 无限趋近于某一数值 x_0 时，函数 $f(x)$ 的值无限趋近于某一确定的数值 A，则 A 称为当 $x \to x_0$ 时函数 $f(x)$ 的极限，记作

$$\lim_{x \to x_0} f(x) = A$$

2. 函数极限的四则运算

下面的运算对 $x \to x_0$ 和 $x \to \infty$ 都适用。

(1) $\lim[f(x) \pm g(x)] = \lim f(x) \pm \lim g(x)$

(2) $\lim[f(x)g(x)] = \lim f(x) \cdot \lim g(x)$

(3) $\lim \dfrac{f(x)}{g(x)} = \dfrac{\lim f(x)}{\lim g(x)}, \quad \lim g(x) \neq 0$

(二) 函数的变化率——导数

定义 设函数 $y = f(x)$ 在点 x_0 某邻域内有定义，当自变量 x 在点 x_0 处取得增量 Δx 时，函数有增量 $\Delta y = f(x_0 + \Delta x) - f(x_0)$，如果极限

$$\lim_{\Delta x \to 0} \frac{\Delta y}{\Delta x} = \lim_{\Delta x \to 0} \frac{f(x_0 + \Delta x) - f(x_0)}{\Delta x}$$

存在，那么函数 $y = f(x)$ 在点 x_0 处可导，并称这个极限值为函数 $y = f(x)$ 在点 x_0 处的导数，记为 $y'|_{x=x_0}$，$\left.\dfrac{\mathrm{d}y}{\mathrm{d}x}\right|_{x=x_0}$ 等，即

$$y'|_{x=x_0} = \lim_{\Delta x \to 0} \frac{\Delta y}{\Delta x} = \left.\frac{\mathrm{d}y}{\mathrm{d}x}\right|_{x=x_0}$$

(三) 导数基本公式

(1) $(C)' = 0$

(2) $(x^\mu)' = \mu x^{\mu-1}$（μ 为实常数）

(3) $(\sin x)' = \cos x$

(4) $(\cos x)' = -\sin x$

(5) $(\tan x)' = \sec^2 x$

(6) $(\cot x)' = -\csc^2 x$

(7) $(\sec x)' = \sec x \tan x$

(8) $(\csc x)' = -\csc x \cot x$

(9) $(a^x)' = a^x \ln a$

(10) $(\log_a x)' = \dfrac{1}{x \ln a}$

$(e^x)' = e^x$

$(\ln x)' = \dfrac{1}{x}$

(11) $(\arcsin x)' = \dfrac{1}{\sqrt{1-x^2}}$

(12) $(\arccos x)' = -\dfrac{1}{\sqrt{1-x^2}}$

(13) $(\arctan x)' = \dfrac{1}{1+x^2}$

(14) $(\operatorname{arccot} x)' = -\dfrac{1}{1+x^2}$

(四) 导数运算法则

设 $u = u(x)$，$v = v(x)$ 都是 x 的可导函数，则

(1) $(u \pm v)' = u' \pm v'$

(2) $(uv)' = u'v + uv'$

(3) $(cu)' = cu'$

(4) $\left(\dfrac{u}{v}\right)' = \dfrac{u'v - uv'}{v^2} (v \neq 0)$

二、微　　分

1. 自变量的微分

函数任意一个无限小的增量 Δx，用 $\mathrm{d}x$ 表示，则
$$\mathrm{d}x = \Delta x$$

2. 函数的微分

函数 $y = f(x)$ 的导数 $f'(x)$ 乘以自变量的微分 $\mathrm{d}x$，称为这个函数的微分，用 $\mathrm{d}y$ 或 $\mathrm{d}f(x)$ 表示，即
$$\mathrm{d}y = \mathrm{d}f(x) = f'(x)\mathrm{d}x$$

或
$$f'(x) = \dfrac{\mathrm{d}y}{\mathrm{d}x}$$

导数是微分 $\mathrm{d}y$ 和 $\mathrm{d}x$ 之商，因此也称为微商。

3. 基本初等函数的微分公式

(1) $\mathrm{d}(c) = 0$

(2) $\mathrm{d}(x^\mu) = \mu x^{\mu-1}\mathrm{d}x$ (μ 为实常数)

(3) $\mathrm{d}(\sin x) = \cos x \mathrm{d}x$

(4) $\mathrm{d}(\cos x) = -\sin x \mathrm{d}x$

(5) $\mathrm{d}(\tan x) = \sec^2 x \mathrm{d}x$

(6) $\mathrm{d}(\cot x) = -\csc^2 x \mathrm{d}x$

(7) $\mathrm{d}(\sec x) = \sec x \tan x \mathrm{d}x$

(8) $\mathrm{d}(\csc x) = -\csc x \cot x \mathrm{d}x$

(9) $\mathrm{d}(a^x) = a^x \ln a \mathrm{d}x$

　　$\mathrm{d}(e^x) = e^x \mathrm{d}x$

(10) $\mathrm{d}(\log_a x) = \dfrac{1}{x \ln a}\mathrm{d}x$

　　$\mathrm{d}(\ln x) = \dfrac{1}{x}\mathrm{d}x$

(11) $\mathrm{d}(\arcsin x) = \dfrac{1}{\sqrt{1-x^2}}\mathrm{d}x$

(12) $\mathrm{d}(\arccos x) = -\dfrac{1}{\sqrt{1-x^2}}\mathrm{d}x$

(13) $\mathrm{d}(\arctan x) = \dfrac{1}{1+x^2}\mathrm{d}x$

(14) $\mathrm{d}(\operatorname{arccot} x) = -\dfrac{1}{1+x^2}\mathrm{d}x$

4. 微分运算法则

设 $u(x), v(x)$ 都是可微函数，则

(1) $\mathrm{d}(u \pm v) = \mathrm{d}u \pm \mathrm{d}v$

(2) $\mathrm{d}(cu) = c\mathrm{d}u$ (c 为常数)

(3) $\mathrm{d}(uv) = v\mathrm{d}u + u\mathrm{d}v$

(4) $\mathrm{d}\left(\dfrac{u}{v}\right) = \dfrac{v\mathrm{d}u - u\mathrm{d}v}{v^2} (v \neq 0)$

5. 复合函数微分法则

设 $y = f[\varphi(x)]$ 是函数 $y = f(u)$，$u = \varphi(x)$ 的复合函数，则 $y = f[\varphi(x)]$ 的微分为
$$\mathrm{d}f[\varphi(x)] = f'[\varphi(x)]\mathrm{d}\varphi(x) = f'[\varphi(x)]\varphi'(x)\mathrm{d}x$$

三、积　　分

1. 定义

设函数 $y = f(x)$ 在区间 $[a,b]$ 上有定义，用分点 $a = x_0 < x_1 < x_2 < \cdots < x_{n-1} < x_n = b$ 把区间 $[a,b]$ 分成 n 个小区间 $[x_{i-1}, x_i]$，其长度记为
$$\Delta x_i = x_i - x_{i-1}, \quad i = 1, 2, \cdots, n$$

在小区间 $[x_{i-1}, x_i]$ 上任取一点 ξ_i ($x_{i-1} \leqslant \xi_i \leqslant x_i$) 作和式
$$\sum_{i=1}^{n} f(\xi_i) \Delta x_i$$

当 $\lambda = \max\{\Delta x_i | i=1,2,\cdots,n_i\} \to 0$ 时,如果上式极限存在,则称此极限为 $f(x)$ 在区间 $[a,b]$ 上的定积分,记为

$$\int_a^b f(x)dx = \lim_{\lambda \to 0}\sum_{i=1}^n f(\xi_i)\Delta x_i$$

2. 积分学基本公式(牛顿-莱布尼茨公式)

如果函数 $f(x)$ 在区间 $[a,b]$ 上连续,且 $F(x)$ 是其任意一个原函数,则

$$\int_a^b f(x)dx = F(b) - F(a)$$

3. 基本积分公式

(1) $\int k dx = kx + C$ (k 为常数)

(2) $\int x^\mu dx = \dfrac{x^{\mu+1}}{\mu+1} + C$ ($\mu \neq -1$)

(3) $\int \dfrac{dx}{x} = \ln|x| + C$

(4) $\int \dfrac{dx}{1+x^2} = \arctan x + C$

(5) $\int \dfrac{dx}{\sqrt{1-x^2}} = \arcsin x + C$

(6) $\int \cos x dx = \sin x + C$

(7) $\int \sin x dx = -\cos x + C$

(8) $\int \sec^2 x dx = \tan x + C$

(9) $\int \csc^2 x dx = -\cot x + C$

(10) $\int \sec x \tan x dx = \sec x + C$

(11) $\int \csc x \cot x dx = -\csc x + C$

(12) $\int e^x dx = e^x + C$

(13) $\int a^x dx = \dfrac{a^x}{\ln a} + C$

四、向 量 代 数

(一) 向量的数量积

1. 定义

两个向量 *a* 和 *b* 的模与其夹角余弦的乘积,叫做向量 *a* 和 *b* 的数量积,记作 *a* · *b*,即

$$\boldsymbol{a} \cdot \boldsymbol{b} = |\boldsymbol{a}| \cdot |\boldsymbol{b}| \cos(\boldsymbol{a},\boldsymbol{b})$$

数量积又称点积或内积。

2. 运算规律

(1) *a* · *b* = *b* · *a* (交换律)

(2) $\lambda(\boldsymbol{a} \cdot \boldsymbol{b}) = (\lambda\boldsymbol{a}) \cdot \boldsymbol{b} = \boldsymbol{a} \cdot (\lambda\boldsymbol{b})$ (结合律)

(3) $(\boldsymbol{a}+\boldsymbol{b}) \cdot \boldsymbol{c} = \boldsymbol{a} \cdot \boldsymbol{c} + \boldsymbol{b} \cdot \boldsymbol{c}$ (分配律)

(二) 向量的向量积

1. 定义

由向量 *a* 与 *b* 确定一个新向量 *c*,使 *c* 满足

(1) 大小 $|\boldsymbol{c}| = |\boldsymbol{a}||\boldsymbol{b}|\sin(\boldsymbol{a},\boldsymbol{b})$

(2) 方向 垂直于 *a* 和 *b* 所在的平面,方向按 *a* 到 *b* 的右手法则确定

(3) 表示 *c* = *a* × *b*

向量积又称叉积或外积。

2. 运算规律

(1) $\boldsymbol{a} \times \boldsymbol{b} = -(\boldsymbol{b} \times \boldsymbol{a})$ (交换律)

(2) $\boldsymbol{a} \times (\boldsymbol{b}+\boldsymbol{c}) = \boldsymbol{a} \times \boldsymbol{b} + \boldsymbol{a} \times \boldsymbol{c}$ (分配律)

(3) $\lambda(\boldsymbol{a} \times \boldsymbol{b}) = (\lambda\boldsymbol{a}) \times \boldsymbol{b} + \boldsymbol{a} \times (\lambda\boldsymbol{b})$ (与数乘的结合律)